动物检疫检验
彩色图谱 （第二版）

Colour Atlas of Animal Quarantine
and Inspection （SECOND EDITION）

孙锡斌 程国富 徐有生 肖运才　主编

中国农业出版社
北 京

动物检疫（Animal quarantine）是指为了防止动物疫病和人兽共患病的发生和传播，保证养殖业可持续发展和保护广大人民身体健康，由国家法定的检疫监督机构和人员，采用法定的检验方法，依照法定的检疫项目、检疫对象、检验标准以及管理形式和程序，对动物、动物产品进行疫病检查、定性和处理的一项带有强制性的技术行政措施。

动物检疫对象系指各国政府或世界动物卫生组织（OIE）规定需要进行检疫检验的动物传染病和寄生虫病。

第二版编委会名单

第一版编委会名单

主编简介

孙锡斌

华中农业大学教授。从事动物性食品卫生与动物检疫教学和科研工作。长期主持肉品卫生快速检验技术研究及推广应用科研项目，获国家教育委员会科技进步奖二等奖、湖北省科技成果推广奖一等奖。1997年获湖北省老教授协会科教工作优秀奖，2011年获湖北省老有所为科技贡献奖一等奖，2013年获湖北省畜牧兽医学会"湖北省畜牧兽医事业发展和学术研究杰出成就奖"。主编《动物性食品卫生学》《动物检疫检验彩色图谱》（第1版）、《动物性食品卫生检验》《兽医卫生检验学》《动物检疫手册》等书。策划和编剧大型教学录像片《兽医卫生检验学》，获中央农业广播学校优秀教师。1994年获国务院"政府特殊津贴"。

程国富 　湖北红安人，华中农业大学教授。主要从事动物病理学教学和研究工作，现任中国畜牧兽医学会兽医病理学分会常务理事，湖北省畜牧兽医学会常务理事。先后主持和参加多项国家自然科学基金等项目研究，发表论文百余篇，主编、参编专著和教材《动物检疫检验彩色图谱》等8部，获国家教学成果奖二等奖及湖北省教学成果奖一等奖各1项，湖北省科技进步奖二等奖2项。

徐有生

农业推广研究员。曾任云南省曲靖地区畜牧兽医站站长，曲靖市动物卫生监督所、兽药监察所所长，云南省原种猪场总畜牧兽医师。1979年7月，首次在云南省师宗县发现中国动物蓝舌病。曾主持水牛恶性卡他热、马鼻疽、马传染性贫血、

羊梅迪-维斯纳病等多项课题研究，并获多项省、部级一、二等奖。主编的书籍有《云南省曲靖地区畜禽疫病志》《动物检疫检验彩色图谱》（第1版）、《瘦肉型猪饲养管理及疫病防制彩色图谱》《科学养猪与猪病防制原色图谱》《猪病解剖实录》等。曾被评为省、地、市有突出贡献的科技人员、先进个人、离退休干部"老有所为"先进个人。

肖运才

湖北洪湖人，博士，华中农业大学副教授。主要研究领域为兽医微生物学与免疫学。主要从事动物病原微生物与有益微生物的相关研究和纳米诊断试剂研发。先后主持和参与多项国家级、省级项目，在国内外期刊上发表研究论文

30余篇。获湖北省科技进步一等奖1项，教育部技术发明二等奖1项和武汉市技术发明二等奖1项。副主编高等院校研究生教学用书《现代免疫学实验指导》，参编《兽医实验室诊断指南》等。目前为湖北省农业科技创新中心"畜禽遗传改良及健康养殖技术研究与应用创新团队"核心成员，"十二五"国家支撑计划"神农架金丝猴人工繁育与疾病防控和健康监测关键技术研究与示范"团队核心成员。

写给编委会

十年磨一剑

　　动物检疫这门学科与很多学科有广泛联系，与畜牧生产实践和人类健康紧密相关。近年来，随着动物养殖方式的改变，一些动物疾病的临床与病理特点随之有了许多新变化，严重威胁畜禽养殖业的健康发展，并直接影响人类健康。以孙锡斌教授、程国富教授、徐有生研究员、肖运才副教授为主编的44位专家教授历经近数年辛苦工作，对2004年出版的《动物检疫检验彩色图谱》进行了全面修订。全书共分五章，包含动物疾病91种、组织器官病变80余种、动物肿瘤近20种，共配有彩色图片1 640余幅，为我国高等院校相关专业师生的兽医教学、科学研究提供了一本有价值的参考书，也是动物检疫工作者的一本必备的手边书。

　　本书主要有三大特点：第一是专业而全面，是一本专门针对动物检疫检验的图谱。包含人兽共患病、动物其他疾病、组织器官病变和动物肿瘤、病害肉与品质异常肉等。第二是重点突出，针对性强。编审内容与照片，重点选择危害大的人兽共患病、动物重大疫病、OIE规定上报的疫病、国家规定的一、二类动物疫病、我国规定的进境动物检疫疫病以及屠宰检疫中常见与多见的组织器官病变、病害肉、品质异常肉等照片的原创性、典型性、完整性和实用性。第三是图片珍贵，编排新颖：照片均为编著人员长期从事科研、教学和生产等工作中积累的真实可靠、清晰可辨的图片，这些图片反映了疾病的各个阶段的病变特点，有些是现阶段很难见到的一些古老疾病的图片，对于病理学与肉品检疫检验的研究等，都是极具参考价值的。

　　总之，本书中精选的绝大多数图片为作者们亲自从教学、科研和生产实践中积累的第一手资料，精选的图片和文字内容，反映了作者们的科研和生产实践成果。十年磨一剑，专家教授们精心编著的这部专著，在我国动物检疫学领域是第一次，有着较高的实用价值和学术价值。

陈焕春

2017年10月

　　陈焕春，华中农业大学教授，中国工程院院士，曾任中国畜牧兽医学会理事长，曾留学德国慕尼黑大学，获兽医学博士学位。陈焕春院士在工作十分繁忙之中，欣然为本书秉笔文评，给予支持与鼓励。特表示衷心的感谢。

狮子山文化绿道　整个绿道全长约7 500m，望山触湖，苍松滴翠，
古樟生烟，浓阴蔽日，空气溢芬，为人们读书、健身的绝佳之处

一部图文并茂的科学专著

随着我国畜牧业经济的飞速发展和城乡居民生活水平的日益提高，广大群众对动物性产品质量的要求越来越高，然而多种动物疾病的发生及其检疫检验，已成为当今我国制约动物性食品生产的重要问题之一。为了促进我国养殖业健康发展和保障动物性食品质量，亟需编写一部图文并茂的专业性图谱。

以孙锡斌、程国富、徐有生、肖运才等专家领衔的编著团队，经十余年不断努力，大量补充资料和图片，使《动物检疫检验彩色图谱》第二版日臻完美。他们的踏实知识历练和良好的学术造诣，就保证了本书的质量。这部科学专著即将全新面世，特表祝贺！

本图谱共计五章，涵盖动物疾病91种，组织器官病变80余种，动物肿瘤20余种，各种彩色图片1 640余幅。其中许多图片都是非常珍贵的。本专著的最大特点是结构合理，内容丰富，图文并茂，编排新颖。

近年来，我国出版了不少各种动物疾病防治的彩色图谱和专著，但是在动物疫病的检疫检验领域，这部新版图谱还属首次。

本图谱是一部优秀的动物性食品卫生学教材，也可作为兽医学各相关学科师生的教学与研究参考。由于书中收录了大量动物疾病的病原、症状和病变以及肿瘤图片，因此对于动物检疫检验人员、基层兽医包括宠物医院的医务人员都特别有用。相信本图谱能在我国动物疫病的检疫检验和防控方面发挥重要作用。

陈焕涛

2017年12月

陈怀涛先生系甘肃农业大学教授，早年曾留学罗马尼亚，著有多部有关兽医病理学的专著与图谱。陈怀涛教授数十年勤耕不辍，不惜身体欠佳，花了大量的时间和精力审读拙著，寄来书信提出许多中肯意见，并秉笔作文给予鼓励。特感谢陈先生的关心和爱护。

我骑骆驼走沙漠

现场收集，真"材"实"料"

——有图有真相

　　孙锡斌教授和我是同行，老朋友。早年我获得他们2004年主编的《动物检疫检验彩色图谱》赠书，认为该书有许多特点。这次经多年整理后再版，增加了许多新内容。我作为审稿专家，认为十分必要，极力支持此书再版。

　　本书有如下特点：

　　1.专业性突出，实用性强　我国近年出版了不少图谱，但是专门的肉品检疫检验图谱少。我国高校的动物性食品卫生学课程，缺少肉用动物的病变图谱。因此该书不仅可以作为教学参考书，也是动物检疫与肉品检验的第一线人员的参考书，还是走向工作岗位兽医毕业生的工作手册，就是他们身边的不讲话的老师。

　　2.涉及面广，参考价值高　这本图册由主要编写人员汇集了全国多位一线新老兽医工作者提供的多种肉用动物疾病病变，有1 620余幅图片。有些内容是现阶段很难见到的古老疾病，有些是国内目前看不到而将来很可能重现的疾病。一书在手，就能查阅到大多数疾病的临床和病变图片，在现场工作十分方便。因此本书资料无论是现阶段或者将来，都极具参考价值。

　　3.图片来源于实践　本书图片全部来源于教学、科研和一线从业人员的工作现场，他们亲自剖检，细心拍摄，精心整理，并严格分析比对，准确判断。彻底改变了中国作者翻拍或教条地转载他人书籍图片的历史，具有真正的实践意义。

　　4.现代感强烈　本书收集了国内近年新出现的疾病病变图片。采用当今数码摄影与编辑技术，清晰度高，色彩准确。

　　综上所述，孙锡斌教授、程国富教授、徐有生研究员、肖运才副教授等主编的再版图谱经过十余年再锤炼，图片、文字及见解都有较大提高。是一部较高水平的权威性著作，是直接受到广大基层检疫人员、教学人员欢迎的图书。实用性强，直接为肉品安全服务，具有直接为民办实事的社会效益和经济效益。再者，我国的老专家，一辈子为事业操劳，现在仍然继续为我国食品安全和食品卫生孜孜不倦地收集、整理资料，我们对他们的辛勤劳动应当尊重，支持他的书，就是支持我国食品安全。

许益民

2017 年 11 月

许益民先生系扬州大学兽医病理学和肉品卫生学教授，早年留学英国农业部肉类研究所和 BRISTOL 大学兽医学院兽医和比较病理学系以及食品卫生学研究组。许益民教授是《动物检疫检验彩色图谱》的特邀主审，逐字逐句，一丝不苟，审读拙著；秉笔作文（评），多有溢美之词，惭愧难当。

老马识途

第二版前言

技术进步、网络效应与经济发展，极大地改变了现代养殖结构，加上人口的集聚与流动，给各种传染病病原制造了遗传与变异条件；跨物种传播疾病、非典型性疾病越来越多，动物疾病的流行动态、临床与病理特点，均有了许多新变化；一些重大动物疫病、人兽共患病以及外来的疫病（如疯牛病、非洲猪瘟等），仍在威胁畜禽养殖业的发展，并直接影响人类健康。因此，加强动物防疫与动物、动物产品的检疫检验，严把动物源性食品质量安全关，对防控动物疫病、促进动物养殖业的健康可持续发展和确保广大人民群众〝舌尖上的安全〞，意义重大而深远。

为了适应新时代的需要，编委会对《动物检疫检验彩色图谱》（第一版）进行了全面修订，旨在为广大从事动物检疫、兽医临床等工作的人员和从事兽医教学、科研的师生提供一本内容较全面、图文并茂的专业性图谱，使该书在动物、动物产品检疫检验领域（包括兽医生产实践、科学研究和兽医直观教学）中发挥更大的作用。

全书共分五章，介绍动物疾病91种、动物组织器官病变80余种、动物肿瘤约20种，匹配彩色图片1 640余幅。这些图片中，除少数为友人惠赠外，其他均为本书作者长期从事教学、科研和生产实践中积累的宝贵资料，其中既有老一辈专家珍藏多年、而现阶段很难见到的一些经典疾病的临床病理图片，又有青年才俊在科研试验和生产实践中收集到的常发病、新发病的图片。书中由吴斌编委提供的图片，有部分因年代较远、来源不确切，遵照其意对所提供的照片均不予注释来源。调整与补充的内容如下：

1. 第一章人兽共患病调整为人兽共患传染病和人兽共患寄生虫病两节；第二章动物其他疾病为五节，包括猪传染性疾病，禽传染性疾病，牛、羊传染性疾病，其他动物传染性疾病和动物非传染性疾病；组织器官病变和动物肿瘤合并为一章。

2. 新增加了大量典型而完整的临床和病理图片。图片的选择与取舍，注重人兽共患疫病和重大动物疫病，世界动物卫生组织（OIE）规定必须通报的动物疾病，我国规定的一、二、三类动物疫病和进境动物检疫疫病，以及屠宰检疫中常见的器官组织病变，选取的图片体现了原创性、典型性、完整性和实用性的特点。

修订后的《动物检疫检验彩色图谱》内容丰富、图文并茂、编排新颖，其直观性和实用性强，书中收录的图片较完整地反映了这些疾病发生、发展和转归过程中典型性、特征性的症状与病变。本书可作为动物检疫和兽医工作者的一本必备的工具书，也可作为我国高等院校相关专业师生的兽医教学、科学研究的一本很有价值的参考书。

在本书再版过程中，先后得到陈焕春院士、王惠霖教授、陈怀涛教授等多位专家及同仁朋友的关心、鼓励和指导；美国杜兰大学兽医病理学家刘贤洪教授对部分章节进行了审定；特邀主审——扬州大学兽医病理学专家许益民教授为本书审稿特别对图片及文字说明进行把关；胡薛英编委对相关章节内容和图片的取舍做了大量细致的具体工作；本书的编辑张艳晶和郭永立两位同志给予大力支持和指导。在此，谨对所有编审人员和所有关心鼓励、支持、指导和帮助的同行与朋友表示衷心的感谢。也非常感谢为本书的初版付出贡献的原编著者和杨天桥、郭永立两位编辑。还要感谢对本书的再版给予大力支持和帮助的湖北华大瑞尔科技有限公司。

由于编者学识水平的局限，书中不免出现失之偏颇和疏漏与不足之处，恳请广大读者批评指正。

编　者

2017年10月于狮子山华中农业大学

第一版前言

食品安全卫生问题关系着人类的健康，关系着千家万户和整个民族素质，也关系着社会稳定和经济发展。随着人类社会的发展和科学技术的进步以及人们生活水平的不断提高，动物性食品在人类食品中的比重日益扩大，已成为人类重要和必需的食品，"食肉安全"已成为广大消费者越来越急切的要求。在这种新形势下，动物检疫人员必须提高动物、动物产品的检疫检验质量，才能保证肉食品安全卫生，保障人们身体健康。为此，我们将多年教学、科研和生产实践中积累的有关照片，撰以文字说明，编辑成图文并茂的《动物检疫检验彩色图谱》奉献给广大读者。

本书共分7章，包括猪、牛、羊、禽等动物疾病59种、组织器官病变40余种、动物肿瘤10余种，共有彩色照片653幅。照片的选择与取舍，注重人畜共患疫病、国家规定的一、二、三类动物疫病和常见组织器官病变的典型性、实用性和完整性。编排顺序按人畜共患疫病、其他疾病、淋巴结病变、组织器官病变、动物肿瘤等排列。每种疾病和组织器官病变均突出介绍卫生评价与处理方法，使其有较好的可操作性。

值得一提的是，本书收录的一些疾病的原色照片，较完整地反映了这些疾病发生、发展和转归的典型性、特征性的症状与病变，对指导生产实践、教学、科研具有重要价值。

本书既可作为动物检疫人员的实用工具书，也可作为兽医工作者的参考书，还可作为大专院校相关专业面向21世纪课程教材《动物性食品卫生学》《动物防疫与检疫学》《动物病理学》的配套教材。

动物性食品污染的涵义，不仅包括微生物、寄生虫的污染，还包括农药、环境激素、抗生素等有毒化学物质的污染。而对这些有毒化学物质诸如外源性激素（如促生长饲料添加剂）、农药和抗生素等所造成食品中高残留量的检验工作，必将很快提到无公害动物源性食品检验的日程上来。关于这方面的照片，有待今后补充。

　　本书中图2.19-1和图2.22-2引自王新华《鸡病诊治彩色图谱》，图2.19-3引自范国雄《鸡病诊治彩色图说》，还得到郑明光教授，李复中、邱立新、王琼秋、赵松年先生惠赠资料，在此一并表示感谢。

　　限于编者水平和条件，书中不妥之处，敬请广大读者批评，指正。

编　者

2004年2月于狮子山华中农业大学

目 录

无害化处理

严检疫、严监督、严执法，确保食品安全

（图片由樊茂华、舒喜望提供）

第一章 *1*

人兽共患病

　　人兽共患病又称人畜共患病或人畜共患疫病，是指在人类和其他脊椎动物之间自然传播和感染的由共同病原引起的、在流行病学上有相互关联的传染病和寄生虫病。

　　人兽共患病不仅会造成畜禽养殖业直接的巨大经济损失，还会威胁到人们的生命与健康。因此，提高对人兽共患病的认识，加强从动物养殖到屠宰、加工、运输、贮藏、销售等环节的全过程监控、监测与管理，以及严格病害动物和病害动物产品生物安全处理等强制性技术行政措施，对净化动物疫病、促进动物养殖业生产的可持续健康发展、严把动物性食品生产安全关和确保广大群众身体健康有着重大意义。

　　本章重点介绍我国规定必须检疫的高致病性禽流感、狂犬病、炭疽、猪链球菌病、日本分体吸虫病等29种常见人兽共患病，并匹配相应的彩色图片501幅，方便读者直观、形象地深度解读这些人和动物共患的传染病和寄生虫病的流行特点、临床症状与病理变化，以有助于理解和掌握这些疾病发生、发展的规律与病变特点及其安全处理措施。

　　动物疫病主要是指生物性病原引起的具有传染性和流行性的动物群发性传染病和寄生虫病。

　　重大动物疫情是指陆生、水生动物突然发生重大疫病，且迅速传播，导致动物发病率或者死亡率高，给畜禽养殖业生产安全造成严重威胁与危害，或者能对人民身体健康与生命安全造成危害的，具有重要经济社会影响和公共卫生意义的重大事件。

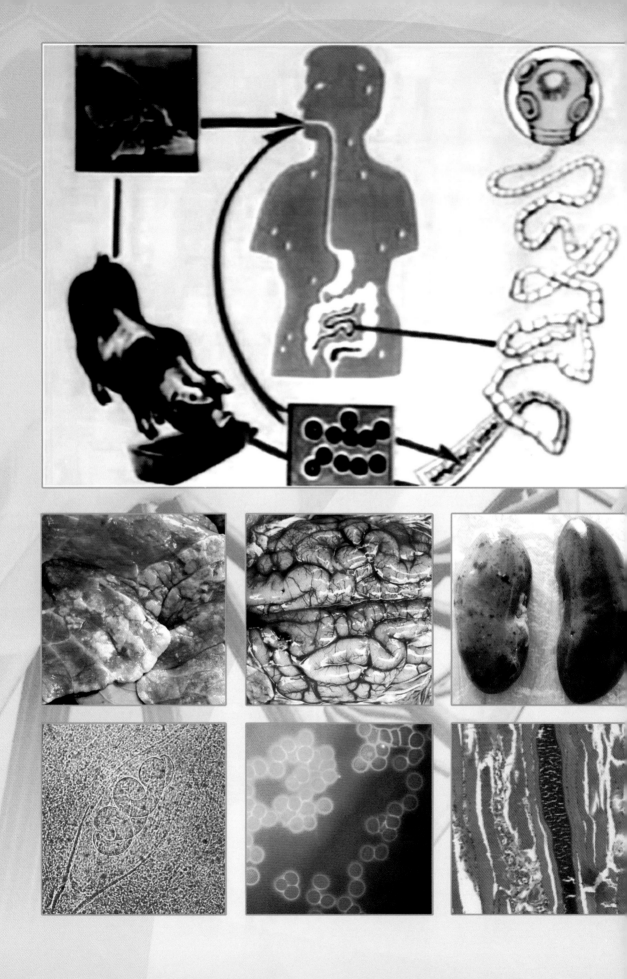

第一节　人兽共患传染病

一、禽流行性感冒

禽流行性感冒（avian influenza，AI）简称禽流感，是由可黏病毒科A型流感病毒属禽流感病毒（avian influenza virus，AIV）的某些亚型引起的禽类急性高度接触性传染病。其临床表现有急性败血症、呼吸道感染及隐性经过等。由高致病性禽流感毒株H5N1、H7N7、H7N9亚型引起的高致病性禽流感，可以感染人，对人类健康构成极大威胁。由低致病性毒株H9N2亚型引起的禽流感，称为低致病性禽流感。

【流行病学】

患病的家禽和鸟类是本病的主要传染源。存在于感染禽体内的病毒，可通过健康禽与病禽直接接触或与病毒污染物间接接触，主要经呼吸道、消化道感染。病毒能感染许多种类的家禽和鸟类，家禽中以鸡、火鸡最易感。

近年来一些国家和我国流行最广泛的高致病性禽流感毒株，主要是H5N1、H7N7、H7N9亚型。该病以冬、春季节多发，发病急、传播快、呈地方流行性或大流行，以突然发病和高死亡率为特征。目前引起我国鸡群中流行的低致病性禽流感，其病原主要是低致病性毒株H9N2亚型。

【临床症状与病理变化】

1. **高致病性禽流感**（highly pathogenic avian influenza） 常突然发生，呈急性、出血性、败血性症状，死亡率高。急性病例最显见的症状为体温升高，精神沉郁；冠和肉髯（图1.1.1-1～3）肿胀、出血，呈紫红色或暗紫色；头部水肿以眼睑肿胀更明显（图1.1.1-4、图1.1.1-5），并发生眼结膜炎；小腿跗部或/和趾部皮肤（表层下）出血发紫（图1.1.1-6～9）。病禽尤其是水禽常于病后期发生共济失调、震颤、转圈、撞墙、偏头扭颈、抽搐等神经症状（图1.1.1-10～12）和腹泻。

高致性禽流感的病理变化主要表现为肌肉和各器官组织的广泛性出血。可见胸肌、腿肌出血，小腿部皮肤出血；喉部、气管黏膜出血、水肿（图1.1.1-13、图1.1.1-14），并有大量黏液性分泌物；腺胃、肌胃和肠道黏膜充血、出血（图1.1.1-15～19）；盲肠扁桃体出血（图1.1.1-20）；心、肝、脾、肺、肾、胰等有出血、坏死（图1.1.1-21～27）。少数病程稍长的产蛋鸡可见输卵管炎，卵泡出血、萎缩，甚至破裂引起卵黄性腹膜炎（图1.1.1-28～31）。有神经症状者，可见脑部充血、出血和坏死。

2. **低致病性禽流感**（low pathogenic avian influenza） 主要表现轻微的呼吸道和消化道症状。常见流泪、流鼻涕、打喷嚏、呼吸困难等。有的仅引起短期产蛋量下降，蛋形变小，产软皮蛋、砂粒蛋（图1.1.1-32），间或腹泻。病禽若无继发感染，其致死率较低。

低致病性禽流感病禽的病变轻微，呼吸道和生殖道有黏液或干酪样物。少数病例可见呼吸道、消化道黏膜、盲肠扁桃体等有轻微出血（图1.1.1-33、图1.1.1-34），有的发生浆液性或纤维素性腹膜炎或卵黄性腹膜炎。病鸭可见窦炎、眼结膜炎和呼吸道病变。

【诊断要点】

凡禽群中有发病急、传播快、死亡率高等流行特点，以及禽群中有鸡冠、肉髯出血（或发绀）和头部水肿的，或小腿部皮肤出血的，或全身肌肉和其他器官组织广泛性出血的，或水禽有明显的神经症状的，应临床怀疑为高致性禽流感。发现疑似感染样品，应按照国家规定送国家疾病预防控制中心复核确认。

实验室确诊的检测方法主要有血凝和血凝抑制试验、琼脂扩散试验、神经氨酸酶抑制试验、酶联免疫吸附试验（ELISA）、反转录-聚合酶链式反应（RT-PCR）或荧光定量RT-PCR技术等。最准确的方法是病毒分离及毒力测定或核酸序列分析。

【检疫处理】

禽流感病毒感染是世界动物卫生组织（OIE）列为必须通报的动物疫病（2018病种名录），我国（《中华人民共和国一、二、三类动物疫病病种名录》2008年）将高致病性禽流感列为一类动物疫病，低致病性禽流感列为二类动物疫病。高致病性禽流感属于突然发生的重大疫病，其病原微生物分类为一类动物病原微生物。我国进境动物检疫疫病（《中华人民共和国进境动物检疫疫病名录》2013年）中将高致病性禽流感列为一类传染病，低致病性禽流感列为二类传染病。

（1）按规定及程序及时上报疫情，以不放血方式扑杀疫点、疫区内所有禽类并销毁尸体。宰后确诊的胴体、内脏、血液、羽毛以及怀疑被其污染的产品，均做销毁处理。

（2）对疫点、疫区实行严格的隔离封锁，对环境进行全面彻底消毒。禽流感病毒的抵抗力不强，常用的消毒剂有过氧乙酸、甲醛、氢氧化钠、戊二醇等。该病毒对高温比较敏感，60℃ 10min、70℃加热数分钟可将其灭活。要注意杜绝所有易感染动物和一切污染物流出和流入隔离封锁区，防止疫情蔓延扩散。

（3）对未出现疫情的受威胁区的所有易感动物，100%强化免疫，建立禽流感免疫带。

（4）与病禽直接接触人员要做好有效的自我安全防护和消毒工作。

公共卫生

禽流感病毒可引起人发病，称为人禽流感，对人的生命健康构成威胁。人感染禽流感病毒的途径主要是与病禽的直接接触或与病毒污染物间接接触（如直接密切接触病禽或其粪便等排泄物，吸入病禽分泌物、排泄物污染的空气，食用了未经煮熟、煮透的带有禽流感病毒的禽产品等）通过呼吸道、消化道感染。

流行病学显示，禽肉、蛋煮熟煮透后，病毒可完全被杀死。目前尚未发现因吃禽肉、鸡蛋受到感染的病例。迄今禽流感病毒只能通过禽传染给人，不能通过人传染给人。

人感染高致病性禽流感后，潜伏期一般在7d左右，早期症状与普通流感相似，临床表现发热、流泪、鼻塞、咳嗽、咽痛，有的病人伴有恶心、腹痛、腹泻，有的可见眼结膜炎。可出现重症肺炎，X线检查显示单侧或双侧肺炎，有的伴有胸腔积液；病情严重者，肺炎进行性发展，导致呼吸窘迫综合征，心、肾衰竭，败血症等多种并发症，直至死亡。

图1.1.1-1　高致病性禽流感　病鸡鸡冠和肉髯肿胀，呈紫红色，眼部肿胀　（孙锡斌）

图1.1.1-2　高致病性禽流感　病鸡眼下陷，眼睑、鸡冠和肉髯肿胀，呈暗紫色（刘继东）

图1.1.1-3 高致病性禽流感 病鸡鸡冠和肉髯呈暗紫红色 （刘继东）

图1.1.1-4 高致病性禽流感 病鸡眼睑肿胀，口流脓性分泌物 （金梅林）

图1.1.1-5 高致病性禽流感 病鸭头部水肿，以眼周肿胀更明显 （刘正飞）

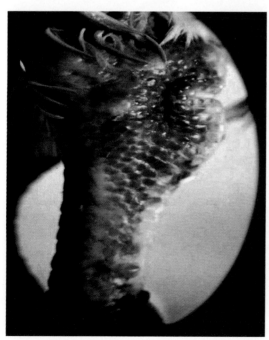

图1.1.1-6 高致病性禽流感 病鸡自跗关节周围以下皮肤（表层下）明显出血 （刘继东）

图1.1.1-7 高致病性禽流感 病鸡跗部和趾部的皮肤（表层下）明显出血 （金梅林）

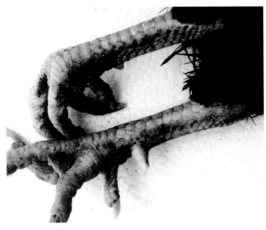

图1.1.1-9　高致病性禽流感 趾部皮肤充血和出血

（肖运才　周祖涛）

图1.1.1-8　高致病性禽流感 病鸡小腿部皮肤
（表层脚鳞下）出血

图1.1.1-10　高致病性禽流感 病鸭表现曲颈扭头、
抽搐等神经症状 　　（金梅林）

图1.1.1-11　高致病性禽流感 病鸭曲颈扭头、
两腿麻痹、不能站立 　　（金梅林）

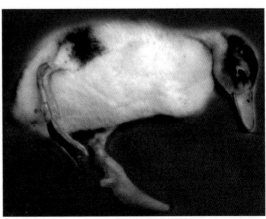

图1.1.1-12　高致病性禽流感 病鸭、病孔雀表现神经症状 　　　　　（左图：刘正飞；右图：胡薛英）

图1.1.1-13 高致病性禽流感 气管黏膜明显出血

（左图：孙锡斌；右图：金梅林）

图1.1.1-14 高致病性禽流感 气管黏膜出血，气
管黏膜上有黄白色干酪样物

（周祖涛）

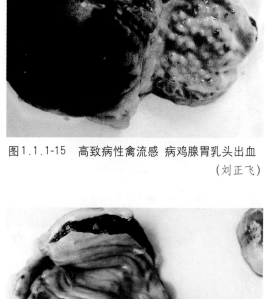

图1.1.1-15 高致病性禽流感 病鸡腺胃乳头出血

（刘正飞）

图1.1.1-16 高致病性禽流感 病鸡腺胃黏膜和
乳头基部出血 （肖运才 周祖涛）

图1.1.1-17 高致病性禽流感 肌胃、腺胃和肌
胃之间的黏膜上散在斑点状和条状
出血 （刘正飞）

图1.1.1-18 高致病性禽流感 病鸡小肠呈条状充血、
出血，肠黏膜弥漫性出血 （程国富）

图1.1.1-19　高致病性禽流感　病鸡空肠明显出血

（程国富）

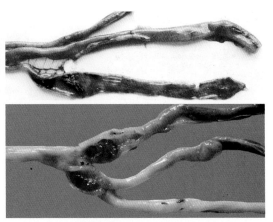

图1.1.1-20　高致病性禽流感　病鸡盲肠扁桃体出血

（上图：胡薛英；下图：徐有生）

图1.1.1-21　高致病性禽流感　病鸡心脏局部呈暗
红色，心尖部有深红色出血斑

（程国富）

图1.1.1-22　高致病性禽流感　病鸡心内膜、心肌
出血　　　　（肖运才　周祖涛）

图1.1.1-23　高致病性禽流感　病鸡脾脏肿大、坏死

（胡薛英）

图1.1.1-24　高致病性禽流感　病鸡肺出血

（刘正飞）

图1.1.1-25 高致病性禽流感 病鸡胰出血 （金梅林）

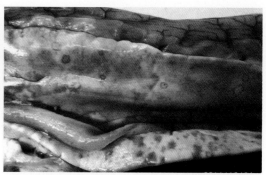

图1.1.1-26 高致病性禽流感 病鸡胰出血，散在
灰白色坏死灶 （肖运才 周祖涛）

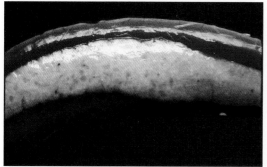

图1.1.1-27 高致病性禽流感 病鸡胰有散在多量
灰白色坏死灶 （胡薛英）

图1.1.1-28 高致病性禽流感 病鸡卵泡和输卵管
出血 （刘正飞）

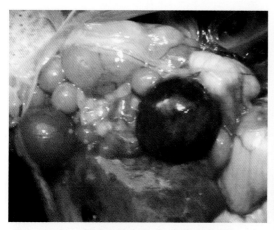

图1.1.1-29 高致病性禽流感 病鸡卵泡出血
（肖运才 周祖涛）

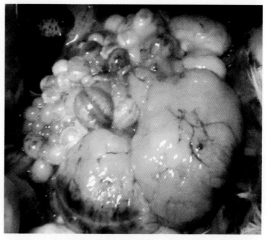

图1.1.1-30 高致病性禽流感 病鸡卵巢、卵泡出
血，卵泡破裂，卵黄液化
（肖运才 周祖涛）

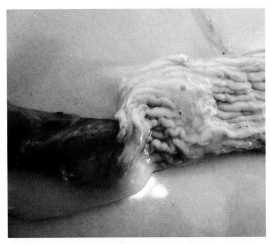

图1.1.1-31　高致病性禽流感　病鸡输卵管内积白
色蛋清样黏液

（肖运才　周祖涛）

图1.1.1-32　低致病性禽流感　感染低致病性禽流
感的病鸡群产异形蛋、软皮蛋。左
上图示砂粒蛋、表面不光滑

（毕丁仁）

图1.1.1-34　人工感染禽流感病毒H9 亚型引起盲
肠扁桃体轻度出血　　（胡薛英）

图1.1.1-33　人工感染禽流感病毒H9 亚型引起肠
道出血　　（程国富）

二、狂 犬 病

狂犬病（rabies）俗称"疯狗病"，是由狂犬病病毒（rabies virus）（图1.1.2-1）引起
的一种人兽共患的急性接触性传染病。临床上以兴奋、狂躁不安、攻击行为、咽肌痉挛
和进行性麻痹为特征。

【流行病学】

病犬和带毒犬是本病的主要传染源。几乎所有温血动物都对本病易感，家畜中牛、羊、马属动物、猪等均易感。狂犬病病毒主要存在于患病动物的脑组织、唾液腺和唾液内，主要通过患病动物咬伤、抓伤或舔舐而引起感染；亦可通过患病动物的唾液及其污染物接触健康动物损伤的黏膜、皮肤，经伤口感染。

本病以春、秋季节多发，流行性广，以散发为主，发病后的病死率几乎为100%。

【临床症状】

潜伏期一般为2～8周。临床上可分为狂暴型和麻痹型，前者分为前驱期、兴奋期和麻痹期。

犬感染狂犬病的症状多为狂暴型，病初常有逃跑或躲藏等反常行为。狂暴发作时，表现狂躁不安，到处奔跑，沿途扑咬人畜（图1.1.2-2）；有时狂暴与沉郁交替发生。当病犬进入麻痹期，表现吞咽困难、下颌下垂、张口吐舌、垂尾滴涎（图1.1.2-3）、行动蹒跚，后期因呼吸中枢麻痹和衰竭而死亡（图1.1.2-4、图1.1.2-5）。

牛患狂犬病的症状较轻，一般很少攻击人畜，常表现起卧不安（图1.1.2-6）、流涎、吼鸣和共济失调；时有阵发性兴奋和冲击动作（图1.1.2-7）；进入麻痹期后，倒地死亡（图1.1.2-8）。

羊的临床症状与牛相似。

猪患病后，表现兴奋不安（图1.1.2-9），拱地，啃咬被咬伤的部位，攻击人畜，病程为2～4d。有的病例仅表现共济失调，后躯麻痹，倒地衰竭死亡。

猫患病的症状与犬相似，但病程较短。病猫喜隐卧暗处，表现狂暴，粗声鸣叫，凶猛攻击人畜。

【病理变化】

眼观无特征性病变。常见口腔黏膜、舌和齿龈有出血、破损、糜烂或溃疡。胃内有多种异物，如金属片或木片、碎石、泥土、塑料品、破布、鬃毛等；食管和胃黏膜充血、出血或溃疡。脑膜和脑实质充血、水肿和出血（图1.1.2-10～14）。

【诊断要点】

如有明确的咬伤史，又有明显而典型的临床特征，即可做出临床诊断。确诊用WHO和OIE推荐的直接免疫荧光抗体技术（图1.1.2-15）。其他常用的诊断方法还有免疫组化法（图1.1.2-16、图1.1.2-17）、中和试验、ELISA以及RT-PCR检测等。也可检查神经元胞质中内基氏小体（包含体），有助于综合诊断（图1.1.2-18）。

【检疫处理】

狂犬病是世界动物卫生组织（OIE）列为必须通报的动物疫病（2018病种名录）。我国将狂犬病列为二类动物疫病（2008病种名录），并规定其为进境动物检疫二类传染病（2013病种名录）。

（1）家养的犬、猫等宠物要接种狂犬病疫苗。养犬的家庭成员要在动物接种疫苗前注射狂犬病疫苗。

（2）凡狂犬病犬或患狂犬病的其他动物，应一律扑杀、销毁处理。

（3）被患狂犬病动物咬伤者，应迅速到医疗卫生部门进行紧急处理和治疗。

公共卫生

狂犬病发生于全球150多个国家和地区，每年狂犬病导致数以万计的人死亡，多数发生在亚洲和非洲。我国是受狂犬病危害最为严重的国家之一，仅次于印度，居全球第二位（郭爱珍，栗绍文，2012）。人类狂犬病的主要传染源是狂犬，还有患狂犬病的病猫、病畜等。患病动物的唾液中含有病毒，于发病前3～4d即具有传染性，如果发病期的病犬、病猫以舌舔人，亦有传染的可能。人常因被动物咬伤、抓伤或皮肤伤口接触患病动物的唾液而受到感染。病人的唾液也含有病毒，但人与人之间相互传染的可能性很小。

狂犬病病毒在人体内的潜伏期较长，一般为1～3个月，极少数人可达1年以上。人感染狂犬病表现高度兴奋、恐惧不安、流涎、流泪、出汗等。咽喉和呼吸肌痉挛，高度恐水（称为"恐水症"），吞咽和呼吸困难。病人最初不敢喝水，害怕见水，甚至一听到水声或听到"水"字，即发生强烈的咽喉肌痉挛和全身抽搐。

人狂犬病是目前使人发生急性死亡最多的传染病，其致死率高达100%，对被狂犬病病犬咬伤的患者，通常应立即彻底清洗和消毒局部伤口，并迅速（不能迟于咬伤后24h）注射纯化狂犬病疫苗。接种狂犬病疫苗的方法，目前世界卫生组织推荐的有4针法和5针法，国内狂犬病暴露预防处置规范中推荐5针法，其免疫程序周期长达1个月；目前国内个别产品已经在说明书中引入4针法的接种程序，这种狂犬病疫苗接种方案是WHO最新推荐的肌内注射接种程序，是经过全球大量临床试验和广泛使用验证的。4针法（即2-1-1法）是于咬伤后0d、7d、21d分别接种2、1、1剂纯化的狂犬病疫苗。对于严重咬伤或被咬伤部位接近头颈部的，应同时注射抗狂犬病血清。

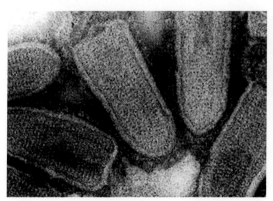

图1.1.2-1 狂犬病病毒粒子透射电镜照片，病毒
呈子弹头状 ×80 000 （赵凌）

图1.1.2-2 狂犬病 病犬攻击猪
（孙锡斌）

图1.1.2-3 狂犬病 感染狂犬病病毒的比格犬进入
麻痹期后张口呼吸，口流大量涎液
（赵凌）

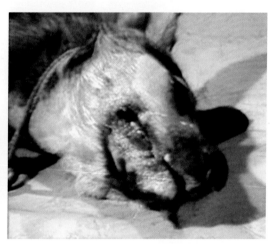

图1.1.2-4 狂犬病 病犬呼吸困难、口流泡沫样
分泌物
（孙锡斌）

图1.1.2-5 狂犬病 病犬进入麻痹期，呼吸衰竭死亡
（孙锡斌）

图1.1.2-6 狂犬病 病牛表现不安，反复起卧

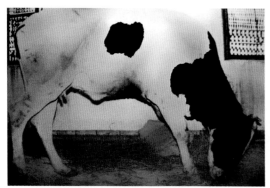

图1.1.2-7 狂犬病 病牛狂躁不安

(周诗其)

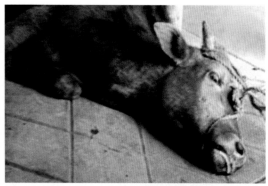

图1.1.2-8 狂犬病 病牛呼吸中枢麻痹死亡

(孙锡斌)

图1.1.2-9 狂犬病 病猪兴奋不安，口吐白沫

(徐有生)

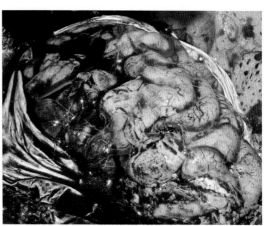

图1.1.2-10 狂犬病 患病犬脑充血、出血

(周诗其)

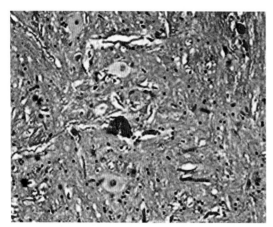

图1.1.2-11 狂犬病 感染狂犬病病毒的犬脑组织
部分神经细胞水肿HE×200

(赵凌)

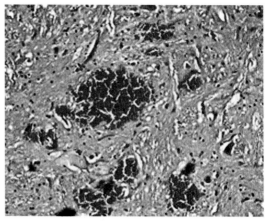

图1.1.2-12 狂犬病 狂犬病病毒感染犬的脑局部
组织出血HE×200

(赵凌)

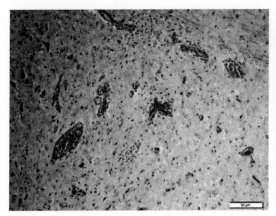

图1.1.2-13 狂犬病 染色显示狂犬病病毒感染的犬下丘脑部的炎症反应：血管内有大量红细胞渗出及血管周围的淋巴细胞浸润HE×200 （赵凌）

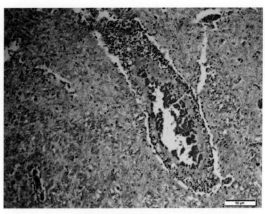

图1.1.2-14 狂犬病 染色显示狂犬病病毒感染的犬脑海马区的炎症反应：血管内有红细胞渗出及血管周围的淋巴细胞浸润HE×200 （赵凌）

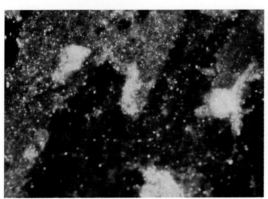

图1.1.2-15 狂犬病 直接免疫荧光法检测病犬脑部病毒感染，病毒的核蛋白呈颗粒状的苹果绿荧光×200 （赵凌）

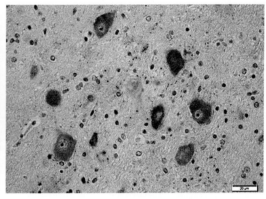

图1.1.2-16 狂犬病 免疫组化检测狂犬病犬脑部海马区病毒的分布：棕色显示病毒感染细胞×400 （赵凌）

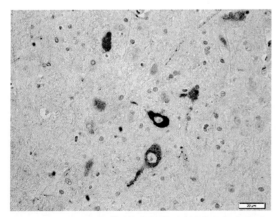

图1.1.2-17 狂犬病 免疫组化法检测狂犬病犬脑部下丘脑病毒的分布：棕色显示病毒感染细胞×400 （赵凌）

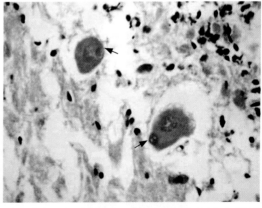

图1.1.2-18 狂犬病 病牛的小脑内浦金野氏细胞质内有染成砖红色的包含体HE×400 （周诗其）

三、流行性乙型脑炎

流行性乙型脑炎（epidemic encephalitis B）又名日本乙型脑炎（Japanese encephalitis B），简称日本脑炎、乙脑，是由日本乙型脑炎病毒（Japanese encephalitis B virus）引起的一种蚊（虫）媒性人兽共患传染病。本病以猪感染最为普遍，妊娠母猪感染后表现高热、流产，公猪出现睾丸炎。其他动物多呈隐性感染。

【流行病学】

多种动物和人感染后均可成为本病的传染源，带毒猪是主要传染源。能传播乙脑的蚊虫有库蚊属、按蚊属、伊蚊属中的蚊种以及库蠓等50多种，我国以三带喙库蚊为主要传播媒介，通过猪→蚊→猪的循环，扩大病毒传播。病毒能在猪体内大量增殖，且病毒血症持续时间长。人和多种动物均可感染，其中马最易感染，猪、人次之。人、猴、马和驴感染后出现明显的脑炎症状，病死率较高。猪的感染特点是隐性感染率高，几乎为100%。绝大多数感染猪在病愈后不再复发。

本病的发生和流行具有严格的季节性，在蚊虫滋生最旺盛的6～9月发病最多。

【临床症状】

猪多为隐性感染。少数病猪（多见成年猪）表现体温升高，精神沉郁，粪便干燥、常附有黏液，尿色深黄。有的因后肢麻痹或关节肿胀而引起跛行。有的（新生仔猪多见）表现神经症状，如视力障碍、摇头、冲撞，最后麻痹死亡。妊娠母猪以初产母猪发病率高，常在妊娠后期突然发生流产，产出死胎、弱仔（图1.1.3-1、图1.1.3-2）和木乃伊胎，母猪流产后对继续繁殖无影响。公猪常在发热后出现一侧或双侧睾丸肿大，触之有热痛（图1.1.3-3～5），慢性病例的睾丸萎缩、变硬。

牛、羊多呈隐性感染。显现症状者，牛主要表现发热和神经症状；山羊表现发热和头、颈、躯干及四肢关节屈伸困难并逐渐出现麻痹。

【病理变化】

临床表现神经症状的猪，剖检可见脑脊液增多，脑实质和脑膜充血、出血和水肿。公猪的睾丸实质有充血、出血和坏死灶；慢性病例的睾丸萎缩、变硬，阴囊与睾丸实质粘连。流产母猪可见子宫内膜炎；流产胎儿有脑水肿、皮下水肿、胸腹腔积液和肝、脾、肾等实质器官的出血或坏死。

【诊断要点】

根据本病的流行病学特点、临床症状和病理变化的综合分析，可做出初步诊断。确诊的实验室方法有病毒分离鉴定、血清学诊断和RT-PCR检测等。

血清学诊断常用的方法有中和试验、血凝和血凝抑制试验、ELISA、补体结合试验、免疫荧光抗体技术等。检测时通常分别采取病初期和恢复期血清，以恢复期血清滴度升高4倍以上作为诊断标准。这是因为该病特异性抗体出现较晚，动物抗体滴度大多于发病后2周以上才达高峰。因此本病没有早期诊断价值。病原学诊断以RT-PCR较常用。

猪流行性乙型脑炎应注意与猪布鲁氏菌病、猪细小病毒病、猪伪狂犬病、猪衣原体病等相区别。

【检疫处理】

流行性乙型脑炎是世界动物卫生组织（OIE）列为必须通报的动物疫病（2018病种名录）。我国将猪乙型脑炎列为二类动物疫病（2008病种名录），并规定日本脑炎为进境动物检疫二类传染病（2013病种名录）。

（1）严格处理传染源。检疫确诊的乙脑病猪或疑似病猪要及时淘汰。对流产胎儿、胎盘及阴道分泌物进行销毁。应搞好猪舍内外环境卫生，喷洒灭蚊药液等。

（2）免疫接种。每年在蚊虫出现前约1个月接种乙脑疫苗，能有效地控制本病的发生。

公共卫生

带毒猪是人乙型脑炎的主要传染源，往往在猪乙型脑炎流行后1个月便发生人流行性乙型脑炎。这一明显的季节性主要是7～9月份。患者一般以儿童居多。潜伏期为10～15d。

主要症状是突然发病，表现发热、头痛、呕吐、嗜睡等。重症患者有昏睡、惊厥及呼吸衰竭等症状。

在流行季节遇突然发生高热、头痛、头昏、呕吐、嗜睡等体征表现又无明显上呼吸道感染的病人，尤其是儿童，应警惕有感染乙型脑炎的可能。应予以密切观察和诊治，进行积极的治疗和护理，防止产生后遗症。

搞好环境卫生，做好防蚊灭蚊工作，消灭传染源；按时对易感人群免疫接种；对发病儿童及时就医治疗。

图1.1.3-2　流行性乙型脑炎　死胎及木乃伊胎

（周诗其）

图1.1.3-1　流行性乙型脑炎　妊娠母猪产死胎和木乃伊胎

（徐有生）

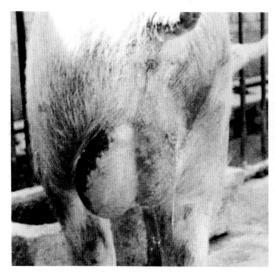

图1.1.3-3 流行性乙型脑炎 患病公猪左侧睾丸
肿大 （徐有生）

图1.1.3-4 流行性乙型脑炎 患病公猪右侧睾丸
肿大，左侧睾丸萎缩

图1.1.3-5 流行性乙型脑炎 患病公猪的双侧睾丸
肿大 （徐有生）

四、牛海绵状脑病

牛海绵状脑病（bovine spongiform encephalopathy，BSE）又称疯牛病，是由一种特殊的具有致病能力的蛋白质，又称朊病毒（prion）引起的成年牛的一种慢性进行性、致死性、中枢神经系统变性性疾病。本病于1985年在英国首次发现，1986年定名为BSE，属传染性海绵状脑病相关病。本病以潜伏期长、病程进行缓慢、惊恐、感觉过敏、共济失调和大脑灰质区神经纤维呈海绵状病变为特征。

【流行病学】

病牛、带毒牛及患痒病的绵羊是本病的主要传染源。本病在牛群中发生，主要是由于摄入了混有痒病病羊或牛海绵状脑病病牛尸体加工的动物骨肉粉，经消化道感染。不同品种和性别的牛皆可感染，以成年奶牛发病率最高。在英国BSE以4～5岁的成年牛发病最多。潜伏期2～8年，平均为4～5年。病程一般为数周至半年。

【临床症状】

临床表现主要是中枢神经系统的症状。病牛表现恐惧或沉郁、行为反常、感觉异常、反应过敏等，如对触摸或触压颈肋部（图1.1.4-1、图1.1.4-2）、敲击声音和光刺激等高度敏感，出现紧张、惊恐、惊吓和颤抖反应。少数病牛头部和肩部肌肉颤抖、抽搐。病牛行走时四肢过度伸展、腰臀部摇摆，后肢站立不稳，卧地不起，并伴发强直性痉挛。后期因极度消瘦和衰竭而死亡。

【病理变化】

剖检无明显病理变化。病理组织学变化局限于中枢神经系统，其病变特征是脑干灰质神经纤维网的海绵状变性。海绵状病变主要为神经纤维网与神经元中出现大小不一的空泡，且在脑干两侧呈对称性分布。在神经元胞体或神经纤维网出现的空泡化变化，主要分布于延髓、中脑部中央灰质区、下丘脑侧脑室，空泡呈圆形或椭圆形，周边整齐（图1.1.4-3）。除海绵状空泡变性外，常见病变区星状细胞大量增生（图1.1.4-4）。

【诊断要点】

根据流行病学特点和特征性临床症状可做出初步诊断。目前确诊该病的方法主要是脑的病理组织学检查。将完整脑组织经甲醛溶液固定、制成石蜡切片、染色后用光学显微镜检查特征性病变，即脑灰质区神经纤维网的海绵状变化和神经细胞核周围的空泡变性，且呈双侧对称性分布。

若光镜下的病理组织学变化难以定论时，有助于BSE诊断的主要方法有：用电镜负染技术检查特征性的痒病相关纤维（SAF）、用免疫组化法检测脑组织灰质区出现的大量被染成紫红色颗粒（或斑点）的朊病毒等。用免疫组化法对BSE进行检测与标准品真实情况的符合率为100%。

由于本病无炎症反应，不产生免疫应答反应，迄今对BSE检测尚无血清学诊断方法。

【检疫处理】

牛海绵状脑病是世界动物卫生组织（OIE）列为必须通报的动物疫病（2018病种名录），我国将其列为一类动物疫病（2008病种名录），并规定其为进境动物检疫一类传染病（2013病种名录）。

目前我国境内尚未检测到BSE阳性牛。我国对BSE非常重视，具有完善的针对BSE的预防监测体系。

（1）加强口岸检疫和邮检工作，严格禁止从发病国家和地区引进反刍动物及其产品，严禁携带和邮寄反刍动物肉类制品入境。

（2）对BSE采取强制性检疫监测，确诊的阳性病牛或疑似病牛必须彻底扑杀销毁。

公共卫生

当人进食牛海绵状脑病病牛肉后，可能感染与疯牛病类似的新型克-雅病。英国是世界上受疯牛病病毒感染而患新型克-雅病人数最多的国家，死亡病例最高潮在2000年。因此，疯牛病的发生与流行，不仅仅是因为它对养牛业的严重危害，更重要的是对公共卫生和公众健康产生巨大影响。我国迄今尚未发现疯牛病临床病例，应保持高度的警惕，严防该病传入。

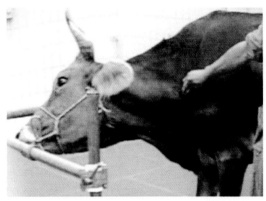

图1.1.4-1　牛海绵状脑病　通过触压刺激病牛颈部，表现头颈剧烈扭曲、晃动（引自于康震《牛海绵状脑病》）

（栗绍文）

图1.1.4-2　牛海绵状脑病　病牛受到刺激后高度敏感、紧张，表现站立不稳，后躯倒地（引自于康震《牛海绵状脑病》）

（栗绍文）

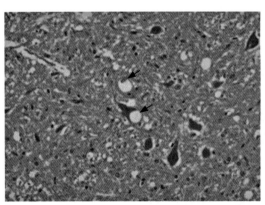

图1.1.4-3　牛海绵状脑病　病牛脑神经元中出现空泡变化

（引自KUBO N1AH，栗绍文）

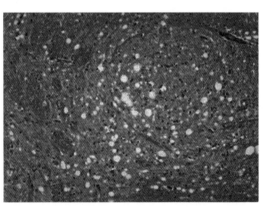

图1.1.4-4　牛海绵状脑病　病牛脑髓质内星状细胞增殖

（引自KUBO N1AH，栗绍文）

五、痘 病

痘病（pox）是由痘病毒（pox virus）引起的多种动物全身性或局限性痘疹的总称。其特征是皮肤和黏膜上发生特殊的丘疹和疱疹。典型病例的初期为丘疹，随后变成水疱、脓疱，脓疱干燥结痂后，痂皮脱落自愈。动物的痘病以绵羊痘最严重，病死率最高。

【流行病学】

各种动物痘病中以绵羊痘、山羊痘、鸡痘、猪痘最为常见。患病畜禽和带毒畜禽是主要传染源。

羊痘主要通过呼吸道感染，也可通过消化道及损伤的黏膜、皮肤等感染。在自然条件下，绵羊痘仅感染绵羊，以幼龄羊的易感性最高，在动物痘病中死亡率较高；山羊痘仅感染山羊。各种哺乳动物痘病毒与禽痘病毒间不能交叉感染。羊痘主要在冬、春季流行。

牛痘主要发生于乳牛，一般通过挤乳工人的手或挤乳机传播。

猪痘多发生于4～6周龄仔猪和断奶仔猪，主要由猪血虱或蚊蝇等传播。

禽痘主要发生于鸡、火鸡，鸽次之；鸭、鹅虽有发生，但并不严重。病毒主要经损伤的皮肤或黏膜感染。

【临床症状与病理变化】

1. **羊痘** 绵羊痘是畜禽痘病中最常见、最为严重的一种急性、热性、接触性全身性传染病。山羊痘的症状和病变与绵羊痘相似。

病羊体温升高，全身反应严重，眼、鼻流出黏性或脓性液体，继之在无毛、少毛的眼睑、耳、鼻唇部、股内侧、腋下、尾下、乳房、肛门周围等处（图1.1.5-1～7）相继出现红斑、丘疹、水疱和脓疱，脓疱逐渐干涸形成黑色痂皮。妊娠母羊发病后常引起流产（图1.1.5-8）。严重病例，痘疹可波及全身皮肤（图1.1.5-9～12）、肺（图1.1.5-13、图1.1.5-14）甚至呼吸道、消化道的黏膜并引起淋巴结肿大（图1.1.5-15）。

2. **牛痘** 痘疹大多发生于乳牛的乳房和乳头上，常呈良性经过。

3. **猪痘** 以4～6周龄仔猪和断奶仔猪多发，痘疹主要见于耳、鼻盘、眼睑、腹部、四肢内侧，以及背部和体侧（图1.1.5-16～22）。

4. **禽痘** 在临床上可分为皮肤型、黏膜型和混合型，败血型极为少见。

（1）皮肤型 痘疹多发于病鸡的鸡冠、肉髯、喙角、眼睑及跗部、趾部（图1.1.5-23～28）。起初生成表面凹凸不平的灰白色小结节，随后很快融合连片，形成突出于表面的粗糙、呈暗褐色痂块，痂皮逐渐脱落，留下疤痕。

（2）黏膜型 又称白喉型。以口腔和咽喉的黏膜发生纤维素性坏死性炎症为特征。病鸡出现咳嗽、嘎嘎声、张口呼吸，可见口腔、咽喉、食管甚至气管的黏膜上有黄白色结节；严重时病变逐渐融合扩展，形成一层隆起的黄白色干酪样假膜（图1.1.5-29、图1.1.5-30），强行剥离假膜，裸露出血的溃疡面。随着病情的发展，假膜扩大、增厚，甚至阻塞咽喉部，引起病鸡呼吸和吞咽困难。如发生于眼结膜和眶下窦，可见眼睑肿胀，结膜上充满脓性或纤维蛋白性渗出物，严重者引起角膜炎甚至失明。

（3）混合型　皮肤和黏膜同时发生痘疹，病情严重的病死率高。

【诊断要点】

根据本病的典型临床症状和流行病学特点可做出初步诊断。确诊需做皮肤丘疹的组织学检查（嗜酸性包含体）和/或动物接种试验以及病原鉴定和血清学检查。

1．**组织学检查**　取病变皮肤制成组织切片，或用痘疹病料制成涂片，经HE染色后镜检上皮细胞胞质内有无嗜酸性包含体（图1.1.5-31）。

2．**动物接种和病原鉴定**　动物接种，羊可选羔羊，牛选家兔，猪选乳猪，禽选雏鸡。通过皮肤划痕或注射等途径接种，猪、羊、家兔常选耳部、腹胁部或股内侧，鸡为冠或肉髯。接种数日后（如雏鸡划痕5～7d内）于接种处发生典型痘疹（图1.1.5-32）。

用PCR技术可对病毒进行快速鉴定。

3．**血清学诊断**　方法有中和试验、血凝和血凝抑制试验、琼脂扩散试验、ELISA等。

【检疫处理】

绵羊痘和山羊痘是世界动物卫生组织（OIE）列为必须通报的动物疫病（2018病种名录）。我国将绵羊痘和山羊痘列为一类动物疫病，禽痘列为二类动物疫病（2008病种名录）；并规定绵羊痘和山羊痘为进境动物检疫一类传染病，禽痘为二类传染病（2013病种名录）。

（1）动物检疫确诊为羊痘后应按规定及程序上报疫情，对疫点内患病羊及其同群动物扑杀销毁，并彻底消毒现场。猪痘、牛痘、禽痘的病变部分销毁，其余部分依病损程度做相应的无害化处理；全身痘疹较多且内脏又有病变者，胴体和内脏销毁。

（2）进境动物检疫确诊为本病的阳性动物，做扑杀、销毁或退回处理。

公共卫生

牛痘病毒可以感染人，多见于挤奶工人与病牛直接接触而感染。

人感染后仅引发局部病变，通常在手指、手掌和手背上形成豌豆粒大痘疹，类似人的天花预防接种反应。患者可能有轻度发热和周身不适感。

与病牛直接接触人员，要注意个人安全与防护。

图1.1.5-1　羊痘　病绵羊鼻唇部痘疹

（孙锡斌）

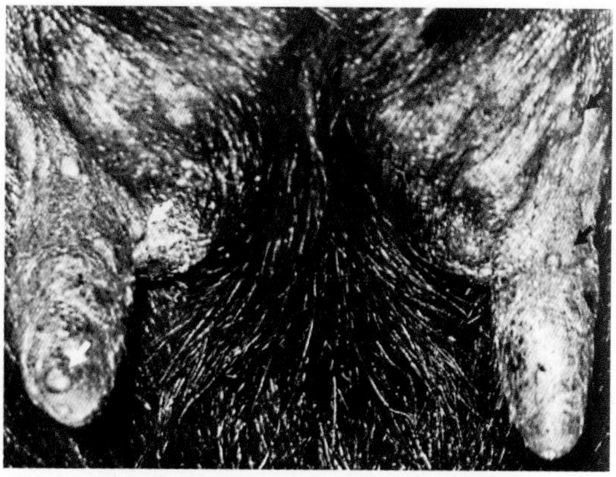

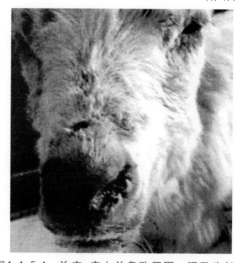

图1.1.5-2　羊痘　病山羊乳房皮肤上痘疹

（徐有生）

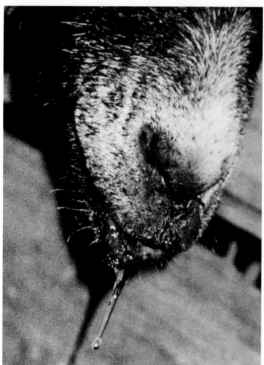

图1.1.5-3　羊痘　病山羊起痘初期口腔有流涎症状

（徐有生）

图1.1.5-4　羊痘　病山羊鼻孔周围、眼及头部皮
肤痘疹，有的破溃、结痂　（程国富）

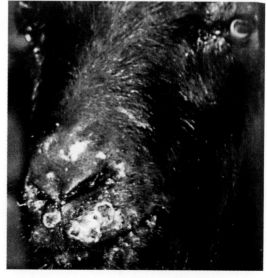

图1.1.5-5　羊痘　病山羊鼻唇部皮肤上痘疹结痂、
破溃　　　　　　　　（徐有生）

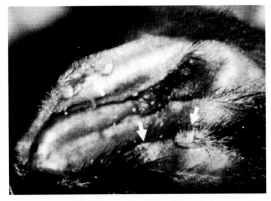

图1.1.5-6 羊痘 耳廓内皮肤上散在痘疹

（徐有生）

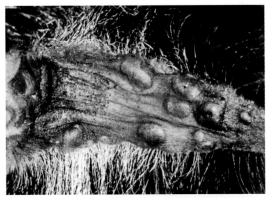

图1.1.5-7 羊痘 尾腹侧和肛门附近的痘疹

（徐有生）

图1.1.5-8 羊痘 病羊流产后，排黑红色恶露

（程国富）

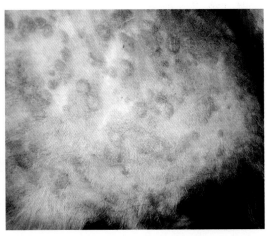

图1.1.5-9 羊痘 患病绵羊皮肤上散在许多淡红
色痘疹 （周诗其）

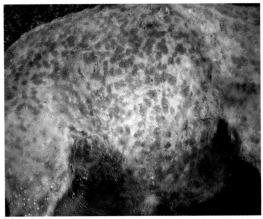

图1.1.5-10 羊痘 患病绵羊全身皮肤散在大量浅
红色痘疹 （周诗其）

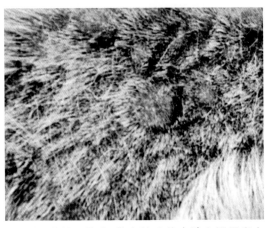

图1.1.5-11 羊痘 剪去被毛的皮肤上裸露出大
小不一的浅红色痘疹结节

（程国富）

图1.1.5-12　羊痘　病羊皮肤上痘疹破溃、结痂，脱落后留下近圆形、暗红色病灶
（程国富）

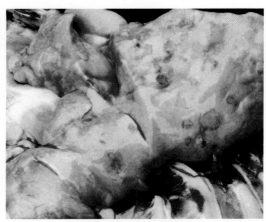

图1.1.5-13　羊痘　病羊肺表面散布大小不一的近圆形、灰白色痘疹
（程国富）

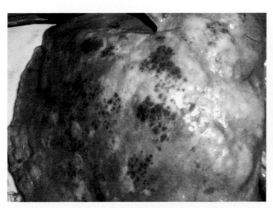

图1.1.5-14　羊痘　病羊肺表面可见大小不一的灰白色痘疹，微突，表面平滑
（周诗其）

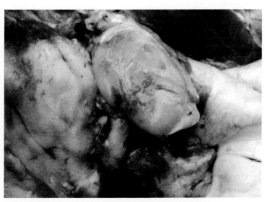

图1.1.5-15　羊痘　病羊肩前淋巴结肿大
（程国富）

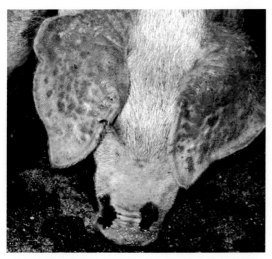

图1.1.5-16　猪痘　病猪两耳皮肤上布满淡红色痘疹结节，有的呈弥漫性　（黄青伟）

图1.1.5-17　猪痘　病猪鼻部和耳部皮肤痘疹
（徐有生　刘少华）

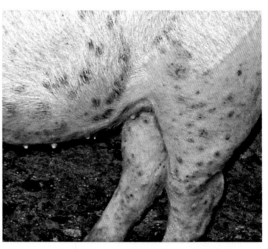

图1.1.5-18　猪痘　病猪腹部和后肢皮肤痘疹
（黄青韦）

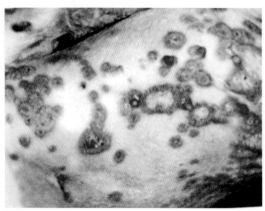

图1.1.5-19　猪痘　病猪皮肤痘疹，其周围显浅红
色红晕，有的融合
（徐有生　刘少华）

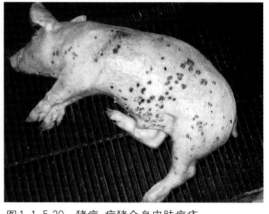

图1.1.5-20　猪痘　病猪全身皮肤痘疹
（徐有生）

图1.1.5-21　猪痘　病猪痘疹破溃、结痂
（徐有生　刘少华）

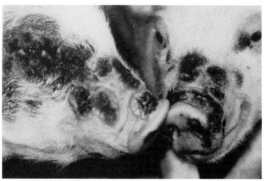

图1.1.5-22　猪痘　病猪痘疹继发细菌感染
（徐有生　刘少华）

图1.1.5-23　鸡痘　病鸡头部的冠、眼睑和肉髯的
　　　　　　皮肤痘疹　　　　　　　　（马增军）

图1.1.5-24　鸡痘　病鸡鸡冠皮肤上痘疹
　　　　　　　　　　　　　　　　　（徐有生）

图1.1.5-25　鸡痘　病鸡鸡冠皮肤布满痘疹明显可见
　　　　　　　　　　　　　（许青荣　王喜亮）

图1.1.5-26　鹅痘　病鹅头喙部的肿瘤状痘疹病变
　　　　　　　　　　　　　　　　　（许益民）

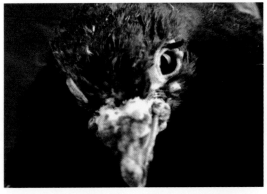

图1.1.5-27　鸽痘　病鸽头部喙角处皮肤痘疹
　　　　　　　　　　　　　　　　（许青荣）

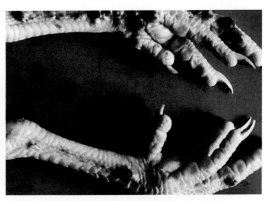

图1.1.5-28　鸡痘　病鸡后肢跗部和趾部痘疹
　　　　　　　　　　　　　　　　（王桂枝）

图1.1.5-29 鸡痘 病鸡口腔黏膜上痘疹融合成黄
白色干酪样假膜   （王桂枝）

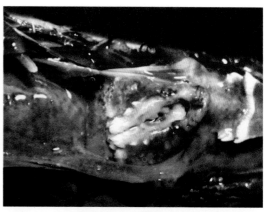

图1.1.5-30 鸡痘 病鸡咽喉部黏膜上痘疹融合成
黄白色干酪样假膜   （徐有生）

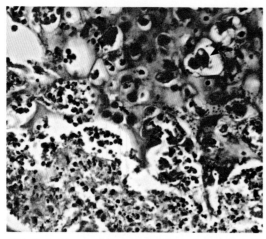

图1.1.5-31 山羊痘皮肤病变的上皮细胞质内的
包含体，细胞坏死和中性粒细胞浸
润HE×1 000   （程国富）

图1.1.5-32 用鸡冠划痕法接种雏鸡，5～7d内
于划痕接种处发生典型痘疹
（王桂枝）

六、猪流行性感冒

猪流行性感冒（swine influenza，简称猪流感）是由A型流感病毒属中的猪流感病毒（swine influenza virus）引起的一种急性、热性、高度接触性的呼吸道传染病。临床上以突然发病、发热、眼和鼻流分泌物、咳嗽、呼吸困难、衰弱及迅速转归为特征。

【流行病学】

病猪、带毒猪是本病的主要传染源。病毒主要存在于病猪的上呼吸道，随咳嗽、喷嚏排出的感染性飞沫污染环境、饲料、饮水、饲养用具等，通过直接或间接接触，主要经呼吸道感染。不同年龄、性别的猪均有易感性。

本病多发生于天气骤变的晚秋、早春和冬季。突然发病并迅速波及全群。其发病率高，但死亡率较低，如无继发感染，多在1周左右猪群病情即可稳定和转归。

【临床症状】

常见发病猪群中病猪体温升高，精神沉郁，食欲减退，呼吸急促呈腹式呼吸（图1.1.6-1）；咳嗽，喷嚏，流浆液性、黏性或脓性鼻液（图1.1.6-2～6）；眼结膜潮红，有黏性、脓性分泌物（图1.1.6-7、图1.1.6-8）。如有继发感染，则发生肺炎、肠炎症状，严重者可引起死亡。

【病理变化】主要病变在呼吸道。

病理变化可见病猪的鼻、咽、喉、气管和支气管黏膜充血、肿胀并被覆多量带泡沫黏液（图1.1.6-9、图1.1.6-10）。严重病例，支气管淋巴结和纵隔淋巴结肿大、充血，肺的尖叶、心叶及膈叶发生水肿和间质增宽，大部分肺有实变（图1.1.6-11～13），甚至发生纤维素性胸膜肺炎；胃肠常有卡他性炎症。

【诊断要点】

根据本病发生迅猛、发病率高、死亡率低的流行病学特点和发热、咳嗽、喷嚏、呼吸困难、衰弱及短期内迅速康复的临床特征，以及呼吸道与肺的病变特征，可做出初步诊断。确诊需做实验室病毒分离与鉴定和血清学诊断。亦可采用RT-PCR快速检测病料中的猪流感病毒。

血清学诊断的方法常用血凝和血凝抑制试验、琼脂扩散试验等。

本病应注意与猪支原体肺炎、猪传染性胸膜肺炎、猪繁殖与呼吸综合征等呼吸道疾病相区别。

【检疫处理】

我国将猪流行性感冒列为三类动物疫病（2008病种名录），并规定其为进境动物检疫二类传染病（2013病种名录）。

（1）动物检疫确诊为猪流行性感冒的病猪，应及时隔离，加强对病猪的护理与饲养管理，并完善现场消毒。

（2）病猪的尸体或胴体及内脏做化制或销毁处理。

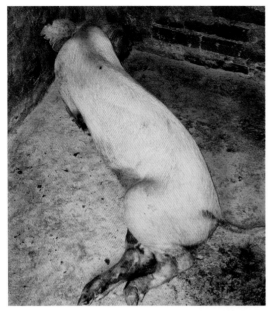

图1.1.6-2　猪流感　病猪流浆液性鼻液，眼有分
　　　　　泌物　　　　　　　　　　（金梅林）

图1.1.6-1　猪流感　病猪后驱麻痹，呈腹式呼吸
　　　　　　　　　　　　　　　　　（刘正飞）

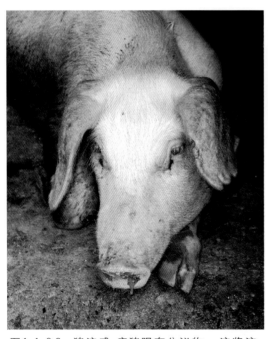

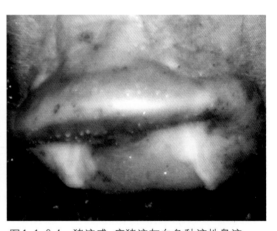

图1.1.6-4　猪流感　病猪流灰白色黏液性鼻液
　　　　　　　　　　　　　　　　　（徐有生）

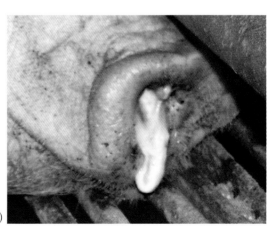

图1.1.6-3　猪流感　病猪眼有分泌物，流浆液、
　　　　　黏液性鼻液　　　　　　（刘正飞）

图1.1.6-5　猪流感　病猪流脓性鼻液　（徐有生）

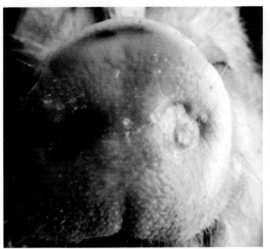

图1.1.6-6 猪流感 病猪鼻孔被干脓性鼻液堵塞
（徐有生）

图1.1.6-7 猪流感 病猪眼结膜潮红，有黏性分泌物
（徐有生）

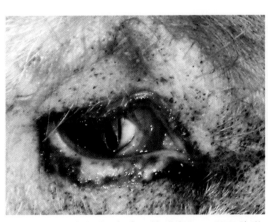

图1.1.6-8 猪流感 病猪眼结膜潮红，眼周黏附黏脓性分泌物
（徐有生）

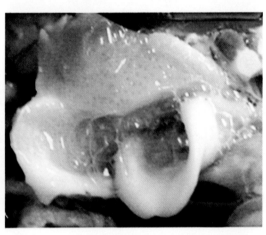

图1.1.6-9 猪流感 病猪扁桃体和喉头表面覆有大量泡沫样分泌物
（金梅林）

图1.1.6-10 猪流感 病猪喉和气管的黏膜充血，覆有分泌物
（刘正飞）

图1.1.6-11 猪流感 病猪肺气肿病灶区色苍白、膨隆，小叶间质增宽，有的小叶肉变
（徐有生）

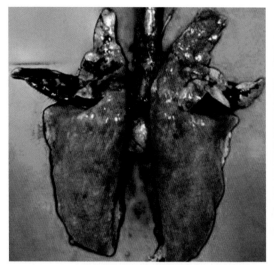

图 1.1.6-12　猪流感　病猪肺叶发生明显的肉变
（金梅林）

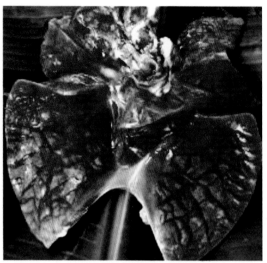

图 1.1.6-13　猪流感　病猪肺的尖叶、心叶、膈叶
水肿，间质增宽　　　　　（徐有生）

七、猪链球菌病

链球菌病（swine streptococcosis）是由 β 溶血性链球菌的多种致病性血清型链球菌引起人和多种动物的传染病的总称。猪链球菌病是由对猪有致病性的一些不同血清型链球菌引起猪的一种以败血型、脑膜炎型、化脓性淋巴结炎型和关节炎型为特征的多种疾病的总称。由于链球菌的血清型繁多，因而引起人和动物的疾病也多种多样，近年来由猪链球菌 Ⅱ 型引起的猪链球菌病成为一种重要的人兽共患病。人感染猪链球菌 Ⅱ 型后可引起败血症、脑膜炎和心内膜炎等。

【流行病学】

病猪和带菌猪是本病的主要传染源。其排泄物、分泌物、血液、内脏器官及关节内存在的病原菌污染环境、饲料、饮水及运输工具、饲养工具等，主要通过呼吸道、消化道和受损伤的皮肤感染。不同年龄、品种和性别的猪均可感染，密集型饲养的猪更易感染，以哺乳仔猪的发病率和死亡率高，多为败血型和脑膜脑炎型；其次为架子猪和怀孕母猪，以化脓性淋巴结炎型多见。各型很少单独发生，常混合发生或先后发生。

本病一年四季均可发生，但以夏季和秋初炎热潮湿季节多发。

【临床症状与病理变化】

1. **败血型**　最急性型病猪常无任何明显症状就突然死亡。急性型病猪表现体温升高、呈稽留热型，精神委顿，流浆液性、脓性鼻液，呼吸促迫，耳、颈、腹下及四肢下端皮肤呈紫红色（图 1.1.7-1、图 1.1.7-2）并有出血点，常在 1 ～ 3d 死亡。病程较长的慢性型病猪常伴发一个或多个关节的炎症，表现关节肿胀、跛行或瘫痪（图1.1.7-3），其后出现麻痹、呼吸困难、衰竭死亡。

病理变化可见皮下组织出血；全身淋巴结肿大、出血（图1.1.7-4）；喉部、气管充血，有大量泡沫样渗出物（图1.1.7-5）；肺体积膨大、瘀血、水肿和出血（图1.1.7-6、图1.1.7-7）；心肌弛缓扩张，心内、外膜出血（图1.1.7-8、图1.1.7-9）；肾肿大、瘀血和出血（图1.1.7-10～12）；脾肿大、呈紫红色或黑红色，有的有梗死病灶（图1.1.7-13、图1.1.7-14）；胃和小肠黏膜充血、出血（图1.1.7-15）；部分病例见肝肿大、呈暗红色，胆囊水肿和胆囊壁增厚（图1.1.7-16、图1.1.7-17）。病程较长者，可见其胸、腹及心包腔积液并混有纤维素性絮状物，肿胀的关节内有化脓性物（图1.1.7-18～20）。

2. 脑膜脑炎型　多见于哺乳仔猪和断奶仔猪。病初体温升高，表现热性症状，之后出现共济失调、转圈、磨牙、口吐白沫、抽搐、后肢麻痹不能站立或卧地四肢划动似游泳状等（图1.1.7-21）。少数病猪可同时发生多发性关节炎。

病理变化可见脑膜充血、出血，脑脊液混浊、增多，部分病例的脑组织断面有出血点（图1.1.7-22～24）。

3. 关节炎型　病猪的一肢或多肢关节肿胀，跛行，不能站立（图1.1.7-25～27）；严重者肿胀部位破溃，流出脓性物，甚至形成瘘管（图1.1.7-28～30）。

剖检可见关节周围组织有多发性化脓灶，关节囊内有黄色胶冻状或纤维素性、脓性渗出物（图1.1.7-31～36）。

上述三型多见混合发生或先后发生。

4. 化脓性淋巴结炎（淋巴结脓肿）型　慢性型病猪临床上常见下颌、咽部和颈部的淋巴结及其他部位的体表淋巴结肿大、硬固、有热痛，并影响吞咽和呼吸。严重者肿胀部软化、破溃，流黄白色或灰白色脓性物（图1.1.7-37～39）。

若受损的淋巴结位于深部或浅表的淋巴结病变轻微又不破溃者，往往在宰后检验或死后剖检时才发现该淋巴结肿大、硬固，其切面上有大小不一的化脓灶。

【诊断要点】

根据本病多型性的临床症状和较复杂的病理变化，结合流行病学特点，可做出疑似猪链球菌病的诊断。确诊需结合实验室细菌分离培养的结果进行综合判定。

1. 涂片镜检　根据不同病型无菌采取相应病料（如血液或脏器），做涂片、染色、镜检，镜下见菌体为革兰氏阳性球菌，呈短链状排列；在固体培养基及脓汁标本中多为散在单个、成双或偶见短链排列；在液体培养基中易形成长链（图1.1.7-40），且符合相应的临床症状或病理变化的，即可做出综合诊断。

2. 细菌分离培养　取病料在血液琼脂平板上接种、培养，形成无色露珠状细小菌落，菌落周围有溶血现象（图1.1.7-41）；镜检可见细菌呈长短不一的链状排列，且符合相应的临床症状或病理变化的，可做出综合诊断。

必要时，可用PCR检测技术进行血清群型的鉴定，也可做动物接种试验。

【检疫处理】

我国将猪链球菌病列为二类动物疫病（2008病种名录），并规定其为进境动物检疫二类传染病（2013病种名录）。

（1）动物检疫确诊为本病的败血型或多型混合发生的全身性感染的病猪及死亡尸体或胴体与内脏做销毁处理。

（2）若单一发生的关节炎型或化脓性淋巴结炎型等慢性病例，病变部分化制或销毁，其余部分依病损程度做相应的无害化处理。

（3）进境动物检疫确诊为本病的染疫动物，做扑杀、销毁或退回处理，同群动物隔离观察。

公共卫生

人感染猪链球菌Ⅱ型后可引起脑膜炎、心内膜炎、败血症等，严重时可导致死亡。近年来，猪链球菌2型引起特定人群的感染和死亡已受到广泛关注。

人主要经伤口、消化道等途径感染猪链球菌。引起人-猪链球菌感染多见于直接宰杀和接触病死猪肉时，手臂皮肤有伤口或被划伤的人员。人感染该病的潜伏期平均为2～3d。

该病在临床上主要分为败血型（图1.1.7-42～46）和脑膜炎型，前者大多呈急性发病，主要表现高热、头痛、头昏、全身不适、乏力，重症患者迅速进展为全身中毒性休克综合征，预后较差，死亡率极高。脑膜炎型表现头痛、高热、恶心、呕吐、脑膜刺激征阳性等，如及时治疗其预后较好，死亡率较低。

经常接触猪和处理病死猪的人员，要注意个人卫生安全防护。

图1.1.7-1　猪链球菌病 死于急性败血症的病猪全身皮肤呈乌紫色　　　　（马增军）

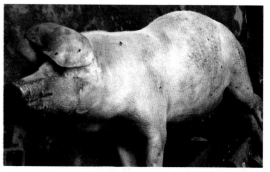

图1.1.7-2　猪链球菌病 急性败血症死亡猪的头、颈等处皮肤呈紫红色　　（金梅林）

图1.1.7-3　猪链球菌病　病猪后肢麻痹不能站立
（黄青伟）

图1.1.7-4　猪链球菌病　病猪淋巴结肿大、出血
（郭定宗）

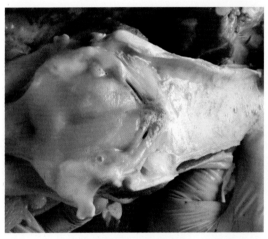

图1.1.7-5　猪链球菌病　病猪喉部、气管有泡沫
样渗出物

图1.1.7-6　猪链球菌病　病猪肺瘀血、肿大和出血
（黄青伟）

图1.1.7-7　猪链球菌病　病猪肺膈叶明显出血
（马增军）

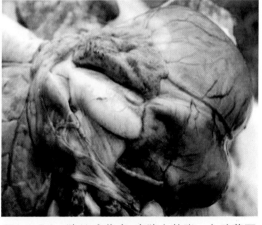

图1.1.7-8　猪链球菌病　病猪心扩张，心壁薄而
柔软，心腔塌陷　　（徐高原）

图1.1.7-9　猪链球菌病　病猪心外膜出血，以心耳最为明显　　　　　（徐高原）

图1.1.7-10　猪链球菌病　病猪肾表面密布小点状出血　　　　　　　　（郭定宗）

图1.1.7-11　猪链球菌病　病猪肾肿胀、瘀血，有出血斑（点）　　　　　（胡薛英）

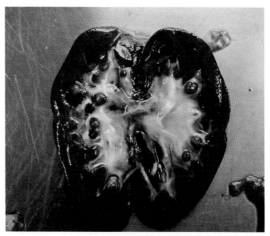

图1.1.7-12　猪链球菌病　病猪肾切面可见皮质部明显出血　　　　　　　（胡薛英）

图1.1.7-13　猪链球菌病　病猪脾肿大，边缘有梗死灶

图1.1.7-14　猪链球菌病　病猪脾瘀血、肿大，肠系膜水肿呈黄白色胶冻状

（徐高原）

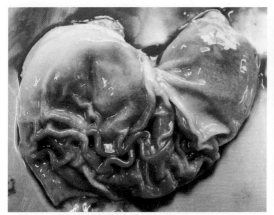

图1.1.7-15 猪链球菌病 病猪胃底部黏膜弥漫性
充血和出血 （胡薛英）

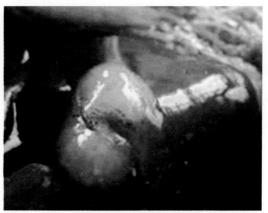

图1.1.7-16 猪链球菌病 病猪胆囊明显水肿，胆
囊壁增厚 （徐高原）

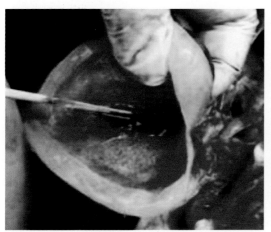

图1.1.7-17 猪链球菌病 上图病猪的胆囊切开后
可见胆囊壁明显增厚 （徐高原）

图1.1.7-18 猪链球菌病 严重病例的心、肺、肝、脾
的浆膜面被覆灰白色纤维素性渗出物

图1.1.7-20 猪链球菌病 病猪心瓣膜上疣状赘生物
（黄青伟）

图1.1.7-19 猪链球菌病 病猪心外膜出血，覆有灰
白色膜状纤维素性物 （胡薛英）

图1.1.7-21 猪链球菌病 病猪侧卧于地，四肢划
动似游泳状   （徐高原）

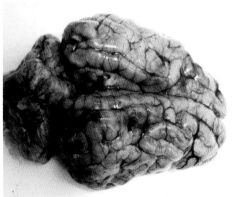

图1.1.7-22 猪链球菌病 病猪脑膜充血，脑回肿
胀，脑沟多处有凝血块 （金梅林）

图1.1.7-23 猪链球菌病 病猪脑膜被覆灰白色纤
维素性膜状物   （马增军）

图1.1.7-24 猪链球菌病 病猪脑膜明显增厚
（马增军）

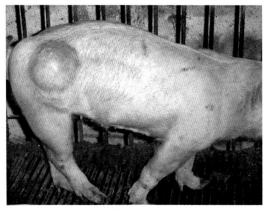

图1.1.7-25 猪链球菌病 病猪髋关节部有一巨大
的圆形脓肿   （金梅林）

图1.1.7-26 猪链球菌病 病猪前肢和后肢的关节
脓肿（箭头）   （金梅林）

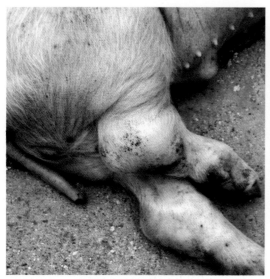

图1.1.7-27 猪链球菌病 病猪因多发性关节炎，
卧地，不能站立 （马增军）

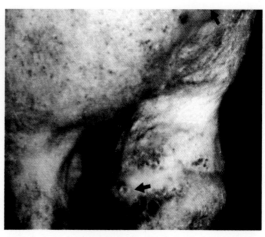

图1.1.7-28 猪链球菌病 病猪后肢多发性关节
炎，脓肿破溃 （徐有生）

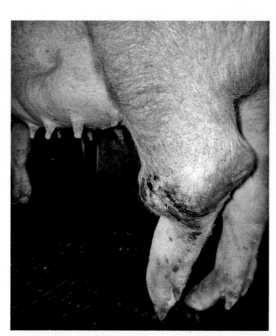

图1.1.7-29 猪链球菌病 病猪后肢跗关节脓肿
破溃

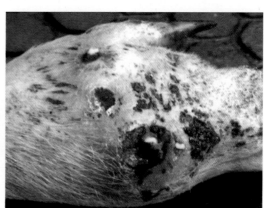

图1.1.7-30 猪链球菌病 病猪趾部关节肿胀、化
脓，形成瘘管 （徐有生）

图1.1.7-31 猪链球菌病 切开肿胀的关节，有黄
红色胶冻样物流出 （黄青伟）

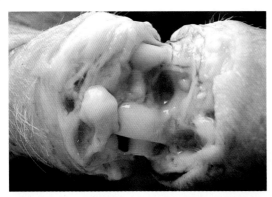

图1.1.7-32　猪链球菌病　病猪关节囊充满黄白色
　　　　　　胶冻样物　　　　　　　（徐高原）

图1.1.7-33　猪链球菌病　病猪关节肿胀充血，关
　　　　　　节囊内可见多量浑浊的渗出物
　　　　　　　　　　　　　　　　　（金梅林）

图1.1.7-34　猪链球菌病　病猪关节周围结缔组织
　　　　　　增生，切开见灰白色化脓性渗出物
　　　　　　　　　　　　　　　　　（胡薛英）

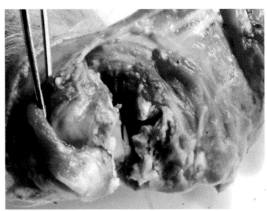

图1.1.7-35　猪链球菌病　病猪关节腔内有黄白色
　　　　　　脓性干酪样渗出物　　　（马增军）

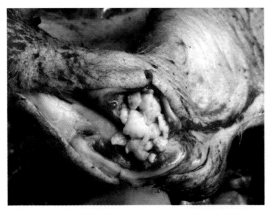

图1.1.7-36　猪链球菌病　病猪关节及周围组织脓肿，
　　　　　　切开脓肿部，有大量黄白色脓性物
　　　　　　　　　　　　　　　　　（金梅林）

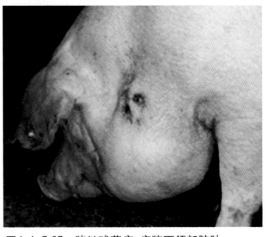

图1.1.7-37　猪链球菌病　病猪下颌部脓肿
　　　　　　　　　　　　　　　　　（徐有生）

图1.1.7-38 猪链球菌病 病猪下颌部脓肿，张嘴
呼吸 （徐有生）

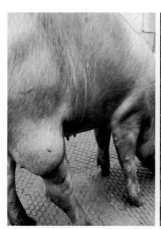 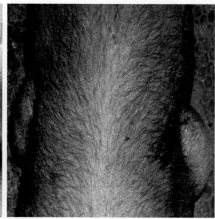 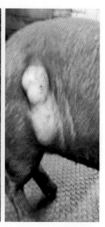

图1.1.7-39 猪链球菌病 病猪多个部位的体表淋巴结脓肿 （徐有生）

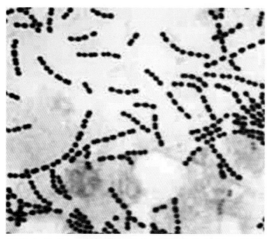 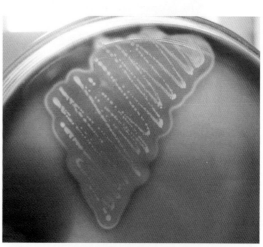

图1.1.7-40 链球菌菌体为球形或卵圆形，呈链
状排列 革兰氏染色 ×1 000
（金梅林）

图1.1.7-41 猪病料在血液琼脂平板上培养，形
成无色露珠状细小菌落，菌落周围
有溶血现象 （马增军）

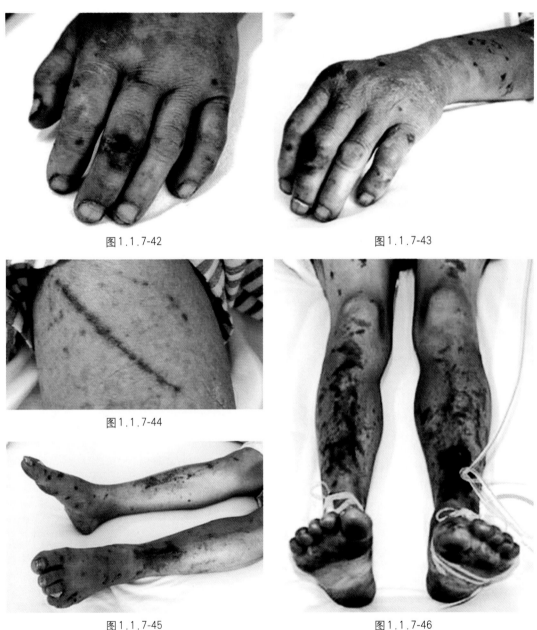

图1.1.7-42

图1.1.7-43

图1.1.7-44

图1.1.7-45

图1.1.7-46

图1.1.7-42～46　人感染猪链球菌Ⅱ型引起败血症临床表现

八、炭　疽

　　炭疽（anthrax）是由炭疽杆菌（*Bacillus anthracis*）引起的一种人兽共患的烈性传染病。因可引起皮肤等组织发生黑炭状坏死，故称为炭疽。动物急性炭疽的临床和病理特征是突然发生高热、可视黏膜发绀、天然孔出血、皮下和浆膜下结缔组织出血性胶样浸润及脾脏显著肿大等急性败血症变化。

【流行病学】

患病动物是本病的主要传染源，其分泌物、排泄物，尤其是从天然孔流出的血液中含大量的炭疽杆菌，被污染的土壤、水源、牧场等与外界空气接触后在一定的条件下，即可形成抵抗力很强的芽孢，芽孢能保存生活力和毒力长达数十年之久，使污染了的土壤、水源、牧场等可能成为长久疫源地。易感动物主要通过接触被炭疽芽孢污染的水源、土壤等环境或采食被污染的饲料、饲草、饮水等经皮肤伤口、呼吸道或消化道感染。

家畜中以牛、羊、马属动物最易感。猪对炭疽杆菌的抵抗力较强，多数不显临床症状，但有局灶性炎症，因此，在宰前很难检出，往往在宰后检验时才被发现。屠宰牛多见非典型炭疽，而典型败血型炭疽（因生前容易发现）一般不会进入正常屠宰过程。

本病多呈散发。夏季雨水多、洪水泛滥、吸血昆虫多，常是促进炭疽发生和流行的重要因素。

【临床症状】

牛炭疽常见急性型或亚急性型，偶尔也发生最急性型。羊多为最急性型，且多发生于绵羊。马常取急性或亚急性经过。猪多为咽型、肠型炭疽，败血型猪炭疽极少见。

1. **最急性型**　临床特点是动物在使疫中、休息时或在圈舍内或放牧场上突然摇摆、倒地，磨牙，全身痉挛，呼吸困难，口、鼻、肛门等天然孔流出的血液凝固不良、呈黑红色煤焦油状（图1.1.8-1、图1.1.8-2），常于数分钟内死亡。

2. **急性型**　主要表现体温升高，呼吸困难，肌肉震颤，初便秘、后腹泻带血，尿呈暗红色，濒死期可见口、鼻等天然孔出血，血液呈煤焦油状，常因呼吸衰竭休克而死亡。病程1～2d。

3. **亚急性型**　症状与急性型相似，但较轻微。可见咽喉部、颈肩部、胸前、腹下、外阴部、乳房等处皮肤最松软的部位，以及直肠和口腔黏膜发生局限性水肿性肿胀，肿胀迅速扩大，初期硬固、热痛，进一步从肿块中央发生坏死、溃疡。常称为痈炭疽，有人称为痈型炭疽。当炭疽痈发生于皮肤时称为皮肤炭疽痈，发生于黏膜时称为黏膜炭疽痈。呈亚急性经过的猪咽型炭疽较少见，其临床特点是呈现发热性咽炎症状，表现体温升高，咽喉部、颈部一侧或双侧发生急性肿胀，严重者可波及胸部，肿胀部皮肤呈紫红色，呼吸极度困难，黏膜发绀，最后窒息死亡。

4. **慢性型**　呈局限性的咽型炭疽主要发生于猪，且多不表现明显临床症状，只是在猪宰后检验时才发现病变。肠型炭疽一般很难确诊，通常表现便秘或腹泻，粪便混有血液。肺型炭疽较为少见，临床上不易判断。

【病理变化】

1. **最急性型**　除脾和淋巴结有轻度肿胀外，常不见其他明显的眼观病变。

2. **急性败血型**　常见尸僵不全，腹部膨胀；口、鼻、肛门等天然孔流出的血液凝固不全，呈黑红色煤焦油状；皮下、肌间和浆膜下结缔组织有红黄色胶样浸润；脾显著肿大达正常数倍，脾髓呈黑红色、软化如泥状或糊状；全身淋巴结肿大、出血。

3. 亚急性型　与临床症状相似。

4. 慢性咽炭疽　可见咽喉部及颈部皮下组织有出血性胶样浸润，扁桃体和咽喉部周围淋巴结呈出血性坏死性炎症（图1.1.8-3～5）。咽喉部周围淋巴结以下颌淋巴结的病变最具特征性，该淋巴结肿胀、充血，切面呈砖红色或淡红色，切面上间有数量不等的点（斑）状、呈暗红色或黑红色凹陷的坏死灶，淋巴结周围呈红黄色胶样浸润。病程经过较长者，可见淋巴结被膜增厚，常与周围的组织粘连，淋巴结质地坚硬、切面干燥。

5. 肠型炭疽　主要见小肠呈弥漫性或局限性出血性肠炎，并伴有肠系膜淋巴结肿大、出血、坏死（图1.1.8-6）。

陈怀涛（1963）剖检10月龄急性死亡猪，见其腹部膨大，鼻孔与口角有少量凝固不良的血液。剖开腹部，内脏各器官呈瘀血状态，肝、肾、淋巴结肿大、色暗红；组织学检查，下颌淋巴结呈出血性坏死性炎症变化。脾极度肿大、色紫红，质地极为柔软，被膜紧张并向外突出（图1.1.13-7），切面呈黑红色；脾髓呈煤焦油状，红髓与白髓的结构模糊不清；组织学检查，脾呈急性出血性坏死性脾炎变化。从血液和脾脏取材涂片，检出炭疽杆菌。

【诊断要点】

根据流行病学特点和典型临床症状，可做出初步诊断。生前对可疑病死畜，禁止剖检，应迅速采取水肿液、口鼻等天然孔流出的血液（或肛门排出的血便），或耳部、四肢末梢血液，涂片数张，分别做美蓝染色和革兰氏染色，镜检见炭疽杆菌典型形态特征（图1.1.8-8、图1.1.8-9），再结合流行病学特点和临床症状，一般可做出诊断。必要时，进行病原分离鉴定、血清学诊断和动物接种。

宰后发现可疑病例时，可采病料做涂片镜检和炭疽沉淀试验（Ascoli氏反应）（图1.1.8-10）有助于确诊。用腐败材料制成的涂片，往往可以看到无菌体的菌影（即荚膜）；用猪病料制成的涂片，除能见到单在或两个相连的炭疽菌体外，往往还可见到菌体呈弯曲或部分膨胀的变异形态。因此，对不宜镜检的腐败病料、无法进行环氧乙烷消毒的炭疽易感动物的皮张和风干肉品等，炭疽沉淀试验与直接涂片镜检联合应用具有简便、实用的意义。

其他诊断方法有琼脂扩散试验、免疫荧光抗体技术、PCR技术等。

【检疫处理】

炭疽是OIE列为必须通报的动物疫病（2018病种名录）。我国将炭疽列为二类动物疫病（2008病种名录），并规定其为进境动物检疫二类传染病（2013病种名录）。

（1）对确诊的炭疽病畜及其同群者或疑似炭疽病畜，禁止剖检，应迅速采取不放血的方式扑杀后焚毁。宰后确认为炭疽病畜的产品和怀疑被其污染的胴体、内脏、皮毛、血液等均应在6h以内焚毁。

（2）对被炭疽病畜污染的栏圈、用具、场地等进行严格消毒。病畜体内的炭疽杆菌暴露于外界环境中，在温度适宜的条件下很快形成具有很强抵抗力的芽孢，芽孢在干燥的状态下可存活数十年。因此，发现病畜应尽快进行现场消毒，消毒药物应选用20%漂白粉混悬液、10%氢氧化钠溶液，亦可用过氧乙酸、戊二醛、环氧乙烷、次氯酸钠等。金属性器械和用具，用0.5%氢氧化钠溶液煮沸消毒30min后用清水冲洗。上述所有现场消毒工作应于宰后6h内完成。

（3）凡与炭疽病畜及其产品接触过的人员，必须接受卫生安全防护。

公共卫生

　　人患炭疽在一般情况下有职业性，多发生于牧民、农民、屠宰工人、皮毛加工工人与兽医。往往是由于接触病畜及其排泄物、解剖和处理病畜尸体、接触被炭疽杆菌污染的畜产品、吸入带有炭疽芽孢的灰尘和进食带菌肉类等途径感染。

　　人炭疽有皮肤炭疽、肺炭疽、肠炭疽3种类型，以皮肤炭疽为多见。以上类型均可继发败血症和脑膜炎，以肺型和肠型表现严重。皮肤炭疽最常见于手臂、眼睑、面部、颈部和躯体露出部分的皮肤发生炭疽痈（图1.1.8-11～15）。初见红斑、发痒，以后形成丘疹，有热、痛、变硬；继之，形成浆液性或出血性水疱，迅速化脓，破溃后形成浅溃疡，中心为棕黑色或黑色的坏死性痂皮，周围有黄色小水疱和水肿；新的血疹、水疱逐渐融合，附近组织为广泛而无痛的非炎性水肿。少数重症者可因败血症致死。

　　常与炭疽疫区病畜及其产品频繁接触的人员，要定期接种炭疽疫苗，并要注意个人卫生安全防护。

图1.1.8-1　炭疽　急性炭疽死亡病牛的两侧鼻孔流出的血液凝固不良，呈酱油色

（雷健保　孙锡斌）

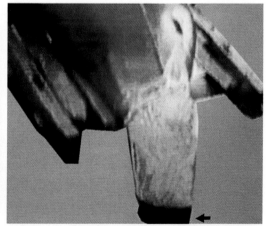

图1.1.8-2　1996年云南某地一炭疽病牛死亡后，从鼻腔流出凝固不良的酱油色血液

（赵松年　孙锡斌）

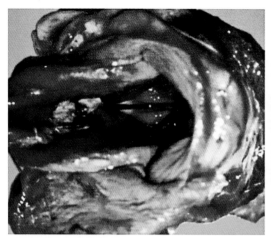

图 1.1.8-3　猪咽型炭疽　病猪咽喉肿胀、出血呈樱桃红色，部分黏膜覆盖灰黄色膜状物；其周围的淋巴结肿大、出血

（徐有生　刘少华）

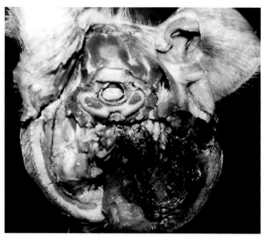

图 1.1.8-4　猪咽型炭疽　病猪咽喉部和右侧下颌部组织明显出血、水肿，切面见下颌淋巴结呈砖红色

（陈怀涛）

图 1.1.8-5　猪咽型炭疽　病猪下颌淋巴结切面呈砖红色，有黑红色坏死灶，淋巴结周围有红黄色胶样物　　（孙锡斌）

图 1.1.8-6　肠型炭疽　病猪肠系膜淋巴结呈出血性坏死性炎变化　　（孟宪荣　郑明光）

图 1.1.8-7　炭疽性败血脾　1963 年甘肃某地一急性死亡猪剖检见脾急性脾炎，脾极度肿大，边缘钝圆，质地柔软，呈黑红色

（陈怀涛）

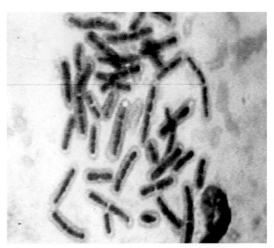

图 1.1.8-8 炭疽杆菌的形态：菌体散在、短链状排列，两端相连处呈竹节状，有荚膜，芽孢位于菌体中央或偏端 革兰氏染色 ×1 000 （王桂枝）

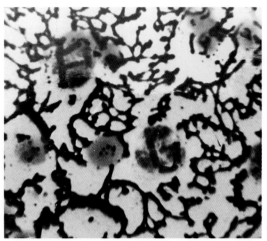

图 1.1.8-9 病畜血液抹片、染色，镜检见中性粒细胞吞噬炭疽杆菌 瑞氏染色 ×800

（徐有生 刘少华）

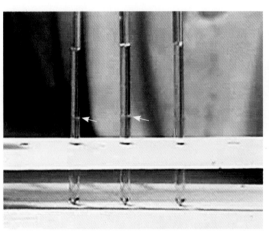

图 1.1.8-10 炭疽沉淀反应 左：阳性对照；中：阳性反应（两液接触面出现白色沉淀环）；右：阴性对照

（王桂枝 石德时）

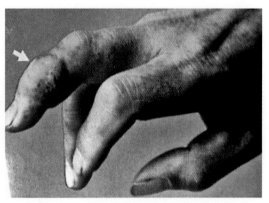

图 1.1.8-11 人炭疽 患者中指部皮肤炭疽

（徐有生）

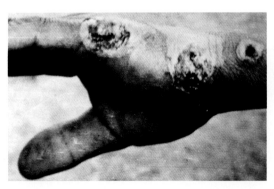

图 1.1.8-12 人炭疽 患者腕部和手掌部皮肤炭疽

（庄宗堂）

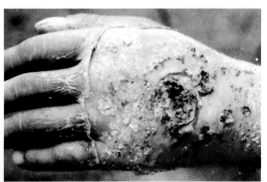

图 1.1.8-13 人炭疽 患者手背部皮肤炭疽

（庄宗堂）

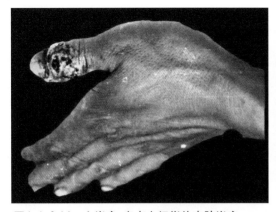

图1.1.8-14　人炭疽　患者大拇指处皮肤炭疽

(庄宗堂)

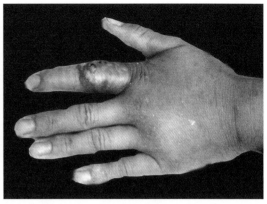

图1.1.8-15　人炭疽　患者食指近端处皮肤炭疽

(庄宗堂)

九、结 核 病

结核病（tuberculosis）是由分支杆菌科分支杆菌属（*Mycobacterium*）的某些分支杆菌引起多种动物和人的一种人兽共患传染病。其病理特征是在受侵害的器官组织（如肺、浆膜、肝、脾）中形成特殊的结核结节。

牛结核病主要由牛分支杆菌引起，也可由结核分支杆菌引起。禽结核病主要由禽分支杆菌引起。猪结核病可由结核分支杆菌、牛分支杆菌引起，禽分支杆菌也可引起猪的局部性病灶。人结核病主要由结核分支杆菌引起，牛分支杆菌也可引起人感染发病。山羊和家禽对结核分支杆菌不敏感。

【流行病学】

患结核病的动物是本病的主要传染源，特别是向体外排菌的开放性结核患病动物。病原菌主要经呼吸道和消化道感染。家畜中以牛最易感，特别是奶牛，其次是黄牛、牦牛、水牛。猪和禽的易感性也比较强。绵羊、山羊、马极少见。

不良的饲养管理、过重的使役（牛），尤其是畜舍过于拥挤、通风不良、阴暗、潮湿等是造成本病传染与扩散的重要因素。

【临床症状】

结核病具有高感染率和低发病率的特点。其共同症状为全身渐进性消瘦和贫血（图1.1.9-1）。临床症状因患病动物和其患病器官不同而各异。

1. **眼球结核**　引起眼部肿胀、发炎，导致失明（图1.1.9-2）。

2. **肺结核**　多见于牛和猪，表现消瘦，有短促的干咳，呼吸促迫，呼吸音粗粝并伴有啰音或摩擦音。

3. **乳房结核**　乳房淋巴结肿大、发硬，乳房出现无热、无痛的局限性或弥漫性硬结，泌乳减少或停止。

4. 肠结核　表现消化不良或顽固性腹泻，粪便中混有黏液和脓汁。

5. 淋巴结核　多见于体表淋巴结，如下颌淋巴结、颈浅淋巴结、股前淋巴结、腹股沟淋巴结等高度肿大、硬固而凹凸不平，无热痛。

【病理变化】

病理剖检可见受侵害的淋巴结和器官组织形成特异性肉芽肿，中心是干酪样坏死和钙化的结核结节病变。结核病变器官组织的表面和实质内散在或密布半透明、较坚硬的粟粒大、豌豆大或更大的结核性结节，结节切面中心是大小不等呈灰黄色乳酪样的干酪样坏死和呈石灰颗粒状的钙化灶。有的结节呈化脓性病变，坏死组织软化被吸收后形成空洞。各种动物常发和多发的被侵害的器官组织不完全相同：

1. 牛结核病　最常见肺结核（图1.1.9-3）和淋巴结核（图1.1.9-4），淋巴结核多见于肺门淋巴结、纵隔淋巴结和肠系膜淋巴结；乳房结核和肠结核也是常见的。其次是浆膜及肝、脾（图1.1.9-5）、肾等器官的结核。在胸膜、隔、心外膜、腹膜、大网膜等处的浆膜上，密布粟粒大至豌豆大的半透明、灰白色较坚硬似珍珠样的结节，俗称为珍珠病（图1.1.9-6～10）。

2. 猪结核病　以淋巴结核（图1.1.9-11、图1.1.9-12）、肺结核（图1.1.9-13）、肝结核、肠结核为常见，脾、肾、心等器官组织的结核病变（图1.1.9-14、图1.1.9-15）次之。

3. 禽结核病　多见于成年鸡和老龄鸡，结核结节常见于肝（图1.1.9-16），其次为肺、脾、肠等。鸭结核病常见于肝、肾（图1.1.9-17）、肺（图1.1.9-18），而胃、心（图1.1.9-19）的结核病变较少见。

【诊断要点】

本病呈慢性经过，临床症状多不明显，动物生前可通过结核菌素变态反应（常采用皮内变态反应）（图1.1.9-20）确诊，必要时亦可采取病畜的病灶、粪便中的黏液或者脓、血、尿、乳及其他分泌物做细菌形态检查。动物死后或宰后检验时，对具有典型结核病变的病例可做出诊断。必要时做细菌分离培养、免疫荧光抗体试验和病理组织学检查。

目前在临床上广泛应用的迟发性变态反应试验（即结核菌素变态反应试验）是动物（尤其是乳牛群）结核病检疫筛查最常用、最有诊断价值的方法，也是国际贸易的指定方法。我国使用的提纯结核菌素即纯蛋白衍生物（PPD）皮内注射法是OIE推荐方法，其检测的特异性和检出率很高。

病原菌的分离培养是最可靠的诊断依据，但培养周期长。必要时采取病料制成涂片，用抗酸染色法染色后镜检，若见被染成红色的分枝杆菌（图1.1.9-21），并结合流行病学、临床症状、病理变化、细菌学检查等进行综合判定。

【检疫处理】

牛结核病是世界动物卫生组织（OIE）列为必须通报的动物疫病（2018病种名录）。我国将牛结核病列为二类动物疫病，将禽结核病列为三类动物疫病（2008病种名录）。我国进境动物检疫疫病名录（2013）中将结核病规定为二类传染病。

（1）对畜禽结核病，主要采取综合防疫措施，定期检疫，净化污染群。检出的阳性动物一般做扑杀销毁处理。对检出的开放性病牛进行扑杀销毁。

（2）对进境动物检疫确诊的结核病阳性反应动物应进行扑杀、销毁或退回处理，同群动物隔离观察，并完善现场消毒。

公共卫生

人感染结核分支杆菌以肺结核为常见，还可引发结核性腹膜炎、结核性脑炎、结核性胸膜炎及肾结核、骨结核等。

人感染牛分支杆菌主要是通过饮用带菌牛乳或食用带菌的肉或内脏而致病，所以人们（尤其是儿童）必须饮用消毒乳以确保食用安全。兽医人员、饲养员、屠宰场工人偶尔因接触病畜及病畜产品，可经皮肤伤口感染（图1.1.9-22）。人感染牛分支杆菌后可发生淋巴结结核、骨结核、关节结核等。

经常接触易感动物尤其是病畜及其产品者，要注意个人安全防护。

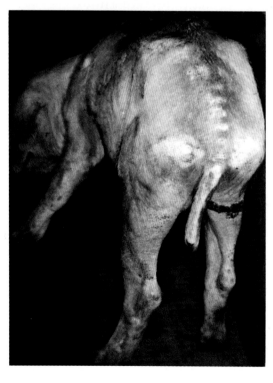

图1.1.9-2 鸡结核病 病鸡眼球结核，引起鸡面部肿胀、眼失明 （谷长勤）

图1.1.9-1 猪结核病 病猪渐进性消瘦

（徐有生 刘少华）

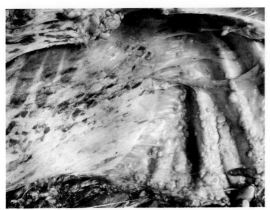

图1.1.9-3　牛结核病 病牛肺散在黄白色钙化灶，肋胸膜上有弥漫性结核结节

（郭爱珍）

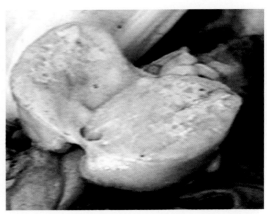

图1.1.9-4　牛结核病 病牛淋巴结切面见黄白色干酪样坏死和灰白色钙盐沉着

（雷健保）

图1.1.9-5　牛结核病 病牛脾脏上的黄白色结核结节　　（雷健保）

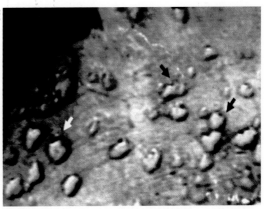

图1.1.9-6　牛结核病 病牛胸膜结核，散在黄白色结核结节　　（雷健保）

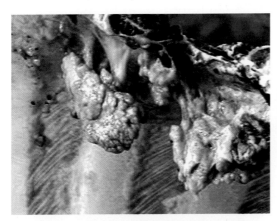

图1.1.9-7　牛结核病 病牛胸膜上结核结节增生

（孙锡斌）

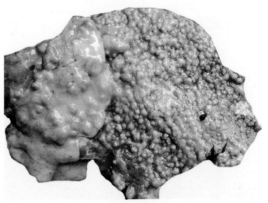

图1.1.9-8　牛结核病 病牛膈肌胸膜面上密集珍珠样结核结节　　（郭爱珍）

图1.1.9-9　牛结核病　病牛肝被膜、胆囊浆膜和腹膜上珍珠样结核结节

（郭爱珍）

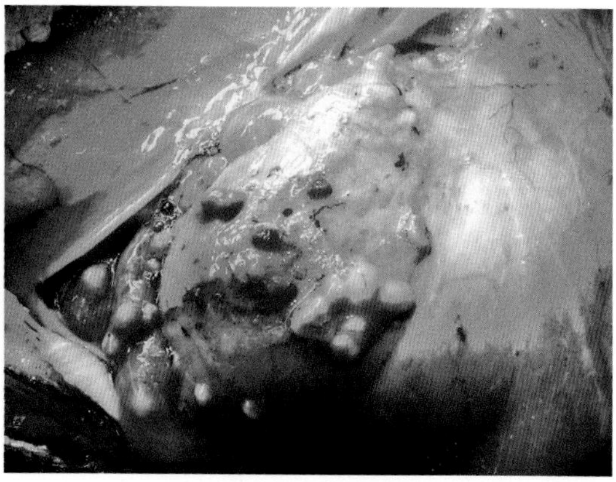

图1.1.9-10　牛结核病　病牛瘤胃部大网膜上密集结核结节，结节似珍珠样

（郭爱珍）

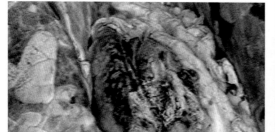

图1.1.9-11　猪结核病　病猪肺门淋巴结结核，切面见黄白色干酪样坏死和黑色沉着物

（肖恒松）

图1.1.9-12　猪结核病　病猪肠系膜淋巴结上多个黄白色干酪样病灶　（孟宪荣）

图1.1.9-13　猪结核病　病猪肺瘀血，色暗红，可见大量黄白色干酪样结核结节

图1.1.9-14　猪结核病　病猪心外膜上的串珠状硬结节　（徐有生　刘少华）

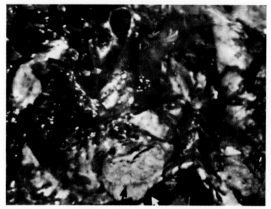

图1.1.9-15 猪结核病 病猪尾椎旁鸡蛋大的结核
病灶，其切面见干酪样坏死物

（徐有生 刘少华）

图1.1.9-16 鸡结核病 病鸡肝表面散在灰白色结
核结节 （孙锡斌）

图1.1.9-17 鸭结核病 病鸭肾脏上白色结节

（周诗其）

图1.1.9-18 鸭结核病 病鸭肺表面和实质有密集
的结核结节增生，肺表面凹凸不平

（周诗其）

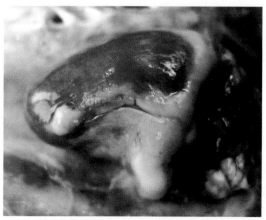

图1.1.9-19 鸭结核病 病鸭心脏上白色结节

（周诗其）

图1.1.9-20 禽结核菌素接种鸡左侧肉髯24h后，
肉髯肿大呈阳性反应 （王桂枝）

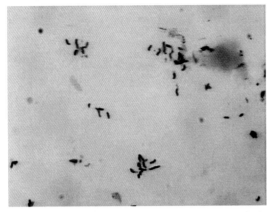

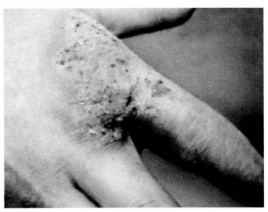

图1.1.9-21　牛结核分支杆菌呈单个、成双或成丛，细长、微弯，抗酸染色显红色×1 000　　　　（王桂枝　程国富）

图1.1.9-22　人手部感染牛型结核分支杆菌（5年病史）　　　　　　　　（孙锡斌）

十、布鲁氏菌病

布鲁氏菌病（brucellosis）旧称布氏杆菌病，简称布病，是由布鲁氏菌（*Brucella*）引起多种动物和人共患的一种传染病。动物布鲁氏菌病的特征是生殖器官和胎膜发生化脓性坏死性炎症，母畜流产、不育，公畜睾丸炎等。羊种布鲁氏菌、牛种布鲁氏菌、猪种布鲁氏菌都能感染人，以羊种布鲁氏菌对人的危害最严重。

【流行病学】

患病动物、带菌动物是本病的主要传染源。病原菌随患病动物的胎儿、羊水、胎衣、乳、尿等排出，污染饲草、饲料、水源和周围环境，主要经消化道感染，也可通过交配、损伤的皮肤和黏膜感染。家畜中牛、羊、猪各自对同种布鲁氏菌最为敏感，幼龄动物对本病有一定的抵抗力。

本病的发生无明显季节性，多发于产仔季节，常呈地方流行性。

【临床症状】

妊娠母畜的主要症状是流产、胎衣停滞、阴道炎和子宫内膜炎。流产的胎儿多为死胎，有的还出现畸形胎、木乃伊胎（图1.1.10 -1、图1.1.10 -2），常伴发胎衣停滞，从阴道流出污秽不洁的红褐色恶臭分泌物（图1.1.6 -3）。患病公畜一侧或两侧的睾丸及附睾出现炎性肿大、硬固，甚至坏死和化脓（图1.1.10-4 ~ 6）。一些病情严重的慢性病例，可发生关节炎、腱鞘炎和滑膜囊炎（图1.1.10-7）。

【病理变化】

主要病变在子宫、胎膜和胎儿。

羊感染本病的慢性病例，可见淋巴结尤其是乳房淋巴结和盆腔附近的淋巴结呈增生性肿大；肺、肝、脾、肾、淋巴结、乳腺等均有灰白色、针尖大至粟粒大的结节性病变；妊娠子宫内膜和胎膜有化脓、坏死病灶。牛的病理变化与羊的大致相同。母猪流产后子宫黏膜很少发生化脓、坏死性病变；无论是否妊娠，其胎膜和/或子宫内膜常有许多粟粒大的小结节病灶（图1.1.10-8）；肝、脾、肾、乳腺、淋巴结等发生的结节性病变与牛、羊相似。公畜的睾丸、附睾炎性肿大，甚至有坏死灶或/和化脓灶。

流产胎儿表现的败血症变化以牛胎儿较明显，可见胎儿水肿、全身浆膜、黏膜出血，肝、肾、脾、淋巴结等肿大、出血，有的有坏死灶（图1.1.10-9、图1.1.10-10）；脐带有出血、坏死；有的可见肺炎病灶。

【诊断要点】

根据流行病学特点、临床症状及病理变化的综合分析，可做出初步诊断。确诊需进行细菌学和血清学诊断。

细菌分离培养的阳性检出率低，不适用于群体诊断。可采集病畜的胎膜、流产胎儿的胃内容物、肝、脾、淋巴结或产后阴道分泌物进行抹片，分别做革兰氏染色和病原菌鉴别染色。前者，镜下见革兰氏阴性纤细短小杆菌；后者，用沙黄-孔雀绿染色，镜下见布鲁氏菌被染成红色，而背景和其他细菌则呈绿色。此种方法简便、实用，可作为综合诊断的主要根据。

目前常用的血清学诊断方法有虎红平板凝集试验（图1.1.10-11）、全乳环状试验、试管凝集试验、补体结合试验等。虎红平板凝集试验方法简便、实用，常用于筛选畜群和个体动物；其阳性反应样品应视情况用试管凝集试验或补体结合试验重复检查确诊。

【检疫处理】

羊、猪布鲁氏菌病是世界动物卫生组织（OIE）列为必须通报的动物疫病（2018病种名录）。我国将布鲁氏菌病列为二类动物疫病（2008病种名录），并规定其为进境动物检疫二类传染病（2013病种名录）。

（1）动物检疫确诊为布鲁氏菌病的病畜或胴体和内脏销毁，其同群动物及怀疑被污染的胴体和内脏做相应的无害化处理。

（2）被病畜及其产品污染的场所、用具等应严格消毒；流产胎儿和胎膜销毁。

（3）进境动物检疫确诊的阳性动物做扑杀、销毁或退回处理；同群动物隔离观察，并完善现场消毒。

公共卫生

我国人感染布鲁氏菌病的病原菌主要是羊种（马耳他）布鲁氏菌，而且危害最严重。猪种布鲁氏菌次之，牛种布鲁氏菌引发的症状最轻。

人可因接触病畜（如接产、剥离胎衣、冲洗子宫）、病畜产品（挤乳时、屠宰加工时）、饮用带菌生乳及其制品、食用未煮熟的病畜肉时，病原菌经皮肤、黏膜或消化道途径而引起感染。笔者曾多次见兽医因徒手接产、剥离停滞的胎衣、冲洗产道及剥离病牛、羊肉等而感染牛型、羊型布鲁氏菌并发病。

临床急性期主要症状是疲乏、发热（常出现波浪式发热）、多汗及全身肌肉和关节酸痛并伴有关节炎、睾丸炎，肝、脾肿大等。男性可发生睾丸炎和附睾炎，孕妇有子宫内膜炎和流产。慢性期主要症状为长期全身不适、疲倦，不发热或仅有低热，常因长期焦虑、失眠及全身不适而被误诊为神经官能症。

牛型布鲁氏菌引起的临床症状轻微，常呈慢性经过。笔者曾见感染了牛种布鲁氏菌的患者呈慢性逍遥型，病人曾一度丧失劳动能力，精神十分痛苦。人牛型布鲁氏菌病经及时持续治疗是完全可以痊愈的。

图1.1.10-1　布鲁氏菌病　患病妊娠母猪产死胎、畸形胎（有的四肢呈鸭蹼形）

（徐有生　刘少华）

图1.1.10-2　布鲁氏菌病　患病妊娠母猪产死胎和木乃伊胎

（徐有生　刘少华）

图1.1.10-7 布鲁氏菌病 病牛系关节滑膜炎引起
关节肿大 　　　　　　（孙锡斌）

图1.1.10-3 布鲁氏菌病 患病妊娠母猪流产后阴
道有恶露流出　　（徐有生 刘少华）

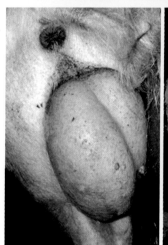
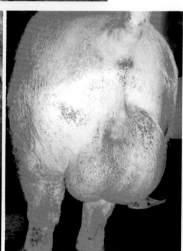
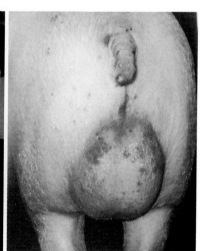

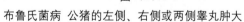

图1.1.10-4 　　　　　　图1.1.10-5 　　　　　　图1.1.10-6

布鲁氏菌病 公猪的左侧、右侧或两侧睾丸肿大 　　（徐有生）

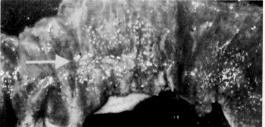
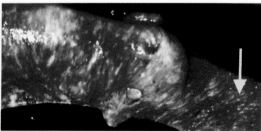

图1.1.10-8 布鲁氏菌病 患病妊娠母猪子宫内膜有散在、密集的呈黄白色或灰白色粟粒大的病灶

（徐有生）

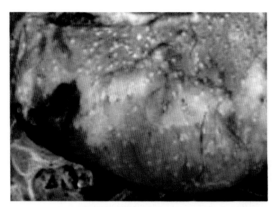

图1.1.10-9　布鲁氏菌病　胎膜出血，散布黄白色
坏死灶　　　　　　　　　　（徐有生）

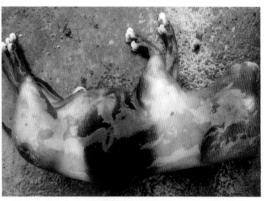

图1.1.10-10　布鲁氏菌病　流产胎儿水肿、出血
　　　　　　　　　　　　　　　（徐有生）

图1.1.10-11　布鲁氏菌病虎红平板凝集
试验；阳性：出现明显凝
集颗粒（图右）；阴性：不
出现凝集颗粒

（王桂枝　肖运才）

十一、大肠杆菌病

大肠杆菌病（colibacillosis）是由致病性大肠埃希菌（*Escherichia coli*）引起多种动物不同疾病的总称。大肠埃希菌旧称大肠杆菌。一些特殊血清型的大肠杆菌对人和动物有致病性，尤其是婴儿和幼龄畜禽感染后，常引起严重腹泻、败血症和肠毒血症。

【流行病学】

患病畜禽、带菌畜禽是本病的主要传染源，带菌母猪也是仔猪大肠杆菌病的主要传染源。带菌母猪粪便排出的病原菌污染自身的乳头和皮肤，仔猪在吸吮母乳和舔母猪皮肤时经消化道感染；某些血清型菌株也可经鼻咽黏膜、子宫和脐带、交配、种蛋等引起感染；禽类也可经呼吸道感染。本病多发于新生和幼龄的畜禽。生产中，不同动物或同种动物不同时期发生的大肠杆菌病有不同的病名。仔猪黄痢主要发生于1～3日龄仔猪，1周龄以上的仔猪很少发病；仔猪白痢发病一般为10～30日龄，以2～3周龄多发；猪水肿病多发于断奶前后的仔猪；断奶仔猪大肠杆菌性腹泻以断奶后5～14d的仔猪发病严重。禽大肠杆菌病败血型，鸡以3～6周龄多发，鸭以2～10周龄居多。

本病多发于天气湿冷、气候剧变的季节；仔猪黄痢和白痢以冬季和夏季多发；牛、羊大肠杆菌病以冬、春舍饲期多发。幼畜禽的饲养管理差、哺喂不及时引起饥饿、圈舍阴冷潮湿和卫生条件不良以及气候剧变等均可诱发本病。

【临床症状与病理变化】

1. **猪大肠杆菌病**　根据发病日龄、临床表现和病原血清型可分为仔猪黄痢、仔猪白痢、猪水肿病和断奶仔猪大肠杆菌性腹泻。

(1) 仔猪黄痢 (yellow scour of newborn piglets)　是仔猪出生1周内，以1～3日龄多发的初生仔猪的一种急性、致死性疾病。临床上以剧烈腹泻，排黄色或黄白色糊糊状粪便、迅速死亡为特征 (图1.1.11-1、图1.1.11-2)；严重者，肛门松弛，排便失禁，常引起脱水和虚脱死亡，病死率很高。

剖检可见小肠呈急性卡他性炎症，以十二指肠最严重。肠管膨胀、肠壁变薄，肠腔内有多量黄色液状物和气体，肠黏膜充血或出血 (图1.1.11-3)，肠系膜淋巴结充血、肿大。胃黏膜潮红，胃内充满黄色凝乳块 (图1.1.11-4)。肝、肾有小坏死灶和出血点。

(2) 仔猪白痢 (white scour of piglets)　是2～3周龄仔猪常发的一种急性肠道传染病。病猪常常突然发生腹泻，粪便腥臭，呈灰白色、乳白色或黄白色糊状 (图1.1.11-5)，少数病猪的粪便夹有血丝。严重者消瘦、脱水，衰竭死亡。

剖检可见尸体消瘦；肠黏膜有卡他性炎症，肠系膜淋巴结水肿、出血；胃黏膜潮红、肿胀，有的出血。严重病例见脾肿大，肝肿大、变性、呈土黄或灰黄色 (图1.1.11-6)，心、肾有变性。病程较长者常有肺炎变化。

(3) 猪水肿病 (edema disease of pigs)　是断奶前后猪的一种急性、散发性肠毒血症疾病。临床上以突然发病，表现共济失调、惊厥和麻痹等神经症状和头部水肿为特征。本病病死率可达90%。

病猪表现精神沉郁，走路摇摆，无目的的运动或转圈；有的共济失调，倒地侧卧，四肢划动似游泳状；有的前肢或后肢麻痹 (图1.1.11-7、图1.1.11-8)。病猪头部水肿部位常见于眼睑 (图1.1.11-9)、眼结膜 (图1.1.11-10) 及面部等处；严重者，水肿波及颈部 (图1.1.11-11) 和腹部皮下。有的病例没有水肿变化，但有内脏出血变化，以出血性肠炎为常见 (陈溥言，兽医传染病. 2006)。

剖检可见头部皮下、胃、大肠及大肠肠系膜等处发生水肿，以胃大弯部的胃壁、结肠袢的肠浆膜、肠壁、肠黏膜及大肠肠系膜等处最为明显，水肿液呈胶冻状 (图1.1.11-12～20)。此外，全身淋巴结尤其是肠系膜淋巴结有水肿、充血和出血变化 (图1.1.11-21～23)。有的头部水肿并波及颈部、股内侧及后肢皮下 (图1.1.11-24、图1.1.11-25) 等处。部分病猪见胆囊、喉部发生水肿。严重病例可见肺水肿、瘀血，心包腔、胸腹腔积液，肝、肾时有出血和坏死 (图1.1.11-26～28)。伴有神经症状者，可见脑水肿、充血等变化 (图1.1.11-29)。吴斌 (2009)、徐有生 (2007) 观察到水肿变化表现不明显的病猪，其小肠和结肠的出血性肠炎变化表现明显而典型 (图1.1.11-30～32)。

(4) 断奶仔猪大肠杆菌性腹泻 (postweaning escherichia coli diarrhoea) 是由大肠

杆菌产生的毒素引起仔猪的传染性腹泻。本病以断奶后5～14d仔猪表现严重，病猪群采食量显著下降并发生水样腹泻，有的脱水和沉郁，有的有尾部震颤。部分病猪的症状与猪水肿病相似，可能是某些致病性大肠杆菌同时引起猪水肿病和断奶仔猪大肠杆菌性腹泻。

断奶仔猪大肠杆菌性腹泻的病理变化主要是大肠黏膜呈卡他性炎症。

2. 禽大肠杆菌病　是由大肠杆菌某些血清型引起家禽的原发性或继发性的一类传染病。本病常因致病性菌株侵害的部位不同而表现多种类型，包括大肠杆菌性败血症、脐炎、关节炎、肉芽肿、全眼球炎等。

（1）败血症　多发于5周龄内幼禽。常见受感染鸡不显临床症状或症状轻微就突然死亡。慢性病例可见精神沉郁，羽毛松乱，剧烈腹泻、有时便中混有血液；有的出现喷嚏、咳嗽甚至呼吸促迫等症状。幼禽常在出现症状后3～5d死亡，病死率较高。

病理变化主要有肝和脾肿大及坏死灶、纤维素性心包炎、纤维素性肝周炎和纤维素性腹膜炎等（图1.1.11-33～42），有的引发肺炎和纤维素性气囊炎（图1.1.11-43、图1.1.11-44）。

（2）脐炎　可见腹部膨大、坚实，脐部红肿、湿润。卵黄吸收不良、呈黄绿色。

（3）关节炎　多见于幼雏和中雏的跗关节、趾关节肿胀，表现行走困难、跛行；成年鸡感染后多见肩关节、膝关节明显肿大，翅下垂，不能站立。

病理变化可见关节周围组织充血、水肿，关节囊有浆液或干酪样物，滑膜肿胀、肥厚。

（4）肉芽肿　多见于成年家禽。病禽消瘦、衰弱，逐渐衰竭死亡。剖检可见心、肝、盲肠、十二指肠和肠系膜等处有散在或密布的"大肠杆菌性肉芽肿"（图1.1.11-45），外观呈大小不一的灰黄色或黄白色结节状病变，切面呈灰黄色，中央为小脓灶，脓灶周围呈放射状或轮层状结构。发生病变的肠管与相邻的肠管常发生粘连。

（5）其他　还有全眼球炎（图1.1.11-46）、脑炎、肿头综合征等。蛋鸡感染常见输卵管炎和卵泡充血、出血、变性，以及卵黄性腹膜炎（图1.1.11-47～49）。

3. 犊牛大肠杆菌病　主要危害出生后10日龄以内的犊牛。临床上以败血症、肠毒血症和肠道病变为特征。

4. 羔羊大肠杆菌病　主要危害6周龄以下的羔羊，其临床特征为败血症和剧烈腹泻。

【诊断要点】

根据流行病学、临床症状及病理剖检可做出初步诊断，确诊需进行病原菌的分离鉴定，确定致病性血清型大肠杆菌。

分离鉴定包括分离培养、生化试验、动物试验和和血清型鉴定。血清型鉴定是选用多价和单价大肠杆菌因子血清，与经分离培养的大肠杆菌抗原进行平板凝集试验或试管凝集试验，鉴定其O抗原和K抗原的血清型。通过PCR等分子生物学方法检测肠毒素和黏附素毒力因子。对肠毒素的检测，也可在动物体内进行。

临床上仔猪白痢应注意与猪传染性胃肠炎、流行性腹泻、仔猪副伤寒等相区别。猪水肿病应注意与伪狂犬病、砷中毒等相区别。

【检疫处理】

我国将大肠杆菌病列为三类动物疫病（2008病种名录），并规定其为进境动物检疫其他传染病（2013病种名录）。

（1）动物检疫确认为本病的病死畜禽或胴体和内脏及其他副产品做化制或销毁处理。

（2）进境动物检疫确诊为本病的畜禽进行扑杀、销毁或退回处理，同群者隔离观察。

公共卫生

人感染大肠杆菌病多见于婴儿，主要表现胃肠炎型，以腹泻、呕吐和发热等症状为主；成人一般症状较轻。人尿道感染，主要症状是尿频、尿急、尿痛，严重者有尿血、尿脓和低热，波及肾则可发生急性肾盂肾炎。

当人体抵抗力降低和食入被大量活的致病性大肠埃希菌污染的食品后，往往引起食物中毒，其中毒表现与致病菌的特定血清型有关。急性胃肠炎型是产毒素大肠埃希菌引起，表现腹痛、腹泻，粪便呈水样或米汤样。急性菌痢型是由肠道侵袭性大肠埃希菌引起，表现为发热、腹痛、血便或黏液脓性血便等。出血性肠炎型主要由O157：H7引起，表现为恶心、呕吐、发热，腹痛、腹泻，先水样便后血便。2011年5月在德国及其周边国家发生的肠出血性大肠杆菌感染，主要表现急性血样便腹泻、腹痛，或有急性肾功能衰竭、溶血性贫血、血小板减少等溶血性尿毒综合征临床表现。

经常接触易感动物尤其是病畜及其产品者，要注意个人安全防护。

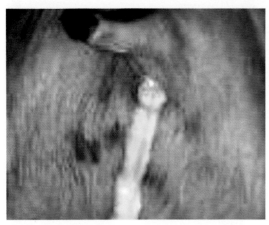

图1.1.11-1　仔猪黄痢　病猪排黄白色糊状粪便
（徐有生）

图1.1.11-2　仔猪黄痢　病猪粪便呈黄色稀糊状，
混有细小的凝乳块　　（徐有生）

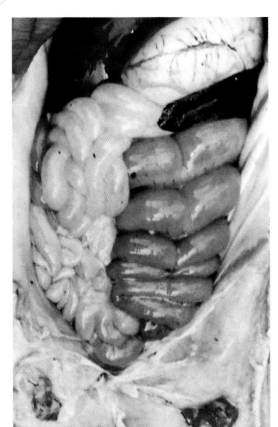

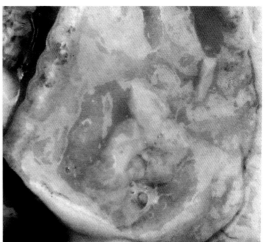

图1.1.11-4 仔猪黄痢 病猪胃内有大量黄色凝
乳块 （徐有生）

图1.1.11-3 仔猪黄痢 病猪小肠肠壁菲薄呈半透
明状，肠管内有大量气体和黄色液
状物 （徐有生）

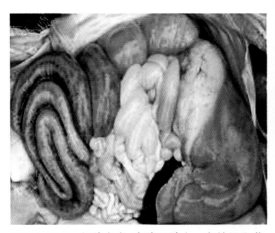

图1.1.11-6 仔猪白痢 病猪肝肿大、变性呈土黄
色；肠管内充满大量气体和黄绿色
内容物 （徐有生）

图1.1.11-5 仔猪白痢 病猪排灰白色腥臭味糊
状粪便 （徐有生）

图1.1.11-7 猪水肿病 病猪做转圈运动

图1.1.11-8 猪水肿病 病猪表现共济失调，倒地，
四肢划动

图1.1.11-9 猪水肿病 病猪眼睑水肿 （马增军）

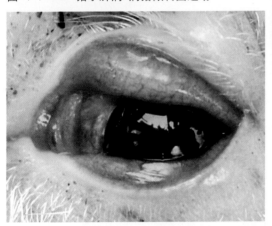

图1.1.11-10 猪水肿病 病猪眼睑及眼结膜严重
充血、水肿

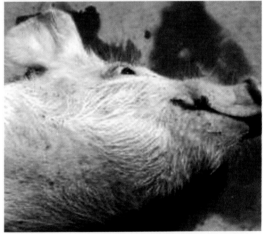

图1.1.11-11 猪水肿病 病猪脸部和颈部高度水肿
（徐有生）

图1.1.11-12 猪水肿病 病猪胃壁明显增厚，质地柔
软呈胶冻样，切开胃壁见水肿液流出
（马增军）

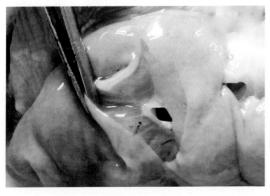

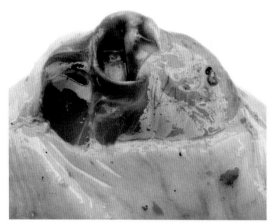

图1.1.11-13　猪水肿病　病猪胃壁出血、水肿，呈半透明胶冻状

图1.1.11-14　猪水肿病　病猪胃幽门区胃黏膜明显水肿、出血

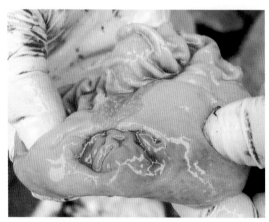

图1.1.11-15　猪水肿病　病猪胃壁高度水肿、增厚，切面呈胶冻状

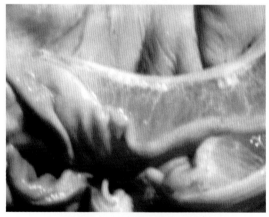

图1.1.11-16　猪水肿病　病猪胃壁明显增厚，黏膜下层水肿，水肿液呈黄色胶冻状

（程国富）

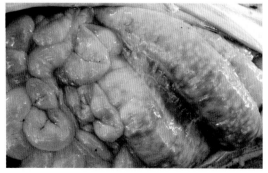

图1.1.11-17　猪水肿病　小肠卡他性肠炎；大肠浆膜和肠系膜呈胶冻状

图1.1.11-18　猪水肿病　病猪结肠袢瘀血、水肿，结肠间系膜水肿呈胶冻状

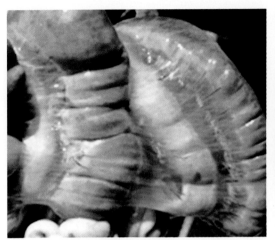

图1.1.11-19 猪水肿病 病猪结肠间系膜水肿呈淡黄白色半透明胶冻状 （徐有生）

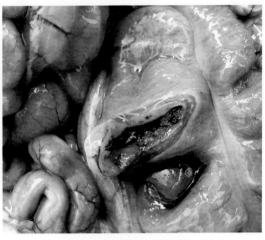

图1.1.11-20 猪水肿病 横断病猪水肿的结肠，见肠壁明显水肿增厚

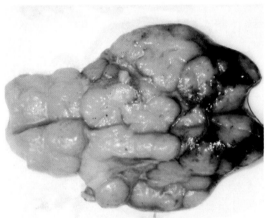

图1.1.11-21 猪水肿病 病猪淋巴结肿大、出血 （徐有生）

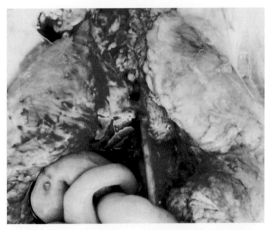

图1.1.11-22 猪水肿病 病猪腹股沟淋巴结肿大、出血 （徐有生）

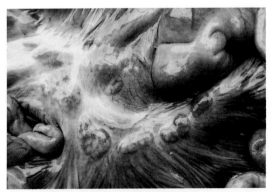

图1.1.11-23 猪水肿病 病猪小肠充血出血，肠系膜水肿，肠系膜淋巴结明显肿大、出血 （程国富）

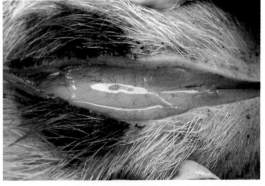

图1.1.11-24 猪水肿病 病猪头颈部水肿；切开可见胶状水肿液

图1.1.11-25　猪水肿病　病猪腹股沟处皮下水肿，
　　　　　　　呈黄色胶冻状

图1.1.11-26　猪水肿病　病猪心体积增大，表面
　　　　　　　血管明显；心包腔积液，心包壁与
　　　　　　　周围组织粘连

图1.1.11-27　猪水肿病　病猪肺水肿和瘀血

图1.1.11-28　猪水肿病　病猪肾乳头明显出血

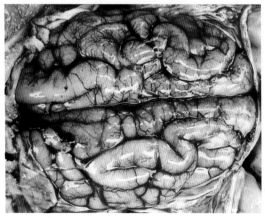

图1.1.11-29　猪水肿病　病猪脑水肿，脑回隆起，
　　　　　　　脑积液增多，有凝血块

图1.1.11-30　猪水肿病　有些病猪水肿变化不明显，
　　　　　　　仅见小肠有出血性肠炎

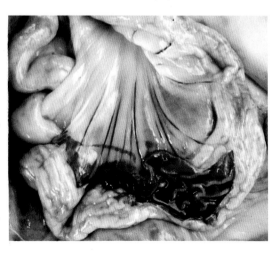

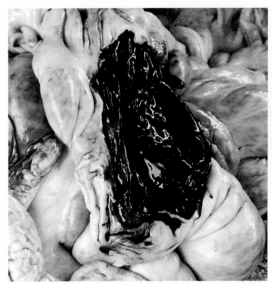

图1.1.11-32 猪水肿病 有些病猪无水肿变化，常见肛门周围及会阴部流出的黑红色血液混合物干涸结痂

图1.1.11-31 猪水肿病 有些病猪水肿变化不明显，常见结肠呈暗红色，肠腔内充满黑红色血液和凝血块

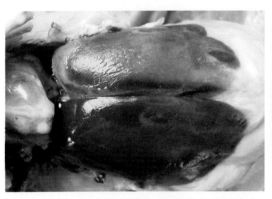

图1.1.11-34 禽大肠杆菌病 病鸡肝表面有灰白色膜状物和黄白色干酪样物

（周祖涛 崔卫涛）

图1.1.11-33 禽大肠杆菌病 心和肝的表面有灰白色纤维素性膜状物 （胡薛英）

图1.1.11-35 禽大肠杆菌病 病鸡肝周炎。肝表面覆满黄白色厚实干酪样物
（肖运才 王喜亮）

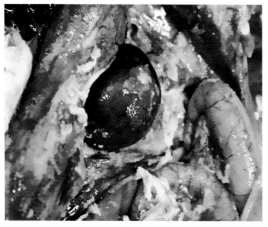

图1.1.11-36 禽大肠杆菌病 病鸡脾肿大、瘀血，
腹腔内有大量黄白色干酪样物
（胡薛英）

图1.1.11-37 禽大肠杆菌病 病鸡心包炎、心外
膜覆有黄白色纤维素性渗出物和干
酪样物 （肖运才 王喜亮）

图1.1.11-38 禽大肠杆菌病 病鸡心外膜覆盖明
显的淡黄色膜状物
（肖运才 王喜亮）

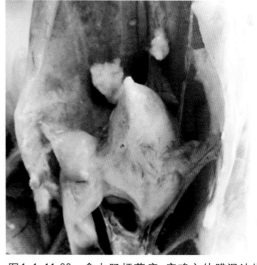

图1.1.11-39 禽大肠杆菌病 病鸡心外膜混浊增
厚，覆满黄白色干酪样物
（周祖涛 崔卫涛）

图1.1.11-40 禽大肠杆菌病 病鸡心外膜和肝表面
覆满厚实的黄白色纤维素性渗出物
（肖运才 王喜亮）

图1.1.11-41 禽大肠杆菌病 病鸡心外膜、肝表面和肠浆膜面覆有灰白色纤维素性渗出物 (孙锡斌)

图1.1.11-42 禽大肠杆菌病 病鸡腹腔脏器覆盖一层厚实的纤维素膜状物 (胡薛英)

图1.1.11-43 禽大肠杆菌病 病鸡腹气囊壁增厚，气囊浑浊，有灰白色纤维素性物 (徐有生)

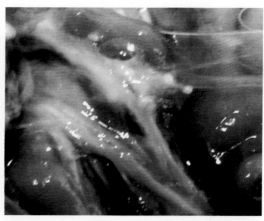

图1.1.11-44 禽大肠杆菌病 病鸡腹气囊炎引起气囊壁浑浊增厚，有多量的黄白色干酪样物 (周祖涛 崔卫涛)

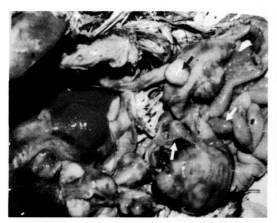

图1.1.11-45 禽大肠杆菌病 病鸡肠和肠系膜上形成大小不一的灰白色结节状"大肠杆菌性肉芽肿" (许青荣)

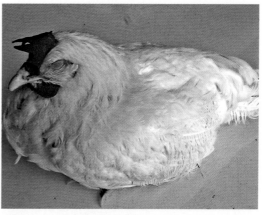

图1.1.11-46 禽大肠杆菌病 病鸡全眼球炎引起眼失明 (徐有生)

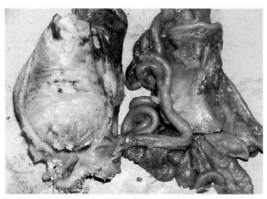

图1.1.11-47　禽大肠杆菌病　蛋鸡输卵管炎，输
　　　　　　卵管内有一巨大的干酪样坏死物
　　　　　　　　　　　　　　　　（徐有生）

图1.1.11-48　禽大肠杆菌病　产蛋鸡卵巢炎，卵
　　　　　　黄出血、变形和破裂　　（谷长勤）

图1.1.11-49　禽大肠杆菌病　病鸡卵黄出血、
　　　　　　变形　　　　　　　　（徐有生）

十二、猪 丹 毒

　　猪丹毒（swine erysipelas）又称丹毒丝菌病（erysipelothrix disease），是由红斑丹毒丝菌（*Erysipelothrix rhusiopathiae*）俗称猪丹毒杆菌引起猪的一种急性、热性或慢性传染病。人感染红斑丹毒丝菌引起的疾病称"类丹毒"，常见于手指或手的其他部位。

【流行病学】

　　病猪和带菌猪是主要传染源。主要经消化道感染，也可经创伤的皮肤感染或通过某些吸血昆虫、蚊蝇等传播。本病主要发生于猪，在夏季发病较多，以4～6月龄的架子猪多发。其他家畜、家禽及一些鸟类也可感染。

　　本病一年四季均可发生，我国南方地区多发于炎热、多雨潮湿的季节。常呈散发性或呈地方流行性。

【临床症状与病理变化】

1. **急性败血型** 本病以突然发生、呈急性经过和高死亡率为特征。体温呈稽留热型，拒食，间有呕吐。发病1～2d后，可见呼吸困难，眼结膜发绀，耳、鼻、胸、腹及四肢内侧等处的皮肤出现充血性红斑，有的互相融合成片，呈弥漫性红色，并逐渐变成暗紫红色（图1.1.12-1、图1.1.12-2）。

病理变化表现全身淋巴结肿大、切面多汁、呈红色或紫红色（图1.1.12-3）；胃和十二指肠呈急性出血性卡他性炎（图1.1.12-4）；肾瘀血、肿大、呈紫红色或暗红色，且常呈不均匀的紫红色，肾表面及切面有数量较多、分布较均匀的出血小点，且多限于肾皮质部，有的肾乳头也有出血（图1.1.12-5、图1.1.12-6）；脾充血、肿大，典型者呈樱桃红色。

2. **亚急性疹块型** 症状轻微，以皮肤上呈界限明显、形状多样的疹块为特征。疹块初期色苍白，周边呈粉红色；继之，苍白区的中央发红，并逐渐向四周扩展，直到整个疹块变为紫红色乃至黑红色；数天后疹块逐渐消退，形成干痂，痂皮脱落，留下瘢痕，随后病猪自行康复（图1.1.12-7～13）。

3. **慢性型** 多由急性或亚急性转变而来。常见的症状有慢性心内膜炎、慢性关节炎和皮肤坏死。慢性心内膜炎病例的临床表现一般不明显。关节损害以腕关节和跗关节为常见，病猪跛行，卧地不起（图1.1.12-14）。皮肤坏死常见于耳、背、肩、臀等部位的皮肤出现局部的甚至融合成片的坏死、结痂，严重者整个耳、尾坏死变黑，干硬脱落（图1.1.12-15）。

心内膜炎病例的病理变化，常见于左心的房室瓣（二尖瓣）（图1.1.12-16、图1.1.12-17）形成疣状赘生物，有的亦见于主动脉瓣和三尖瓣。关节炎病例病理变化可见关节肿大，关节囊内充满浆液性纤维素性渗出物，滑膜充血、水肿；病程较长者，关节囊结缔组织增生、关节囊肥厚。皮肤坏死变化同临床表现。

【诊断要点】

亚急性疹块型猪丹毒有其独特的临床症状和病理变化，结合流行病学特点，一般不难诊断。对疑似急性猪丹毒、慢性型猪丹毒的病死猪进行确诊，应做细菌学检查和动物接种试验。

急性感染病例应采取肝、脾、肾或淋巴结抹片、革兰氏染色、镜检，可见大量呈革兰氏阳性的菌体，为单在、成对或成丛的细长平直（胡茬状）或略弯曲的小杆菌（图1.1.12-18）。慢性型病例则应采取心内膜病变组织或关节液制成涂片、染色、镜检，可见不分支的长丝状菌体（图1.1.12-19），也有呈中等长度的链状菌体。必要时采取新鲜病料做细菌分离培养。亦可选用鸽、小鼠做动物试验。

血清学诊断对慢性及亚急性病例的诊断有一定意义，常用的方法有血清培养凝集试验、免疫荧光抗体技术、琼脂扩散试验等。

本病应注意与猪瘟、猪肺疫、猪副伤寒及猪链球菌病等相区别。

【检疫处理】

我国将猪丹毒列为二类动物疫病（2008病种名录），并规定其为进境动物检疫二类传染病（2013病种名录）。

（1）动物检疫确诊为急性猪丹毒的病猪或胴体和内脏及其他副产品做销毁处理。

（2）对疹块型、慢性型的病猪，其病变部分做化制或销毁处理；其余部分依其病损程度做相应的无害化处理。

（3）进境动物检疫确诊的阳性动物，进行扑杀、销毁或退回处理，同群者隔离观察。

公共卫生

人感染红斑丹毒丝菌引起的疾病称"类丹毒"。人大多是因处理、屠宰加工病猪肉和内脏时，病原菌经损伤的皮肤而引发感染。

人的类丹毒常发生在手指（图1.1.12-20）或手的其他部位。感染部位出现紫红色的肿胀，有烧伤和刺痛感，有时剧痒；进一步炎症向周围扩散，严重者可波及手的全部，并伴有发热、全身不适，病程约数周；极严重者发生败血症、关节炎和心内膜炎等。

经常接触易感动物尤其是病畜及其产品者，要注意个人安全防护。

图1.1.12-1　急性型猪丹毒　病猪全身皮肤呈紫红色　　　　　　　（徐有生　刘少华）

图1.1.12-2　急性型猪丹毒　病猪全身皮肤呈紫红色，　以耳部、臀部和四肢更明显

（徐有生）

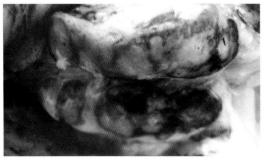

图1.1.12-3　急性型猪丹毒　病猪淋巴结肿大，切面隆起、有出血　　　　（焦海宏）

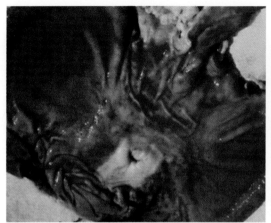

图1.1.12-4 急性型猪丹毒 胃底部和十二指肠黏
膜弥漫性充血和出血 （徐有生）

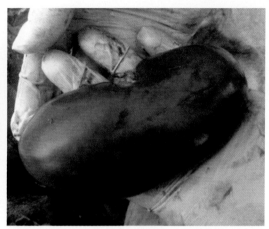

图1.1.12-5 急性型猪丹毒 病猪肾瘀血、肿大，
呈紫红色 （王贵平）

图1.1.12-6 急性型猪丹毒 病猪肾瘀
血、肿大，剥离肾包膜
（图右），可见肾表面密布
细小点状出血 （马增军）

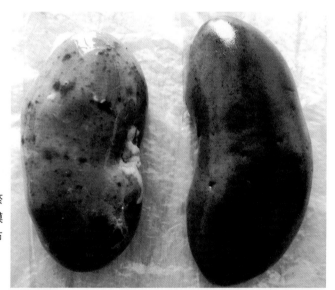

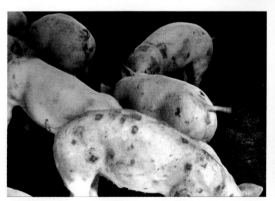

图1.1.12-7 疹块型猪丹毒 病猪群皮肤上发生
疹块 （蒋文明）

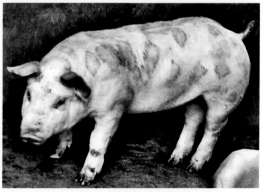

图1.1.12-8 疹块型猪丹毒 病猪全身皮肤上散在
菱形和不规则形疹块 （蒋文明）

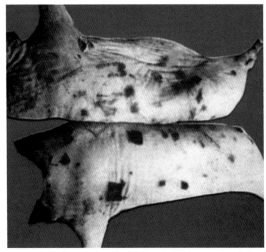

图1.1.12-9　疹块型猪丹毒　屠宰猪胴体皮肤上散
　　　　　　在红色疹块　　　　　（周诗其）

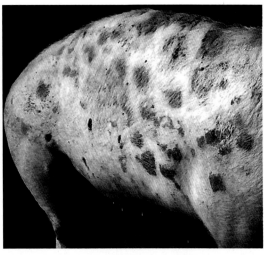

图1.1.12-10　疹块型猪丹毒　病猪背腰部、臀部
　　　　　　布满菱形疹块　　　　（蒋文明）

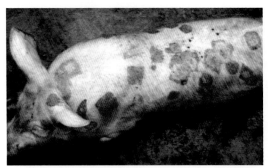

图1.1.12-11　疹块型猪丹毒　病猪颈部、背腰部
　　　　　　可见凸出皮肤表面的界限分明的菱
　　　　　　形疹块　　　　　　　（李朝阳）

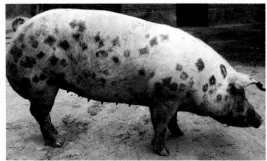

图1.1.12-12　疹块型猪丹毒　病猪全身皮肤上散
　　　　　　在红色疹块　　　　　（徐有生）

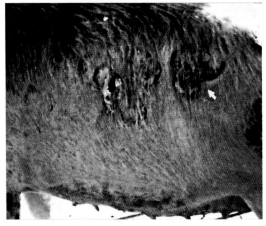

图1.1.12-13　疹块型猪丹毒　病猪皮肤上疹块形
　　　　　　成的黑色干痂　（徐有生　刘少华）

图1.1.12-14　慢性型猪丹毒　病猪跗关节炎引起
　　　　　　跛行　　　　　　　　（孙锡斌）

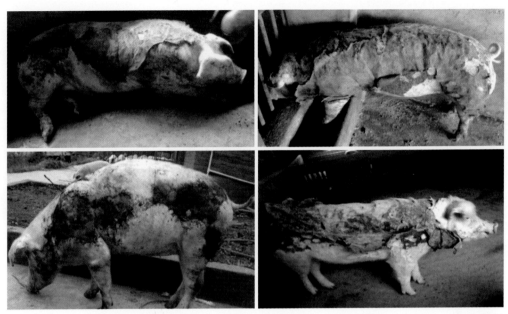

图1.1.12-15 慢性型猪丹毒皮肤坏死 病猪全身皮肤坏死，结黑色硬痂，似皮革；肩部和臀部的干痂脱落，裸露红色创面

（左上、右上图：王贵平；左下图：徐有生；右下图：蒋文明）

图1.1.12-16 慢性型猪丹毒 病猪的左心房室瓣（二尖瓣）上形成的数个疣状增生物

（徐有生 刘少华）

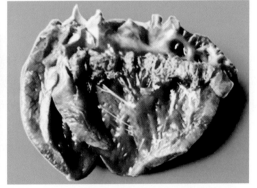

图1.1.12-17 慢性型猪丹毒 病猪的二尖瓣心房面上形成的花椰菜样赘生物

（周诗其）

图1.1.12-18 猪丹毒病料接种鸽3d后，采心血或脏器抹片、染色、镜检，可见大量的呈革兰氏阳性、菌体单在或成对、成丛，菌体细长平直或略弯曲 革兰氏染色×1 000

（王桂枝 程国富）

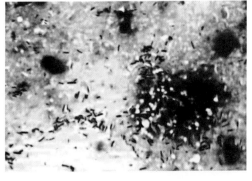

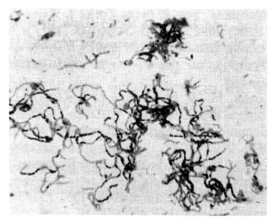

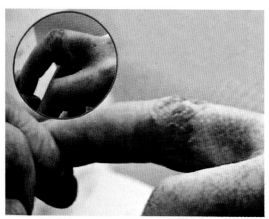

图1.1.12-19　慢性猪丹毒　疣状心内膜炎病料涂片，革兰氏染色，镜下可见呈阳性的长丝状红斑丹毒丝菌　革兰氏染色×1 000　　（许青荣　李自力）

图1.1.12-20　人感染红斑丹毒丝菌引起的"类丹毒"，患者中指第二指关节红、肿、热、痛　　　　　　（孙锡斌）

十三、沙门氏菌病

沙门氏菌病（salmonellosis）是由沙门氏菌属（*Salmonella*）的致病性沙门氏菌引起人和多种动物的疾病的总称。由猪霍乱沙门氏菌（*S. choleraesuis*）、鼠伤寒沙门氏菌（*S. typhimurium*）引起猪的沙门氏菌病多见于仔猪，常称为仔猪副伤寒。由鼠伤寒沙门氏菌、肠炎沙门氏菌（*S. enteritidis*）等引起牛的沙门氏菌病，称为牛副伤寒。由鸡白痢沙门氏菌（*S. pullorum*）引起鸡的沙门氏菌病，称为鸡白痢；由鸡伤寒沙门氏菌（*S. gallinarum*）引起鸡的沙门氏菌病称为禽伤寒（鸡伤寒）；由其他有鞭毛、能运动的血清型的沙门氏菌引起禽的沙门氏菌病统称为禽副伤寒。禽副伤寒最常见的病原菌是鼠伤寒沙门氏菌，鼠伤寒沙门氏菌对多种动物和人都有致病性，引起人食物中毒。

本节重点介绍猪和禽的沙门氏菌病。

【流行病学】

本病的主要传染源是患病畜禽和带菌者。病原菌存在于患病动物的肠道和内脏中，通过粪尿污染饲料、饮水、饲养用具、圈舍和周围环境，主要经消化道感染；患病动物与健康动物交配或用污染的精液人工授精亦可发生感染；病禽还可经带菌蛋传播。猪沙门氏菌病主要发生于1～4月龄的仔猪。鸡白痢主要发生于雏鸡，且以2～3周龄以内雏鸡的发病率和病死率较高；鸡伤寒见于各种年龄鸡，以青年鸡、成年鸡易感；禽副伤寒可感染各种家禽，以雏鸡、雏鸭易感，常在孵化后2周内感染发病，1月龄以上的幼禽发病后一般很少死亡。

本病一年四季均可发生，多呈散发或地方流行性。猪多发于多雨潮湿的季节。

【临床症状与病理变化】

1．猪沙门氏菌病（swine salmonellosis） 又称猪副伤寒（swine paratyphoid）。

急性病例：表现体温升高，眼结膜潮红，有黏性分泌物；呼吸困难，鼻端、耳、颈、胸、腹和四肢末端的皮肤发绀（图1.1.13-1）；病后期见下痢。

剖检主要表现败血症变化，可见头、颈、胸、腹等处的皮肤有暗紫色瘀血斑点或融合成片；肝、肾（图1.1.13-2）有出血点；脾肿大、呈暗蓝色；胃、肠黏膜为急性卡他性炎，肠系膜淋巴结呈索状肿大（图1.1.13-3），有的可见肝脏出现针尖大至粟粒大坏死灶。

亚急性和慢性病例：以顽固性腹泻为主要特征，粪便呈糊状或水样，呈灰白色或黄绿色，并混有黏液、血液和纤维素絮片（或坏死组织碎片）；病猪消瘦、贫血，皮肤有痂状湿疹；病程2～3周或更长，多数死亡，少数成为僵猪。

剖检主要病变表现为固膜性肠炎和肝出现坏死灶。肠道的典型病变主要见于盲肠及结肠黏膜上有局灶性或弥漫性融合成片的坏死、溃疡，表面覆糠麸样假膜（图1.1.13-4、图1.1.13-5），有的病例见肠壁固有层淋巴滤泡肿胀增生（图1.1.13-6）；肠系膜淋巴结肿大，呈灰白色脑髓样变化。肝有瘀血、肿大（图1.1.13-7），有些病例的肝被膜下和切面上见呈灰黄色或灰白色的针尖大至粟粒大、数量不等的、散在分布的小点状坏死灶，此种变化有病证意义（图1.1.13-8）。少数慢性病例的脾肿大、髓质增生，肺呈小叶性肺炎，胆囊肿大，胆囊黏膜出血、坏死（图1.1.13-9～11）。

2．禽沙门氏菌病（avian salmonellosis）

（1）鸡白痢（pullorum disease） 主要发生于雏鸡，以急性败血症和排灰白色或白色糊状粪便为特征。常见雏鸡出壳后3～5d开始发病，表现羽毛松乱、翅下垂、缩颈和昏睡聚堆；同时发生下痢，排白色糊状粪便。有的病雏因粪便干涸堵塞肛门，致肛周疼痛而引起呼吸困难及心衰死亡；有的出现眼盲；有的关节肿胀和跛行。孵出的幼雏多于1周内死亡。3周龄以上幼禽的病程较长且极少死亡。成年鸡感染呈慢性或隐性经过，常无明显症状，但产蛋量减少或产蛋停止，常因卵黄性腹膜炎出现垂腹现象；有的发生腹泻。

急性死亡的鸡白痢雏鸡剖检病变不明显。病程较长者，可见心、肺、肝、肌胃、大肠等有坏死灶或灰白色结节，胆囊肿大，肾和输尿管有尿酸盐沉积，盲肠内有干酪样凝固物。日龄稍大的雏鸡和育成阶段的鸡最突出的变化是肝明显肿大，表面有散在或密集的灰黄色坏死点或灰白色小结节（图1.1.13-12、图1.1.13-13）。成年母鸡卵巢变性、变形、萎缩和腹膜炎（图1.1.13-14）；成年公鸡睾丸萎缩，有小脓肿。

（2）禽伤寒（typhus avium） 主要发生于鸡，以成年鸡和青年鸡易感。青年鸡和成年鸡呈急性经过者，体温升高，食欲废绝，排黄绿色稀粪，数天后死亡。雏鸡和雏鸭的临床症状与鸡白痢相似。

急性病例的成年鸡，常见肝、脾、肾充血、肿大。亚急性和慢性病例的病变特征是肝瘀血、肿大，呈棕绿色或青铜色（图1.1.13-15～17），有的肝有呈灰白色的粟粒大坏死灶。此外，可见肠卡他性炎、心肌坏死灶和心包炎。蛋鸡常见卵泡出血、变形、卵泡破裂和腹膜炎，甚至引起粘连（图1.1.13-18）。雏鸡、雏鸭的病理变化与鸡白痢相同。

（3）禽副伤寒（paratyphus avium）　主要侵害幼禽，以1月龄内的幼禽发病率高。急性病例常见于出壳后数天的雏鸡呈败血症经过，往往不显症状就迅速死亡。年龄较大的幼禽常呈亚急性经过，主要表现水样下痢，消瘦。成年禽多为慢性带菌，一般无明显症状，有时排水样稀粪，间或带血。

病理变化主要见于病程稍长者，可见肝和脾充血、肿大，肝有条纹状出血或针尖大出血点和/或坏死灶（图1.1.13-19、图1.1.13-20）；肺、肾出血；心包炎；卡他性、出血性肠炎或坏死性肠炎（图1.1.13-21）及腹膜炎。产蛋鸡的卵巢、卵泡和腹腔变化与鸡白痢相同（图1.1.13-22、图1.1.13-23）。

患禽副伤寒雏鸭可见颤抖、喘息、眼睑浮肿，常猝然倒地呈角弓反张或间歇性痉挛，病程3～5d。剖检见肝肿大，有的呈青铜色并有坏死灶；常有关节炎。

【诊断要点】

根据临床症状、病理变化和流行病学的特点可做出初步诊断。确诊需进行沙门氏菌的分离与鉴定、核酸序列测定和血清学诊断。血清学诊断有ELISA、全血或血清平板凝集试验、试管凝集试验等。

猪副伤寒亚急性和慢性病例临床上呈持续性下痢，应注意与慢性猪瘟相区别。

全血平板凝集试验（图1.1.13-24）常用于鸡场各品种鸡群的鸡白痢检疫监测，其操作简便、反应迅速。年龄在3月龄以上的鸡，每年可分两次取样，随机抽样数量一般超过200只鸡。我国生产的鸡白痢、鸡伤寒多价染色平板抗原，对幼龄鸡敏感性较差，只适于产卵母鸡和1岁以上公鸡。由于该抗原与鸡伤寒沙门氏菌有相同的O抗原，故该试验既可检出鸡白痢阳性鸡，又可检出鸡伤寒阳性鸡。

【检疫处理】

鸡白痢、鸡伤寒是世界动物卫生组织（OIE）列为必须通报的动物疫病（2018病种名录）。我国将鸡白痢、鸡伤寒列为二类动物疫病，猪副伤寒列为三类动物疫病（2008病种名录）；将禽伤寒、鸡白痢、禽副伤寒规定为进境动物检疫二类传染病，猪副伤寒为其他传染病（2013病种名录）。

（1）动物检疫确认为本病的病死畜禽或胴体和内脏及其他副产品做化制或销毁处理。

（2）用血清学方法对鸡群定期检疫监测的阳性鸡，予以淘汰处理，逐步建立健康禽群。

（3）进境动物检疫确诊为本病的畜禽进行扑杀、销毁或退回处理，同群动物隔离观察。

公共卫生

沙门氏菌中某些血清型菌株，如鼠伤寒沙门氏菌、肠炎沙门氏菌等，除能对人和多种动物致病外，还能因病害动物及其产品污染食品而引起人的沙门氏菌食物中毒。

引起人沙门氏菌食物中毒的主要原因是由于食用了被致病性沙门氏菌污染的食品，其中主要是动物性食品，最为常见的是肉类食品，如用病死畜禽肉及其内脏等生产的熟肉类制品。食品中被污染的沙门氏菌在适宜的环境下大量繁殖，在食用前如果热处理不够或处理后又重复或交叉污染，人食后就有可能引起中毒。

沙门氏菌属的某些血清型菌株可致人沙门氏菌感染，其表现类型有类伤寒型、类霍乱型、类感冒型、败血型等。而由鼠伤寒沙门氏菌等引起的食物中毒主要以胃肠炎型为多见，但多数病人常以不典型的形式出现。

人中毒后的症状表现为体温升高，并伴有头痛、恶心、呕吐、腹痛、腹泻等症状；严重者可出现休克。如能及时治疗，大多数患者可以康复。因此，防止致病性沙门氏菌污染动物性食品、安全处理被致病菌污染的食品，在公共卫生上有重要意义。

图1.1.13-1　猪副伤寒　病猪群腹泻、消瘦，全身皮肤多处出现紫红斑

（徐有生）

图1.1.13-3　猪副伤寒　小肠急性卡他性肠炎，肠
　　　　　系膜淋巴结肿大、出血　　（徐有生）

图1.1.13-2　猪副伤寒　病猪肾有散在出血点

（徐有生）

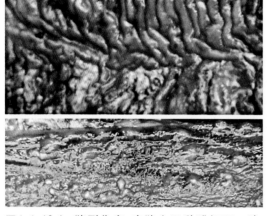

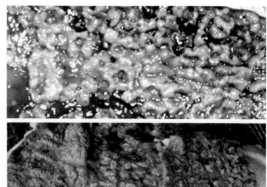

图1.1.13-4　猪副伤寒　病猪大肠黏膜坏死、溃疡，表面被覆灰黄色或淡绿色糠麸样假膜　　　　　（徐有生）

图1.1.13-5　猪副伤寒　上图：结肠黏膜覆大量纤维素性假膜；下图：慢性病例结肠黏膜成片坏死，被覆黄绿色粪　（徐有生）

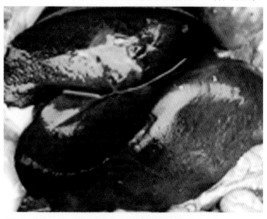

图1.1.13-6　猪副伤寒　病猪空肠、结肠的肠淋巴滤泡肿胀、增生　　　　　（徐有生）

图1.1.13-7　猪副伤寒　病猪肝瘀血、肿大　　　　　　　　　　　　　（徐有生）

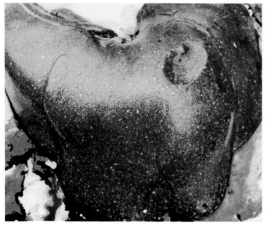

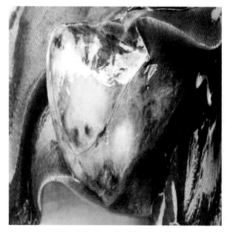

图1.1.13-8　猪副伤寒　病猪肝瘀血，被膜下密布针尖大至粟粒大灰白色坏死灶

（蒋文明）

图1.1.13-9　猪副伤寒　病猪胆囊肿大，浆膜面有散在出血斑　　　　（徐有生）

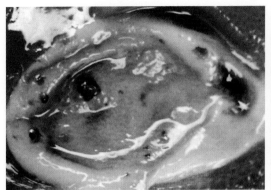

图1.1.13-10　猪副伤寒　病猪胆囊黏膜水肿，有
　　　　　　圆形坏死灶　　　　　　（徐有生）

图1.1.13-11　猪副伤寒　病猪胆囊黏膜上散在多
　　　　　　量呈圆形的坏死灶　　（徐有生）

图1.1.13-12　鸡白痢　病程较长的雏鸡肝散在浅
　　　　　　黄白色坏死灶　　　　（胡薛英）

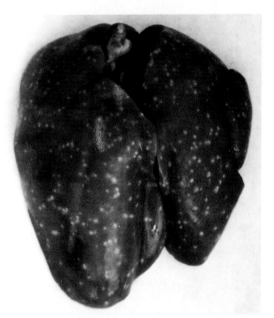

图1.1.13-13　鸡白痢　病鸡全肝表面布满散在的黄
　　　　　　白色坏死灶　　　（徐有生　刘少华）

图1.1.13-14　鸡白痢　患病母鸡部分卵巢变性、萎缩
　　　　　　　　　　　　　　　　（徐有生）

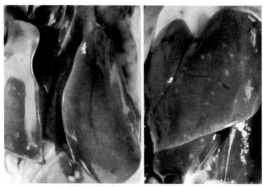

图1.1.13-15　禽伤寒　成年鸡亚急性或慢性病例的肝瘀血、肿大，呈青铜色，并有散在的灰白色坏死灶

图1.1.13-16　禽伤寒　成年鸡亚急性或慢性病例的肝瘀血、肿大，呈铜绿色
（周祖涛　崔卫涛）

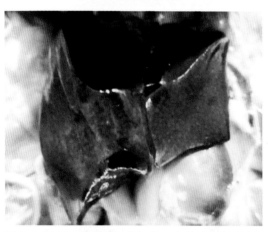

图1.1.13-17　禽伤寒　成年鸡亚急性或慢性病例的肝瘀血、呈铜绿色
（周祖涛　崔卫涛）

图1.1.13-18　禽伤寒　患病母鸡卵泡破裂引起腹膜炎　　　　　　　（王桂枝）

图1.1.13-19　禽副伤寒　病鸡肝肿大，散在黄白色坏死灶　　（王桂枝）

图1.1.13-20　禽副伤寒　病鸡肝肿大，密发灰白色小坏死灶　（肖运才　崔卫涛）

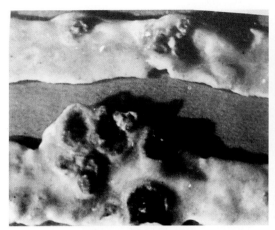

图1.1.13-21 禽副伤寒 慢性病例的肠黏膜坏死
（徐有生）

图1.1.13-22 禽副伤寒 病鸡卵巢变性、卵泡变形
（徐有生）

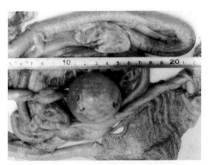

图1.1.13-23 禽副伤寒 病鸡卵巢掉
进腹腔引起腹膜炎
（刘少华）

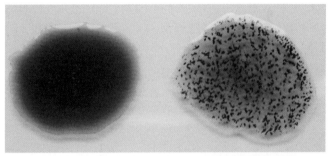

图1.1.13-24 鸡白痢、鸡伤寒全血平板凝集试验 阳性：出现
明显可见的凝集颗粒（图右）；阴性：底质均匀
一致，无凝集现象 （王桂枝）

十四、李斯特菌病

李斯特菌病（listeriosis）又称李氏杆菌病，是由产单核细胞李斯特菌（*Listeria monocytogenes*）引起的畜、禽、啮齿动物和人的一种散发性传染病。家畜主要表现脑膜脑炎、败血症和妊娠母畜流产；家禽和啮齿动物表现坏死性肝炎和心肌炎；兔和啮齿类动物血液中出现单核细胞增多。

【流行病学】

患病动物和带菌动物是本病的主要传染源。传播途径主要包括消化道、呼吸道、眼结膜以及破损的皮肤，被污染的土壤、水源、饲料、铺垫物等皆可成为本菌的传播媒介。

本病多见于绵羊、猪、牛、家兔，山羊次之，家禽以鸡、火鸡、鹅较多，啮齿动物也易感染。

有些地区的牛、羊发病多见于冬季和早春。发病常为散发性。感染发病见于各种年龄的动物，但以幼龄动物和妊娠动物更易感。

【临床症状】

临床症状主要以发热、脑膜脑炎症状、孕畜流产和败血症为特征。

1. 发生败血症的动物   主要表现精神沉郁、发热和死亡。仔猪感染多发生败血症，可见体温升高、呼吸困难、腹泻，病死率高。妊娠母猪常发生流产。牛、羊常表现流涎、流鼻液，流泪。禽类主要表现消瘦和下痢。兔常无明显症状而急性死亡。

2. 发生脑膜脑炎症状的动物   反刍动物常见于成年牛、羊，可见步态蹒跚，头颈因一侧性麻痹弯向对侧，该侧耳下垂、眼半闭、视力丧失；常做圆圈运动，或者倒地呈角弓反张姿势或游泳样动作。猪大多表现无目的向前冲撞或做圆圈运动（图1.1.14-1、图1.1.14-2），遇障碍物以头抵其不动（图1.1.14-3）；有的表现全身震颤，头颈偏向一侧或后肢麻痹，两前肢张开撑地，头颈后仰呈观星姿势（图1.1.14-4～6）；严重的表现阵发性痉挛，口吐白沫，倒地四肢划动。日龄较大的仔猪可见躯体摇晃，共济失调；有的后肢麻痹。病程稍长的病禽可出现痉挛、斜颈等神经症状。家兔患病时所发生的间歇性神经症状与猪相同。

【病理变化】

病理剖检缺乏特殊的肉眼病变。流产动物常发生子宫内膜炎，胎盘出血、坏死。有神经症状的病畜常见脑和脑膜充血、瘀血、出血、水肿等（图1.1.14-7～9），脑脊液增多，脑干有小化脓灶。组织学检查，可见脑干血管周围单核细胞浸润。发生败血症的病畜常见肝、心、脾有小坏死灶。家禽主要表现心包炎，心肌和肝有局灶性或广泛性坏死。

【诊断要点】

本病以单一的临床症状很难与其他有神经症状的疾病相区别，应结合流行病学特点、表现特殊的神经症状、孕畜流产以及血液中单核细胞增多和病变组织器官中伴有单核细胞浸润等进行综合诊断。确诊方法有组织学检查、细菌分离培养与鉴定、动物接种以及血清学诊断（如补体结合试验、凝集试验等）。

动物接种试验是用病料乳剂或纯培养物滴入家兔或豚鼠的一侧眼内，另一侧眼作对照。如为阳性反应，则试验眼在24h后出现化脓性结膜炎和角膜炎（图1.1.14-10），7d后试验眼的眼角膜呈灰白色浑浊（图1.1.14-11）。

临床诊断应注意与表现神经症状的疾病，如脑包虫病、伪狂犬病、猪传染性脑脊髓炎等相区别。

【检疫处理】

我国将李斯特菌病列为三类动物疫病（2008病种名录），并规定其为进境动物检疫其他传染病（2013病种名录）。

（1）动物检疫确诊为李斯特菌病的病畜或胴体和内脏及其他副产品做化制或销毁处理。

（2）对进境动物检疫确诊的阳性动物进行扑杀、销毁或退回处理，同群者隔离观察。

公共卫生

人感染李氏杆菌病主要是由于皮肤损伤部位直接接触病畜分泌物、食用病畜肉及其制品、饮用病畜乳及其乳制品等而引起。孕妇感染后可经胎盘感染胎儿或经产道感染新生儿。眼、皮肤与患病动物直接接触，亦可引起局部感染。

人感染后以脑膜炎、脑膜脑炎症状为多见，常伴有败血症，有时可患心内膜炎。孕妇感染后还可引起流产、死胎等。

经常接触病畜及其产品的人员，要注意个人卫生安全防护。

图1.1.14-1　李斯特菌病　病猪盲目行走，做向右的转圈运动　　　　（徐有生）

图1.1.14-2　李斯特菌病　病猪盲目行走，做向左的转圈运动　　　　（刘少华）

图1.1.14-3　李斯特菌病　病猪盲目行走时，遇障碍物以头抵其不动　　　（孙锡斌）

图1.1.14-4 ~ 6　李斯特菌病　病猪两前肢撑地，头颈后仰呈观星姿势的神经症状　　　　　　（孙锡斌）

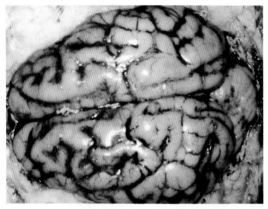

图1.1.14-7　李斯特菌病　病猪脑膜血管扩张，瘀血、水肿　　　　　　（徐有生）

图1.1.14-8　李斯特菌病　病猪脑膜严重充血、出血
（周诗其）

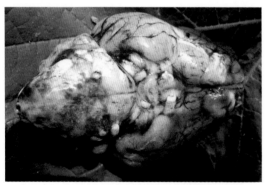

图1.1.14-9　李斯特菌病　病猪小脑明显出血、坏死
（徐有生　刘少华）

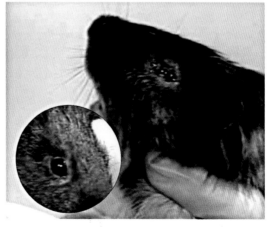

图1.1.14-10　病料接种豚鼠眼部，24h后引起眼结膜炎和角膜炎　左下图示滴入生理盐水正常对照眼　　　　（王桂枝）

图1.1.14-11　病料接种豚鼠眼内，7d后试验眼的
　　　　　　　眼角膜浑浊、呈灰白色　左下图示
　　　　　　　滴入生理盐水的正常对照眼

（王桂枝）

十五、钩端螺旋体病

钩端螺旋体病（leptospirosis）是由钩端螺旋体科（spirochaetaceae）细螺旋体属（*Leptospira*）的致病性钩端螺旋体（*L.interrogans*）引起的人兽共患的自然疫源性传染病。动物多呈隐性感染，急性病例以发热、黄疸、贫血、水肿、血红蛋白尿、广泛性出血、皮肤和黏膜坏死、溃疡，以及妊娠动物流产为特征。

【流行病学】

钩端螺旋体的动物宿主几乎是所有温血动物，其中鼠类是最重要的储存宿主。猪、牛、犬的感染率较高，是本病的重要传染源。传染源从尿液、乳汁、唾液中排出的病原体污染周围的水源、饲料和土壤，经损伤的皮肤、黏膜及消化道感染易感动物，吸血昆虫的叮咬、动物交配以及人工授精等也可传播。一般情况下幼畜比成年畜易感，以3～4月龄断奶仔猪最易感，成年猪一般病情较轻。鼠类、畜禽和人的钩端螺旋体感染，常常构成相互交错的传染锁链。

本病每年以7～10月份的炎热多雨季节为发病高峰期，呈散发性或地方流行性。

【临床症状】

1. **猪**　急性黄疸型多见于仔猪尤其是哺乳仔猪和保育猪，以全身皮肤和黏膜的黄染、血红蛋白尿为特征。患病猪表现体温升高、厌食，发病1～2d后，眼结膜、巩膜乃至全身的可视黏膜及皮肤发黄（图1.1.15-1、图1.1.15-2），尿呈茶褐色，病死率高。

呈亚急性经过的断奶前后仔猪，表现体温正常或略有升高，食欲不振，精神不佳，眼睑浮肿、眼结膜潮红，皮肤黄染或苍白，有的头颈部甚至全身水肿，尿呈茶褐色。

慢性型成年猪一般无明显的临床症状或呈无症状的隐性感染；妊娠母猪可导致流产、产死胎、木乃伊胎和弱仔。

2．**牛**　急性型常见于犊牛和乳用牛，表现体温升高，可视黏膜发黄，尿呈暗黄色，唇和齿龈有坏死、溃疡，耳、颈、背、腹下和外生殖器等处的皮肤坏死、溃疡。亚急性型常发生于哺乳母牛和奶牛。患病牛常表现体温升高，结膜黄染，泌乳量下降或泌乳停止；怀孕母牛发生流产也是本病的重要临床症状特点。

3．**羊**　与牛的症状基本相似，但发病率较低。

4．**犬**　表现发热、呕吐、便血、黄疸和血红蛋白尿等。

【病理变化】

各种动物的病理变化基本一致。

1．**急性型**　病理变化主要是黄疸、出血及肝、肾等器官组织的损害。病猪全身皮肤、皮下组织及胸、腹腔器官的浆膜与黏膜皆可见程度不同的黄染（图1.1.15-3、图1.1.15-4）；胸腔和心包积液；器官的黄染和出血以肝（图1.1.14-5）、肾、淋巴结、膀胱更明显；胆囊肿大、瘀血。

其他还常见唇、齿龈和舌面坏死、溃疡，皮肤干裂与坏死。

2．**亚急性和慢性型**　病猪全身性水肿以头颈部、胸腹部、四肢等部位最明显，有些病例胃壁也出现水肿，肝、肾、脾、肺等均有损害。成年猪以肾脏的损害更明显，严重者皮质部甚至髓质部发生肾的固缩硬化。呈亚急性、慢性经过的病牛常见皮肤、黏膜呈局灶性或片状坏死，有的发生皮肤干性坏死和脱屑、脱毛。慢性病例的母畜以生殖器官和肾的损害为特征。

妊娠家畜的流产胎儿的胸腹腔积液（图1.1.15-6、图1.1.15-7），肝肿大、呈橘黄色或土黄色（图1.1.15-8、图1.1.15-9），有的全身皮肤黄染（图1.1.15-10）。

【诊断要点】

确诊本病可采取尿液（发热期可采血液）做钩端螺旋体的暗视野直接镜检或取肝、肾等材料制片、姬姆萨染色、免疫荧光抗体技术或镀银染色后镜检，若见纤细、呈螺旋状、两端弯曲成钩状的病原体（图1.1.15-11）即可确诊。

血清学诊断常用的方法有凝集溶解试验、ELISA、补体结合试验、免疫荧光抗体技术等。凝集溶解试验的原理是钩端螺旋体可与相应抗体产生凝集溶解反应，抗体浓度高时发生溶菌现象，抗体浓度低时则发生菌体凝集现象（图1.1.15-12）。分子生物学方法有DNA探针技术、PCR技术等。

【检疫处理】

我国将钩端螺旋体病列为二类动物疫病（2008病种名录），并规定其为进境动物检疫二类传染病（2013病种名录）。

（1）确诊为本病的急性发热期且全身黄染的病畜，做扑杀销毁处理。

（2）宰后检疫确诊为本病的非黄染肉尸和内脏做化制处理。

（3）进境检疫确诊的阳性动物进行扑杀、销毁或退回处理，同群者隔离观察。

公共卫生

人感染钩端螺旋体病是由于人接触了被钩端螺旋体污染的疫水或肢解病死动物时沾染了尸体的尿液、唾液等，病原体通过损伤的皮肤、黏膜而侵入机体。人也可通过污染的食物感染。人感染本病后可带菌或排菌。人和动物之间存在复杂的交叉传播。

病人突然发热、头痛，四肢及腰背部肌肉酸痛，尤以腓肠肌疼痛明显并有压痛；腹股沟淋巴结肿大，肝肿大，并有血尿及皮肤、黏膜的黄疸和出血等症状。根据钩端螺旋体对肝、肾、脑、肺等器官的损害，其临床表现可分为流感伤寒型、黄疸出血型、肾机能衰竭型、脑膜脑炎型、肺出血型等。

经常接触易感动物尤其是病畜及其产品者，要注意个人卫生安全防护。

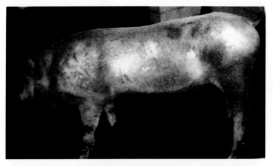

图1.1.15-1 钩端螺旋体病 病猪的可视黏膜和全身皮肤黄染 （徐有生）

图1.1.15-2 钩端螺旋体病 病猪的全身皮肤苍白黄染 （徐有生）

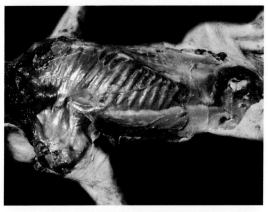

图1.1.15-3 钩端螺旋体病 病猪皮下组织、肋胸膜黄染 （徐有生）

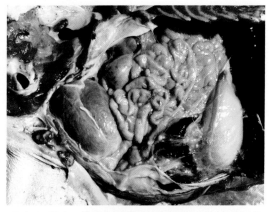

图1.1.15-4 钩端螺旋体病 病猪腹腔的结缔组织和器官浆膜明显黄染 （徐有生）

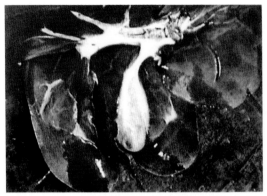

图1.1.15-5　钩端螺旋体病　肝脏黄染　（徐有生）

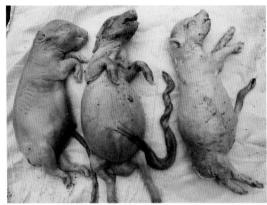

图1.1.15-6　钩端螺旋体病　流产死胎儿腹部膨胀，腹腔充满大量腹水　（徐有生）

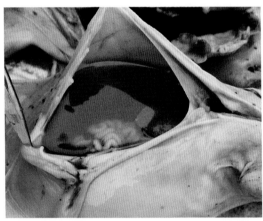

图1.1.15-7　钩端螺旋体病　流产胎儿腹腔内有大量红黄色腹水　（徐有生）

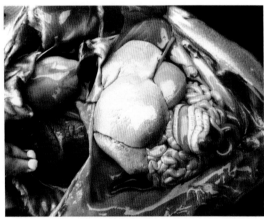

图1.1.15-8　钩端螺旋体病　流产胎儿心肌浊肿，肝呈土黄色　（徐有生）

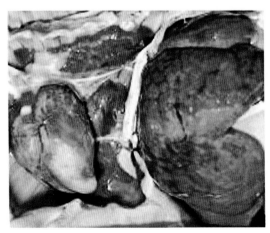

图1.1.15-9　钩端螺旋体病　流产胎儿肝脏肿大，呈淡红黄色　（徐有生）

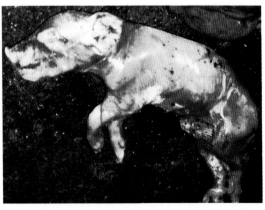

图1.1.15-10　钩端螺旋体病　流产胎儿皮肤黄染

（黄青伟）

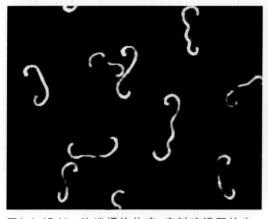 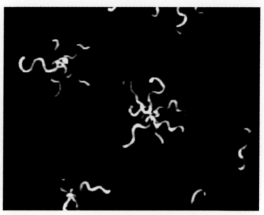

图1.1.15-11 钩端螺旋体病 病料暗视野检查，病原体纤细呈螺旋状，两端弯曲成钩状 ×100 （王桂枝）

图1.1.15-12 钩端螺旋体病凝集溶解试验 暗视野检查见菌体凝集成一朵朵菊花样（见于血清中抗体浓度低时）×100 （王桂枝）

十六、放线菌病

放线菌病（actinomycosis）是由多种致病性放线菌引起牛、猪、羊、马等动物和人的一种慢性传染病。本病病理特征是牛下颌骨、猪乳房等受侵部位形成特异性肉芽肿和慢性化脓灶；肉芽肿中心为菌丝聚集构成质地和色泽类似硫黄色颗粒物，其外周为特殊肉芽和普通肉芽组织。当伴发化脓菌感染时，可引发组织崩解化脓，形成脓肿与窦道。本病病原有牛放线菌、伊氏放线菌、林氏放线菌和猪放线菌。牛放线菌病和猪放线菌病主要由牛放线菌、伊氏放线菌、猪放线菌和林氏放线菌等引起。牛放线菌引起骨骼感染，损害硬组织，发生"大颌病"；林氏放线菌引起皮肤和软组织感染，损害软组织，发生"木舌症"。而由猪放线杆菌和驹放线杆菌引起猪的败血症、各种炎症以及皮肤、黏膜等软组织的肉芽肿和脓肿，称为猪放线杆菌病。

【流行病学】

患病动物、带菌动物是主要传染源。病原体存在于污染的土壤、饲料和饮水中，主要经损伤的皮肤和黏膜感染。动物中以牛最易感，尤其是2～5岁的成年牛；猪常发生于乳房。本病呈零星散发。

【临床症状】

1. **牛放线菌病** 可见头颈部皮肤、唇、舌、咽部、颌骨、鼻甲骨和腭骨等处发生放线菌肿（图1.1.16-1、图1.1.16-2），以上、下颌骨放线菌肿最常见。上、下颌骨及臼齿槽的放线菌肿，最具特征性的病变为骨膜炎和骨髓炎，病变部骨组织发生坏死、破溃，流黄绿色带硫黄色颗粒的脓汁；继之，骨髓内肉芽组织增生，骨膜增生，颌骨膨大，其切面呈海绵样多孔状，并有多个小脓灶。当唇、舌和咽部组织受侵时，病牛流涎、咀嚼困难；进一步发展则舌、咽部组织硬肿，舌体坚硬如木板，俗称"木舌病"。乳房患病时，呈弥散性硬肿或局灶性硬结，乳汁黏稠并混有脓汁。

2．猪放线菌病　常称为猪乳房放线菌病。多发生于乳房，亦可侵害耳廓、口腔黏膜、扁桃体、包皮等器官组织。乳房放线菌肿常见于一个或多个乳头基部发生硬块并逐渐蔓延到乳头，引起乳房肿胀，乳房畸形隆起、表面凹凸不平、乳头短缩（图1.1.16-3）；严重时乳腺极度肿大呈肿瘤状（图1.1.16-4、图1.1.16-5），肿块部位常因化脓溃疡形成多发性瘘管。若放线菌肿发生于耳廓，可见耳壳增厚、变硬，形似纤维瘤外观。

【病理变化】

特点是器官和组织的局部形成多发性结节样增生物和脓肿，并形成瘘管。

1．骨骼放线菌肿　受侵的部位包括上下颌骨、鼻甲骨、腭骨等，而最多见的是上下颌骨，以臼齿槽的变化最具特征性，表现为骨膜炎和骨髓炎。可见骨骼畸形隆起，骨质疏松，形成空洞似蜂窝状（图1.1.16-2）。若下颌骨穿孔，该处皮肤和皮下组织形成化脓性病灶。

2．舌放线菌肿　可见舌背面隆起部有小结节，或者形成蘑菇状突起或溃疡。如呈弥漫性病变，则舌体坚硬如木板。

3．头颈部皮肤、皮下组织和乳房的放线菌肿　主要病变是形成肉芽肿性炎症。切开病变部结缔组织，可见大小不等的脓肿灶，脓液中混有黄绿色砂粒样菌块（图1.1.16-6、图1.1.16-7），有的形成瘘管。

4．猪耳廓放线菌肿　病变部可见肉芽肿性炎症发生于外耳软骨膜及皮下组织，坏死灶内含黄绿色放线菌块。

【诊断要点】

根据本病的临床症状和典型病变可做出初步诊断。确诊可从病变部位采取新鲜脓液，用少许灭菌生理盐水稀释后，选取"硫黄颗粒"置载玻片上，滴加一滴10％氢氧化钾溶液，加盖玻片挤压颗粒。病料经革兰氏染色，低倍镜下见中心菌体为紫色，周围呈放射状排列的菌丝显红色（图1.1.16-8），即可做出诊断。

【检疫处理】

我国将放线菌病列为三类动物疫病（2008病种名录），并规定其为进境动物检疫其他传染病（2013病种名录）。

（1）生前确诊为本病后，要及早手术切除硬结和瘘管，同时进行大剂量抗菌药物和疗程长的治疗。死亡的尸体或胴体和内脏及其他副产品做化制处理。

（2）进境检疫确诊为本病的阳性动物进行扑杀、销毁或退回处理，同群者隔离观察。

公共卫生

人感染放线菌病的临床表现主要有以下类型：

1. 面部放线菌病　感染途径主要是病原菌从损伤的口腔或咽部黏膜侵入。病变常见于面颊与颈部交界处。病初局部肿痛，皮下形成肿块，进一步形成脓肿，破溃后流出带有硫黄色颗粒的脓液；继之，在病变处周围又可产生新的结节及脓肿，脓肿互相沟通形成瘘管，治愈后留下瘢痕。如不及时治疗可波及颌骨，甚至向上可至眶、颅骨、脑膜及脑，向下可至颈及胸部。

2. 胸部放线菌病　大多由口腔蔓延或呼吸道吸入病原菌而引发。临床表现类似肺炎或肺结核症状，有发热、咳嗽、咳痰、咯血、胸痛等；病变扩展到胸膜，进一步穿过胸壁形成瘘管，并排出含硫黄色颗粒的脓液。

3. 腹部放线菌病　常由口腔、腹部或其他部位蔓延或转移引发，常见的原发部位为回盲区，其次为肛门、直肠和胃。慢性患者有腹痛、腹泻和下坠感。放线菌经血液循环传播，侵入肝、脾、肾，可造成转移性脓肿和败血症。

经常接触病畜及其产品者，要注意个人卫生安全防护。

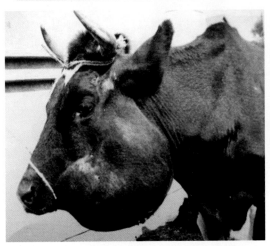

图1.1.16-1　牛放线菌病　左侧下颌骨高度肿大，
　　　　　向外突出似肿瘤　　　　（周诗其）

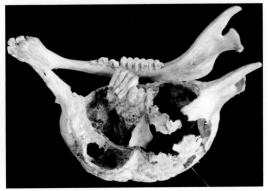

图1.1.16-2　牛放线菌病　上图病牛的头部剥离后
　　　　　见左下颌骨高度肿大，骨质疏松，并
　　　　　形成腔洞，原骨结构和齿槽被破坏
　　　　　　　　　　　　　　　　　（周诗其）

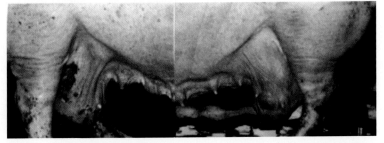

图1.1.16-3　猪乳房放线菌肿　乳腺肿胀，乳头短缩，乳房表面凹凸不平，
　　　　　有的破溃，结痂　　　　　　　　　　　（徐有生）

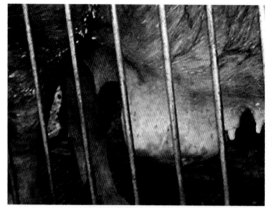

图1.1.16-4 猪乳房放线菌肿 病猪乳房放线菌肿。乳房内乳腺组织大量增生引起乳房极度肿胀、硬固，外观呈肿瘤状

(徐有生)

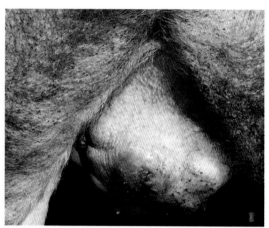

图1.1.16-5 猪乳房放线菌肿 病猪乳房放线菌肿的乳头短缩，乳腺高度肿胀、硬固，乳腺组织中形成数个结节性硬块呈瘤状

(徐有生)

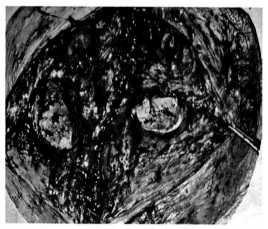

图1.1.16-6 猪乳房放线菌肿 病猪乳房放线菌肿的切面，可见大小不等的多发性化脓灶或结节（肉芽肿性病变）

(徐有生)

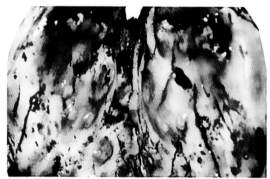

图1.1.16-7 猪乳房放线菌肿 病猪乳房放线菌肿块的切面，病灶内有大小不等的黄白色"硫黄颗粒"

(徐有生)

图1.1.16-8 牛放线菌病 病变组织中可见放线菌肉芽肿：中心是玫瑰花样的放线菌块，其周围有大量中性粒细胞和脓细胞PAS×400

(陈怀涛)

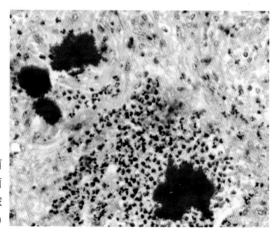

十七 、附红细胞体病

附红细胞体病（eperythrozoonosis）简称为附红体病，是由附红细胞体（*Eperythrozoon*）附着于猪、牛、羊等动物和人的红细胞表面或游离于血浆中引起的一种临床上以贫血、黄疸、发热为特征的人兽共患病。在感染宿主中，以猪附红细胞体病最为严重。

【流行病学】

患病动物、带菌动物是主要传染源。动物之间可通过舔食断尾的血、互相斗咬、摄食血液污染物，以及接触被污染的注射器、针头、手术器械等媒介物传播；感染母猪可通过胎盘垂直传播；也可经公畜交配或人工授精传播。附红细胞体寄生的宿主有猪、牛、羊、骆驼、马属动物、鼠、兔、鸡等动物和人。不同动物间一般不会相互感染。

本病多发于吸血昆虫叮咬的季节。2011年姚宝安、周艳琴对湖南省宁乡、浏阳、长沙等20多个县市的50多个乡镇猪附红细胞体病调查，进一步证实了该病呈地方流行性，而且多呈隐性或慢性感染。

【寄生部位与形态特征】

在不同宿主中寄生的附红细胞体各有其种名，常见的有猪的猪附红细胞体（*E. suis*）、牛的温氏附红细胞体（*E. wenyoni*）、绵羊的绵羊附红细胞体（*E. ovis*）等。其病原对宿主具有严格的特异性。

附红细胞体形态呈多形性，如月牙形、逗点状、颗粒状、星状、环形、球形、椭圆形等，其大小为0.2～2.5 μm，常单个、成对或呈链状附于红细胞的表面；偶尔可见呈点状的附红细胞体位于红细胞中央或围绕在整个红细胞上，使红细胞形态呈齿轮状、星芒状、菠萝状、花环状等不规则形态；也有的附红细胞体在血浆中呈游离状态。血液涂片经姬姆萨染色，附红细胞体呈淡红色或淡紫红色；瑞氏染色为淡蓝色或蓝紫色；吖啶橙染色在荧光显微镜下呈明亮的黄绿色或橙黄色（图1.1.17-1～3）。

【临床症状】

临床表现以黄疸、贫血、发热和繁殖障碍为特点。

动物感染后，多数呈隐性经过。少数发病动物主要表现精神沉郁、食欲不振、贫血、黄疸和发热等症状；妊娠家畜有的发生流产。在感染动物中，以猪附红细胞体病最为严重，尤其是仔猪（特别是去势猪）常呈急性经过，其发病率和病死率较高。

断奶猪（尤其是去势猪）感染后症状明显，急性期主要表现持续发热，全身的皮肤和黏膜苍白、黄染，有的在耳廓、尾及四肢等末梢处发绀或呈紫红色（图1.1.17- 4、图1.1.17-5）；慢性病猪表现消瘦、贫血，有时出现全身皮肤荨麻疹或瘀斑（图1.1.17-6、图1.1.17-7）。育肥猪感染后表现的症状不典型，易发生贫血，后期常有腹泻。感染母猪急性期的主要症状是发热、乳房和外阴水肿，有的发生流产，产出死胎和弱仔；慢性病例表现黏膜苍白、黄染，不发情或屡配不孕。公猪大多呈隐性感染。

【病理变化】

主要表现血液稀薄、凝固不良。全身皮肤苍白、黄染，黏膜、浆膜、脂肪和腹腔大网膜等亦可见黄染（图1.1.17-8、图1.1.17-9）。肝肿大、变性，呈土黄色或淡黄褐色（图1.1.17-10）。脾瘀血、肿大（图1.1.17-11）。肾肿大、出血。全身淋巴结肿大、潮红、黄染。

【诊断要点】

根据本病的流行病学特点、典型的临床症状和病理变化可做出初步诊断。如在病猪发热期，可采取鲜血压片镜检或抹片染色后镜检，若镜下见附红细胞体即可确诊。

间接血凝试验、ELISA等血清学方法可用于流行病学调查和疾病监测。近年来也建立了PCR检测方法。

【检疫处理】

我国将附红细胞体病列为三类动物疫病（2008病种名录），并规定其为进境动物检疫其他传染病（2013病种名录）。

（1）动物检疫确诊为本病的死亡尸体或胴体和内脏及其他副产品做化制或销毁处理。

（2）进境动物检疫检出的阳性动物，应做扑杀、销毁或退回处理。同群者隔离观察。

公共卫生

人患附红细胞体病的轻型患者，主要表现慢性疲劳综合征样症状。重症患者可见发热、贫血、黄染，肝、脾和淋巴结肿大，关节酸痛，疲惫，嗜睡等症状。

经常接触病畜者和屠宰加工人员，要注意个人卫生安全防护。

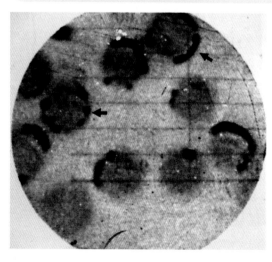

图1.1.17-1　附红细胞体病　病牛血液中红细胞表面有呈点状、链状排列的附红细胞体 ×1 000

（徐有生　刘少华）

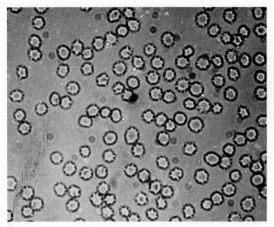

图1.1.17-2　猪附红细胞病　病猪血液中虫体致使红细胞变形、崩解 ×1 000

（黄青伟）

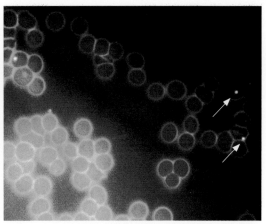

图1.1.17-3　猪的附红细胞体吖啶橙染色，呈明亮的黄绿色或橙黄色 ×1 000

（周艳琴）

图1.1.17-4　猪附红细胞体病　患病猪皮肤黄染

（徐有生）

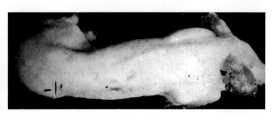

图1.1.17-5　猪附红细胞体病　病猪表现消瘦、贫血，耳部、四肢末端发绀，耳廓边缘紫红色，呈大理石样花纹

（徐有生　刘少华）

图1.1.17-6　猪附红细胞体病　慢性病例的全身皮肤荨麻疹　　（徐有生　刘少华）

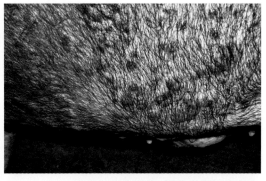

图1.1.17-7　猪附红细胞体病　慢性病例的全身皮肤上散在的荨麻疹斑块以腹部更明显

（徐有生　刘少华）

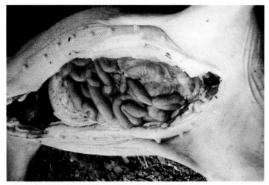

图1.1.17-8　猪附红细胞体病　病猪皮下和腹腔脂
肪黄染　　　　　　　（许益民）

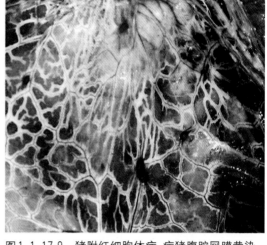

图1.1.17-9　猪附红细胞体病　病猪腹腔网膜黄染
（徐有生）

图1.1.17-10　猪附红细胞体病　病猪肝膈面和脏
面显示红黄色　　　　（黄青伟）

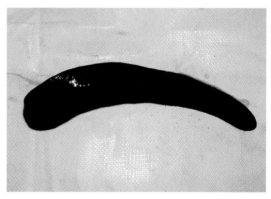

图1.1.17-11　猪附红细胞体病　病猪脾瘀血、肿大
（徐有生）

十八、巴氏杆菌病

巴氏杆菌病（pasteurellosis）是由多杀性巴氏杆菌（*Pasteurella multocida*）引起的多种动物传染病的总称。急性型病例以出血性炎症为特征，故又称为出血性败血症，简称"出败"。人患本病较少见，多为伤口感染。

【流行病学】

患病动物和带菌动物是主要传染源，健康动物的上呼吸道也可带菌。病原菌经呼吸道、消化道、吸血昆虫叮咬或损伤的皮肤、黏膜等感染。家畜中以牛、猪、兔、绵羊较多发，禽类以鸡、鸭和火鸡最易感。在一般情况下，不同畜、禽之间不互相传染。

本病的发生无明显季节性，但以冷热交替、气候剧变、潮湿多雨的季节多发，一般呈零星散发。猪有时呈地方流行性，禽群特别是鸭群发病时也常呈地方流行性。

【临床症状与病理变化】

1．猪巴氏杆菌病　又名猪肺疫、猪出血性败血症。

（1）最急性型　猪突然发病，迅速死亡。病程稍长的可见体温升高，咽喉部急剧肿胀、红肿、坚硬，严重时肿胀可蔓延至耳根、颈部，甚至波及胸部，肿胀部皮肤呈紫红色（图1.1.18-1）；病猪呼吸高度困难，呈犬坐式，皮肤和可视黏膜发绀，口、鼻流泡沫样分泌物，耳根、腹侧和四肢内侧等处的皮肤出现红斑，最后窒息死亡，俗称"锁喉疯"。

主要病变是咽喉部及其周围组织有出血性浆液浸润，咽喉部、气管内充满泡沫样分泌物（图1.1.18-2～4）；全身黏膜、浆膜和皮下组织有明显的出血点；下颌、咽后等颈部淋巴结肿胀，切面多汁、出血；肺瘀血、水肿、出血（图1.1.18-5）；心包膜和心外膜出血。

（2）急性型　主要呈急性胸膜肺炎症状。病猪表现体温升高，短而干的痉挛性咳嗽，呼吸困难；随着病情发展，可见呼吸困难加剧，张口吐舌，呈犬坐式，最后窒息死亡。

病理变化以典型的纤维素性肺炎为特征。肺炎区病变见于尖叶、心叶和膈叶的前下部，严重的可波及整个肺叶，可见肺有不同发展阶段的肝变区，病变部色彩斑驳、质地坚实，小叶间质水肿、增宽，肺切面呈大理石样外观（图1.1.18-6）；胸腔和心包腔积液（图1.1.18-7、图1.1.18-8）；肺炎区表面和肋胸膜附着黄白色纤维素性物（图1.1.18-9、图1.1.18-10）。

（3）慢性型　病猪营养不良、消瘦。主要表现慢性肺炎症状，有的见慢性胃肠炎症状。

剖检可见心包、肺胸膜、膈胸膜（图1.1.18-11）因纤维素性炎症引起结缔组织增生和粘连，有的在肺组织内有较大的坏死灶或局灶性化脓灶。

2．禽巴氏杆菌病　又名禽霍乱、禽出血性败血症。雏禽由于有母源抗体，较少发病。患病鸡的症状一般可分为最急性型、急性型和慢性型。

（1）最急性型　常见于流行初期，病禽通常无明显症状就迅速死亡。病程为数分钟或数小时。死亡病禽无特殊病理变化。

（2）急性型　临床上一般表现为败血症。病鸡体温升高；鸡冠、肉髯发紫，呼吸困难，鼻腔分泌物增多；常有腹泻，粪便呈灰黄色或淡绿色；最后昏迷死亡。

剖检病变最显见的是皮下组织、腹膜及腹腔脂肪有散在或密集的小点出血；心冠脂肪、冠状沟及心外膜明显出血（图1.1.18-12、图1.1.18-13）；心包积液，并有纤维素性絮状物；肺充血、出血；肝脏的坏死变化较为特征：肝肿大、质脆，被膜下和切面上有密集或散在的黄白色或灰白色小坏死点（图1.1.18-14～16），有的间有出血点；肠尤其是十二指肠呈出血性或卡他性出血性炎（图1.1.18-17～21）；有的可见肌胃出血（图1.1.18-22）。

（3）慢性型　多发生于流行后期，以病禽表现贫血、消瘦、鸡冠和肉髯肿胀、关节肿大和跛行为特征。

病理剖检以呼吸道症状为主的病例，可见鼻腔和鼻窦内有多量黏性分泌物，有的见肺硬变。如局限于关节炎和腱鞘炎病例，主要见关节肿大、变形，有炎性渗出物和干酪样坏死。公鸡的肉髯肿胀，内有纤维素性或干酪样渗出物。母鸡卵巢明显出血。

鸭、鹅发生禽霍乱的症状和病理变化与鸡基本相似（图1.1.18-23～28）。

3．牛巴氏杆菌病　又称牛出血性败血症。临床表现败血型、水肿型和肺炎型三种病型。

（1）败血型　以发热、急性胃肠炎、全身浆膜黏膜出血、内脏器官变性、出血等败血性变化为临床特点。

（2）水肿型　除全身症状外，可见颈部、咽喉部及前胸皮下炎性水肿。病牛呼吸高度困难。水肿部位的相应淋巴结肿胀、充血。

（3）肺炎型　主要表现纤维素性胸膜肺炎的症状与病理变化，肺切面呈大理石样外观。

4．羊巴氏杆菌病　以幼龄绵羊和羔羊发病较多，山羊较少。临床上急性病例以胸膜肺炎和胃肠炎为主；慢性病例多见于成年羊，以纤维素性胸膜肺炎症状为主。

5.兔巴氏杆菌病　临床表现败血型、鼻炎型、肺炎型、中耳炎型等病型。

【诊断要点】

根据本病的流行病学特点、临床症状与病理变化可做出初步诊断，确诊需进行细菌学检查。急性病例可从心、肝、脾、淋巴结或其他病变部（包括水肿液、脓汁）采取病料涂片（或触片），用瑞氏或美蓝染色、镜检，见典型的巴氏杆菌形态特征（图1.1.18-29）即可做出诊断。必要时做细菌分离培养、血清型鉴定和小鼠接种试验。

【检疫处理】

牛出血性败血症是世界动物卫生组织（OIE）列为必须通报的疫病（2015病种名录）。我国将牛出血性败血症、猪肺疫、禽霍乱列为二类动物疫病（2008病种名录），并规定巴氏杆菌病为进境动物检疫二类传染病（2013病种名录）。

（1）动物检疫发现患病动物隔离治疗。死亡尸体或病变严重的胴体和内脏做化制或销毁处理。病变轻微的依病损的程度做相应的无害化处理。

（2）进境动物检疫检出的阳性动物，应做扑杀、销毁或退回处理。同群者隔离观察。

公共卫生

人感染巴氏杆菌病很少见，且多为局部感染，多见于因动物咬伤、抓伤引起伤口感染。局部感染处表现剧痛、肿胀、化脓及感染处周围淋巴结肿胀等。非伤口感染的患者若因呼吸道感染而引起，主要表现呼吸道感染临床症状，偶见病人发生败血症或脑膜炎。

经常接触病畜者，防止动物咬伤、抓伤，注意个人卫生安全防护。

图1.1.18-1 猪巴氏杆菌病 病猪咽喉部组织急性水肿，颈部皮肤呈紫红色

（左图：徐有生；中图：胡薛英）

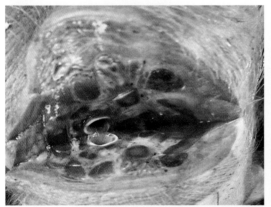

图1.1.18-2 猪巴氏杆菌病 急性型病猪咽喉部及周围组织水肿，水肿液呈淡红色胶冻状

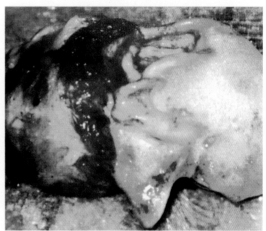

图1.1.18-3 猪巴氏杆菌病 病猪喉部出血，气管内有大量泡沫状分泌物 （徐有生）

图1.1.18- 4 猪巴氏杆菌病 气管黏膜出血，有大量泡沫状分泌物

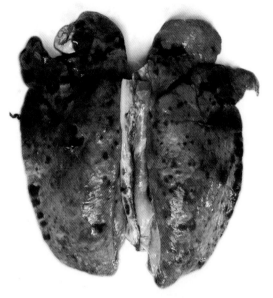

图1.1.18-5　猪巴氏杆菌病　肺表面散在大小不等
　　　的暗红色出血点（斑）　　（马增军）

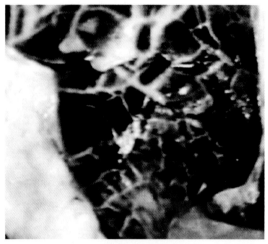

图1.1.18-6　猪巴氏杆菌病　病猪肺发生肝变，切
　　　面呈大理石样外观　　（雷健保）

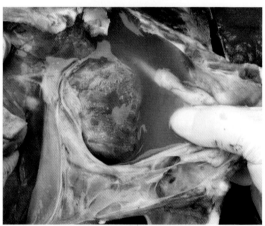

图1.1.18-8　猪巴氏杆菌病　病猪心包炎，心表面
　　　被覆纤维素性渗出物，心包积液

　　　　　　　　　　　　　（蒋文明）

图1.1.18-7　猪巴氏杆菌病　心外膜出血以冠状沟
　　　脂肪出血更明显　　　（徐有生）

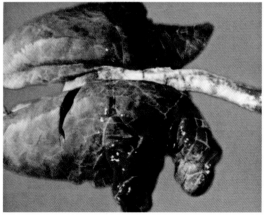

图1.1.18-9　猪巴氏杆菌病　肺明显瘀血、肿大，
　　　呈暗红色，表面覆灰白色纤维素性
　　　膜状物　　　（徐有生　刘少华）

图1.1.18-10　猪巴氏杆菌病　肺瘀血、出血，肺表面有明显坏死病灶和纤维素性渗出物

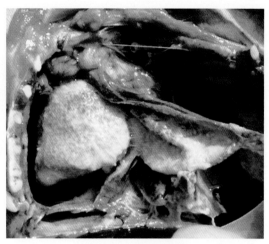

图1.1.18-11　猪巴氏杆菌病　病猪心外膜覆满纤维素性物，并与周围组织粘连

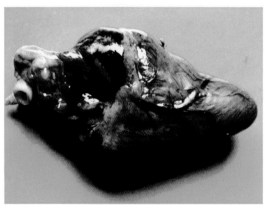

图1.1.18-12　禽巴氏杆菌病　病鸡心肌和心冠脂肪出血　　　　（孙锡斌）

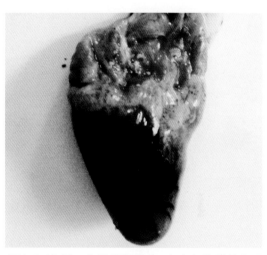

图1.1.18-13　禽巴氏杆菌病　病鸡心外膜见大面积出血坏死，心冠脂肪出血

（王喜亮）

图1.1.18-14　禽巴氏杆菌病　病鸡肝表面密布灰白色针尖大的坏死点　　（孙锡斌）

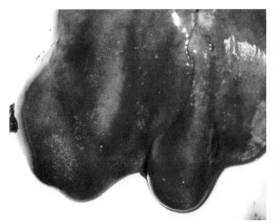

图1.1.18-15　禽巴氏杆菌病　病鸡肝表面散在灰
　　　　　　　白色针尖大小坏死点
　　　　　　　　　　　（肖运才　王喜亮）

图1.1.18-16　禽氏杆菌病　病鸡肝肿大，被膜下
　　　　　　　密布灰白色坏死小点　（庄宗堂）

图1.1.18-18　禽巴氏杆菌病　病鸡肠黏膜肿胀，
　　　　　　　黏膜面布满大小不一的出血斑点
　　　　　　　　　　　（肖运才　王喜亮）

图1.1.18-17　禽巴氏杆菌病　病鸡十二指肠肠管
　　　　　　　增粗，浆膜上有出血
　　　　　　　　　　　（肖运才　王喜亮）

图1.1.18-19　禽巴氏杆菌病　病鸡十二指肠黏膜
　　　　　　　严重出血，有黏膜脱落
　　　　　　　　　　　（周祖涛　崔卫涛）

图1.1.18-20　禽巴氏杆菌病　病鸡十二指肠黏膜
　　　　　　　肿胀，肠黏膜呈弥漫性充血和出血
　　　　　　　　　　　（孙锡斌）

图1.1.18-21　禽巴氏杆菌病　病鸡小肠黏膜肿胀，出血呈弥漫性浸润　　　　（郭定宗）

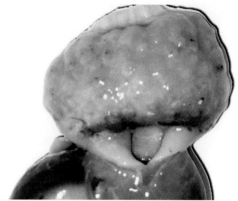

图1.1.18-22　禽巴氏杆菌病　病鸡腺胃与食管交界处明显出血　　　　（刘正飞）

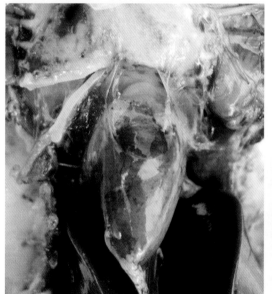

图1.1.18-23　鸭巴氏杆菌病　心肌出血；心包积液呈黄色透明状　　　　（胡薛英）

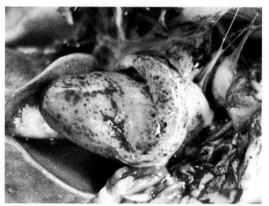

图1.1.18-24　鸭巴氏杆菌病　病鸭心肌和心冠脂肪明显出血　　　　（胡薛英）

图1.1.18-25　鸭巴氏杆菌病　病鸭肝表面弥散大量细小的黄白色和灰白色坏死点　　　　（胡薛英）

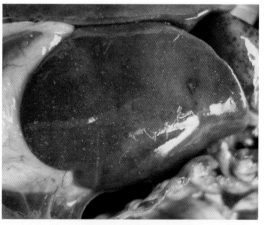

图1.1.18-26　鸭巴氏杆菌病　病鸭肝表面密布细小的灰白色坏死点　　　　（胡薛英）

图1.1.18-27　鸭巴氏杆菌病 病鸭肠浆膜面明显出
　　　　　　血斑　　　　　　　　　　（胡薛英）

图1.1.18-28　鸭巴氏杆菌病 病鸭脂肪出血，脾
　　　　　　肿大，呈花斑状　　　　　（胡薛英）

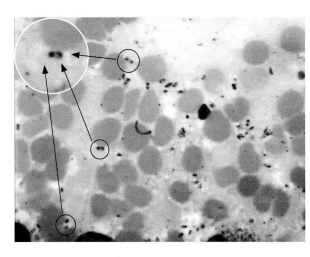

图1.1.18-29　猪肺疫病料涂片：菌体呈两
极浓染的球杆菌或短杆菌
瑞氏染色×1 000；左上图
示放大菌体

（王桂枝　程国富）

十九、坏死杆菌病

坏死杆菌病（necrobacillosis）是由坏死梭杆菌（*Fusobacterium necrophorum*）引起多种动物的慢性传染病。其特征是皮肤、皮下组织和消化道黏膜的坏死性炎症与溃疡，有的可引起全身组织和内脏形成转移性坏死灶。

【流行病学】

患病动物和带菌动物是主要传染源。主要经损伤的皮肤、黏膜感染，新生动物也可经脐带感染。牛、羊、猪、马、兔均可感染，幼畜比成年畜易感，禽的易感性较低。人偶尔也可感染。本病多生发于环境卫生差、潮湿和多雨季节，呈零星散在发生。

【临床症状】

根据动物感染部位的不同，常表现以下几种形式。

1. **腐蹄病（坏死性蹄炎）**　多发于牛、羊，也见于马、鹿、兔、猪等。本病的发生大多数是由于受创伤的蹄部长期接触圈舍中潮湿、泥泞、污秽的环境，而引起坏死杆菌感染，或继发于口蹄疫、猪瘟、猪痘等。患病动物的发病肢不敢负重（图1.1.19-1），常见蹄冠、蹄趾（指）间、蹄踵等处发生蜂窝织炎和脓肿（图1.1.19-2）。进一步发展，病变可波及肌腱、韧带、关节及其周围组织，发生坏死、溃烂，导致蹄匣甚至趾（指）关节脱落（图1.1.19-3～6）；严重者，内脏器官可见转移性坏死灶。

2. **坏死性皮炎**　多见于猪，尤其是仔猪及架子猪。其特征是体侧、肩胛部、臀部甚至头部、颈部、四肢（图1.1.19-7～10）的体表皮肤和皮下组织发生坏死、溃烂，严重者病变可深达肌肉、腱、韧带和骨。母畜可发生于乳头及乳房皮肤，甚至乳腺组织。

3. **坏死性口炎**　多见于犊牛、羔羊、仔猪，也见于兔。主要以口腔黏膜、舌、咽部的损害为特征，病变可蔓延至肺部或转移到其他器官组织和淋巴结。

4. **坏死性肠炎**　多见于仔猪及架子猪。可见严重腹泻，粪便混有血液、脓液或/和坏死黏膜组织。

【病理变化】

多数患病动物尤其是病情严重者，可见肝、肾、脾、肺等器官有转移性坏死灶。猪的坏死性肠炎常因猪瘟、猪副伤寒等并发或继发感染，引起肠黏膜固膜性坏死和溃疡，甚至肠壁穿孔与粘连。

【诊断要点】

根据临床症状和发病部位的病理变化，结合流行病学特点进行综合分析，可做出初步诊断。确诊可采取病健交界处组织，涂片后用石炭酸复红或美蓝染色、镜检，见呈串珠状的长丝状菌体即可做出诊断。必要时做病料的分离培养和动物接种试验。

【检疫处理】

（1）病变仅限于局部的，切除病变部分做化制或销毁处理。
（2）若病原扩散形成转移性坏死灶，患病动物或胴体和内脏做化制或销毁处理。

公共卫生

人偶尔也可感染坏死杆菌，多经皮肤、黏膜的创伤感染，如手部皮肤创伤、扁桃体切除、拔牙或施行其他外科手术以及女性生殖道损伤等。

感染的局部可形成脓肿病灶。若病灶转移，可见肝脓肿、肺脓肿及其他器官的脓肿。女性可出现产褥败血症。

经常接触病畜者，要注意个人卫生安全防护。

图1.1.19-1　坏死杆菌病　病牛蹄部组织广泛坏死，只能以腕关节背面负重

（孙锡斌）

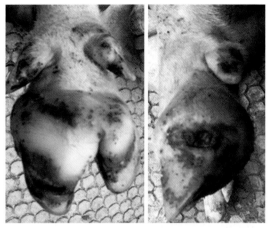

图1.1.19-2　猪蹄感染坏死杆菌，引起蹄部坏死溃烂　　　　　　　（徐有生）

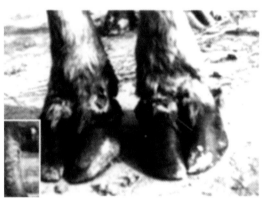

图1.1.19-3　坏死杆菌病　病牛蹄冠上缘处脓肿

（孙锡斌）

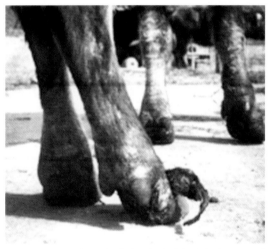

图1.1.19-4　坏死杆菌病　病牛蹄部组织坏死，引起蹄匣松动脱落　　　　（孙锡斌）

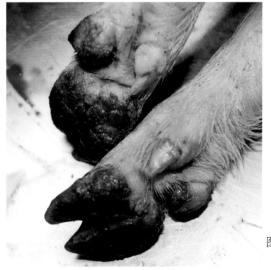

图1.1.19-5　坏死杆菌病　病猪蹄部坏死、蹄壳脱落

（周诗其）

图1.1.19-6 坏死杆菌病 病牛蹄部组织坏死引起
指关节脱落 （孙锡斌）

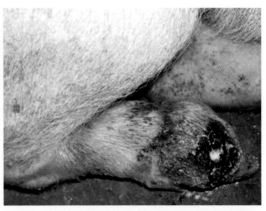

图1.1.19-7 坏死杆菌病 病猪蹄趾部坏死、化脓
（徐有生）

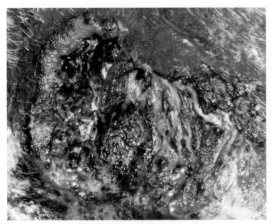

图1.1.19-8 坏死杆菌病 猪坏死性皮炎，臀部皮
肤坏死、溃疡 （徐有生）

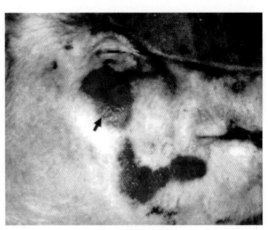

图1.1.19-9 坏死杆菌病，猪面部坏死杆菌感染
引起皮肤坏死（早期） （徐有生）

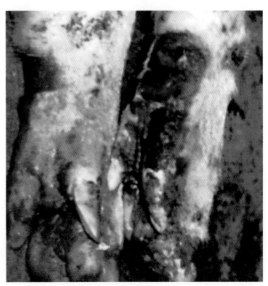

图1.1.19-10 坏死杆菌病 猪坏死性蹄炎，前肢
皮肤坏死 （徐有生）

二十、葡萄球菌病

葡萄球菌病（staphylococcosis）是由葡萄球菌属的致病性葡萄球菌引起人和多种动物的传染病的总称。致病性葡萄球菌常引起皮肤的化脓性炎症，也可引起菌血症、败血症和各器官组织感染。

【流行病学】

本病的致病菌主要是金黄色葡萄球菌（*Staphylococcus aureus*）。葡萄球菌在自然界分布极为广泛，是饲养、加工场所环境中的常在微生物，也是人和动物体表及上呼吸道的常在菌，大多没有致病力。当各种诱因引起动物机体抵抗力降低时，可促进本病发生。病原菌主要经呼吸道黏膜、破损的皮肤感染，甚至可经汗腺、毛囊引起毛囊炎、疖、痈、蜂窝织炎、脓肿以及坏死性皮炎等；也可经消化道感染。多种动物和人均有易感性，以兔、禽、仔猪多发。

【临床症状与病理变化】

1．**牛、羊葡萄球菌病**　牛、羊的乳房炎主要由金黄色葡萄球菌引起。

2．**兔葡萄球菌病**　多见于仔兔脓毒败血症、仔兔急性胃肠炎和兔的全身各组织器官的化脓性炎症。

3．**猪葡萄球菌病**　常见的是猪渗出性皮炎（exudative epidermitis），又称仔猪油皮病（greasy pig disease），是由表皮（白色）葡萄球菌（*Staphylococcus epidermidis*）引起的哺乳仔猪和刚断奶小猪的全身皮肤发生油脂样的渗出性皮炎。而金黄色葡萄球菌感染可引起猪急性、亚急性或慢性乳房炎。此外，金黄色葡萄球菌感染猪还可能出现败血性多发性关节炎（甘孟侯、杨汉春，2005）或全身性多器官组织的多发性化脓性炎。

猪渗出性皮炎多见于哺乳仔猪。徐有生（2009）观察，发病最早见于2日龄，以1～4周龄的仔猪多发，仔猪感染后通常无瘙痒表现。常发和早发的损害见于头、耳、眼周、鼻、唇，并迅速发展到胸部、腹部及四肢内侧等无毛处的皮肤，出现红褐色斑点，继之红斑发展为水疱，水疱破裂的渗出液与皮屑、皮脂和污垢混合粘结，并逐渐扩展、干燥后形成鳞屑样痂皮（结痂）（图1.1.20-1～6）；严重时，病猪全身体表被覆油脂样渗出物，外观潮湿、油腻，触之黏手，呈黄褐色或铜色，有酸臭味（图1.1.20-7）；进一步发展结痂，痂皮脱落，裸露鲜红色创面（图1.1.20-8～12）。本病也可引起较大日龄的仔猪、育成猪和母猪发病，但病变轻微，多无全身症状。

谷长勤（2009）用致病性金黄色葡萄球菌做人工感染试验，引发试验感染猪全身性多器官组织的多发性化脓性炎（图1.1.20-13～18）。

4．**鸡葡萄球菌病**　鸡和火鸡对金黄色葡萄球菌极易感，鸭、鹅次之，脐愈合不良的雏鸡也易感染。临床主要表现为急性败血症、关节炎、脐炎、眼炎等。

（1）急性败血型　多见于40～60日龄鸡，可见胸、腹、翅、头颈部及腿部出现皮下炎性水肿，有出血瘀斑，外观呈蓝紫色或黑紫色；严重时，发生坏死、溃疡，有恶臭味（图1.1.20-19～25）。剖检可见肝、脾（图1.1.20-26）等器官肿大、出血，有的有灰白色或黄白色坏死灶。

（2）关节炎型　多呈慢性经过，以成年鸡多发。可见跗关节和/或跗趾关节（图1.1.20-27、图1.1.20-28）肿大，跛行或伏地，有的因趾底脓肿导致跛行。剖检见关节囊内溃疡，充满浆液性或纤维素性渗出物或脓性干酪样物（图1.1.20-29～31）。鸭、鹅常因蹼、趾感染，引起该处关节炎性肿胀。

（3）脐炎型　可见出壳雏鸡腹部膨大，脐孔发炎肿大、呈紫红色，发炎处常有暗红色或黄色渗出液或脓样干涸的坏死物；严重时炎症扩散到腹腔，引发腹膜炎。

（4）眼炎型　常单独发生眼炎或与上述其他病型同时发生。主要表现眼睑肿胀、出血、坏死，病变处蓄积大量干酪样物或脓性渗出物，严重者引起失明（图1.1.20-32）和死亡。

【诊断要点】

根据本病的流行病学、临床症状和病理变化可做出初步诊断。确诊可采病料涂片、染色、镜检，并依据细菌形态和染色特性进行综合诊断。必要时，进行细菌分离鉴定（图1.1.20-33、图1.1.20-34）和／或选用30～60日龄同种动物做人工感染试验。也可采用ELISA、PCR技术等检测方法。

【检疫处理】

我国将葡萄球菌病列为进境动物检疫其他传染病（2013病种名录）。

（1）动物检疫确诊为本病的病死动物或胴体和内脏及其他副产品做化制处理。

（2）对发病动物要及时隔离治疗或直接淘汰做相应的无害化处理。治疗时要分离菌株进行药敏试验，筛选使用敏感的抗菌药物。牛、羊的乳房炎乳不得供食用，应予以销毁。

（3）进境检疫检出的阳性动物进行扑杀、销毁或退回处理，同群者隔离观察。

公共卫生

金黄色葡萄球菌可通过各种途径感染人和动物，破损的皮肤、黏膜是主要的入侵门户。对人可引起许多组织的化脓性疾病，如小脓疱、麦粒肿、疖、痈、甲沟炎、乳房炎等。如感染不能局限化，会引起全身性感染。此外，能产生肠毒素的产毒菌株，可引起人的葡萄球菌肠毒素食物中毒，表现恶心、呕吐、腹痛、腹泻等症状。因此，必须加强检疫、重视肉品卫生与安全。

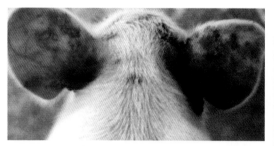

图1.1.20-1　猪渗出性皮炎 病猪耳部可见散在暗
红色斑点，湿润、油腻
（徐有生　刘少华）

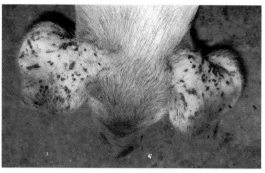

图1.1.20-2　猪渗出性皮炎 病猪耳部和鼻端有大
量散在油腻的暗红色斑点
（徐有生）

图1.1.20-3　猪渗出性皮炎 病猪唇部病变被覆油
脂样渗出物　　　　　（黄青伟）

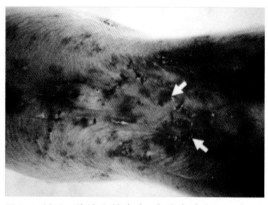

图1.1.20-4　猪渗出性皮炎 病猪皮肤发红，有红
褐色小点、水疱和脓疱
（徐有生　刘少华）

图1.1.20-5　猪渗出性皮炎 病猪全身皮肤增厚、
干燥，出现龟裂　　（徐有生）

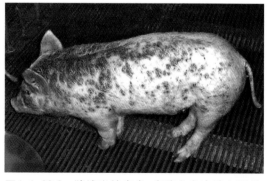

图1.1.20-6　猪渗出性皮炎 病猪全身皮肤上覆盖
厚实的黑棕色痂皮，以头部、颈背
部更明显　　　　　（黄青伟）

图1.1.20-8　猪渗出性皮炎　病猪眼部和鼻部的皮肤病变破溃结痂，痂皮脱落后露出暗红色创面

图1.1.20-7　猪渗出性皮炎　病猪群感染部位被覆油脂样渗出物，湿润、油腻，有酸败气味　　　　　　　（蒋文明）

图1.1.20-10　猪渗出性皮炎　病猪后肢皮肤结痂，蹄部皮肤上痂皮脱落，露出暗红色创面　　　　　（徐有生　刘少华）

图1.1.20-9　猪渗出性皮炎　病猪全身皮肤上的痂皮呈黑棕色，痂皮脱落后露出暗红色创面

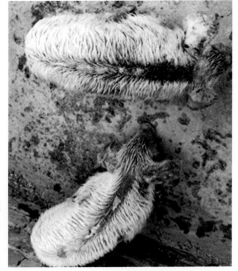

图1.1.20-11　猪渗出性皮炎　病猪全身皮肤被覆污染的油脂样渗出物；颈背脊部的厚痂皮纵向裂口显露创面　　　　　　　　　　　（徐有生）

图1.1.20-12　猪渗出性皮炎　病猪全身皮肤分泌
油脂样物并粘满污垢，呈黑红色；
背部痂皮脱落，露出红色创面

（徐有生　刘少华）

图1.1.20-13　金黄色葡萄球菌人工感染猪，可见
肝上有脓肿病灶。分离出金黄色葡
萄球菌　　　　　　　（谷长勤）

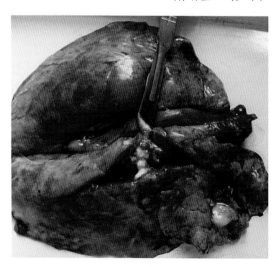

图1.1.20-15　金黄色葡萄球菌人工感染猪，脾脓
肿。分离出金黄色葡萄球菌

（谷长勤）

图1.1.20-14　金黄色葡萄球菌人工感染猪，肺脓
肿。分离出金黄色葡萄球菌

（谷长勤）

图1.1.20-16　金黄色葡萄球菌人工感染猪，肺与
胸壁粘连。分离出金黄色葡萄球菌

（谷长勤）

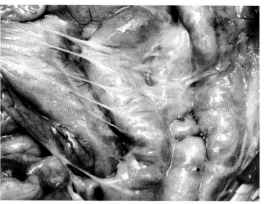

图1.1.20-17　金黄色葡萄球菌人工感染猪，结肠
粘连。分离出金黄色葡萄球菌

（谷长勤）

图1.1.20-18　金黄色葡萄球菌人工感染猪，肠粘连，肠与腹膜粘连。分离出金黄色葡萄球菌　　　　（谷长勤）

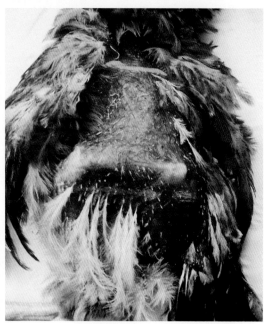

图1.1.20-19　鸡葡萄球菌病　病鸡胸部、腹部皮肤出血和羽毛脱落　　　（庄宗堂）

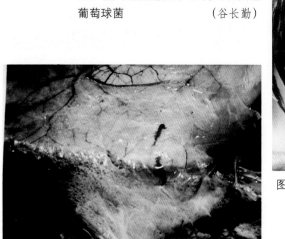

图1.1.20-20　鸡葡萄球菌病　病鸡皮下组织呈胶冻状　　　　　　　　（庄宗堂）

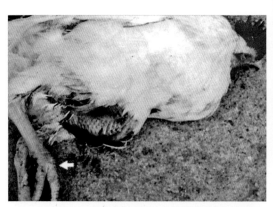

图1.1.20-21　鸡葡萄球菌病　病鸡胸腹部肿胀、出血、坏死；右后肢跖趾关节肿胀，站立困难　　　　　（栗绍文）

图1.1.20-22　鸡葡萄球菌病　病鸡头颈部血肿，呈紫黑色　　　（徐有生　刘少华）

图1.1.20-23 鸡葡萄球菌病 病鸡头颈部血肿破溃坏死 （徐有生 刘少华）

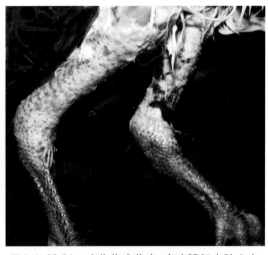

图1.1.20-24 鸡葡萄球菌病 病鸡腿部皮肤出血、坏死，跗关节肿大 （庄宗堂）

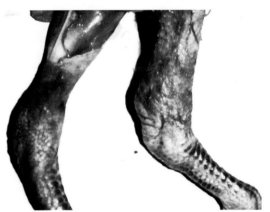

图1.1.20-25 鸡葡萄球菌病 病鸡腿部皮肤干性坏死 （庄宗堂）

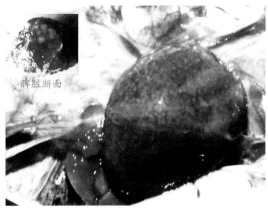

脾脏断面

图1.1.20-26 鸡葡萄球菌病 病鸡脾瘀血、肿大，呈暗红色，左上图为脾切面放大的散在黄白色化脓坏死灶

（孙锡斌 庄宗堂）

图1.1.20-27 鸡葡萄球菌病 关节炎，伏地觅食，图中站立者为健康同龄鸡

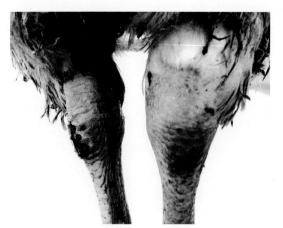

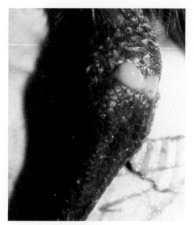

图1.1.20-28　鸡葡萄球菌病　关节炎，病鸡右后肢跗关节显著肿胀、发红、柔软、有波动感　　　（程国富）

图1.1.20-29　鸡葡萄球菌病　关节炎，肿大的跗关节内积有脓性物　　　（庄宗堂）

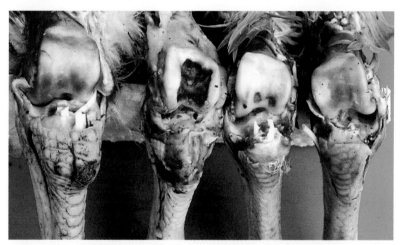

图1.1.20-30　鸡葡萄球菌病　关节炎，病鸡跗关节面坏死溃烂

（程国富　谷长勤）

图1.1.20-31　鸡葡萄球菌病　关节炎，切开肿大的关节，可见多量的黄白色干酪样脓性物　　　（程国富）

图1.1.20-32　鸡葡萄球菌病　病鸡眼睑肿胀，眼炎引起眼失明　　　（庄宗堂）

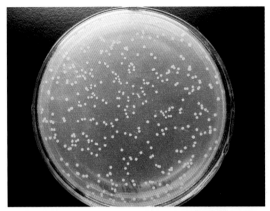

图1.1.20-33　金黄色葡萄球菌在普通琼脂培养基上，菌落中等大小，圆形、凸起、光滑湿润，金黄色　　（程国富）

图1.1.20-34　致病性金黄色葡萄球菌在血液琼脂平板上，产生的溶血毒素，引起菌落周围形成明显的溶血环

（王桂枝　程国富）

二十一、破 伤 风

破伤风（tetanus）又名强直症，俗称"锁口风"，是由破伤风梭菌（*Clostridium tetani*）经创伤口深部感染产生毒性极强的外毒素，并侵袭中枢神经系统而引起的一种急性中毒性人兽共患病。特征是患病动物全身骨骼肌持续性强直痉挛和对刺激的反射兴奋性增强。

【流行病学】

破伤风梭菌在自然界广泛存在，施肥的土壤、腐烂的淤泥和人畜粪便是本病的主要传染源。本病的发生必须通过各种创伤感染，如去势、手术、断尾、断脐带、口腔伤口、产道创伤、外伤等，病原菌随泥土或污物通过损伤的皮肤或黏膜侵入机体内而引起发病。动物破伤风以马属动物最易感，猪、羊、牛次之，猪以去势创伤感染为常见。鸟类和家禽自然发病罕见。人对破伤风的易感性也很高。

本病多呈零星散在发生，病死率高。

【临床症状】

动物发病后神志清楚，对刺激反射兴奋性增强，逐渐出现全身肌肉强直症状，表现牙关紧闭，吞咽困难，瞬膜外露，头颈伸直，两耳竖立，鼻孔张开，四肢及腰背僵硬，腹部紧缩，尾根翘起，行走时形如木马，进退转弯困难，严重时常因呼吸困难、窒息而死亡。病猪常因木马式活动时，受外界刺激后倒地不起，全身肌肉痉挛，四肢僵直呈角弓反张（图1.1.21-1、图1.1.21-2）。

【病理变化】

本病无特殊的有诊断价值的病理变化。

【诊断要点】

根据患病动物大多有最近的创伤史，且不能直接传染于健康动物，发病后表现全身骨骼肌持续性强直痉挛，以及对外界刺激的反射兴奋性增强等典型临床特征，即可做出诊断。

对发病初期症状不明显的病例，要注意与马钱子中毒、脑膜炎、癫痫、狂犬病及肌肉风湿等相区别。

【检疫处理】

动物检疫检验确诊为本病的患病动物或胴体和内脏做化制或销毁处理。

公共卫生

人对破伤风易感性也很高，主要通过外伤感染，新生儿可通过脐带感染，产妇可通过产道创伤感染。笔者曾见一产妇于难产分娩后不久发生破伤风致死。本病不能由病畜直接传染人，也不能经肉直接感染人。人感染本病的诊断以最近的创伤史和典型的临床症状（如神志清醒，大多体温正常，牙关紧闭、吞咽困难、饮水呛咳，肌肉强直性痉挛，全身呈角弓反张姿势等）作为主要依据。平时要加强防护，一旦发生创伤特别是深部创伤或伤口内混有泥土或异物的，要及时正确地处理伤口，并及时注射破伤风抗毒素。

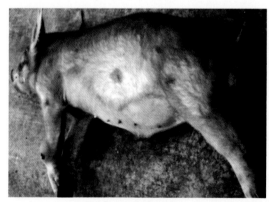

图1.1.21-1　破伤风　病猪表现竖耳，尾直立、尾根高举，四肢强直　　　　（徐有生）

图1.1.21-2　破伤风　患病公猪（去势后感染）表现牙关紧闭，竖耳，尾直立、尾根高举，四肢强直伸展　　　（徐有生）

二十二、皮肤真菌病

皮肤真菌病（dermatomycosis）又称皮肤霉菌病，是由多种皮肤真菌引起的人和动物共患的一种慢性皮肤病。其特征是在毛、角、指（趾）甲、爪、蹄等体表角质化组织形成癣斑，表现脱毛、脱屑、渗出、结痂及瘙痒等。

侵犯动物浅层皮肤的真菌主要有小孢子菌属（*Microsporum*）和毛癣菌属（*Trichophyton*）的致病癣菌。猪皮肤真菌病的致病癣菌以小孢子菌属的石膏样小孢子菌危害大。牛皮肤真菌病主要是由毛癣菌属的疣状毛癣菌、须毛癣菌及红色毛癣菌所致。侵害人的致病癣菌主要是表皮癣菌属（*Epidermophyton*）的絮状表皮癣菌。

【流行病学】

患病动物和带菌者是主要传染源。传播途径主要是通过直接接触患病动物传播，也可经被其污染的各种媒介物，比如梳刷用具、鞍具、挽具等间接传播。温暖、阴暗潮湿的环境，有利于本病的传播。不同年龄、性别、品种的动物均可感染，以牛、马最易感，犬、猫、毛皮动物、猪、羊、鸡等次之。在猪，以杜洛克猪和含有杜洛克猪血缘的杂交仔猪更易感（徐有生，2009）。

本病以秋、冬季节发病率较高。

【临床症状与病理变化】

1. **牛** 受损害部位常见于面部、眼眶、口角、耳、颈、胸腹部和肛门周围等处（图1.1.22-1～4）。初期，患部发生小结节，随后结节逐渐扩大形成隆起的圆形癣斑，其表面覆有灰白色的呈石棉板样鳞屑痂块（图1.1.22-5、图1.1.22-6），癣斑小如铜钱大（俗称钱癣），大如核桃或更大；严重者，病变融合成片或弥漫至全身。患部有剧痒和触痛。

2. **猪** 患病猪一般不脱毛，瘙痒不明显或轻度瘙痒。皮肤受损害的部位多见于头部、颈、胸、腹部和臀部等处（图1.1.22-7）。病损初期出现局灶性丘疹样大小不等的圆形斑点，呈粉红色或浅褐色。进一步形成水疱，水疱破裂逐渐扩展呈环状损害，并互相融合成多环形损害，其周边炎症明显（图1.1.22-8、图1.1.22-9）。病程较长的，因局部经常发生碰擦而形成湿疹样或苔藓样病变（图1.1.22-10）。继发感染的，病灶有油性物渗出，结成污黑痂，并引起皮肤肥厚，痂皮坚硬、龟裂（图1.1.22-11～13）。

病猪受损皮肤如癣斑不多，且无毛囊炎及其周围的皮肤受损，则不会因皮下结缔组织增生而引起皮肤肥厚如象皮。

3. **犬、猫** 常表现瘙痒不安，可见面部、耳部、趾爪等处形成圆形或不规则形的癣斑，有的呈轮状癣斑，表面覆有灰白色呈石棉板样的鳞屑，该处被毛脱落。

【诊断要点】

根据临床症状和病变特征，结合流行病学特点可做出初步诊断。确诊需刮取病健交界处的皮肤鳞屑和癣痂制片，镜下观察如见长条形分支的菌丝体和真菌孢子可做出诊断。必要时做真菌培养和鉴定。

【检疫处理】

（1）动物检疫确诊为本病的动物和同群者，应进行隔离治疗和预防性治疗；对栏圈及周围环境进行彻底消毒。

（2）重度感染病例的整张皮张销毁，其胴体和内脏根据病损程度做相应的无害化处理。

公共卫生

人皮肤真菌病是由致病性真菌感染皮肤表皮角质层、毛发、指（趾）甲的总称，临床上称为癣。其致病性真菌主要是侵害人皮肤、毛发和指甲的表皮癣菌属的絮状表皮癣菌（*E.floccosum*）。此外，已确认小孢菌属和毛癣菌属的石膏样小孢菌、犬小孢菌和疣状毛癣菌都能由动物传染给人。

人感染本病主要是由于直接或间接接触患者的用具，如衣、帽、鞋、袜、理发工具、洗澡用物等造成感染，人直接或间接接触患病动物也能引起感染。

人感染引发的共同症状是局部毛发脱落，形成皮屑，皮肤肥厚、结痂。严重者，其病变可扩散至全身。根据发病部位可分为头癣、手癣、足癣、体癣、股癣、甲癣等不同类型。头癣常见于儿童，分为白癣（发癣）和黄癣（癞痢头）。

凡接触患病动物的人员，特别是宠物饲养者、易感动物的饲养人员、兽医人员应注意个人卫生安全防护。不慎感染者要及时就医治疗。

图1.1.22-1　牛皮肤真菌病　病牛头部和全身皮肤有大小不一的圆形癣斑　（徐有生）

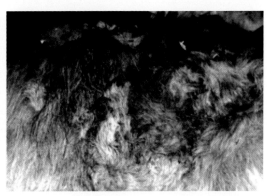

图1.1.22-2　牛皮肤真菌病　病牛胸腹部皮肤圆形癣斑　（徐有生）

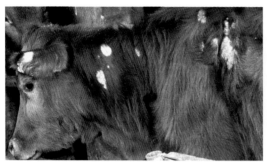

图2.1.22-3　牛皮肤真菌病　病牛颈部和肩背部皮肤形成的白色圆形癣斑
（徐有生）

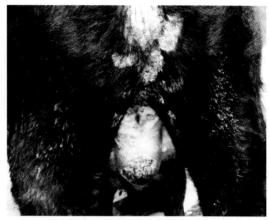

图1.1.22-4　牛皮肤真菌病　病牛肛门周围皮肤上白色圆形癣斑　　　　（徐有生）

图1.1.22-5　牛皮肤真菌病　病牛头部和颈部（左侧）白色圆形癣斑向周围扩散，有的融合隆起　　　　（徐有生）

图1.1.22-6　牛皮肤真菌病　病牛头部和颈部（右侧）白色圆形癣斑向周围扩散，有的癣斑融合隆起　　　（徐有生）

图1.1.22-7　猪皮肤真菌病　患病猪群感染部位有的扩散到全身，可见布满的灰白色皮屑　　　　（徐有生）

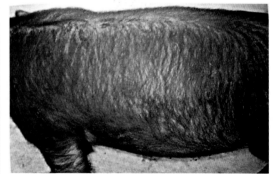

图1.1.22-8　猪皮肤真菌病　病猪全身皮肤有大小不一的丘疹，逐渐扩展呈环状，其上覆盖皮屑和痂皮　　　（徐有生）

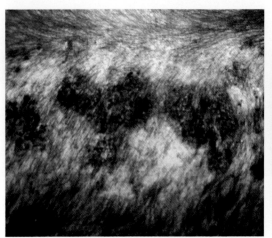

图1.1.22-9　猪皮肤真菌病　病猪皮肤呈环状或多环状损害，结成痂块，其周边炎症明显　　　　　（徐有生）

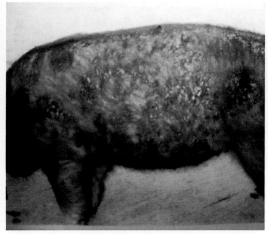

图1.1.22-10　猪皮肤真菌病　皮肤干燥，呈松树皮外观　　　　　　　　（徐有生）

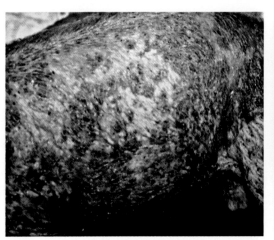

图1.1.22-11　猪皮肤真菌病　继发细菌感染的病灶结痂，渗出油性物

（徐有生　刘少华）

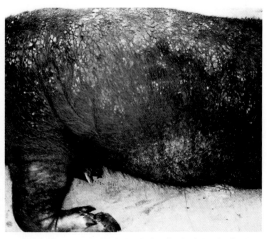

图1.1.22-12　猪皮肤真菌病　病猪病损皮肤继发感染引起皮肤肥厚，痂皮坚硬、龟裂，似树皮　　　　　　（徐有生）

图1.1.22 -13　猪皮肤真菌病　杜洛克病猪全身皮肤上散在圆形灰白色癣斑　　　（徐有生）

第二节　人兽共患寄生虫病

一、弓形虫病

弓形虫病（toxoplasmosis）是由刚第弓形虫（*Toxoplasma gondii*）引起的一种人兽共患寄生虫病。猪、羊、牛、马、犬、猫等动物都可感染，其中以猪和羊的弓形虫病最为严重。

【生活史与公共卫生】（图1.2.1-1）

（1）刚第弓形虫发育过程中有多种形态：滋养体（速殖子）和包囊出现在人、多种哺乳动物及家禽等中间宿主体内，裂殖子、配子体和卵囊则出现于终末宿主体内。

（2）终末宿主猫吞食了弓形虫的包囊或卵囊，在小肠内进行裂殖生殖和配子生殖，形成的卵囊随粪便排出体外，在适宜条件下发育为具有感染性的孢子化卵囊。

（3）中间宿主猪、羊、犬等采食或饮入污染了感染性孢子化卵囊的饲料或水源、洗肉水或者食入含有滋养体（速殖子）的动物肉、乳而引起感染。

（4）滋养体又称速殖子，多见于急性病例，主要存在于患病动物的细胞内、胸水和腹水中；虫体缓慢增殖形成的包囊（包囊内虫体转化为缓殖子）多见于慢性病例的脑、眼、骨骼肌和心肌中，可伴随宿主终生。因此，含滋养体或包囊的组织也是重要传染源。

（5）人感染本病主要是摄食了生的或未煮熟的含有滋养体、包囊的肉类或被卵囊污染的食物、饮水等所致。

【临床症状】

猪感染后常呈急性经过，体温升高呈稽留热型；精神沉郁，食欲减退，便秘，时有腹泻和呕吐；流水样或黏性鼻液，呼吸困难，咳嗽；体表淋巴结肿大；耳部、鼻端、下腹部及四肢内侧等处的皮肤出现紫红色瘀血斑或融合成片（图1.2.1-2 ～ 4），有的病猪耳壳上形成痂皮、耳尖发生干性坏死；后期呼吸极度困难，出现后躯麻痹、行走摇晃或卧地不起（图1.2.1-5）等神经症状。有的因发生视网膜炎导致眼失明。妊娠母猪发生流产，产出死胎和畸形胎（图1.2.1-6、图1.2.1-7）。慢性感染猪发生贫血，腹泻，消瘦，生长缓慢。

羊感染后的临床表现不明显，但可引起妊娠母羊流产。

【病理变化】

急性病例的主要病变是淋巴结、肺和肝的变化。全身淋巴结尤其是腹股沟淋巴结和肠系膜淋巴结的病变具有特征性，其被膜及周围结缔组织常有胶冻样浸润，切面呈髓样肿胀，多呈砖红色，有多量浆液渗出，并有大小不一的灰白色或黄白色坏死灶，间有出血（图1.2.1-8 ～ 10）。肺水肿，间质增宽，肺表面和实质有散在或弥漫性出血（图1.2.1-11 ～ 13）。肝肿大，有出血、瘀血，或/和多量的黄白色或灰白色坏死灶。此外，心有出血点和坏死灶（图1.2.1-14）；脾、肾、肠道有出血点；严重者，可见肾梗死（图1.2.1-15、图1.2.1-16），膀胱出血，胃黏膜出血（图1.2.1-17），肠黏膜充血并有坏死、溃疡（图1.2.1-18），心包腔、胸腔和腹腔有积液（图1.2.1-19）。

【诊断要点】

根据流行病学特点、典型的临床症状和淋巴结、肺、肝等器官的典型病变，并与猪瘟、猪流行性感冒等相区别，即可做出初步诊断。确诊需进行实验室检查。

1. **虫体直接镜检**　急性病例生前可采胸水或腹水，死后取肺、肝、淋巴结、脑脊髓液等（最好采用混合病料）病料涂片、染色、镜检，若发现细胞质内或细胞外有呈香蕉状、橘瓣状或新月状，且一端偏尖，另一端偏钝圆，其细胞质淡蓝色、包核呈深蓝色位于虫体中央或一端（图1.2.1-20）的滋养体（速殖子）即可确诊。

2. **小鼠接种**　若直接镜检找不到虫体，可取上述混合病料接种小鼠盲传2 ～ 3代，从试验鼠的胸、腹腔液中检出弓形虫滋养体即可确诊。

3. **血清学检查**　常用方法有间接血凝试验、ELISA等。

4. **分子生物学诊断**　有RT-PCR技术和DNA探针技术等。

【检疫处理】

我国将弓形虫病列为二类动物疫病（2008病种名录），并规定其为进境动物检疫二类寄生虫病（2013病种名录）。

（1）动物检疫确诊为本病的患病动物或胴体和内脏做销毁处理。

（2）进境检疫检出的阳性动物进行扑杀、销毁或退回处理，同群者隔离观察。

公共卫生

　　人感染弓形虫病与摄食了未煮熟的含有滋养体、包囊的肉及内脏或被卵囊污染的食物、饮水等有关。屠宰场工人可通过接触弓形虫病的病肉、内脏经损伤的皮肤、黏膜感染。

　　人弓形虫病分为先天性和获得性两类。前者是指妊娠期感染弓形虫的母体，经胎盘垂直传播弓形虫给胎儿引起的弓形虫病；后者指人从外界获得的感染。

　　人感染弓形虫病绝大多数为隐性感染，没有明显的症状和体征。少数有症状的患者，主要表现体温升高、倦怠、肌肉疼痛、头痛、淋巴结肿大（多见于颈部淋巴结）等症状。其次，可见虫体损害脑和眼部。妇女在妊娠期感染，可引起流产、早产、死产，或胎儿脑积水、小脑畸形、畸形胎等。

　　经常接触病畜者和屠宰加工人员，要注意个人卫生安全防护。

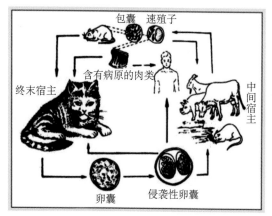

图1.2.1-1　弓形虫生活史图解　　　　（孙锡斌）

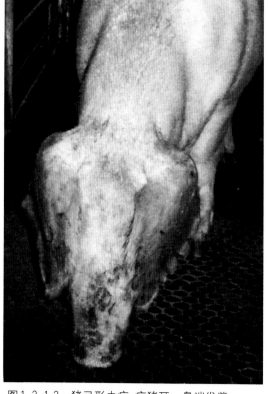

图1.2.1-2　猪弓形虫病 病猪耳、鼻端发紫

（徐有生）

图1.2.1-3　猪弓形虫病 病猪吻突干燥发紫

（徐有生）

图1.2.1-4　猪弓形虫病　病猪四肢下部皮肤紫红色斑块　　　　　　　　（庄宗堂）

图1.2.1-5　猪弓形虫病　病猪消瘦，后躯麻痹　　　　　　　　（庄宗堂）

图1.2.1-6　猪弓形虫病　患病母猪早产发育不全的胎儿和死胎　　　　　（徐有生）

图1.2.1-7　猪弓形虫病　流产胎儿多发生于患病母猪的妊娠早期　　　　（徐有生）

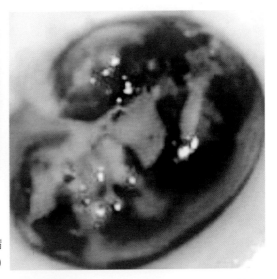

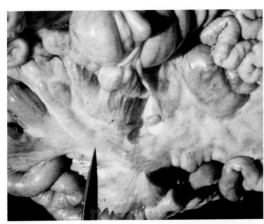

图1.2.1-8　猪弓形虫病　病猪肠系膜淋巴结水肿　　　　　　　　（庄宗堂）

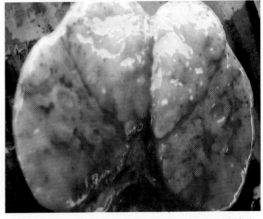

图1.2.1-9　猪弓形虫病　淋巴结切面呈髓样肿胀，有出血和坏死灶　　　（徐有生）

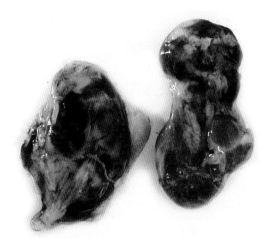

图1.2.1-10 猪弓形虫病 淋巴结肿大、出血和坏死，淋巴结周围有水肿液
（胡薛英）

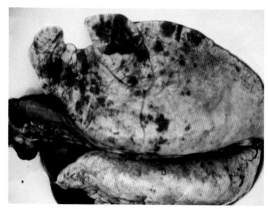

图1.2.1-11 猪弓形虫病 病猪肺尖叶、心叶和膈叶有明显出血 （庄宗堂）

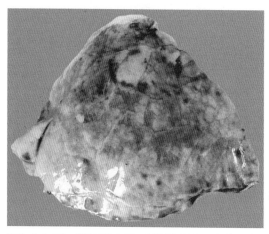

图1.2.1-12 猪弓形虫病 病猪肺水肿、出血，间质增宽 （徐有生）

图1.2.1-13 猪弓形虫病 病猪肺膈叶的背面和腹面水肿明显，间质增宽，小叶内散在炎症灶

图1.2.1-14 猪弓形虫病 病猪心外膜散在呈条状、斑块状的黄白色坏死灶
（胡薛英）

图1.2.1-15 猪弓形虫病 病猪肾有呈条状、斑块状的坏死灶 （胡薛英）

图1.2.1-16　猪弓形虫病　病猪肾切面见灰白色坏
死灶　　　　　　　　　（胡薛英）

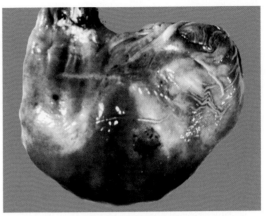

图1.2.1-17　猪弓形虫病　病猪胃底黏膜严重出血
　　　　　　　　　　　　　　　（庄宗堂）

图1.2.1-18　猪弓形虫病　病猪盲肠黏膜和回盲瓣
局灶性溃疡　　　　　　（徐有生）

图1.2.1-19　猪弓形虫病　病猪胸、腹腔积液，肝
发黄并散在白色坏死灶，心有明显
坏死灶

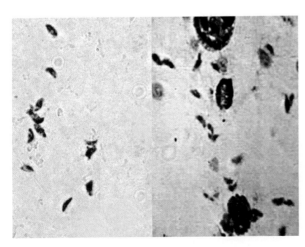

图1.2.1-20　弓形虫速殖子　左图：小鼠腹水
中的×800（周艳琴）；右图：
病料中的×800
　　　　　　　　　　　　（王桂枝）

二、日本分体吸虫病

日本分体吸虫病（schistosomiasis japonica）简称血吸虫病，是由日本分体吸虫（*Schistosoma japonicum*）寄生于人和多种动物的肝门静脉和肠系膜静脉内引起的一种人兽共患寄生虫病。

【生活史与公共卫生】（图1.2.2-1）

（1）人和动物（主要是耕牛）是日本分体吸虫的终末宿主，成虫寄生于宿主的肝门静脉和肠系膜静脉内，钉螺是中间宿主。虫卵随宿主粪便排出体外，卵在水中孵出毛蚴，遇到中间宿主钉螺后，钻入螺体，发育成尾蚴（图1.2.1-2）；尾蚴逸出游入水中，钻入终末宿主的皮肤，随血流到达肠系膜静脉和肝门静脉内发育成成虫。

（2）随终末宿主粪便排出的虫卵污染的周围环境，如牧地、河流、池塘、水田、沟溪等是本病的传染源。因此，做好粪便管理，对切断血吸虫的生活史极为重要。

（3）由虫卵发育的尾蚴必须经中间宿主钉螺（图1.2.2-3）。只有消灭钉螺这一重要中间宿主，同时积极开展人和动物血吸虫病的防治，才能彻底消灭血吸虫病。

（4）从钉螺中逸出进入水中的尾蚴，主要经宿主的皮肤感染，也可因饮用含有尾蚴的疫水通过口腔黏膜感染，还可因接触有尾蚴的牧地、水草上的露水经皮肤感染。可见做到安全放牧和用水管理，避免在钉螺区内放牧，是杜绝尾蚴感染的重要措施。

【寄生部位与形态特征】

成虫主要寄生在病畜的肝门静脉和肠系膜静脉管内（图1.2.2-4）。

日本分体吸虫为雌雄异体，雄虫呈乳白色，虫体粗短，常向腹面弯曲，呈镰刀状；雌虫细长，呈线状，虫体后部呈灰褐色；寄生时两者呈合抱状态（图1.2.2-5、图1.2.2-6）。

【临床症状与病理变化】

牛感染本病后，有急性型和慢性型，也有呈带虫现象的。黄牛的症状比水牛明显，成年牛比幼龄牛表现严重。急性型病例表现体温升高，精神沉郁，行动迟缓或呆立，病畜严重贫血、水肿、消瘦、衰竭死亡。慢性型病例多为急性病例持续数月后逐渐转变而来，病牛时有粪便带血或排稀便，此种现象常反复发作，致使病牛营养不良，奶牛产奶量下降，母牛不发情、不孕、流产等，幼龄牛生长发育受阻形成侏儒牛。更常见而危险的是疫区的成年带虫病牛，外观无明显症状，但其粪便长期向外界散布虫卵。

剖检病理变化主要是肝脏。感染初期肝肿大，其表面或切面可见虫卵结节。晚期的病牛可见肝脏多发生萎缩硬化，表面常有颗粒状或斑块状突起；肠黏膜内也有虫卵结节；严重者，其他脏器亦可发现虫卵结节。

【诊断要点】

（1）生前可根据临床症状和当地流行情况做出初步诊断。生前诊断以牛血吸虫病防控普查中采用的粪便沉淀虫卵毛蚴孵化法为主，虫卵经孵化的毛蚴，在衬以黑色背景的明亮光线下，呈水平或斜向的直线运动（图1.2.2-7）。该法对毛蚴的检出率较高，也较可靠。此外，还可用直肠黏膜组织内虫卵检查法。在现场普查和选定治疗对象时，常选用环卵沉淀试验、间接血凝试验、ELISA等。

（2）剖检从肝门静脉和肠系膜静脉管内找到日本血吸虫成虫即可确诊。

【检疫处理】

我国将日本血吸虫病列为二类动物疫病（2008病种名录），并规定其为进境动物检疫其他寄生虫病（2013病种名录）。

（1）动物检疫确诊本病的肝、肠及肠系膜、大网膜和相关脏器销毁。其余部分依其病损程度做相应的无害化处理。

（2）进境检疫检出的阳性动物进行扑杀、销毁或退回处理，同群者隔离观察。

公共卫生

人和动物感染日本血吸虫病是由于皮肤接触了浮游于沟溪、河边水面及溪边青草上露水中的尾蚴，或饮用了含尾蚴的水所致。人群普遍易感，以钉螺区的农民和渔民多见。

血吸虫病广泛分布于全球76个国家和地区，有6亿人受威胁。据报道，我国血吸虫病分布区有江苏、浙江、湖南、湖北、安徽、江西、四川、云南、广东、福建、上海等12个省、直辖市的409个县（市、区）；我国血吸虫病流行区主要是湖南、湖北、江西、安徽、江苏、四川、云南7省，其中湖南岳阳、湖北荆州两地血吸虫病流行最为严重。

人感染日本分体吸虫病后，急性期主要表现发热，食欲不振，头痛，四肢酸痛，疲乏，肝肿大并有肝区压痛，常有腹痛、腹泻。慢性期的多数患者无临床症状。重者常有腹痛、腹泻，粪便中偶带黏液血液，消瘦。晚期的病人出现血吸虫性肝硬化、脾肿大并发生贫血、腹水（图1.2.2-8）和浮肿等症状，儿童生长发育障碍（侏儒症）。

经常在血吸虫病疫区工作的动物检疫人员或兽医工作者，要注意个人卫生安全防护。

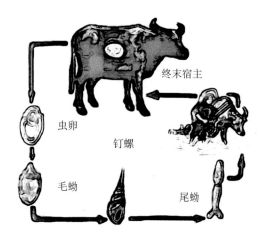

图1.2.2-1　日本分体吸虫生活史图解

（孙锡斌）

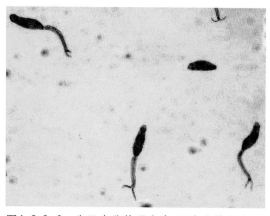

图1.2.2-2　牛日本分体吸虫病　日本分体吸虫尾蚴×200　　（周艳琴　赵俊龙）

图1.2.2-3　牛日本分体吸虫病　日本血吸虫中间宿主——湖北钉螺

（周艳琴　赵俊龙）

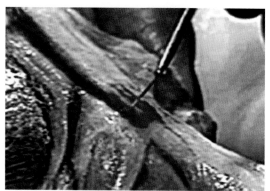

图1.2.2-4　牛日本分体吸虫病　寄生于肝门静脉和肠系膜静脉管中的日本血吸虫成虫

（姚宝安）

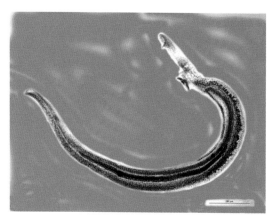

图1.2.2-5　日本分体吸虫雄虫

（周艳琴　赵俊龙）

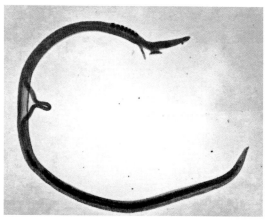

图1.2.2-6　日本分体吸虫雄虫粗短，雌虫细长，寄生时呈合抱状态

（赵俊龙　周诗其）

图1.2.2-7 粪便沉淀孵化法：玻管上端见孵化的
毛蚴直线运动

（姚宝安）

图1.2.2-8 日本血吸虫病晚期病人 病人出现血
吸虫性肝硬化、脾肿大，并引发严重
贫血、腹水和浮肿

三、旋毛虫病

旋毛虫病（trichinosis）是由旋毛虫（*Trichinella spiralis*）引起动物和人的一种人兽共患寄生虫病。猪、犬、猫、鼠类和狐、狼、熊等150多种哺乳动物均可感染，家畜中主要是猪和犬。

【生活史与公共卫生】（图1.2.3-1）

（1）旋毛虫成虫与幼虫的发育在同一个宿主体内完成。成虫寄生在宿主小肠的肠壁上，称为肠旋毛虫；幼虫寄生于宿主横纹肌内呈灶状分布，称为肌肉旋毛虫或肌旋毛虫。

（2）猪、犬主要通过摄入含有旋毛虫包囊的洗肉水、废弃碎肉渣及副产品，或者吞食了寄生有旋毛虫的鼠类而引起感染。定居横纹肌内的幼虫，初呈直杆状，逐渐蜷曲形成包囊。感染后一般16～21d幼虫便具有侵袭人和动物的能力，此时的虫体充分蜷曲，位于膨大的梭形肌腔内。感染后21d开始形成包囊，到第7～8周包囊完全形成。形成包囊的旋毛虫或未形成包囊的某一生活阶段的幼虫均具有感染能力。因此，对完全形成包囊前近30d具有侵袭能力幼虫的检验，在公共卫生方面具有重要的意义。

(3) 人感染旋毛虫病主要与食入生的或未煮熟的含旋毛虫的猪肉、犬肉及其制品等有关。

【寄生部位与形态特征】

旋毛虫成虫（图1.2.3-2）寄生于宿主的小肠（主要是十二指肠和空肠）内。幼虫寄生于同一宿主体内的膈肌、舌肌、喉肌、颈肌、肋间肌、腰肌、心肌等处（图1.2.3-3），其中以膈肌的感染率最高。因此，膈肌尤其是横膈膜膈角处是宰后检验采样的首选部位。

成熟的旋毛虫包囊位于相邻肌细胞形成的梭形肌腔内（图1.2.3-4、图1.2.3-5）。包囊形态随宿主种类不同而异，寄生于人、猪、鼠（图1.2.3-6）的呈纺锤形或椭圆形，寄生于犬、狐、猫的呈近圆形（图1.2.3-7）；包囊壁分内、外两层，中央通常是一条蜷曲为螺旋状的虫体。重度感染病例，可见双虫体包囊或多虫体包囊（一囊多虫）（图1.2.3-8）。镜下检查有时还可见到变性死亡虫体或钙化的虫体与包囊，钙化部分为不透明的黑色块状物（图1.2.3-9）。

【临床症状与病理变化】

猪、犬等对旋毛虫有较强的耐受力，自然感染病例几乎无任何临床症状。严重感染时表现食欲减退、呕吐和腹泻等。旋毛虫人工感染小鼠，可引起部分小鼠眼部严重出血（图1.2.3-10）。

成虫寄生于肠道引起肠黏膜充血、水肿，呈急性卡他性炎。当幼虫进入肌肉后，可引起肌纤维肿胀、横纹消失，出现节段状变性甚至蜡样坏死。

【诊断要点】

(1) 屠宰检疫的诊断方法有压片镜检法、集样消化法以及血清学检测方法等。

压片镜检法是我国目前检验旋毛虫病肉的一种常规检验方法，先用肉眼观察，然后将制成的压片标本（图1.2.3-11）于低倍显微镜下观察有无旋毛虫。此种目检和镜检相结合的二步检验法可以减少旋毛虫漏检率。集样消化法是利用蛋白酶将肌肉组织消化，而旋毛虫虫体因有坚韧角质的体表和包囊的保护被保留。经沉淀，从沉渣中可检出虫体。该法检出率高，但在旋毛虫病高发地区采用此法仍十分烦琐。

(2) 血清学方法有ELISA、间接免疫荧光试验、间接血凝试验、琼脂扩散试验等。1997—2000年，笔者用ELISA（图1.2.3-12）诊断猪旋毛虫病，具有灵敏、特异、快速、简便等优点。刘继东、孙锡斌（1997）做旋毛虫人工感染试验，于感染后13d可测得特异性抗体。该试验是在猪胴体上分别采取血样、肌肉样或肌肉组织新鲜压溃液做快速ELISA检测旋毛虫抗体，并与压片镜检法、消化法相比较，结果显示其阳性检出率高，且具有早期诊断价值，即ELISA检出时间（虫体感染后13d）早于压片镜检法（检出虫体的时间在虫体感染后25d）和消化法（检出虫体的时间在虫体感染后17d）。

血清学方法目前尚未被列为屠宰动物旋毛虫检验的法定方法，国际旋毛虫委员会建议该法用于流行病学调查。

【检疫处理】

旋毛虫病是世界动物卫生组织（OIE）列为必须通报的动物疫病（2018病种名录）。我国将其列为二类动物疫病（2008病种名录），并规定其为进境动物检疫二类寄生虫病（2013病种名录）。

检疫检验确诊为旋毛虫病动物或旋毛虫病肉，无论感染强度如何，应做销毁处理。进境检疫检出的阳性动物进行扑杀、销毁或退回处理，同群者隔离观察

公共卫生

人感染旋毛虫病多与进食含有旋毛虫包囊的生的或半生的猪肉、犬肉以及烧烤不当的肉制品有关。此外，使用切肉的刀具、砧板加工时生熟不分，亦有可能造成交叉感染。

人感染旋毛虫病的症状显著，病初因成虫引起胃肠道症状。当幼虫进入肌肉后，主要表现发热、全身肌肉酸痛、眼睑或面部浮肿甚至水肿遍及全身（图1.2.3-13～15），全身肌肉酸痛以下肢腓肠肌和腰部肌肉更明显，患者行动困难。有的患者还发生咀嚼和吞咽困难、声音嘶哑等。轻症者急性炎症可消退，但肌肉酸痛可达数月之久。重症者呈现恶病质或毒血症、心肌炎而引起死亡。

采用酶联免疫吸附试验、变态反应试验（图1.2.3-16）可以做出诊断。

经常接触病畜及其产品的屠宰加工人员，要注意个人卫生安全防护。

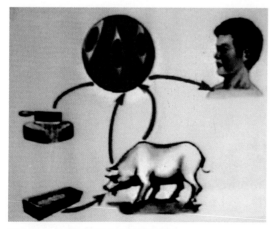

图1.2.3-1　猪旋毛虫生活史图解

（孙锡斌　贺德昌）

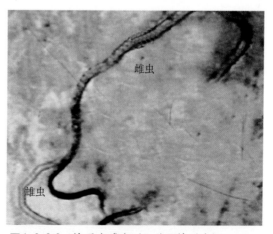

图1.2.3-2　旋毛虫成虫（又称肠旋毛虫）

（孙锡斌）

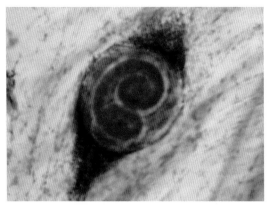

图1.2.3-3　旋毛虫病　猪肌肉中形成的完整包囊
　　　　　的肌旋毛虫，囊内有蜷曲的幼虫

（周艳琴）

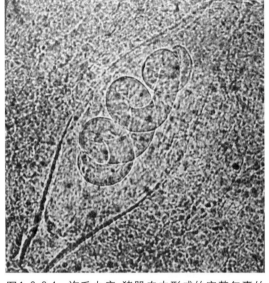

图1.2.3-4　旋毛虫病　猪肌肉中形成的完整包囊的
　　　　　肌旋毛虫，包囊内有蜷曲的幼虫

（刘继东）

图1.2.3-5　旋毛虫病　猪肌肉组织切片中的肌旋
　　　　　毛虫包囊形成完整

（周艳琴　赵俊龙）

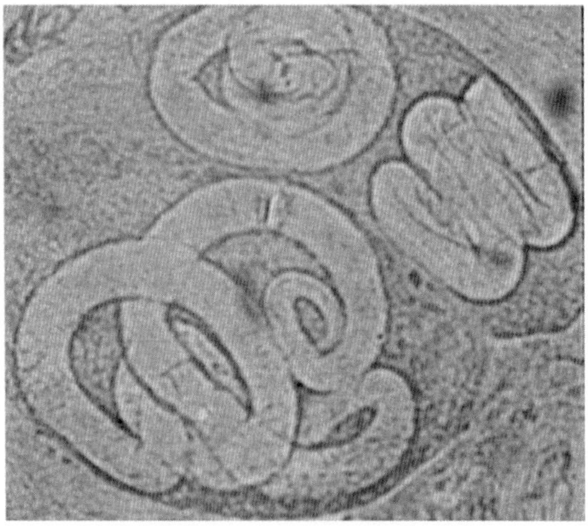

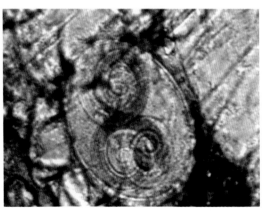

图1.2.3-6　鼠肌旋毛虫，包囊内有数条幼虫

（刘继东）

图1.2.3-7　犬肌旋毛虫，包囊内有两条幼虫

（孙锡斌）

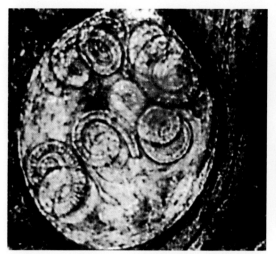

图1.2.3-8 旋毛虫病 肌旋毛虫多虫体包囊（一
囊多虫） （孙锡斌）

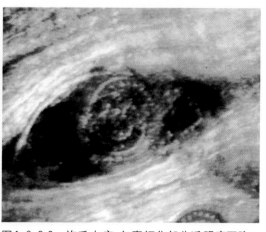

图1.2.3-9 旋毛虫病 包囊钙化部分透明度下降，
呈黑色颗粒或团块

（孙锡斌 刘继东）

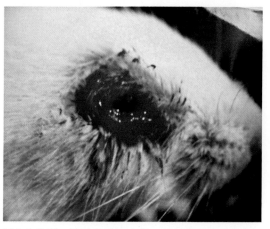

图1.2.3-10 旋毛虫感染小鼠，引起眼部肿胀出血
（刘继东）

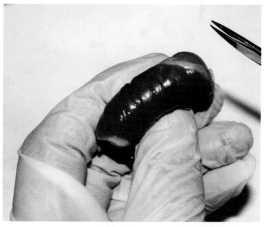

图1.2.3-11 手指握住肉样，绷直肌纤维，顺肌
纤维方向随机剪取肉样制片

（华中农业大学动物医学院动物检疫检验研究室）

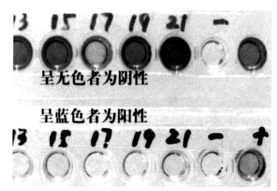

图1.2.3-12 旋毛虫快速ELISA检测结果判定

（刘继东）

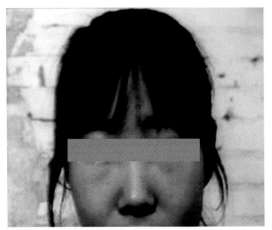

图1.2.3-13 旋毛虫病 患者面部浮肿
（贺德昌 孟宪荣）

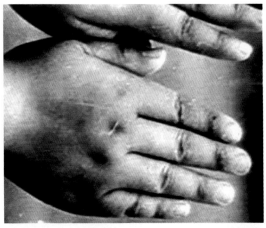

图1.2.3-14 旋毛虫病 患旋毛虫病患者手背及手指浮肿 （贺德昌 栗绍文）

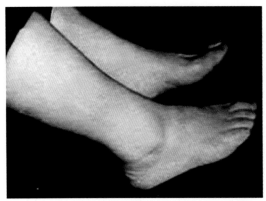

图1.2.3-15 旋毛虫病 严重感染旋毛虫的患者出现全身和四肢浮肿 （贺德昌）

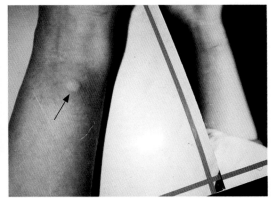

图1.2.3-16 旋毛虫病诊断试剂皮内试验阳性，右侧图示皮内试验阴性 （王自振）

四、囊尾蚴病

囊尾蚴病（cysticercosis）又称囊虫病，是由人的有钩绦虫（又称猪带绦虫、链状带绦虫）的幼虫——猪囊尾蚴（*Cysticercus cellulosae*）或人的无钩绦虫（又称肥胖带绦虫、牛带绦虫）的幼虫——牛囊尾蚴（*Cysticercus bovis*）引起的一种人兽共患寄生虫病的总称。在家畜中猪、牛、羊、骆驼均可感染。猪、牛、骆驼的囊尾蚴均可感染人。

【生活史与公共卫生】（图1.2.4 −1）

（1）猪是猪带绦虫的中间宿主，牛是牛带绦虫的中间宿主。猪、牛等家畜采食了绦虫虫卵或孕卵节片污染的饲料、牧草或饮水后，虫卵中的六钩蚴在肠道内逸出，钻入肠壁，随血液循环散布到全身适于寄生的组织，如骨骼肌、心肌等部位发育为成熟的具有感染能力的囊尾蚴。

（2）人是猪带绦虫的终末宿主和中间宿主，是牛带绦虫的终末宿主。当人进食了未经无害化处理的猪囊尾蚴病肉或牛囊尾蚴病肉，食入的囊尾蚴即可在肠道内发育成有钩绦虫或无钩绦虫而患绦虫病。此外，人还可能因误食猪带绦虫虫卵感染猪囊尾蚴病。另一种情况是，患有钩绦虫病的患者，可能因肠道内的孕卵节片或虫卵随肠的逆蠕动进入胃内，穿过肠壁随血液循环和淋巴循环到达周身而引起感染。人不感染牛囊尾蚴。

【寄生部位与形态特征】

猪囊尾蚴又称猪囊虫，主要寄生于咬肌、腰肌、膈肌、肩胛外侧肌和股内侧肌，其次是胸肌及其他部位的骨骼肌（图1.2.4-2～5），其猪肉俗称豆猪肉、米猪肉。此外，心肌、舌肌、脑也可见猪囊尾蚴寄生（图1.2.4-6～8）；严重感染时，肝、脾、肺甚至脂肪也有囊虫寄生。牛囊尾蚴又称牛囊虫，寄生部位与猪的基本相同。但牛囊尾蚴在牛体内感染强度较低，虫体寄生密度比猪低得多，且常个别散居于较深层的肌肉内，因此，对牛囊尾蚴的检验应认真仔细，多检验几个部位。

成熟的猪囊尾蚴约黄豆粒或豌豆粒大，呈半透明椭圆形包囊，囊内充满无色透明液体，囊壁上有一圆形、小米粒大的乳白色头节，头节上有4个圆形吸盘，顶突上有两圈排列的角质小钩（图1.2.4-9、图1.2.4-10）。如遇有发育不良的、异常的、变性坏死的囊虫，常常可从吸盘或坏死物中找到残留的角质小钩。牛囊尾蚴（图1.2.4-11）无顶突和角质小钩。钙化的包囊，其钙化部分为不透明的黑色块状物。

【临床症状】

1. **猪囊尾蚴病** 其临床特征与虫体寄生的部位和数量相关。若寄生于脑部则可引起神经系统机能障碍，如强迫运动、癫痫和急性脑炎。寄生于肌肉组织时，因肌肉水肿引起外形改变，如肩胛部增宽、后臀隆起、肢体僵硬、跛行等。寄生于眼部时，可引起视力减弱甚至失明。寄生于舌部或咬肌时，可眼观或触摸到寄生处呈豆状隆起。寄生于咽喉部肌肉时，则叫声嘶哑、呼吸困难、常有咳嗽。

2. **牛囊尾蚴病** 一般无明显的临床症状。

【诊断要点】

（1）生前临床诊断比较困难。有经验的检验人员可通过观察猪体外形和检查眼、舌、咬肌等处有无稍硬的豆粒状疙瘩进行诊断。血清学方法有间接血凝试验、ELISA、免疫荧光抗体技术等。

（2）死后剖检或宰后检验最容易发现虫体的必检部位，猪为咬肌、深腰肌（图1.2.4-12）和膈肌，其他可检部位为心肌、肩胛外侧肌、股内侧肌等。牛为咬肌、深腰肌和膈肌。如从上述部位发现虫体即可做出判定。

此外，检验牛囊尾蚴时，应多检验几个部位，多检几个肌肉断面。因为牛囊尾蚴寄生密度比猪低得多，常个别散居于较深层肌肉中。当感官检验有争议时，可摘取可疑虫体置载玻片上，剪破包囊，将头节压薄后染色或直接镜检，如头节上只有四个吸盘，无顶突和角质小钩为牛囊尾蚴。若顶突上有完整排列成圈的或残留角质小钩的则为猪囊尾蚴。必要时，还可做囊尾蚴活力测定（图1.2.4 -13 ～ 15）。

【检疫处理】

猪囊尾蚴病是世界动物卫生组织（OIE）列为必须通报的动物疫病（2018病种名录）。我国将猪囊尾蚴病列为二类动物疫病（2008病种名录），并规定其为进境动物检疫其他寄生虫病（2013病种名录）。

经检疫检验确诊为猪囊尾蚴病病猪或猪囊尾蚴病肉，无论感染强度如何，均应做化制或销毁处理。牛囊尾蚴病肉视其感染强度和病损程度做相应的无害化处理。进境检疫检出的阳性动物进行扑杀、销毁或退回处理，同群者隔离观察。

公共卫生

人感染绦虫病时，表现贫血、消瘦、腹痛、消化不良、腹泻等症状。

人患猪囊尾蚴病时，轻者可见额部、颈部、背部、腰部、四肢的皮下和肌肉中出现圆形豆粒大结节，可引起局部肌肉酸痛。严重者，如寄生在眼中，可引起视力障碍甚至失明；寄生在脑部，则有恶心、呕吐、头痛、癫痫发作等症状；寄生在声带，可能有声音嘶哑；有的患者心肌也可见猪囊尾蚴寄生。

根据引起人感染绦虫病和猪囊尾蚴病的致病原因，注意个人卫生安全防护。

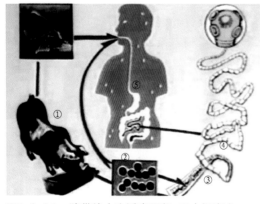

图1.2.4-1　猪带绦虫生活史图解　①中间宿主
②虫卵　③孕卵节片　④成虫
⑤中间宿主和终末宿主

（孙锡斌）

图1.2.4-2　猪囊尾蚴病 咬肌（是必检的部位）
上寄生的猪囊尾蚴　　（孙锡斌）

图1.2.4-3 猪囊尾蚴病 腰肌上有2 个猪囊尾蚴
寄生 （徐有生）

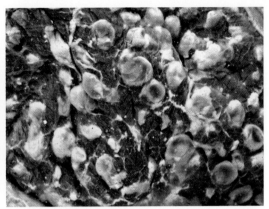

图1.2.4-4 猪囊尾蚴病 腰肌上猪囊尾蚴高密度的
寄生，也是必检的部位 （谷长勤）

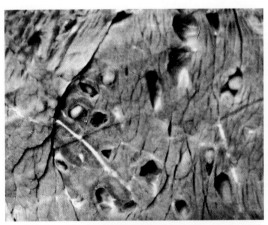

图1.2.4-5 猪囊尾蚴病 寄生于肌肉中的猪囊尾
蚴包囊呈半透明椭圆形 （胡薛英）

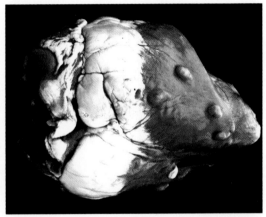

图1.2.4-6 猪囊尾蚴病 猪心肌上寄生的猪囊虫
（谷长勤）

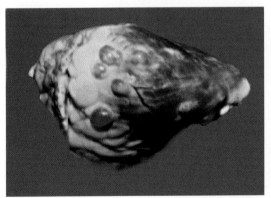

图1.2.4-7 猪囊尾蚴病 心肌也是猪囊虫经常寄
生的器官，表面和内部都要仔细检查
（许益民）

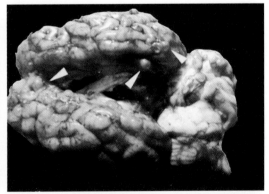

图1.2.4-8 猪囊尾蚴病 寄生于脑部的猪囊虫，
检验时常被忽略 （许益民）

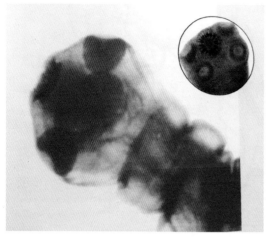

图1.2.4-9　猪囊尾蚴头节有4个圆形吸盘和一个顶突，顶突上有排列呈环形的角质小钩　（右上：姚宝安；左：赵俊龙）

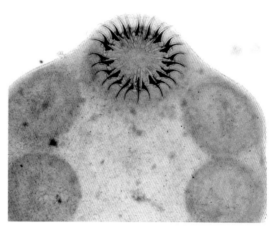

图1.2.4-10　猪囊尾蚴头节有4个圆形吸盘和完整的角质小钩清晰可见　（周艳琴）

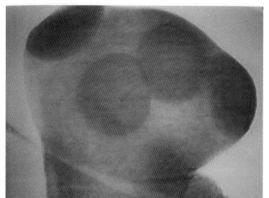

图1.2.4-11　牛囊尾蚴头节上无角质小钩

（赵俊龙）

图1.2.4-12　手持检验刀和钩检验左右腰肌有无囊尾蚴寄生　（孙锡斌）

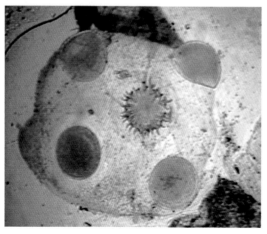

图1.2.4-13　剪破猪囊尾蚴包囊，经骆氏碱性美蓝染色，压片后于镜下见头节上吸盘和角质小钩不着染或着染不良，说明系有活力的猪囊虫 ×100

（王桂枝）

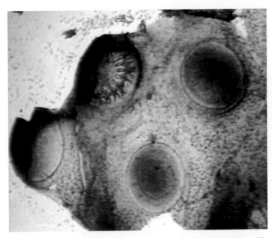

图1.2.4-15　经恒温孵育后，头节翻出的猪囊尾蚴

(周艳琴)

图1.2.4-14　着染良好的吸盘和角质小钩，见头节上吸盘和角质小钩被染成蓝色，说明猪囊尾蚴虫体已失去活力 ×100　　　　　　(王桂枝)

五、棘球蚴病

棘球蚴病（echinococcosis）又称包虫病，是由棘球绦虫的幼虫——棘球蚴引起多种动物和人的一种人兽共患寄生虫病。牛、羊、猪、骆驼、马属动物等均可感染，以牛、羊、猪受害严重。棘球绦虫主要有4种，我国目前寄生的细粒棘球绦虫（*Echinococcus granulosus*）和多房棘球绦虫（*E. multilocularis*）以前者为多见，其幼虫分别是单房型棘球蚴和多房型棘球蚴。

【生活史与公共卫生】（图1.2.5-1）

（1）犬、狼、狐等终末宿主吞食了含棘球蚴的脏器后，棘球蚴在宿主小肠内发育成棘球绦虫，虫卵和/或孕卵节片随宿主粪便排出体外，污染牧草、饲料或饮水。

（2）牛、羊、猪、骆驼等中间宿主（多房棘球绦虫的中间宿主主要是啮齿动物，牛、羊次之）采食了被虫卵、孕卵节片污染的牧草、饲料或饮水后，虫卵经消化液的作用，六钩蚴逸出，穿过肠壁经血液循环和淋巴循环主要滞留在肝、肺，并发育成棘球蚴。

（3）人是棘球绦虫的中间宿主，常因误食被棘球绦虫虫卵污染的食物而引起感染，进入人体内的棘球蚴主要寄生在肝和肺。

【寄生部位与形态特征】

棘球蚴主要寄生在肝脏（图1.2.5-2～5），其次是肺脏；有的也可在脾、肾、脑、肌肉、脊椎腔等处发现。

棘球蚴包囊为黄白色、囊泡状，小的如豌豆，大的如小儿头。单个或成簇存在，其寄生部位凹凸不平，且包囊与周围组织无明显界限，触摸稍坚硬、厚实、有波动感，切开包囊流出透明液体，内含砂粒样原头蚴。包囊分两层，外层为灰白色较厚而稍坚韧的角质层，与周围组织不易剥离；内层为半透明乳白色菲薄的生发层，在囊液内和囊壁上散布着许多白色细小颗粒样原头蚴；从生发层脱落的原头蚴沉积在囊液内呈细沙状，称为棘球蚴砂或包囊砂。

多房型棘球蚴又称泡球蚴，不形成大的囊泡，囊体由无数微小囊泡聚集而成，外观似葡萄串状，边缘不整齐，与周围组织无明显界限（图1.2.5-6）。

【临床症状】

轻度感染的病例，一般无明显症状。严重感染者，若棘球蚴寄生于肝脏，表现食欲不振、消化不良，甚至发生腹泻、黄疸等；寄生于肺脏，则发生呼吸困难、咳嗽、气喘等。

【诊断要点】

患病动物生前一般无明显症状，生前诊断的免疫学诊断方法有皮内变态反应、ELISA、间接血凝试验等。

宰后检验是发现和确认本病最主要的手段。因此必须确实掌握棘球蚴在体内的寄生部位和形态特征。

【检疫处理】

棘球蚴病是世界动物卫生组织（OIE）列为必须通报的动物疫病（2018病种名录）。我国将其列为二类动物疫病（2008病种名录），并规定其为进境动物检疫二类寄生虫病（2013病种名录）。

（1）严禁用病变脏器喂犬，应予以化制或销毁。

（2）将整个病变器官化制或销毁。

（3）进境检疫检出的阳性动物进行扑杀、销毁或退回处理，同群者隔离观察。

公共卫生

人可因直接接触病犬、狐狸等排泄的虫卵受到感染，也可因摄食被虫卵污染的蔬菜、水果、饮水而感染。特别是屠宰工人、养犬人员、饲养人员，他们在屠宰、接触病犬、挤奶、剪毛等活动中，受感染的机会甚多。

人受到感染后，棘球蚴主要寄生于肝脏，其次是肺脏，极少数病例见于胸膜、心、脑、脊髓腔、眼等部位。寄生于肝脏时，可引起肝区隐痛和肝区局部有压痛、上部胀满、消瘦、贫血。寄生于肺脏时，发生胸部隐痛、咳嗽、咯血等症状。人体的多房型棘球蚴尚有似癌肿状转移到其他部位的特性，常引起死亡（林孟初，1986）。

人是棘球绦虫的中间宿主，常因误食被棘球绦虫虫卵污染的食物而感染，与犬接触或加工犬、狼、狐等动物皮毛时，应注意个人卫生安全防护。

图1.2.5-1　棘球蚴生活史图解　　　（孙锡斌）

图1.2.5-2　细粒棘球蚴虫体

（赵俊龙）

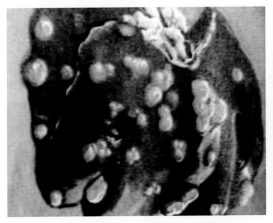

图1.2.5-3　棘球蚴病 寄生于猪肝上的棘球蚴

（栗绍文）

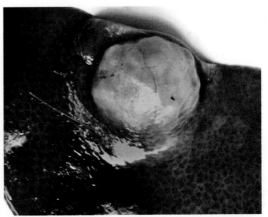

图1.2.5-4　棘球蚴病 猪肝脏上寄生的棘球蚴，
　　　　　其包囊呈黄白色　（程国富　胡薛英）

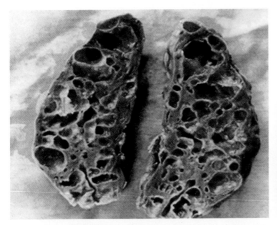

图1.2.5-5　棘球蚴病 棘球蚴大量寄生于羊肝，切
　　　　　面可见许多大小不一的囊泡，囊内充
　　　　　满液体，有的则为血液　　（陈怀涛）

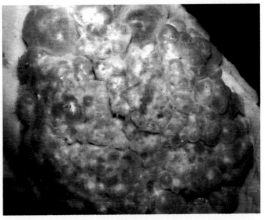

图1.2.5-6　羊棘球蚴病 羊肝上寄生的多房型棘
　　　　　球蚴。囊体由无数微小囊泡聚集而
　　　　　成，外观似葡萄串状

（杨晓野　谷玉）

六、肝片吸虫病

肝片吸虫病（fascioliasis hepatica）是由肝片形吸虫（*Fasciola hepatica*）和大片形吸虫（*F.gigantica*）引起牛、羊等反刍动物的一种寄生虫病。虫体寄生于肝胆管内可引起急性或慢性肝炎、胆管炎。兔、马亦可遭受感染。

【生活史与公共卫生】

（1）牛、羊等动物和人是肝片吸虫的主要终末宿主和传染源，成虫主要寄生于宿主的肝胆管内。虫卵随胆汁进入肠腔经粪便排出体外，发育孵出毛蚴。

（2）毛蚴游动于水中，钻入中间宿主椎实螺科的淡水螺体内发育成尾蚴，尾蚴从螺体内逸出，附着于水生植物或其他物体表面结囊或浮游于水中形成囊蚴。本病的发生主要受中间宿主淡水螺的生存环境的限制而有地区性。

（3）牛、羊等动物感染主要是在放牧时吞食了带有囊蚴的牧草、水生植物或生水所致，其次是舍饲期采食了从水边割来的被污染的青、干草而引起。夏季为主要感染季节。

（4）人也可因食入或饮用了被活囊蚴污染的水芹菜、菱角等水生植物或生水而感染，生食或半生食含肝片形吸虫童虫的牛、羊肝脏也可引起感染。

【寄生部位与形态特征】

肝片形吸虫的成虫寄生于终末宿主牛、羊等的肝胆管内。急性感染病例可见肝和肺有童虫移行的暗红色虫道，内有凝血块和幼小的虫体。

肝片形吸虫虫体扁平，外观呈叶片状，虫体大小为（21～41）mm×（9～14）mm，新鲜者呈淡棕红色或黄褐色（图1.2.6-1），固定后为灰白色。

【临床症状与病理变化】

轻症感染的病例通常无明显症状。感染虫体数量多时，动物表现消瘦、贫血，周期性瘤胃胀气与弛缓，腹泻，后期出现眼睑、下颌、胸腹部水肿。

病理剖检见肝胆管内有大量虫体寄生（图1.2.6-2），肝肿大，有点状或条状出血。慢性病例可见肝变性、硬化，呈慢性增生性肝炎或肝实质变性；严重者引起胆管壁增厚，胆管扩张变粗，甚至被虫体堵塞。

【诊断要点】

（1）根据生前表现消瘦，贫血，水肿，周期性瘤胃鼓气、弛缓，以及腹泻等慢性症状，可做出初步诊断。进一步诊断可用反复水洗沉淀法或尼龙绢袋集卵法检查粪便中虫卵。但对急性病例不宜采用粪便中虫卵检查，因为感染的虫体尚未发育为成虫，在粪便中找不到虫卵。也可用变态反应、间接血凝试验、ELISA等进行诊断。

（2）死后或宰后若从（急性病例）腹腔和肝实质中发现童虫及幼虫，或从（慢性病例）肝胆管内检出成虫即可确诊。

【检疫处理】

我国将肝片吸虫病列为三类动物疫病（2008病种名录），并规定其为进境动物检疫其他寄生虫病（2013病种名录）。

（1）检疫检验检出肝片吸虫损伤的肝，应做化制或销毁处理。

（2）进境检疫检出的阳性动物进行扑杀、销毁或退回处理，同群者隔离观察。

公共卫生

人感染肝片吸虫病多因在水边割草、采集水生植物或者因食入或饮用了污染有活囊蚴的水芹菜、菱角等水生植物或生水而遭受感染；生食或半熟食含童虫的牛肝、羊肝亦可引起感染。

患肝片吸虫病的患者有食欲不振、腹胀、轻度腹泻、疲乏、肝肿大等症状，严重者有慢性胆管炎及胆囊炎症状。

应根据引起人感染肝片吸虫病的致病原因，注意个人卫生安全防护。

图1.2.6-1 肝片吸虫成虫的形态（压片标本）
（赵俊龙）

图1.2.6-2 肝片吸虫病 牛肝胆管中寄生的肝片
吸虫 （孙锡斌）

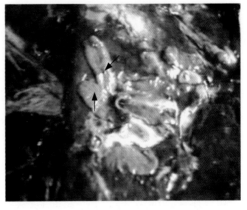

七、肉孢子虫病

肉孢子虫病（sarcosporidiosis）又称住肉孢子虫病，是由多种肉孢子虫（*Sarcocystis*）引起猪、牛、羊等多种动物和偶尔也寄生于人的一种寄生虫病。肉孢子虫有很多种，各有其宿主，寄生于家畜的肉孢子虫有：黄牛3种，水牛2种，猪3种，马和驴各1种，鸡1种。以中间宿主和终末宿主的名称命名，如寄生于猪的米氏肉孢子虫，其终末宿主是犬和狐，故该种又称为猪犬肉孢子虫；寄生于猪的猪人肉孢子虫的终末宿主是人、黑猩猩，故该种命名为猪人肉孢子虫。寄生于牛的牛人肉孢子虫是指以牛为中间宿主，以人为终末宿主。

【生活史与公共卫生】（图1.2.7-1）

（1）肉孢子虫的终末宿主是猫、犬、狐、狼等肉食动物和人。中间宿主是草食动物、杂食动物（如猪）、禽类等。

（2）人是某些肉孢子虫如牛人肉孢子虫和猪人肉孢子虫的终末宿主，并表现一定的症状。人也可作为某些肉孢子虫的中间宿主。

（3）终末宿主粪便中的孢子囊或卵囊和中间宿主肌肉中含有慢殖子的包囊均为传染源。中间宿主采食了被孢子囊或卵囊污染的饲料、牧草、饮水等引起感染。终末宿主感染是因吞食了寄生于中间宿主骨骼肌和心肌细胞内含有慢殖子的包囊而引起。

（4）人感染是因误食了未煮熟的含有某些肉孢子虫包囊的猪肉、牛肉等引起的。

【寄生部位与形态特征】

各种肉包子虫的形态基本相似。包囊又称米氏囊，见于中间宿主的肌纤维之间，多为圆柱形、椭圆形或线形等，呈乳白色或灰白色；小的包囊肉眼不易观察到。

猪肉孢子虫：主要寄生于肋间肌、膈肌、臀肌、食管肌、腹斜肌等处。眼观，在肌肉中可见到与肌纤维平行的、呈乳白色或灰白色毛根样的带状小体，长度为0.5～5mm。压片镜检，包囊呈柳叶状或纺锤形，包囊壁由内、外两层膜构成。内膜有细小的横隔或嵴向囊内伸延，将囊腔分隔成许多小室，内含许多半月状或香蕉状的慢殖子（图1.2.7-2～6）。林孟初（1986）报道，我国南京和广州地区均未见到猪肉孢子虫的包囊是分小室的。

牛肉孢子虫：寄生的部位多见于食管肌（图1.2.7-7）、膈肌、心肌、咬肌、骨骼肌等。肖树池（1994）报道，水牛肉孢子虫在肌肉中寄生的密度以食管肌最大，在10cm长的食管肌上，发现虫体达180个之多；其他部位寄生的密度依次是咽部肌肉、舌肌、颈部肌肉、股部肌肉、腰肌、肩胛部肌肉、膈肌（图1.2.7-8）、咬肌等，而心肌极少发现。牛肉孢子虫虫体呈灰白色或黄白色，外观呈纺锤形或条纹状，长度为3～20mm。水牛的虫体粗大，长度为6～31mm。虫体最长可达42mm（肖树池，1994）。

羊肉孢子虫：寄生部位多见于食管肌、舌肌、颈部肌肉、膈肌、腹内斜肌、心肌等。虫体呈白色，圆形或椭圆形，大小为小米粒到大米粒大，以寄生于绵羊食管壁者为最大。

【临床症状与病理变化】

轻度感染时，常不显临床症状。感染严重者，猪主要表现肌肉僵硬、跛行和消瘦；牛主要表现间歇性发热、贫血、消瘦、生长发育缓慢、下颌水肿，有的可见腹泻和呼吸困难，妊娠母牛有的发生流产。

剖检可见虫体密集寄生部位的肌肉色淡、呈煮肉状，并有出血灶；有的发生营养不良性钙化。心肌有坏死灶和心肌脂肪胶样浸润。

【诊断要点】

（1）动物生前诊断的血清学方法有ELISA、间接血凝试验、琼脂扩散试验等。

（2）宰后诊断可见虫体密集寄生部位的肌肉变性、水肿、出血等。通过压片镜检，从肌肉组织中检出特异性包囊，并见半月状或香蕉形的慢殖子可确诊。

【检疫处理】

（1）虫体发现于全身肌肉，且肌肉有病变时，整个胴体化制。

（2）肌肉无病变者，依虫体寄生的部位、寄生密度对胴体做相应的无害化处理。

公共卫生

　　某些肉孢子虫也可感染人。人是寄生于猪的猪人肉孢子虫和寄生于牛的牛人肉孢子虫的终末宿主。人可因进食了含有猪人肉孢子虫包囊或牛人肉孢子虫包囊的未经煮熟或生的猪肉（或牛肉）而致病。因此，应注意个人卫生安全防护。

　　自然感染牛人肉孢子虫或猪人肉孢子虫的病人，一般不表现临床症状。但严重感染者主要表现厌食、恶心、腹痛、腹泻，甚至出现呼吸困难、脉搏加快等症状。

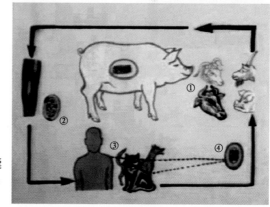

图1.2.7-1　肉孢子虫生活史图解　①中间宿主
②包囊　③终末宿主　④孢子囊和卵囊
（孙锡斌）

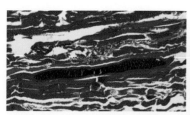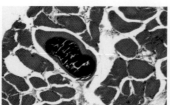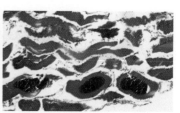

图1.2.7-2～4　肉孢子虫病组织学检查，不同切面的视野中可见清晰的虫体HE×100

（栗绍文　谷长勤）

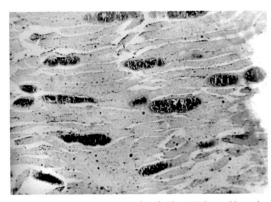

图1.2.7-5 猪肉孢子虫病 病猪膈肌切面的一个视野中有10条以上虫体，是迄今文献中见到的虫体最多的切片HE×100

（许益民）

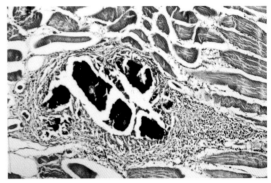

图1.2.7-6 猪肉孢子虫虫体发生钙化，周围有炎性反应，炎症细胞增多HE×200

（许益民）

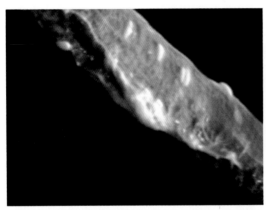

图1.2.7-7 牛肉孢子虫病 黄牛食管肌上寄生的肉孢子虫 （孙锡斌）

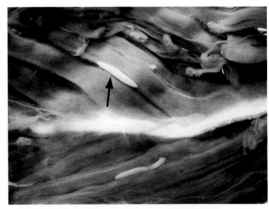

图1.2.7-8 牛肉孢子虫病 水牛膈肌上寄生的肉孢子虫 （许益民）

第二章 2

动物其他疾病

　　动物其他疾病包括第一章之外的动物的传染病、寄生虫病、营养代谢性疾病和中毒性疾病等。其中有的是我国规定的一、二、三类动物疫病，有的是当前我国畜禽群中普遍存在的重要疾病，有的是我国畜禽养殖业或规模化养殖生产中的主要疾病。这些疾病所造成的危害虽无明显的公共卫生学意义，但如果对其不严格执行动物卫生监督与检疫，不严格执行《病害动物和病害动物产品生物安全处理规程》（GB 16548—2006），则可造成疾病的传播蔓延，从而严重影响畜禽养殖业的健康发展；有的病原体及其毒素（如大肠杆菌 O157:H7、黄曲霉毒素）还可引起人群食物中毒。因此，加强这类疾病的检疫检验与监管，对保障畜禽养殖业安全生产和保护公众身体健康都具有重要意义。

　　本章按动物种类、疾病性质，重点介绍前章之外的动物其他疾病,如口蹄疫、猪瘟、猪伪狂犬病、猪繁殖与呼吸综合征、猪圆环病毒病、副猪嗜血杆菌病、新城疫、鸡传染性支气管炎、马立克氏病、鸡球虫病、鸭瘟、小反刍兽疫、绵羊蓝舌病、牛传染性鼻气管炎、兔病毒性出血症、犬瘟热等62种动物疾病，并配相应的彩色照片771幅，与广大读者深度解读这些疾病发生、发展和转归的临床症状、病理变化,有助于广大读者理解和掌握这些疾病的临床与病理诊断知识及其安全处理。

第一节 猪传染性疾病

一、猪口蹄疫

口蹄疫（foot and mouth disease，FMDV）是由口蹄疫病毒（foot and mouth disease virus，FMDV）引起偶蹄动物的一种急性、热性、高度接触性传染病。临床特征为口腔黏膜和鼻、蹄部、乳房（主要是乳头）等处的皮肤发生水疱、溃疡和结痂。

【流行病学】

现已知口蹄疫病毒的血清型有7个主型，即O、A、C、SAT_1、SAT_2、SAT_3（南非1、2、3型）及Asia-1型（亚洲1型），各型引起的临床表现相同，但各血清型之间无交叉保护。O型口蹄疫病毒极易变异。

患病动物是最主要的传染源，几乎所有的组织器官以及分泌物、排泄物都含有病毒，（发病初期排毒量最多，病毒毒力最强，最具传染性）经破溃的水疱、乳汁、唾液、精液、粪、尿、呼出的气体等向外排毒。病毒通过病畜的分泌物、排泄物、动物产品和被其污染的饲料、水源、饲养用具以及往来人员等以直接接触和间接接触的方式传播，主要经消化道、呼吸道感染，也可经损伤的皮肤、黏膜感染。猪、牛是最易感的偶蹄动物；成年动物死亡率低，幼畜死亡率高。

本病传染性强，传播迅速、流行猛烈，短时间内往往引起大面积流行。其流行虽无严格的季节性，但一般多在秋末开始，冬季加剧。

【临床症状】

病猪初期常有体温升高、精神沉郁，通常鼻端（吻突）和蹄部最先发生水疱，以口、鼻及蹄部的蹄冠、蹄叉、蹄踵等处发生的水疱最典型（图2.1.1-1 ~ 6）。病猪口腔黏膜、乳房上也易发生水疱（图2.1.1-7 ~ 14）。之后，水疱破溃，遗留鲜红色糜烂面，进一步结痂，痂块脱落后形成瘢痕。蹄部有病变者（图2.1.1-15 ~ 22）表现跛行，严重者蹄匣脱落，卧地不起。

幼龄猪尤其是仔猪患口蹄疫常因急性胃肠炎和心肌炎而突然死亡，仔猪常整窝死亡。

【病理变化】

除上述临床所见外，病猪的喉部、气管、支气管和胃的黏膜上也常有水疱、烂斑。患严重口蹄疫致死的仔猪，常见实质性心肌炎病变，心肌切面和心内、外膜上有脂肪变性和坏死，形成大小不一、灰白色或黄白色石蜡样斑块或条纹，散布在暗红色心肌的背景上，形似虎皮样斑纹，故称为"虎斑心"或"虎纹心"（图2.1.1-23、图2.1.1-24）。

【诊断要点】

根据流行病学特点和患病动物特定部位如口腔、鼻、蹄、乳头等处出现水疱，水疱破裂后留下红色烂斑，即可诊断为疑似口蹄疫。确诊需进行实验室诊断。

用于病毒分离鉴定的最佳样品为发病动物未破溃的水疱皮和水疱液。对怀疑带毒的畜群及冷冻肉品，可采集淋巴结、脊髓、肌肉等组织样品。用于检测抗体的样品主要是血清。

鉴定口蹄疫毒型的常用检测方法有双抗体夹心ELISA、反向间接血凝试验、RT-PCR等。检测特异性抗体的方法常用中和试验、ELISA、正向间接血凝试验等。

【检疫处理】

口蹄疫是世界动物卫生组织（OIE）列为必须通报的动物疫病（2018病种名录）。我国将其列为一类动物疫病（2008病种名录），属于突然发生的重大动物疫病，其病原微生物分类为一类动物病原微生物，是重点防控的重大疫病。我国规定口蹄疫为进境动物检疫一类传染病（2013病种名录）。

1. **发现疫情，紧急处理**　当发现口蹄疫疫情时，应根据国家《口蹄疫防治技术规范》和《病害动物和病害动物产品生物安全处理规程》（GB 16548—2006）对疫情进行紧急处理。

2.彻底根除疫源　对疫病区实行严格隔离、封锁，对疫点和疫区严格消毒、扑杀和销毁疫点内所有病畜及同群易感动物（图2.1.1-25）；禁止疫区内动物、动物产品移动；禁止易感动物进出和其产品及其他可能被污染的物品运出；对被污染的物品、运输工具、用具、畜舍、场地等严格彻底消毒；对疫点内病畜排泄物、粪便及可能被污染的饲料等进行无害化处理。

3.紧急免疫接种　对疫区内所有易感动物，进行紧急强制免疫；对受威胁区内所有易感动物最后一次免疫超过1个月的进行一次紧急强化免疫。

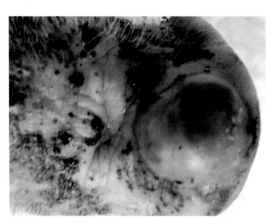

图2.1.1-1　猪口蹄疫　病猪鼻端上缘大水疱
　　　　　　　　　　　　（徐有生　刘少华）

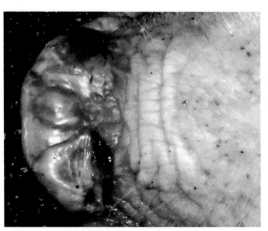

图2.1.1-2　猪口蹄疫　病猪鼻端上水疱破溃
　　　　　　　　　　　　（徐有生　刘少华）

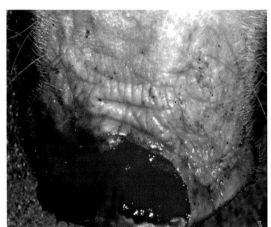

图2.1.1-3　猪口蹄疫　病猪唇部水疱破溃露出鲜红
　　　　　　　色创面　　　　（徐有生　刘少华）

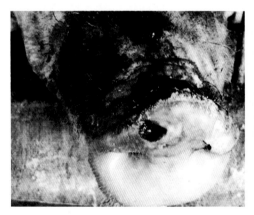

图2.1.1-4　猪口蹄疫　病猪鼻端水疱破溃、
　　　　　　　结痂　　　　　　　（邵定勇）

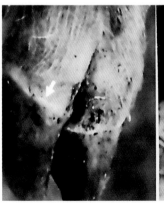

图2.1.1-5　猪口蹄疫　右图蹄底水疱呈T形；左图蹄冠
　　　　　　　处水疱呈条带状　　　　（刘少华）

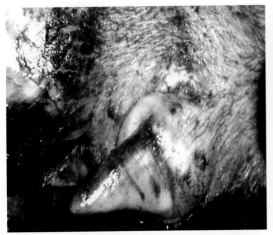

图2.1.1-6　猪口蹄疫　病猪蹄趾间（蹄叉中沟）处
水疱呈条带状
（邵定勇）

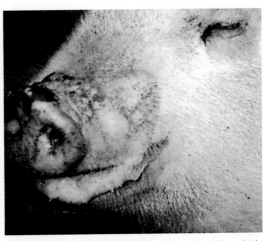

图2.1.1-7　猪口蹄疫　病猪口腔水疱引起口流泡
沫样分泌物
（樊茂华）

图2.1.1-8　猪口蹄疫　病猪舌面上散在多个水疱
（徐有生）

图2.1.1-9　猪口蹄疫　病猪舌面上散在水疱，有的
破溃
（徐有生）

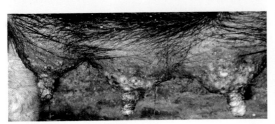

图2.1.1-10　猪口蹄疫　病猪乳房密发大小不一的
水疱
（徐有生）

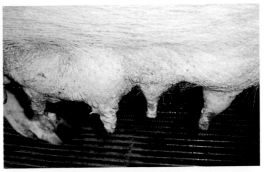

图2.1.1-11　猪口蹄疫　病猪全部乳头发生水疱，
多数乳头的水疱破溃
（徐有生）

图2.1.1-12　猪口蹄疫　病猪乳房基部和乳头的水
疱破溃，露出红色创面
（徐有生　刘少华）

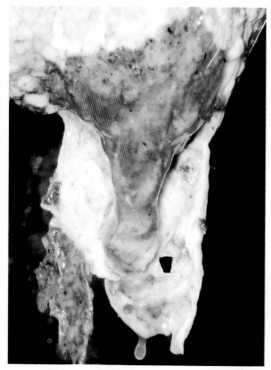

图2.1.1-13　猪口蹄疫　放大上图中右侧一个乳房，可见融合的水疱破溃，流清亮水疱液，整个乳房露出红色创面

（徐有生）

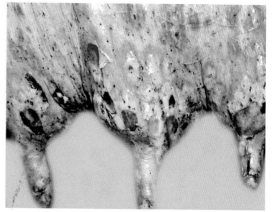

图2.1.1-14　猪口蹄疫　病猪乳房基部和乳头的水疱密集，水疱破溃，露出红色创面

（刘少华）

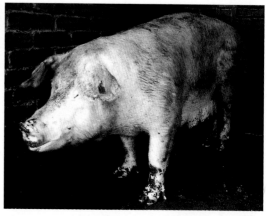

图2.1.1-15　猪口蹄疫　病猪鼻端、蹄部、乳房和乳头均发生水疱，水疱破溃、结痂

（徐有生）

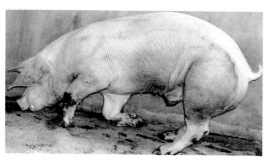

图2.1.1-16　猪口蹄疫　病猪蹄部水疱、烂斑，站立困难　　（徐有生　刘少华）

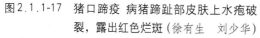

图2.1.1-17　猪口蹄疫　病猪蹄趾部皮肤上水疱破裂，露出红色烂斑（徐有生　刘少华）

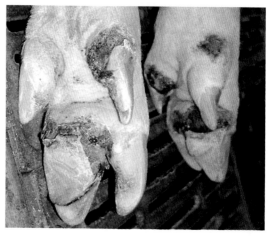

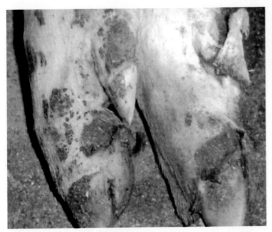

图 2.1.1-18　猪口蹄疫　病猪蹄部（主蹄和悬蹄）
　　　　　　水疱破溃结痂　　　　（邵定勇）

图 2.1.1-19　猪口蹄疫　病猪主蹄蹄球上缘和悬蹄边缘
　　　　　　处水疱破溃露出红色(徐有生　刘少华)

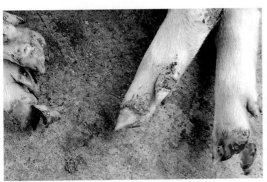

图 2.1.1-20　猪口蹄疫　病猪前后肢的蹄壳脱落，露
　　　　　　出红色创面　　　　　（徐有生）

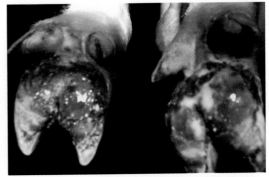

图 2.1.1-21　猪口蹄疫　病猪蹄球角质脱落，露出红
　　　　　　色创面　　　　　　　（徐有生）

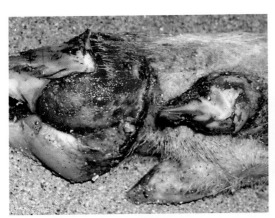

图 2.1.1-22　猪口蹄疫　病猪蹄底露出创面，呈鲜
　　　　　　红色　　　　（徐有生　刘少华）

图 2.1.1-23　猪口蹄疫　仔猪患恶性口蹄疫：心外膜血
　　　　　　管扩张充血，左心室壁有大小不一的
　　　　　　黄白色条纹状坏死病灶（虎斑心）

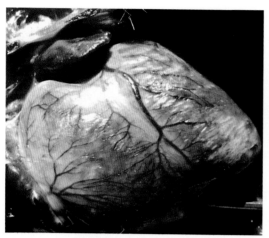

图2.1.1-24 猪口蹄疫 仔猪患恶性口蹄疫：心肌呈暗红色的背景中，可见黄白色坏死条纹分布，形似虎皮斑纹

（马增军）

图2.1.1-25 销毁焚烧口蹄疫病猪

（李复中）

二、猪　瘟

猪瘟（classical swine fever）又称猪霍乱（hog cholera），是由猪瘟病毒（hog cholera virus）引起猪一种急性、热性、高度接触性传染病。以高热稽留，全身皮肤、皮下组织和各器官的广泛性出血及脾梗死等为特征。本病的急性和亚急性型的病理特征是全身性多发性出血和败血症变化；慢性型病例主要是纤维素性坏死性肠炎。

【流行病学】

病猪与带毒猪是主要传染源。病原体主要经消化道感染，也可经眼、口、鼻、生殖道和损伤的皮肤感染，妊娠母猪感染后还可通过胎盘垂直传播。带毒猪、病猪肉及其肉制品的流动可促进本病的传播与流行。猪是猪瘟病毒的唯一易感动物，不同年龄的猪均可感染。本病一年四季都可发生，在新疫区常呈急性暴发，发病率和死亡率高。

近年来由于普遍进行了疫苗接种，其流行特点发生了新的变化，临床表现多呈非典型或温和型猪瘟症状，呈散发性流行，发病率、死亡率低，且以3月龄以下小猪多发。繁殖母猪持续自然感染低毒力或中等毒力的猪瘟病毒呈隐性感染，大多表现繁殖障碍，如妊娠母猪流产，产出死胎、木乃伊胎。

在此主要介绍流行广泛、危害极大的经典猪瘟的急性型、亚急性型和慢性型3种病型。

【临床症状】

1．**急性型**　病猪体温升高至41℃以上，呈稽留热型，表现行动缓慢，拱背，寒战，常卧一处或互相挤堆（图2.1.2-1）；眼结膜发炎；病初排干结粪便，常附有血丝或假膜，继之腹泻；耳根、腹部、四肢内侧、臀部、会阴等处的皮肤密布或有弥漫性的暗红色出血点或/和出血斑（图2.1.2-2～4），指压不褪色。公猪包皮出血、发炎，阴鞘内积有恶臭尿液。有些哺乳仔猪表现痉挛、后躯麻痹等神经症状。1～2周死亡。

2．**亚急性型**　多见于老疫区或流行中后期的病猪。症状与急性相似，但症状较缓和，病程约1个月。

3．**慢性型**　多见于流行后期和猪瘟常发地区。表现贫血消瘦，发育迟缓，便秘与腹泻交替发生。有的在皮肤上有紫斑或坏死痂。病程通常在1个月以上，常形成僵猪。

【病理变化】

1．**急性和亚急性型**　病理变化以多发性出血为特征。肉眼变化以出血为主，肾和淋巴结的出血是出现频率最多的部位；脾的出血性梗死变化有诊断意义。

可见全身皮肤出血，齿龈、唇、颊部的黏膜及扁桃体有出血、溃疡（图2.1.2-5、图2.1.2-6）；全身浆膜、黏膜尤其是咽喉部、肺、心、胆囊、胃、肠（图2.1.2-7～18）等处均可见大小不一、数量不等的出血点和/或出血斑。全身淋巴结尤其是肠系膜淋巴结肿大、出血，切面呈周边出血，出血灶与中央区灰白色淋巴组织相间存在，呈"大理石样"（图2.1.2-19～21）花纹。脾不肿大，脾的边缘有大小不一、呈结节或楔形或条索状的出血性梗死灶（图2.1.2-22、图2.1.2-23）。肾色淡，不肿大或稍肿大，表面散布数量不等的针尖大至粟粒大的出血点，外观似麻雀卵壳样；切面的皮质和髓质出血以皮质部最为多见，肾乳头、肾锥体和肾盂黏膜也常散布出血点（图2.1.2-24～29）。膀胱黏膜出血（图2.1.2-30～35）。此外，骨髓出血呈深红色，也是肉检中常见到的病变。

2．**慢性型**　病理变化主要表现为盲肠、结肠及回盲瓣等处形成局灶性和弥漫性的纤维素性坏死性肠炎，可见特征性的纽扣状溃疡（图2.1.2-36～41）。断奶仔猪贫血，极度消瘦（图2.1.2-42），肋骨与肋软骨连接处发生钙化，呈黄白色半坚固的骨化线明显增宽（图2.1.2-43）。

【诊断要点】

根据本病的流行病学特点、典型的临床症状和特征性病变可做出初步诊断。确诊需进行实验室检查，常用的方法有猪瘟病毒分离鉴定与病原检测和血清学检测。常用的检测方法有兔体交互免疫试验、RT-PCR、免疫荧光抗体技术（图2.1.2-44、图2.1.2-45）、猪瘟抗原双抗体夹心ELISA等。

急性型猪瘟应注意与败血性链球菌病、急性猪丹毒、最急性猪肺疫、猪副伤寒、猪弓形虫病、猪繁殖与呼吸综合征等相区别。

【检疫处理】

猪瘟是世界动物卫生组织（OIE）列为必须通报的动物疫病（2018病种名录）。我国将猪瘟列为一类动物疫病（2008病种名录），并规定其为进境动物检疫一类传染病（2013病种名录）。

（1）动物检疫确诊为本病时，应立即隔离封锁，按规定及程序上报疫情，对疫点内所有病死猪或胴体和内脏及其他副产品做销毁处理；对疫区和受威胁区的易感猪进行紧急强制免疫。对病猪排泄物、被污染或可能污染的饲料、垫料、污水等均需进行无害化处理；对被污染的物品、交通用具、饲养用具、猪舍、场地等进行彻底消毒。

（2）进境动物检疫检出阳性猪时，全群动物扑杀、销毁或退回处理。

图2.1.2-1　猪瘟 病猪表现怕冷、寒战，相互堆挤

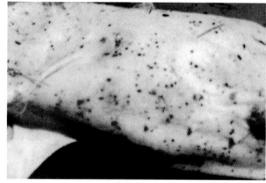

图2.1.2-2　猪瘟 病猪全身皮肤散在点状出血

（徐有生　刘少华）

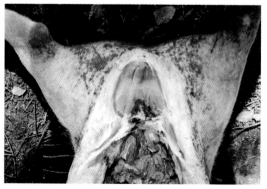

图2.1.2-3　猪瘟 病猪后躯皮肤出血

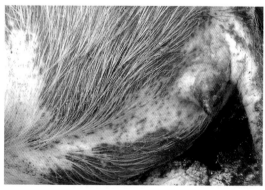

图2.1.2-4　猪瘟 病猪腹部皮肤上密集出血点（斑）

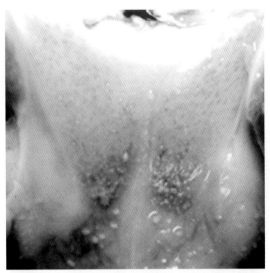

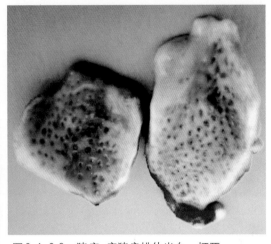

图2.1.2-6　猪瘟 病猪扁桃体出血、坏死

（周诗其）

图2.1.2-5　猪瘟 病猪扁桃体淋巴滤泡增生和坏死

（徐有生）

　　猪瘟病毒引起的咽喉部出血可见于病猪的会厌、软骨、喉头等处的黏膜上常有散在或密集大小不一的出血点（斑），有的呈弥漫性（图2.1.2-7～11）。

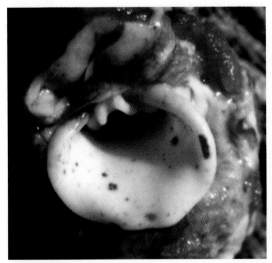

图2.1.2-7　　　　　　　　　　（蒋文明）

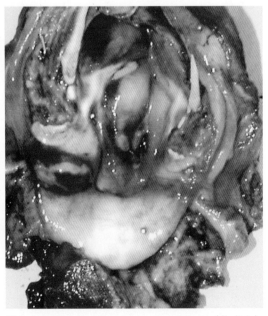

图2.1.2-8　　　　　　　　　　（徐有生）

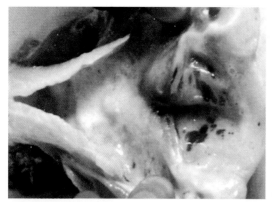

图2.1.2-9 　　　　　　　　　　　（徐有生）

图2.1.2-10

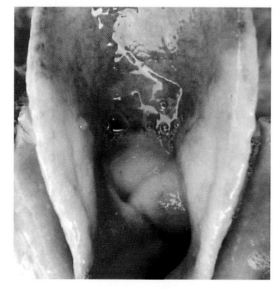

图2.1.2-11 　　　　　　　　　（徐有生）

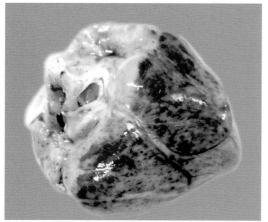

图2.1.2-12　猪瘟　病猪心外膜明显出血

（马增军）

图2.1.2-13　猪瘟　病猪心内膜出血

（黄青伟）

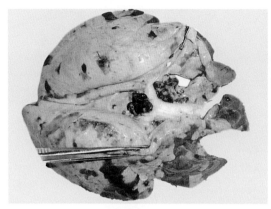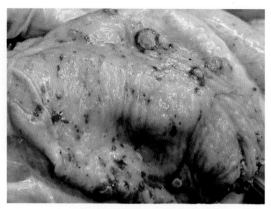

图2.1.2-14 猪瘟 病猪肺有出血斑点和实变区
（马增军）

图2.1.2-15 猪瘟 病猪胃黏膜出血、溃疡
（樊茂华）

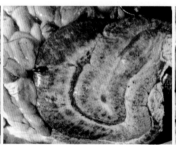

图2.1.2-16 ～ 18 猪瘟 病猪肠浆膜出血

（左图：周诗其；右图：徐有生；中图：肖恒松）

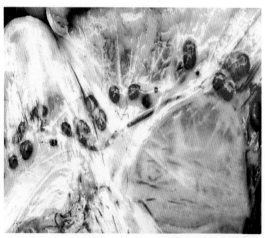

图2.1.2-19 猪瘟 病猪肠系膜淋巴结出血、肿胀、呈紫色索状肿大 （黄青伟）

图2.1.2-20 猪瘟 病猪肠系膜淋巴出血、肿胀，呈鲜红色串珠状 （周诗其）

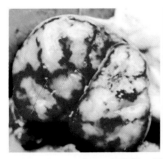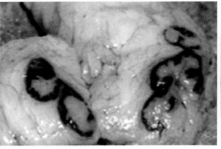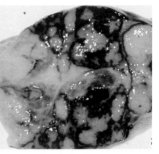

图2.1.2-21　猪瘟　病猪淋巴结肿大、出血，切面呈红白相间的大理石样外观

（左图：周诗其；中图：孙锡斌）

图2.1.2-22　猪瘟　病猪脾边缘有大小不一、形态多样的出血性
梗死　　　　　　　　　　　　　（徐有生）

图2.1.2-23　猪瘟　病猪脾边缘有多个暗红色的出血性梗死灶

（胡薛英）

图2.1.2-24　　　　　　　　　（胡薛英）　图2.1.2-25　　　　　　　　　（徐有生）

图 2.1.2-26　　　　　　　　　（肖恒松）

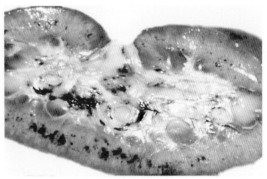

图 2.1.2-27　　　　　　　　　（徐有生）

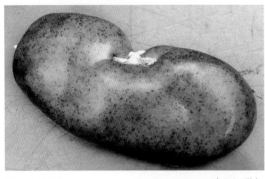

图 2.1.2-28　　　　　　　　　（谷长勤）

图 2.1.2-29　　　　　　　　　（徐有生）

　　图 2.1.2-24 ～ 29 猪瘟病毒引起的肾脏出血，可见肾色淡、不肿大或稍肿大，表面散布数量不等的针尖大至粟粒大的出血点，外观似麻雀卵壳样；切面的皮质和髓质出血以皮质部最为多见。

图 2.1.2-30　　　　　　　　　（马增军）

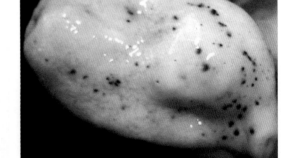

图 2.1.2-31

图 2.1.2-32 （周诗其）

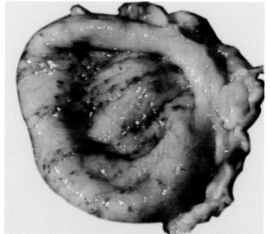

图 2.1.2-33 （樊茂华）

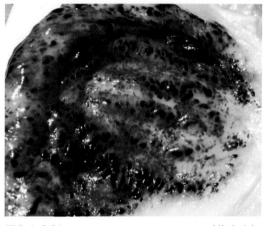

图 2.1.2-34 （徐有生）

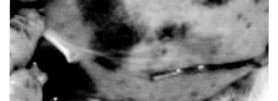

图 2.1.2-35 （刘少华）

图 2.1.2-30 ～ 35 猪瘟病毒引起的膀胱出血，可见病猪膀胱黏膜甚至浆膜上散在或密集数量不等、大小不一的出血点（斑）。

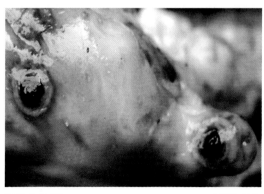

图 2.1.2-36 （周诗其）

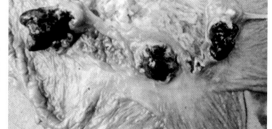

图 2.1.2-37 （徐有生）

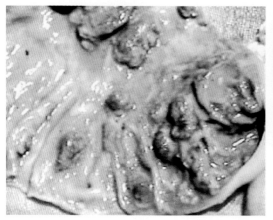

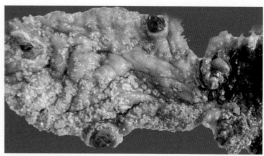

图2.1.2-39 （马增军）

图2.1.2-38 （孙锡斌）

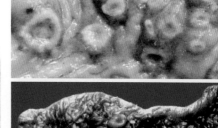

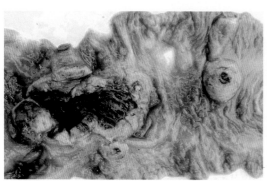

图2.1.2-40 （舒喜望）

图2.1.2-41 （徐有生）

图2.1.2-36 ～ 41慢性型猪瘟病猪的大肠黏膜溃疡，可见病猪盲肠、结肠及回盲瓣等处形成局灶性或弥漫性的纤维素性坏死性肠炎，可见呈单个或多个特征性的纽扣状溃疡（扣状肿）。

图2.1.2-42　猪瘟　慢性猪瘟病仔猪消瘦、发育滞
　　　　　　缓，全身多处皮肤受损
　　　　　　　　　　　　　　（徐有生　刘少华）

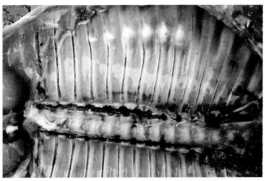

图2.1.2-43　剖检上图病仔猪可见肋骨与肋软骨
　　　　　　连接处钙化，呈现明显增宽的黄白
　　　　　　色骨化线　　　　　　　（徐有生）

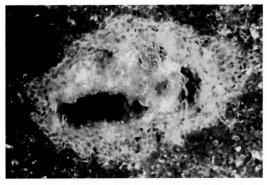

图2.1.2-44　猪瘟病毒免疫荧光抗体试验：扁桃
　　　　　　体隐窝上皮细胞呈阳性（免疫荧光
　　　　　　染色×400）　　　　　　（周诗其）

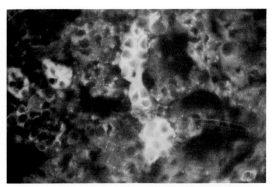

图2.1.2-45　猪瘟病毒免疫荧光抗体试验：肾近
　　　　　　曲小管上皮细胞呈阳性（免疫荧光
　　　　　　染色×400）　　　　　　（周诗其）

三、猪繁殖与呼吸综合征

　　猪繁殖与呼吸综合征（porcine reproductive and respiratory syndrome，PRRS）是由猪繁殖与呼吸综合征病毒（porcine reproductive and respiratory syndrome virus，PRRSV）引起以怀孕母猪繁殖障碍（流产，产出死胎、木乃伊胎、弱仔）和患病猪尤其是仔猪发生呼吸道症状及较高死亡率为特征的传染病。部分感染母猪和仔猪的耳部皮肤发绀，别名"猪蓝耳病"。

　　近年来，由猪繁殖与呼吸综合征病毒变异株感染引起的猪的一种急性高致死性传染病，命名为高致性猪蓝耳病。其仔猪发病率可达100%，死亡率在50%以上，母猪流产率在30%以上，急性暴发猪场妊娠母猪的流产率可达50%，成年育肥猪也可发病死亡。

【流行病学】

　　病猪和带毒猪是本病的主要传染源。病毒通过病猪的分泌物、粪、尿等向外排毒，主要经呼吸道感染，也可通过精液、胎盘传播。该病毒只感染猪，不同年龄、性别和品种的猪均可感染，以妊娠母猪和30日龄内的仔猪最易感。

本病呈地方流行性，猪群的转移，感染猪、带毒猪的流动，可促进本病的传播和流行。

【临床症状】

1. **急性型**　病猪体温升高，咳嗽，呼吸急促，严重者呈腹式呼吸（图2.1.3-1）。少数病猪的耳部、鼻端和体表皮肤发绀、呈紫红色或蓝紫色（图2.1.3-2～5）。徐有生（2009）观察感染本病的部分保育-生长猪，可见蓝耳、蓝眼圈、蓝鼻盘"三蓝"现象（图2.1.3-4）。

不同年龄和性别的猪感染后，其临床症状有其共同点，但也有各自明显的特有症状：

妊娠母猪多在妊娠后期发生流产，产出死胎、木乃伊胎和弱仔（图2.1.3-6），可见胎衣停滞和胎膜出血等（图2.1.3-7、图2.1.3-8）。

哺乳仔猪（1月龄以内）临床上呈典型的急性型症状。可见体温升高，眼结膜炎、眼睑水肿、流泪，表现哮喘、张口呼吸等呼吸困难。部分病猪的耳、鼻和四肢末端的皮肤发绀、呈蓝紫色。有些病仔猪表现后躯无力、不能站立或共济失调、震颤等神经症状。

育肥猪感染本病后大多数表现轻微的呼吸道症状和耳部、腹部的皮肤发绀。

成年公猪的发病率低，感染后不显症状或症状轻微，但其精液品质下降、精子畸形。

2. **慢性型**　主要表现猪群的生产性能、繁殖性能和免疫功能下降，易继发感染其他疾病。

【病理变化】

病理变化的严重程度与继发或混合感染猪圆环病毒、副猪嗜血杆菌等有关。

1. **经典猪蓝耳病**　主要病理变化为局限性或弥漫性间质性肺炎和肺水肿、出血，气管内有大量泡沫状分泌物（图2.1.3-9～11）。此外，可见全身淋巴结尤其是肺门淋巴结、颈部淋巴结、腹股沟淋巴结、肠系膜淋巴结等肿大、出血（图2.1.3-12）。而其他器官组织出血不明显。

2. **高致病性猪蓝耳病**　多器官组织的出血现象明显。最显见的病理变化是：脾脏边缘和表面有梗死灶（图2.1.3-13），扁桃体（图2.1.3-14）、心、肝、膀胱等有出血点（斑）；肾瘀血、出血和肿大（图2.1.3-15、图2.1.3-16），色淡或土黄色，表面有数量不等的灰白色或白色的斑块（称为白斑肾），其组织学变化为肾间质性肾炎（图2.1.3-17）；有的皮质部表面还间有针尖大至小米粒大的出血点（斑）（图2.1.3-18、图2.1.3-19）。部分病例的胃肠有出血、坏死、溃疡。

若混合或继发病毒或细菌感染（如猪圆环病毒病、猪伪狂犬病、猪链球菌病、猪支原体肺炎、猪瘟、多杀性巴氏杆菌病、副猪嗜血杆菌病、猪传染性胸膜肺炎、附红细胞体病等的病原体），则具有明显的协同致病作用，使病情变得更严重和复杂，引发多种病理变化，如脑膜炎、纤维素性肺炎、心包炎、胸膜炎及腹膜炎等（图2.1.3-20～22）。

【诊断要点】

根据典型的临床症状和病理变化，结合流行病学特点并与其他相关的繁殖与呼吸道疾病进行鉴别后，可做出初步诊断。确诊需做病原的分离鉴定和血清学诊断。

中和试验、ELISA等可用于血清流行病学调查和疫苗免疫后抗体水平的评价。采用RT-PCR技术检测病毒，可快速诊断。

当发现发病仔猪发热，呼吸道症状明显，部分仔猪、母猪的耳部皮肤发绀，部分病猪后躯不能站立或共济失调等临床症状；仔猪发病率达100%、死亡率在50%以上，母猪流产在30%以上，成年猪也可发病死亡等流行病学特点；且其病理指标明显，如脾梗死、多器官组织出血、间质性肺炎（多见于经典猪蓝耳病）、间质性肾炎等，应判定为疑似高致性猪蓝耳病。如经病毒的RT-PCR检测阳性或病毒分离鉴定为阳性，即可确诊。

本病临床上应注意与猪瘟、猪伪狂犬病、日本乙型脑炎、猪细小病毒病等相区别。

【检疫处理】

猪繁殖与呼吸综合征是OIE列为必须通报的动物疫病（2018病种名录）。我国将高致病性猪蓝耳病列为一类动物疫病，经典猪蓝耳病为二类动物疫病（2008病种名录）。猪繁殖与呼吸综合征也是我国规定的进境动物检疫二类传染病（2013病种名录）。

（1）对判定为疑似高致病性猪蓝耳病的发病场户，实施隔离监控，禁止生猪及其产品和有关物品移动，并对内、外环境严格消毒。

（2）对确诊的猪蓝耳病的病猪和同群猪进行扑杀、化制或销毁；对疑似病猪和同群猪根据疫情进行相应的无害化处理；对病猪排泄物及被污染的饲料、垫料、饮水等进行无害化处理；对被污染的物品、交通用具、饲养用具、猪舍、场地等进行彻底消毒。

（3）对疫区和受威胁区所有生猪用猪蓝耳病弱毒疫苗进行紧急强化免疫，并加强对当地活猪及其产品的产地检疫、屠宰检疫以及流通环节的监督检疫，严防疫情扩散。

（4）进境动物检疫检出高致病性猪蓝耳病病猪应全群扑杀、销毁或退回处理。

图2.1.3-1　猪繁殖与呼吸综合征　呼吸困难，鼻端和耳尖呈紫红色　　　　（周诗其）

图2.1.3-2　猪繁殖与呼吸综合征　呼吸困难，全身皮肤发绀现象以鼻端和耳部更明显

（邵定勇）

图2.1.3-3 猪繁殖与呼吸综合征 病猪耳部皮肤呈蓝紫色 （徐有生）

图2.1.3-4 猪繁殖与呼吸综合征 病猪的耳部和鼻突皮肤明显发绀 （徐有生）

图2.1.3-5 猪繁殖与呼吸综合征 保育生长猪的耳部、眼圈、鼻端发绀

（徐有生）

图2.1.3-6 猪繁殖与呼吸综合征 母猪流产，产死胎儿 （周诗其）

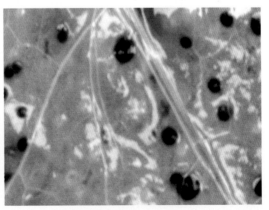

图2.1.3-7 猪繁殖与呼吸综合征 流产母猪的胎膜上布满小血疱 （徐有生）

图2.1.3-8 猪繁殖与呼吸综合征 流产母猪的胎膜上散在暗红色血疱 （刘少华）

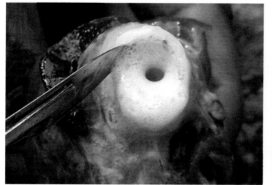

图2.1.3-9　猪繁殖与呼吸综合征　病猪气管内蓄积大量泡沫样分泌物　　　（张金林）

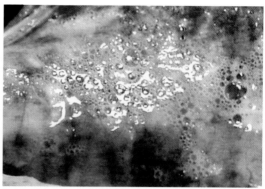

图2.1.3-10　猪繁殖与呼吸综合征　病猪气管内可见大量泡沫状分泌物

图2.1.3-11　猪繁殖与呼吸综合征　病猪肺有水肿和间质增宽　　　（刘继东）

图2.1.3-12　猪繁殖与呼吸综合征　病猪肠系膜淋巴结肿大、出血　　　（周诗其）

图2.1.3-13　猪繁殖与呼吸综合征　病猪脾边缘有多个黑红色梗死灶　　　（蒋文明）

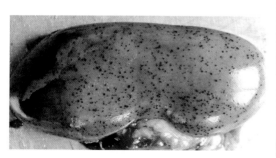

图2.1.3-15　猪繁殖与呼吸综合征　肾肿大、色淡，表面密布出血小点　　　（胡薛英）

图2.1.3-14　猪繁殖与呼吸综合征　病猪扁桃体和喉部会厌黏膜出血　　　（樊茂华）

图2.1.3-16 猪繁殖与呼吸综合征 病猪肾瘀血、
肿大和出血 （胡薛英）

图2.1.3-17 猪繁殖与呼吸综合征 病猪肾肿大，
表面弥散黄白色斑块。组织学为间
质性肾炎 （胡薛英）

图2.1.3-18 猪繁殖与呼吸综合征 病猪肾肿大、
色淡，表面散在出血点和分布不均
匀的灰白色斑块 （樊茂华）

图2.1.3-19 猪繁殖与呼吸综合征 肾肿大，表面
有散在和弥漫性出血，有大量的灰
白色斑块；肾表面附有粘连物
（刘继东）

图2.1.3-20 本病与其他病原混合或继发感
染，病猪胸腔积液，肺被覆灰白色
纤维素性物 （刘继东）

图2.1.3-21 本病与其他病原混合或继发感染，病
猪心包积液，心外膜覆灰白色纤维素
性物与周围组织粘连；胸腔积液
（刘继东）

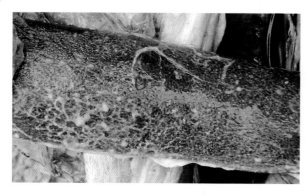

图2.1.3-22　本病与其他病原混合或继发感染，病猪腹膜炎引发脾表面被覆的灰白色纤维素性物呈网格状

(刘继东)

四、猪伪狂犬病

伪狂犬病（porcine pseudorabies）是由伪狂犬病病毒（pseudorabies virus）引起多种家畜和野生动物的一种急性传染病。猪伪狂犬病可引起妊娠母猪流产，产出死胎、木乃伊胎、弱仔，仔猪表现明显的神经症状（一般无奇痒），成年猪多为隐性感染。其他动物发病后症状典型，主要是发热、奇痒及脑脊髓炎，其病死率高。

【流行病学】

病猪、带毒猪及带毒鼠是本病的主要传染源。病猪、带毒猪与健康猪接触，主要通过鼻分泌物传播；通过空气飞沫传播也是很重要的途径。猪、牛、绵羊、猫、鼠及多种野生动物如熊、貂、银狐等均可感染。实验动物以家兔最为敏感。

本病多发于产仔旺季和冬、春季节。

【临床症状】

猪感染后其症状因日龄而异。

新生仔猪最早见于2日龄开始发病，3～5d内为死亡高峰期，甚至整窝猪死光。

15日龄以内仔猪感染本病的病情严重，病死率可达100%。常表现明显的神经症状和呕吐、腹泻等。程国富等（2009）观察伪狂犬病病毒人工感染的仔猪，部分仔猪表现瘙痒（图2.1.4-1）。常见的神经症状如尖叫、转圈运动、步态失调，进一步出现站立不稳（图2.1.4-2）、倒地痉挛、口吐白沫、四肢划动等（图2.1.4-3～6）。有的角弓反张，有的呈游泳姿势，有的因后躯麻痹呈犬坐式、匍匐式或呈劈叉姿势（图2.1.4-7～12），最后衰竭死亡。

断奶仔猪主要表现神经症状和呕吐、腹泻。

成年猪一般呈隐性感染。少数症状轻微者，表现低热、精神沉郁，如有表现咳嗽、呕吐者，一般于数天后可恢复正常。育肥猪、成年猪表现增重缓慢和轻微的呼吸道症状。

妊娠母猪发生流产，产出死胎、木乃伊胎，以产死胎为主（图2.1.4-13）。

猪伪狂犬病的另一发病特点是，可引发种猪不育症，即发病猪场的母猪返情率高达90%，但屡配不孕；公猪感染后睾丸肿胀、萎缩，丧失种用能力（图2.1.4-14）。

【病理变化】

剖检可见脑充血、出血和水肿，脑脊髓液增多（图2.1.4-15～17）；扁桃体、肝、肾、脾等实质器官有坏死病灶（图2.1.4-18～23）；胃肠有卡他性炎症；肺有充血、水肿和坏死灶（图2.1.4-24）。新发生的流产母猪（图2.1.4-25、图2.1.4-26），常发生子宫内膜炎和坏死性胎盘炎。石德时（2005）用伪狂犬病病毒做人工感染试验，观察到感染母猪的子宫角变硬，不排卵（图2.1.4-27）；显微病变以非化脓性脑炎和实质器官坏死为特征。

【诊断要点】

根据流行病学、临床症状和剖检变化可做出初步诊断。确诊本病的方法有病毒分离鉴定、动物接种试验、PCR检测病毒、血清学诊断等。

动物接种试验是一种简便易行又可靠的方法，用病料接种家兔，1～3d后引起注射部位出现剧痒，啃咬接种部位（图2.1.4-28、图2.1.4-29）。

【检疫处理】

伪狂犬病是世界动物卫生组织（OIE）列为必须通报的动物疫病（2018病种名录）。我国将伪狂犬病列为二类动物疫病（2008病种名录），并将其规定为进境动物检疫二类传染病（2013病种名录）。

（1）检疫确诊的阳性猪隔离淘汰，逐步建立新的无病猪群。病死猪化制或销毁。

（2）本病发生流产的同窝幸存仔猪，不能留作种用。

（3）进境动物检疫检出的阳性猪做扑杀、销毁或退回处理，同群者隔离观察。

图2.1.4-1 猪伪狂犬病 猪伪狂犬病强毒人工感染仔猪中，有的表现轻微瘙痒症状
（程国富）

图2.1.4-2 猪伪狂犬病 14日龄病猪站立不稳
（徐有生 刘少华）

图2.1.4-3 猪伪狂犬病 发病仔猪出现突然倒地、四肢划动，呈游泳样姿势 （周诗其）

图2.1.4-4　猪伪狂犬病　病仔猪倒地，口吐白沫、四肢划动
　　　　　呈游泳样姿势　　　　　　　　（徐有生）

图2.1.4-5　猪伪狂犬病　病仔猪口吐白
　　　　　沫、四肢划动　　　（徐有生）

图2.1.4-6　猪伪狂犬病　病仔猪被毛粗乱无光泽，拱背，
　　　　　倒地后四肢划动　　　　　　（程国富）

图2.1.4-7　猪伪狂犬病　病仔猪呈角弓反张
　　　　　姿势　　　　　　　（何启盖）

图2.1.4-8　猪伪狂犬病　病仔猪角弓反张、口
　　　　　吐白沫　　　　　　（徐有生）

图2.1.4-9　猪伪狂犬病　14日龄病仔猪后驱麻痹，呈
　　　　　犬坐式　　　　　（徐有生　刘少华）

图2.1.4-10　猪伪狂犬病　病仔猪后驱麻痹，呈匍
　　　　　匐式　　　　　（徐有生　刘少华）

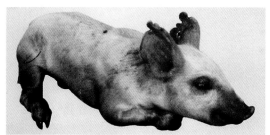

图2.1.4-11 猪伪狂犬病 14日龄病仔猪匍匐前进
（徐有生 刘少华）

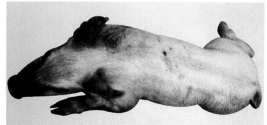

图2.1.4-12 猪伪狂犬病 病仔猪（14日龄）四肢麻痹，呈劈叉姿势 （徐有生 刘少华）

图2.1.4-13 猪伪狂犬病 自然感染母猪流产，以产死胎为主 （何启盖）

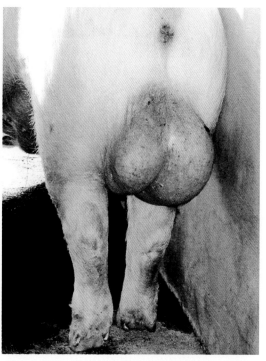

图2.1.4-14 猪伪狂犬病 患病公猪的睾丸一侧肿大
（徐有生）

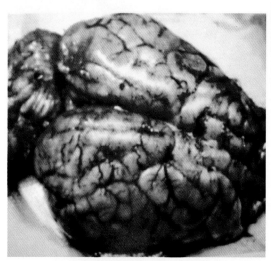

图2.1.4-15 猪伪狂犬病 猪伪狂犬病病毒人工感染猪可见脑瘀血、出血 （石德时）

图2.1.4-16 猪伪狂犬病 表现神经症状的病仔猪可见脑充血、水肿 （蒋文明）

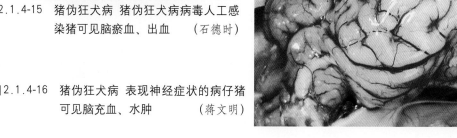

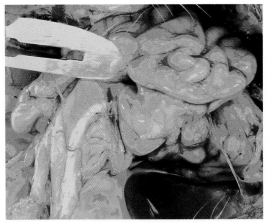

图2.1.4-17 猪伪狂犬病 表现神经症状的病仔猪
脑脊髓液明显增多 （蒋文明）

图2.1.4-18 猪伪狂犬病 患病仔猪扁桃体可见大
小不一的黄白色坏死灶 （周诗其）

图2.1.4-19 猪伪狂犬病 病猪肝表面散在多量黄
白色细小颗粒状的坏死灶 （周诗其）

图2.1.4-20 强毒人工感染仔猪，肝右外叶有黄白
色坏死点，左侧与膈肌、肾粘连，肝
实质成片坏死 （石德时）

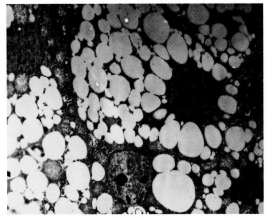

图2.1.4-21 伪狂犬病强毒人工感染仔猪肝脏空
泡变性（超薄切片） （石德时）

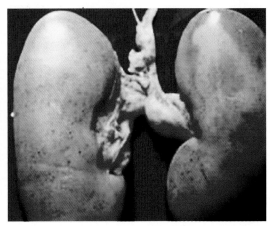

图2.1.4-22 猪伪狂犬病 病猪肾布满针尖大出血点
（何启盖）

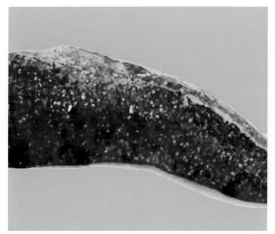

图2.1.4-23　猪伪狂犬病　病仔猪脾表面密集颗粒
状灰白色坏死灶　　　　（周诗其）

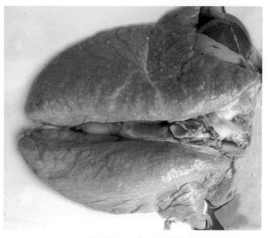

图2.1.4-24　猪伪狂犬病　病猪肺充血、水肿

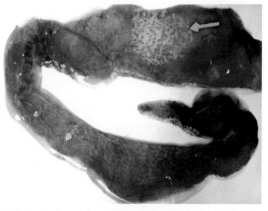

图2.1.4-25　猪伪狂犬病　患病母猪胎膜上可见灰白
色凝固性坏死灶　（徐有生　刘少华）

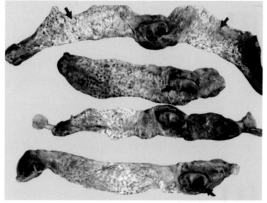

图2.1.4-26　猪伪狂犬病　患病母猪胎衣绒毛膜变
性坏死，形成灰白色筛网状；死亡胎
儿多处出血　　　（徐有生　刘少华）

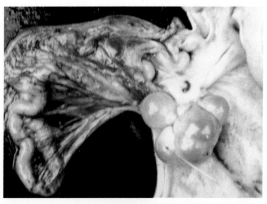

图2.1.4-27　伪狂犬病病毒人工感染母猪，子宫角变
硬，有多个卵泡，但不排卵　（石德时）

图2.1.4-28　猪伪狂犬病病料接种家兔后引起局部
发痒，啃咬发痒部位　　　（何启盖）

图2.1.4-29 猪伪狂犬病病毒接种家兔，其接种部位出现剧痒被咬伤出血(何启盖)

五、猪圆环病毒病

猪圆环病毒病（porcine circovirus disease）是由猪圆环病毒2型（PCV 2）引起猪的一种多系统功能障碍致不同临床表现疾病的总称。临床上以断奶仔猪多系统衰竭综合征（postweaningmultisystemic wasting syndrome，PMWS）和猪皮炎与肾病综合征（porcine dermatitis and nephropathy syndrome，PDNS）为主要表现形式。此外，在临床上还可能见到与PCV 2相关的疾病，如仔猪先天性震颤、母猪繁殖障碍、猪呼吸道综合征等，这些疾病被统称为猪圆环病毒病、猪圆环病毒感染、猪圆环病毒相关疾病。

【流行病学】

病猪和带毒猪是主要的传染源。病毒可经消化道、呼吸道感染不同日龄猪，怀孕母猪感染后可经胎盘垂直传播。猪对PCV 2有较强的感染性，以哺乳仔猪和母猪最易感。其临床表现因年龄不同而有一定的局限性。断奶仔猪多系统衰竭综合征多见于6 ～ 12周龄猪，一般于断奶后2 ～ 3d或1周开始发病。猪皮炎与肾病综合征多见于60日龄以上的保育－生长育肥猪，呈散发、死亡率低；也偶见于母猪。由PCV 2感染引起的母猪繁殖障碍，主要危害初产的后备母猪和新建的种猪群。

PCV 2常与副猪嗜血杆菌病、猪繁殖与呼吸综合征、猪链球菌病、猪支原体肺炎、猪细小病毒病等的病原混合感染或继发感染，其中与猪繁殖与呼吸综合征（蓝耳病）混合感染发病的比例非常高。常见因混合感染或继发感染，引起胸膜炎、心包炎、腹膜炎或关节炎，使病情复杂且严重，死亡率明显增加。

【临床症状与病理变化】

1. **断奶仔猪多系统衰竭综合征（PMWS）** 病猪表现渐进性消瘦和生长发育不良，咳嗽、呼吸困难，消化不良、腹泻及贫血（图2.1.5-1、图2.1.5-2）；可见下颌淋巴结和腹股沟淋巴结等肿大（图2.1.5-3）；当肝有病变时，通常出现黄疸；少数病例可见皮肤出血和坏死。

眼观变化最主要而显见的是，全身淋巴结尤其是腹股沟淋巴结、肠系膜淋巴结、肺门淋巴结、纵隔淋巴结、下颌淋巴结等显著肿大，一般肿大3～5倍，切面呈灰白色，有的还出血（图2.1.5-4～9）；肺呈局灶性或弥漫性间质性肺炎，可见肺水肿，间质增宽，肺炎区表面散在着小叶病变，外观灰白色至灰褐色呈斑驳状，质地坚实或似橡皮（图2.1.5-10、图2.1.5-11）；有些病例的肾皮质部有斑点状出血和（或）多发性局部灰白色坏死斑（图2.1.5-12）。有的可见心冠状沟水肿呈胶冻样（图2.1.5-13～17）；脾肿大、出血甚至坏死（图2.1.5-18）；肝有变性、坏死，甚至硬变、萎缩；盲肠、结肠黏膜充血、出血；胃黏膜出血、坏死和溃疡（图2.1.5-19）；但是并非所有这些变化均出现于同一头病猪。

2．猪皮炎与肾病综合征（PDNS）　最常见的是典型的皮肤病变和肾脏病变。

皮肤病变以臀部、会阴部和四肢的皮肤出现紫红色呈圆形或不规则形、稍隆起的病灶为主要临诊特征。初期病灶散在，边缘呈紫红色或紫色，中央为淡白色或紫黑色，有的猪几乎一夜之间弥散于全身；有时病灶相互融合成大的斑块，甚至融合成片布满全身（图2.1.5-20～26）。严重病例，可见四肢皮肤红紫、水肿和溃疡（图2.1.5-27，图2.1.5-28），其组织学病理变化显示出血性坏死性皮炎和脉管炎。

内脏器官组织的变化主要显现肾脏肿大，白斑肾。可见双侧肾肿大、苍白，肾表面散在出血点或瘀血斑，严重者，病猪排血尿，肾皮质部散在灰白色斑点状坏死，皮质和髓质部结缔组织增生（图2.1.5-29～33）。此外，有些病例可见脾肿大、梗死（图2.1.5-34）；心肥大，心包积液；胸、腹腔积液；淋巴结肿大、出血；胃黏膜出血、溃疡。

【诊断要点】

根据流行病学、临床症状和剖检病变及病理组织学病变可做出初步诊断。依据实验室诊断检测结果结合流行病学、临床症状和病理变化综合诊断。

检测病毒的方法有病毒分离与鉴定、间接免疫荧光试验、巢式聚合酶链式反应（nPCR）、实时荧光聚合酶链式反应（real-timePCR）、免疫组化法等，可用于直接检测病料中抗原或核酸。鉴于疫苗的使用及PCV 2感染的普遍性，血清学方法可作为免疫猪群免疫效果的监测与评价。

由PCV 2引起的母猪繁殖障碍应注意与伪狂犬病、细小病毒病、霉菌毒素中毒等相区别。

【检疫处理】

我国将猪圆环病毒感染列为二类动物疫病（2008病种名录），并规定其为进境动物检疫二类传染病（2013病种名录）。

（1）动物检疫确诊为本病的病死猪及时按照GB16548执行，并完善场区、圈舍内的粪便、垫料、污水、污物以及环境的彻底消毒。

（2）进境动物检疫检出的阳性猪做扑杀、销毁或退回处理，同群者隔离观察。

图2.1.5-1　猪圆环病毒病　病猪消瘦、呼吸困难
（邵定勇）

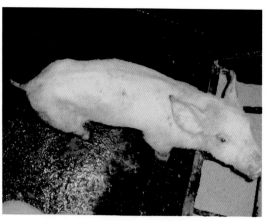

图2.1.5-2　猪圆环病毒病　病猪消瘦、腹泻
（邵定勇）

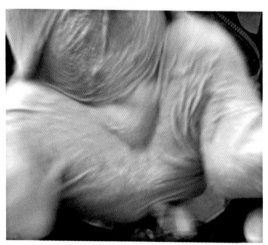

图2.1.5-3　猪圆环病毒病　病猪两侧腹股沟淋巴结
明显肿大　　　　　（徐有生）

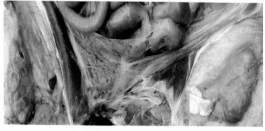

图2.1.5-4　猪圆环病毒病　剖检可见腹股沟淋巴结
显著肿大

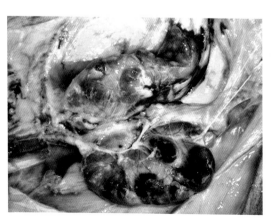

图2.1.5-6　猪圆环病毒病　病猪两侧的腹股沟淋巴
结显著肿大、出血
（徐有生）

图2.1.5-5　猪圆环病毒病　淋巴结显著肿大，切面
呈红白相间的大理石样花纹（邵定勇）

图2.1.5-7 猪圆环病毒病 病猪淋巴结肿大，切面
灰白色、湿润多汁

（徐有生）

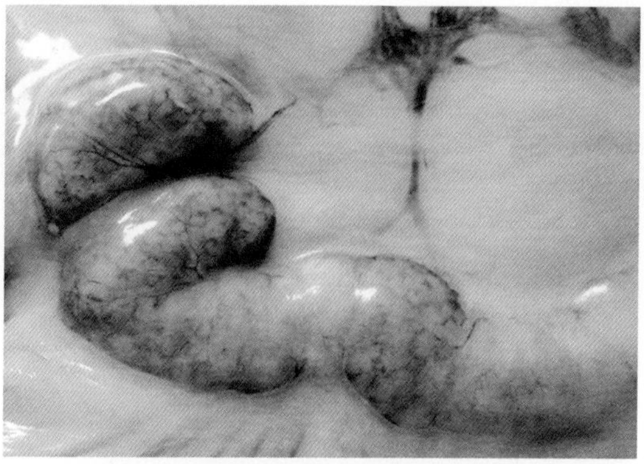

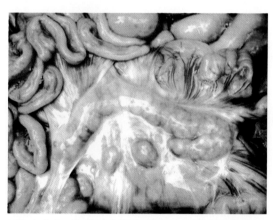

图2.1.5-8 猪圆环病毒病 病猪肠系膜淋巴结肿大
呈索状

（谷长勤 胡薛英）

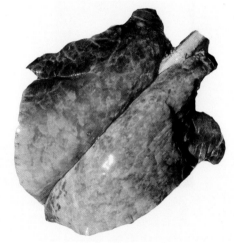

图2.1.5-9 猪圆环病毒病 病猪肠系膜淋巴结呈串
珠状肿大 （邵定勇）

图2.1.5-10 猪圆环病毒病 病猪肺瘀血，间质增
宽，呈局灶性间质性肺炎

图2.1.5-11 猪圆环病毒病 病猪肺水肿，间质增宽
（何启盖）

图2.1.5-12 猪圆环病毒病 病猪肾表面有出血和
灰白色斑块，有的边缘出血带明显

（谷长勤）

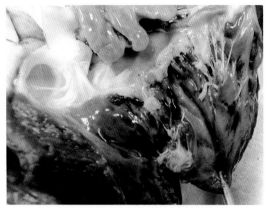

图2.1.5-13　猪圆环病毒病 病猪心内膜出血
（刘少华）

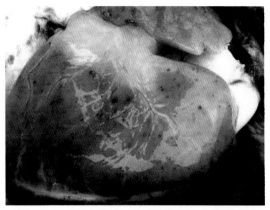

图2.1.5-14　猪圆环病毒病 心冠状沟脂肪呈黄白
色胶冻状　　　　（蒋文明）

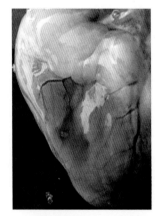

图2.1.5-15　猪圆环病毒病 心冠状沟水肿，呈黄
白色胶冻状　　　（何启盖）

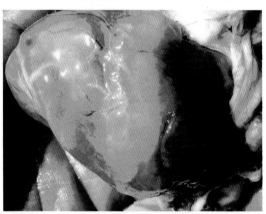

图2.1.5-16　猪圆环病毒病 病猪心冠状沟脂肪呈
白色胶冻状，覆满心脏　（蒋文明）

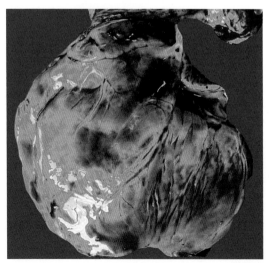

图2.1.5-17　猪圆环病毒病 病猪心扩张，冠状沟
脂肪呈胶冻状
（徐有生）

图2.1.5-18　上图：可见脾肿大　　（马增军）
下图：脾肿大，边缘有多个梗死灶

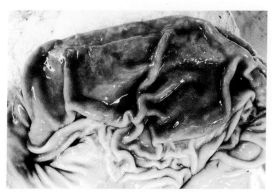

图2.1.5-19 猪圆环病毒病 病猪胃黏膜充出血，有溃疡病灶 （谷长勤）

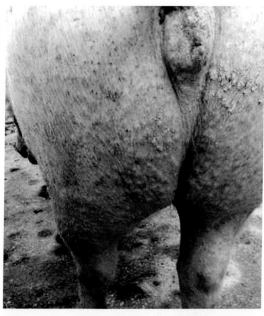

图2.1.5-20 猪圆环病毒病 病猪臀部和后肢的皮肤上密布圆形点状或斑块状丘疹病灶 （蒋文明）

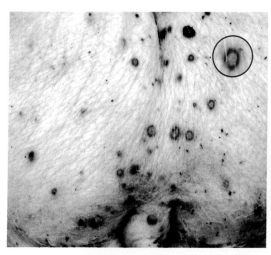

图2.1.5-21 猪圆环病毒病 放大皮肤上圆形病灶，可见病灶的中央为黄白色，边缘呈紫红色 （徐有生）

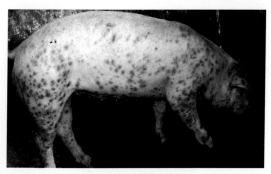

图2.1.5-22 猪圆环病毒病 病猪全身皮肤上布满圆形、不规则形、稍隆起的紫红色斑块 （徐有生）

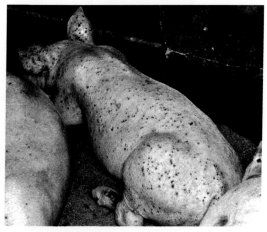

图2.1.5-23 猪圆环病毒病 病猪全身皮肤布满黑紫色斑点状病灶 （邵定勇）

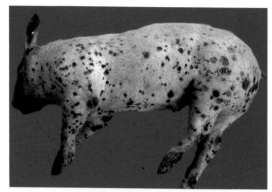

图2.1.5-24 猪圆环病毒病 病猪四肢和躯干皮肤上散在黑红色斑块 （马增军）

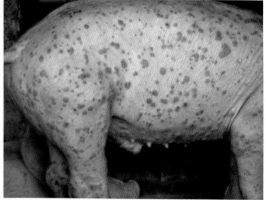

图2.1.5-25 猪圆环病毒病 病猪全身皮肤上布满凸出皮肤表面的大小不一的淡红色疹块 （徐有生）

图2.1.5-26 猪圆环病毒病 病猪全身皮肤水肿发炎，形成大片状紫斑 （徐有生）

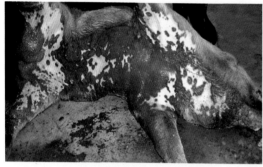

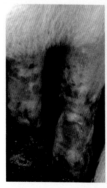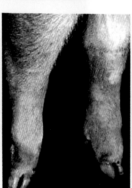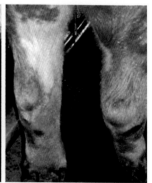

图2.1.5-27 猪圆环病毒病 病猪四肢皮肤呈紫红色，可见肿胀和溃疡 （徐有生）

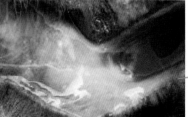

图2.1.5-28 猪圆环病毒病 切开上图中病变皮肤，见皮下出血、水肿液呈胶冻状 （徐有生）

图2.1.5-29　猪圆环病毒病　病猪排血尿
（徐有生）

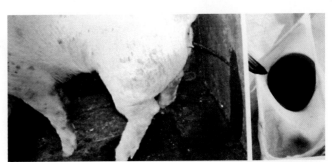

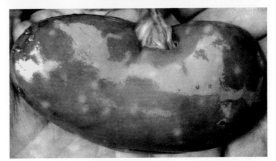

图2.1.5-31　猪圆环病毒病　肾肿大，表面散在白
色圆形病灶　　　　　（邵定勇）

图2.1.5-30　猪圆环病毒病　病猪肾表面散在大小
不一的灰白色圆形斑块　（周诗其）

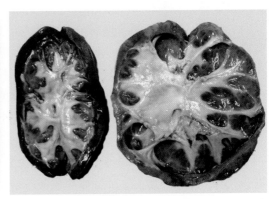

图2.1.5-32　猪圆环病毒病　病猪肾表面凹凸不平，
有出血。皮质部弥散灰白色坏死灶
（徐有生）

图2.1.5-33　猪圆环病毒病　病猪肾皮质和髓质结
缔组织增生
（徐有生）

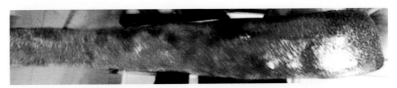

图2.1.5-34　猪圆环病毒病　病猪脾表面和边缘有出血性梗死灶
（蒋文明）

六、猪细小病毒病

猪细小病毒病（porcine parvovirus infection）是由猪细小病毒（porcine parvovirus，PPV）引起猪的一种繁殖障碍性疾病。临床特征是怀孕母猪特别是初产母猪发生流产，产出死胎、畸形胎、木乃伊胎及病弱仔猪，而流产母猪自身不表现临床症状。PPV与猪圆环病毒混合感染，可以诱发新生仔猪多系统衰竭综合征。

【流行病学】

感染的母猪和公猪是主要传染源。妊娠母猪通过胎盘垂直传播，公猪可通过精液传播。此外，易感猪接触被污染的饲料、饮水、环境，经呼吸道、消化道感染也是重要途径。猪是PPV已知的唯一易感动物，不同年龄、性别和品种的猪均可感染，并终身带毒。

本病主要发生于母猪交配和产仔季节，呈地方流行性或散在发生。在猪群中常见同一时期有多头母猪发病，特别是头胎母猪群初次感染时，可因急性暴发造成相当数量的头胎母猪流产，产出死胎、木乃伊胎，猪场可能连续几年出现母猪繁殖障碍现象。

【临床症状】

主要特征是初产母猪的繁殖障碍。

母猪发生流产，产出死胎、畸形胎、木乃伊胎和病弱仔猪，通常以产出木乃伊胎为主（图2.1.6-1、图2.1.6-2）。初产母猪感染PPV后的唯一症状是繁殖障碍，主要危害妊娠早期的胎儿。母猪不同孕期感染，对胎儿的危害程度有明显差异。母猪在妊娠早期（妊娠30d内）感染，引起胎儿死亡、重吸收；母猪妊娠30～70d感染，主要产出木乃伊胎；母猪妊娠中后期（妊娠70d后）感染，一般不引起病损，大多数胎儿能存活，但产出的仔猪可长期甚至终身带毒。种公猪和其他年龄的猪感染后一般无明显临床症状。

【病理变化】

眼观病变可见怀孕母猪子宫内膜有轻微炎症，胎盘有钙化、胎儿有被吸收现象；感染胎儿有出血、瘀血、水肿、体腔积液、木乃伊化及坏死等。妊娠70d后感染的母猪，其子宫、胎盘和胎儿的病变通常不明显。

【诊断要点】

根据流行病学、临床症状和理病变化的特点可做出初步诊断。确诊需进行病毒分离与鉴定和血清学诊断。

血清学诊断方法有血凝和血凝抑制试验、中和试验、乳胶凝集试验、ELISA等，其中血凝和血凝抑制试验是目前对猪细小病毒病进行流行病学调查和疫苗免疫监测最常用的方法。

本病应注意与猪伪狂犬病、猪繁殖与呼吸综合征、日本乙型脑炎、猪布鲁氏菌病等相区别。

【检疫处理】

我国将猪细小病毒病列为二类动物疫病（2008病种名录），并规定其为进境动物检疫二类传染病（2013病种名录）。

（1）动物检疫检出的阳性猪扑杀、化制或销毁；对环境、用具彻底消毒。

（2）因本病发生流产的同窝幸存仔猪，不能留作种用。

（3）进境动物检疫检出的阳性猪做扑杀、销毁或退回处理，同群者隔离观察。

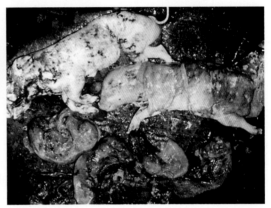

图2.1.6-1　猪细小病毒病 PPV感染初产母猪产出的木乃伊胎　　　　　　　（徐有生）

图2.1.6-2　猪细小病毒病 感染的初产母猪产死胎和木乃伊胎　　　　　　　（徐有生）

七、猪流行性腹泻

猪流行性腹泻（porcine epidemic diarrhea，PED）是由冠状病毒科（coronaviridae）猪流行性腹泻病毒（porcine epidemic diarrhea virus，PEDV）引起猪的一种肠道传染病，以呕吐、腹泻为本病的基本特征。

【流行病学】

病猪和带毒猪是主要传染源，通过粪便和乳汁向外排毒，污染栏圈、饲料、饮水等。病原体主要经消化道感染，被污染物品可在猪舍之间机械传播本病。本病只发生于猪，不同品种和日龄的猪均易感；日龄越小，症状越严重，死亡率越高。

感染发病的诱因是气候骤变，保温条件差。多数情况下，首先发生于育肥猪，如不及时采取有效措施，进而蔓延到母猪，传染至产房中的仔猪，造成严重的经济损失。

【临床症状】

临床主要特征是呕吐和腹泻。

育肥猪和母猪发病后先出现短暂的厌食和体温升高，迅速发生腹泻，排水样粪便（图2.1.7-1）。母猪泌乳量减少。哺乳仔猪发生呕吐（图2.1.7-2、图2.1.7-3）和水样腹泻，迅速脱水、消瘦（图2.1.7-4 ~ 6），严重者很快死亡。

【病理变化】

病变局限于小肠。

剖检可见病猪脱水严重，胃内常有乳凝块、或空虚、或充满淡黄色液体（图2.1.7-7、图2.1.7-8）。小肠肠管扩张，肠壁变薄，肠黏膜充血，有的有出血点；肠腔内充满大量黄绿色水样粪便，并混有脱落的黏膜；肠系膜淋巴结肿大、出血（图2.1.7-9 ~ 13）。病理组织学观察，可见小肠绒毛萎缩、上皮细胞脱落（图2.1.7-14）。其他因素引起的腹泻病也可出现相似的病理变化，应注意区别。

【诊断要点】

根据本病多发生于寒冷季节或气温骤变之际、不同日龄猪均可发生腹泻且以幼龄猪的症状明显和死亡率最高、仔猪呕吐后水样腹泻和病变仅局限于小肠，可做出初步诊断。

确诊需做实验室诊断，病毒分离和电镜形态观察的分离率极低，不宜作为常规诊断方法。临床上常用RT-PCR方法做快速诊断，也可用免疫荧光抗体技术检测小肠冰冻切片或抹片、用夹心ELISA检测粪便中的病毒等。猪感染后1 ~ 2周可产生抗体，可用ELISA检测。中和试验较为烦琐，不宜作为常规检测方法。

诊断本病应注意与猪传染性胃肠炎和轮状病毒感染等相区别。

【检疫处理】

在农业部2008年发布的《一、二、三类动物疫病病种名录》中尚未收录该病。我国农业部和国家质量检验检疫总局2013年颁布《中华人民共和国进境动物检疫疫病名录》中将猪流行性腹泻收录为其他传染病。

动物检疫诊断为本病的处理原则可参照猪痢疾、猪传染性胃肠炎。

（何启盖）

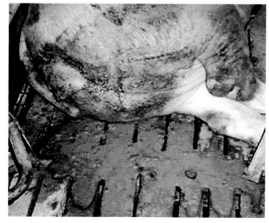

图2.1.7-1　猪流行性腹泻 病母猪严重腹泻，粪便呈水样　　　　　　　　（林扬州）

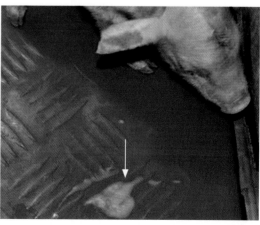

图2.1.7-2　猪流行性腹泻 人工感染3日龄仔猪发生呕吐，图下方系呕吐物　（何启盖）

图2.1.7-3 猪流行性腹泻 病猪的黄白色呕吐物污
染栏圈地面 （徐有生）

图2.1.7-4 猪流行性腹泻 病猪腹泻的黄白色稀粪
（徐有生）

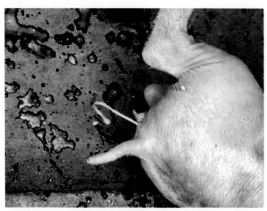

图2.1.7-5 猪流行性腹泻 病猪肛门排出黄白色水
样稀粪，呈喷射状 （周诗其）

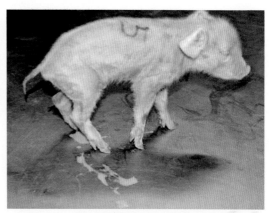

图2.1.7-6 猪流行性腹泻 人工感染3日龄仔猪排
水样稀粪，粪便污染体表和四肢；病
猪表现脱水和消瘦 （何启盖）

图2.1.7-7 猪流行性腹泻 病猪胃黏膜出血，有凝
乳块 （徐有生 何启盖）

图2.1.7-8 猪流行性腹泻 病猪胃内空虚，有黄绿
色胆汁 （徐有生）

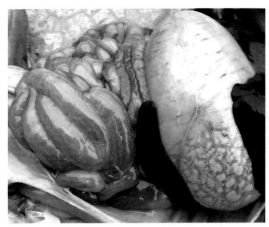

图2.1.7-9 猪流行性腹泻 病猪胃肠明显臌气，肠壁、胃壁变薄，呈半透明状（徐有生）

图2.1.7-10 猪流行性腹泻 病猪胃肠膨胀，有充血和出血 （徐有生）

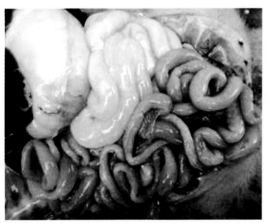

图2.1.7-11 猪流行性腹泻 病猪空肠肠腔内充满大量黄绿色水样液体，有的肠壁变薄，呈半透明状 （周诗其）

图2.1.7-12 猪流行性腹泻 人工感染3日龄仔猪肠壁变薄，肠腔内充满水样物 （王玄珂 陈芳洲 何启盖）

图2.1.7-13 猪流行性腹泻 病猪肠系膜淋巴结肿大、出血呈黑红色 （徐有生）

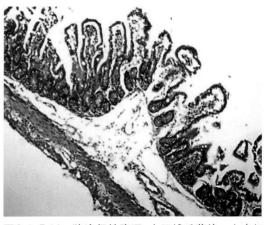

图2.1.7-14 猪流行性腹泻 小肠绒毛萎缩，上皮细胞脱落 HE×1000（汤细彪 何启盖）

八、猪传染性胸膜肺炎

猪传染性胸膜肺炎（porcine infectious pleuropneumonia）又称猪接触传染性胸膜肺炎（porcine contagious pleuropneumonia）是由胸膜肺炎放线杆菌（*Actinobacillus pleuropneumoniae*，APP）引起猪的一种呼吸道传染病。本病以急性出血性纤维素性胸膜肺炎和慢性纤维素性坏死性胸膜肺炎为特征。

【流行病学】

病猪、带菌猪是主要传染源。病原菌主要存在于病猪、带菌猪的扁桃体、支气管、肺等处，随咳嗽、喷嚏的分泌物排出，主要通过直接接触和飞沫传播；被病原菌污染的饲养用具、人员等也可造成间接传播。各种年龄的猪均易感，以2～5月龄的猪多发。

本病发生有明显的季节性，以4～5月份和9～11月份多发。猪群的混群或转移、长途运输以及饲养环境突变、猪舍阴暗潮湿、气温骤变等应激因素，均可促使本病发生和传播。

【临床症状】

根据临床症状和病程可分为最急性型、急性型和慢性型。

1．**最急性型** 多见于断奶仔猪，病初有一头或几头猪突然发病，表现体温升高、精神沉郁、食欲废绝，有短期的腹泻和呕吐。严重时呼吸急促、喘气，常呆立或呈犬坐姿势，耳、鼻和四肢末端呈暗紫色，临死前从口、鼻流出混有血液的泡沫样液体（图2.1.8-1～3）。

2．**急性型** 病猪体温升高，精神沉郁，拒食，咳嗽，呼吸极度困难，耳、鼻和四肢的皮肤发绀，如不及时治疗，常于2～3d死亡。

3．**慢性型** 多数由急性病例转变而来。症状较轻，病猪有轻度发热或不发热，有阵发性或间歇性咳嗽，食欲不振，生长迟缓，被毛粗乱（图2.1.8-4）。若有混合或继发感染，则病情加重，病死率明显增加。

【病理变化】

病理变化主要在呼吸道及肺。

1．**最急性型** 可见口、鼻流血色泡沫样液体，气管和支气管内充满泡沫样带血的分泌物。突然死亡者，肺脏变化一般不明显。病程稍长的病例，可见肺炎区有肿胀、充血、出血和肺间质水肿（图2.1.8-5、图2.1.8-6）。

2．**急性型** 呈明显的出血性纤维素性胸膜肺炎变化，且多为两侧性发生。常见尖叶、心叶、膈叶有充血、出血、水肿的肺炎病灶，肺呈紫红色或暗红色，病灶区质地坚实，切面似肝，肺间质充满血色胶冻状液体；肺门淋巴结肿大、出血。病程较长的病例，可见明显的出血性纤维素性胸膜肺炎蔓延至整个肺脏，使硬实的肺炎区表面覆盖纤维素性物（图2.1.8-7～13）。

3.　慢性型　主要病变是纤维素性坏死性胸膜肺炎，肺与胸膜、心包粘连。可见气管内有大量的黄白色脓性渗出物（图2.1.8-14）；肺炎区纤维素性膜状物蔓延至肺的整叶或整个肺脏（图2.1.8-15～18）；常伴发心包炎，引起胸腔、心包腔蓄积大量炎性渗出物，造成肺与胸膜、心包粘连（图2.1.8-19～24）。病程较长的病例，常见膈叶的肺炎区有大小不一的黄白色化脓性病灶和钙化结节（图2.1.8-25～27）。

继发感染的病猪，常引发胸腔、腹腔器官的多发性浆膜炎（图2.1.8-28～31）。

【诊断要点】

本病以2～5月龄的猪多发；急性病例临床表现高热、呼吸困难，病猪在死前常见从口、鼻流出泡沫样血性液体。剖检病理变化主要局限于胸腔，肺和胸膜有纤维素性出血性肺炎变化；慢性病例呈慢性局灶性纤维素性、坏死性肺炎为特征的临床表现与病理变化。综合上述并注意与猪肺疫、猪支原体肺炎、副猪嗜血杆菌病相区别，可做出初步诊断。确诊需进行实验室诊断。

血清学诊断方法有琼脂扩散试验、间接血凝试验、ELISA等。琼脂扩散试验、间接血凝试验和多重PCR可用于该病病原菌的血清型分型。

【检疫处理】

我国将猪传染性胸膜肺炎列为进境动物检疫二类传染病（2013病种名录）。

（1）动物检疫确认为本病的病死猪做化制或销毁处理。

（2）进境动物检疫检出的阳性猪做扑杀、销毁或退回处理，同群者隔离观察。

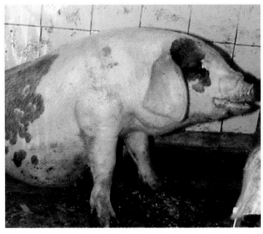

图2.1.8-1　猪传染性胸膜肺炎　病猪呈犬坐式呼吸

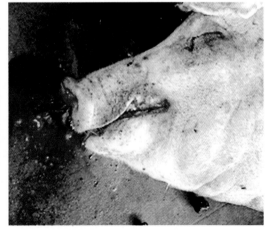

图2.1.8-2　猪传染性胸膜肺炎　病猪口、鼻腔流出混有血液的泡沫样液体　　（何启盖）

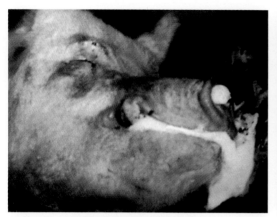

图2.1.8-3　猪传染性胸膜肺炎　病猪死前从口鼻腔
流出大量白色泡沫样物　　　（徐有生）

图2.1.8-4　猪传染性胸膜肺炎　慢性病猪生长迟
缓、僵化，被毛粗乱无光泽（朱士盛）

图2.1.8-5　猪传染性胸膜肺炎　病猪肺膈叶背缘密
布出血点　　　　　　　　（舒喜望）

图2.1.8-6　猪传染性胸膜肺炎　病猪肺水肿，间质
增宽　　　　　　　　　　（徐有生）

图2.1.8-7　猪传染性胸膜肺炎　病猪喉部明显充
血、出血和肿胀　　　　　（舒喜望）

图2.1.8-8　猪传染性胸膜肺炎　病猪肺炎呈双侧
性，气管出血，肺淋巴结肿大、出血
　　　　　　　　　（徐有生　刘少华）

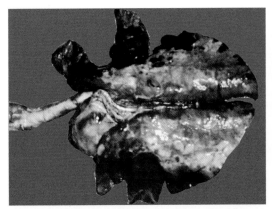

图2.1.8-9　猪传染性胸膜肺炎　病猪气管出血；肺呈暗红色，肺叶上见界限明显的肺炎区　　　　　　　　　　（庄宗堂）

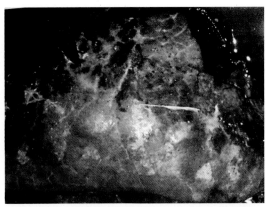

图2.1.8-10　猪传染性胸膜肺炎　病猪膈叶肺炎区瘀血、出血、肿胀，炎症区与正常肺组织界限清晰　　　　　　　（徐有生）

图2.1.8-11　猪传染性胸膜肺炎　病猪肺的肺胸膜和肋胸膜严重出血　　　　（徐有生）

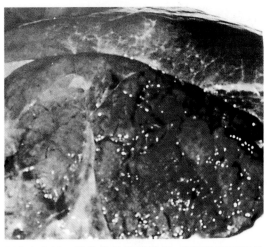

图2.1.8-12　猪传染性胸膜肺炎　病猪肺表面覆盖一层白色膜状物　　　　　　（徐有生）

图2.1.8-14　猪传染性胸膜肺炎　慢性病例，气管黏膜肿胀、出血，气管内充满黄白色脓性渗出物　　　　　　　　（徐有生）

图2.1.8-13　猪传染性胸膜肺炎　病猪肺严重瘀血、出血，肺表面覆一厚层的乳白色纤维素性渗出物（箭头）　　　（徐有生）

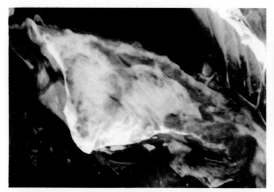

图2.1.8-15 猪传染性胸膜肺炎 慢性病例，肺表面覆盖厚实的乳白色纤维素性渗出物

图2.1.8-16 慢性病例，两侧膈叶的病灶区质地坚实，心外膜和一侧膈叶覆盖厚层纤维素性渗出物，胸腔积黄色胶状液

（刘继东）

图2.1.8-17 猪传染性胸膜肺炎 慢性病例，肺表面覆满乳白色纤维素性渗出物，胸腔大量积液呈红黄色

图2.1.8-18 猪传染性胸膜肺炎 慢性病例，肺表面覆盖厚的白色物，部分与胸腔周围组织粘连

（程国富）

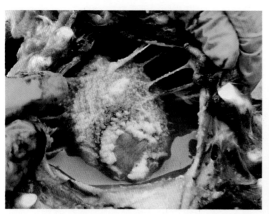

图2.1.8-19 猪传染性胸膜肺炎 慢性病例，胸腔内大量积液，心包被覆厚层纤维素性渗出物，心包与胸膜发生粘连

（周诗其 李宗华）

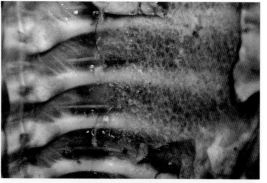

图2.1.8-20 猪传染性胸膜肺炎 慢性病例，胸壁内表面覆盖一层黄白色网状物，不易剥离

（程国富）

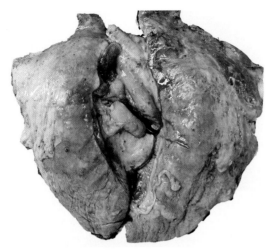

图2.1.8-21 猪传染性胸膜肺炎 慢性病例，两侧肺叶呈紫红色、坚实，肺表面覆盖白色厚层的膜状物 （程国富）

图2.1.8-22 猪传染性胸膜肺炎 慢性病例，心外膜有大量厚层纤维素性膜状物覆盖，心横径增大 （程国富）

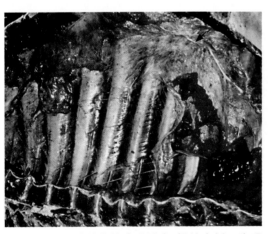

图2.1.8-23 猪传染性胸膜肺炎 慢性病例，胸膜粘连区残留部分肺胸膜和肺组织

图2.1.8-24 猪传染性胸膜肺炎 慢性病例，肺胸膜与横膈膜严重粘连 （徐有生）

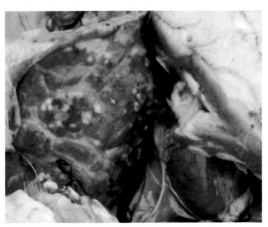

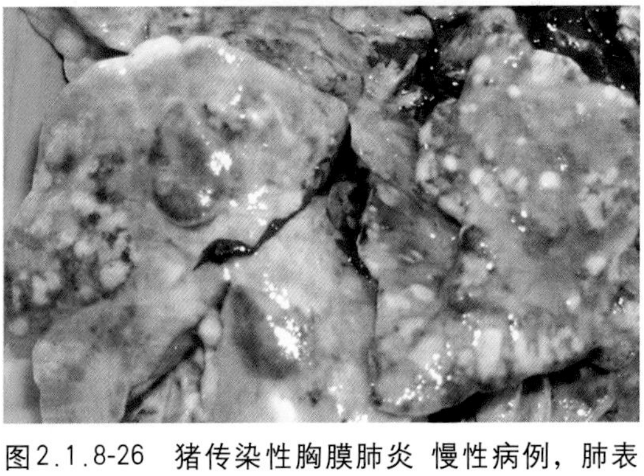

图2.1.8-26 猪传染性胸膜肺炎 慢性病例，肺表面布满黄白色化脓灶 （徐有生）

图2.1.8-25 猪传染性胸膜肺炎 慢性病例，肺有多个散在的黄白色化脓灶 （刘继东）

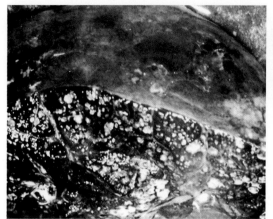

图2.1.8-27 猪传染性胸膜肺炎 慢性病例，膈叶肺炎区横切面显示：布满灰白色结节的结缔组织包囊，结节内充满坏死组织和石灰样钙化物 （徐有生）

图2.1.8-28 继发感染的患病猪引发的肝周炎、腹膜炎和腹腔各器官的浆膜炎，以及各器官的粘连和腹水 （程国富）

图2.1.8-29 继发感染的患病猪可见腹腔各器官浆膜炎引起纤维素性粘连 （程国富）

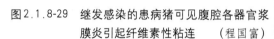

图2.1.8-30 继发感染的患病猪引发胸、腹腔器官多发性浆膜炎，可见心包炎和心包积液以及腹腔器官粘连 （程国富）

图2.1.8-31 上图的局部放大：附着心外膜上的纤维素性物丝丝可见，似一根根绒毛 （程国富）

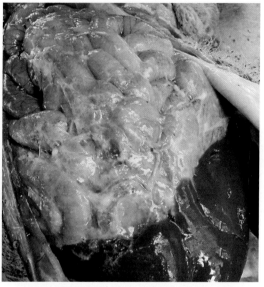

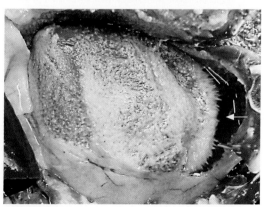

九、副猪嗜血杆菌病

副猪嗜血杆菌病（haemophilus parasuis disease）又称格拉瑟氏病（glasser's disease）、猪多发性浆膜炎与关节炎（swine polyserositis and arthrithis），是由副猪嗜血杆菌（*Haemophilus parasuis*）引起猪的一种呼吸道传染病。本病的临床特征是发热、呼吸困难、跛行和神经症状等，病理特征是多发性浆膜炎、关节炎和胸膜肺炎，是目前猪场中较为常见的一种传染病。由于转运猪群常在运输到达目的地后3～7d诱发本病，故俗称猪运输病。

【流行病学】

病猪和带菌猪是主要传染源。病原菌主要通过空气中飞沫经呼吸道感染，也可经消化道感染。不同年龄的猪均易感，以断奶前后的哺乳和保育阶段的猪易感性最高。

长途运输中拥挤疲劳、饲养条件的改变、环境污浊、气温骤变以及其他应激因素等常成为发病的诱因。本病常因继发或混合感染其他疾病，使病情严重，死亡率高。

【临床症状】

最急性型表现为无明显症状的突然死亡。

急性型主要表现体温升高，食欲不振，反应迟钝，眼睑水肿，鼻有浆液、黏液或脓性分泌物，咳嗽，气喘，呼吸困难（严重者呈犬坐式呼吸），皮肤和可视黏膜发绀（图2.1.9-1、图2.1.9-2），腕关节和/或跗关节肿胀，跛行（图2.1.9-3）；有的可见肌肉震颤、共济失调等神经症状；病后期常因窒息和心衰死亡。急性感染后的怀孕母猪常发生流产。

慢性病例的症状不典型，主要表现为被毛粗乱、咳嗽、气喘、关节肿胀引起跛行，有的有发热。

【病理变化】

病理变化主要表现多发性纤维素性浆膜炎和浆液性、化脓性关节炎。可见腕关节和/或跗关节发生浆液性或化脓性关节炎（图2.1.9-4～6）；肺瘀血、水肿，纤维素性胸膜肺炎。关节浆膜、胸膜、心外膜、心包膜、腹膜以及腹腔器官浆膜的单个或多个浆膜的多发性浆膜炎，在浆膜表面有浆液性或化脓性的渗出物；随着病损的发展常引起器官之间相互粘连（图2.1.9-7～26）。严重病例，常见纤维素性化脓性肺炎和纤维素性心包炎（图2.1.9-27～29），如有神经症状者，亦可见到纤维素性脑膜炎（图2.1.9-30）。胸腔和腹腔同时发生浆膜炎，是本病与猪传染性胸膜肺炎的鉴别点。

【诊断要点】

根据本病的发病特点和全身多发性浆膜炎、关节炎、胸膜肺炎为特点的临床症状与病理变化，可做出初步诊断。

确诊的血清学方法有间接血凝试验、琼脂扩散试验、ELISA等，可用于本病的血清学调查。病原的快速鉴定可用PCR技术。

发生关节炎和浆膜炎病例，应注意与猪链球菌病相区别；发生急性死亡病例，要注意与猪传染性胸膜肺炎和猪肺疫等相区别。

图2.1.9-1　副猪嗜血杆菌病　患病猪呼吸困难，张嘴呼吸　　　　　　　　　　　（徐有生）

【检疫处理】

我国将副猪嗜血杆菌病列为二类动物疫病（2008病种名录），并规定其为进境动物检疫二类传染病（2013病种名录）。

（1）减少或消除各种发病诱因，如减少长途运输疲劳、避免粗暴捕捉、改善运输环境等。

（2）动物检疫检出本病的死亡尸体或胴体和内脏做化制或销毁处理。

（3）进境动物检疫检出的阳性猪做扑杀、销毁或退回处理，同群者隔离现象。

图2.1.9-2　副猪嗜血杆菌病　患病猪，呈犬坐式呼吸

图2.1.9-3　副猪嗜血杆菌病　病猪腕关节和跗关节肿大，跛行　　　　　　　　　（徐有生）

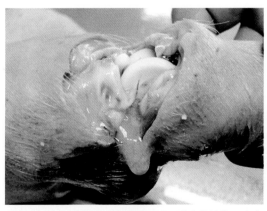

图2.1.9-4　副猪嗜血杆菌病　切开肿胀的关节，流出灰白色炎性渗出物　　　　（蔡旭旺）

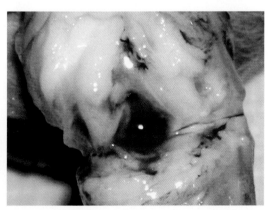

图2.1.9-5　副猪嗜血杆菌病　病猪关节腔内有血红色炎性渗出物　　　　　　　（徐有生）

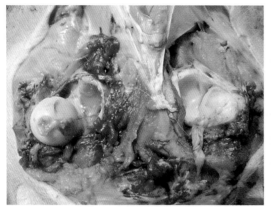

图2.1.9-6 副猪嗜血杆菌病 可见病猪关节腔内黄白色浑浊炎性渗出物 （徐有生）

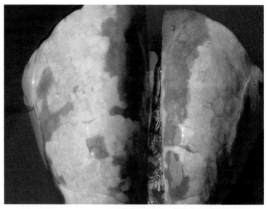

图2.1.9-7 副猪嗜血杆菌病 病猪肺的膈叶背缘肉变 （刘正飞）

图2.1.9-8 副猪嗜血杆菌病 病猪肺叶散布小叶性肺炎病灶，胸腔积黄色透明液

图2.1.9-9 副猪嗜血杆菌病 病猪肺有气肿和实变，胸腔蓄积血样液 （徐有生）

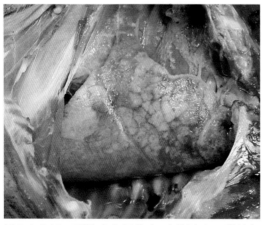

图2.1.9-10 副猪嗜血杆菌病 病猪肺表面附着灰白色纤维素性粘连物

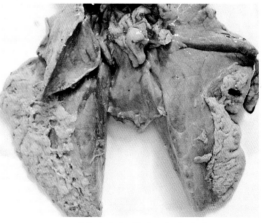

图2.1.9-11 副猪嗜血杆菌病 病猪肺表面覆盖厚层灰白色纤维素性粘连物

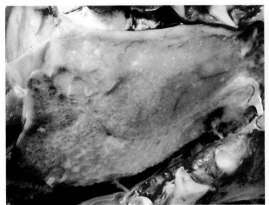

图2.1.9-12　副猪嗜血杆菌病　病猪胸腔积液，肺表面覆灰白色纤维素性渗出物

（刘正飞）

图2.1.9-13　副猪嗜血杆菌病　病猪心外膜上附着厚层的灰白色纤维素性物，呈绒毛状

（徐有生）

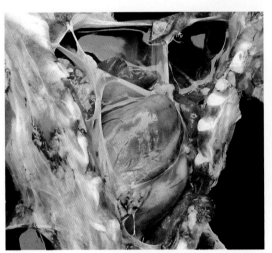

图2.1.9-14　副猪嗜血杆菌病　病猪胸腔积大量淡黄色半透明的渗出液　（刘正飞）

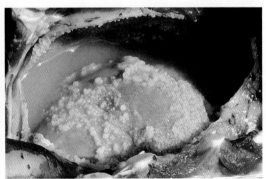

图2.1.9-15　副猪嗜血杆菌病　病猪心包炎引起心包腔大量积液和心外膜覆有大量的纤维素性渗出物

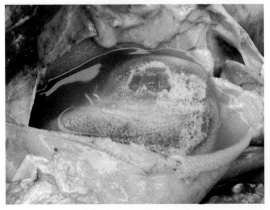

图2.1.9-16　副猪嗜血杆菌病　心包腔积液，心外膜被覆纤维素性渗出物　（刘正飞）

图2.1.9-17　副猪嗜血杆菌病　病猪肺膈叶被覆厚层的纤维素性膜状物

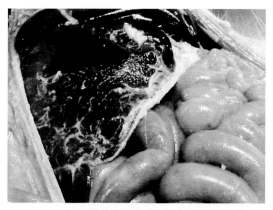

图 2.1.9-18　副猪嗜血杆菌病　病猪腹腔见肝周炎引起的肝被膜附着灰白色纤维素性物

图 2.1.9-19　副猪嗜血杆菌病　病猪胸腔、心包腔、腹腔多发性浆膜炎

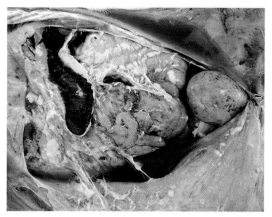

图 2.1.9-20　副猪嗜血杆菌病　病猪纤维素性腹膜炎，腹水增多，肠与周围组织粘连
（蔡旭旺）

图 2.1.9-21　副猪嗜血杆菌病　病猪纤维素性腹膜炎，肠浆膜面上覆盖灰白色纤维素性物
（马增军）

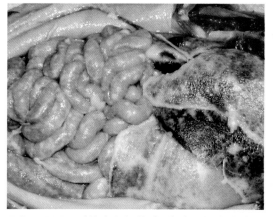

图 2.1.9-22　副猪嗜血杆菌病　病猪纤维素性腹膜炎，肝和肠管上有灰白色纤维素性渗出物
（徐有生）

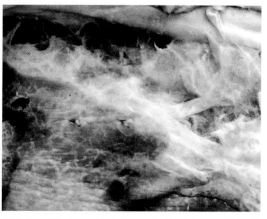

图 2.1.9-23　副猪嗜血杆菌病　腹腔内有大量炎性渗出物，呈黄色胶冻状
（徐有生）

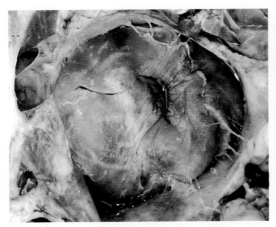

图2.1.9-24 副猪嗜血杆菌病 病猪纤维素性心包炎，心包腔积液，心与周围组织粘连
（徐有生）

图2.1.9-25 副猪嗜血杆菌病 病猪纤维素性心包炎，心外膜覆满厚层灰白色纤维素性物，并与周围组织粘连 （蔡旭旺）

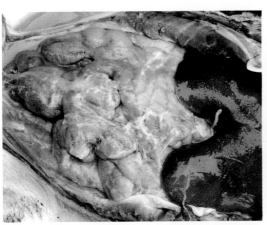

图2.1.9-26 副猪嗜血杆菌病 病猪肠浆膜面上覆有灰白色纤维素性渗出物

图2.1.9-27 副猪嗜血杆菌病 病猪心脏扩张，心包与横膈粘连，胸腔和心包腔积液

图2.1.9-28 病猪纤维素性胸膜炎和化脓性肺炎，胸腔积液 （蔡旭旺）

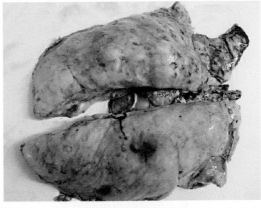

图2.1.9-29 副猪嗜血杆菌病 病猪肺叶上有多个脓肿和多处散在出血

图2.1.9-30　副猪嗜血杆菌病　病猪脑膜呈
灰白色，脑膜下充血与出血

十、猪支原体肺炎（猪气喘病）

猪支原体肺炎（mycoplasmal pneumonia of swine）又称猪地方流行性肺炎（swine enzootic pneumonia），俗称"猪气喘病"，是由猪肺炎支原体（*Mycoplasma hyopneumoniae*）引起猪的一种慢性接触性呼吸道传染病。本病的临床特征是咳嗽和气喘。

【流行病学】

病猪、带菌猪是主要传染源。病原菌主要通过病猪与健康猪直接接触经呼吸道感染。不同年龄、性别、品种的猪均能感染，以哺乳仔猪和断奶仔猪最易感。

本病多发于气候多变、阴冷、潮湿的冬春季节。土种猪、纯种猪发病率高。仔猪感染后病情较严重，死亡率高。公猪、母猪和成年猪多呈慢性和隐性感染。新发地区以妊娠后期母猪及哺乳母猪的病情较为严重。

【临床症状】

本病的主要症状是咳嗽和气喘。

1.　**急性型**　常见于新发病的猪群，以怀孕母猪、哺乳母猪和仔猪为多见。如无继发感染，体温一般正常。主要症状是呼吸困难，表现两前肢撑开站立或犬坐姿势（图2.1.10-1～3）。严重时张口伸舌，口、鼻流沫，发出哮鸣声，最后窒息死亡或转变为慢性型。

2.　**慢性型**　常见于老疫区的架子猪、育肥猪和后备母猪。病猪生长发育迟缓，被毛粗乱、无光泽。常在清晨或夜间、剧烈运动或者进食后，咳嗽明显，甚至连续痉挛性咳嗽、气喘，呈腹式呼吸。

【病理变化】

主要病变在肺、肺门淋巴结和纵隔淋巴结。肺组织学特征为融合性支气管肺炎。肺门淋巴结和纵隔淋巴结呈急性或慢性增生性淋巴结炎。

1. **急性病例**　肺有水肿和气肿，肺炎区在左右两侧肺的分布大致是对称性的。有些早期病例常见右肺心叶最先受到侵害。肺炎区散在或密布的小叶性肉变病灶质地坚实，呈灰红色、半透明状，并与周围组织界限明显；随着病程延长，多个小叶病灶相互融合构成融合性支气管肺炎（图2.1.10-4～8）。肺门淋巴结和纵隔淋巴结显著肿大，切面湿润呈灰白色。

2. **慢性型病例**　可见两侧肺叶有较大面积对称性的融合性实变区，病变部呈灰白色或灰黄色，质地坚韧度增加，似胰的外观，故称"胰样变"或"虾肉样变"（图2.1.10-9）。肺门淋巴结和纵隔淋巴结质地稍硬，切面干燥，呈灰白色脑髓样（图2.1.10-10）。

【诊断要点】

根据本病的流行病学特点和咳嗽、气喘为特征的临床症状以及肺的尖叶、心叶和膈叶发生对称性实变的病变特征，可做出初步诊断。

X线检查对隐性可疑病猪的诊断有重要价值。确诊的血清学检查方法有免疫荧光抗体技术、ELISA、微量间接血凝试验等。也可用PCR检测鼻拭子，监测猪场病原排出动态。

本病临床上应注意与慢性型猪传染性胸膜肺炎、猪肺疫和副猪嗜血杆菌病相区别。

【检疫处理】

猪支原体肺炎是我国规定的二类动物疫病（2008病种名录），并规定其为进境动物检疫二类传染病（2013病种名录）。

（1）动物检疫确诊为本病的猪群要及早淘汰。病死猪或胴体和内脏做化制处理。

（2）进境动物检疫检出的阳性猪扑杀、销毁或退回处理，同群猪隔离观察。

图2.1.10-1　猪支原体肺炎　病猪呼吸困难，张口喘气，全身皮肤发绀　　　　（徐有生）

图2.1.10-2　猪支原体肺炎　病猪呈犬坐式呼吸
（徐有生　刘少华）

图2.1.10-3　猪支原体肺炎　病猪咳嗽、口鼻流沫
（徐有生　刘少华）

图2.1.10-4　猪支原体肺炎　病猪肺的病变区肉变
　　　　　　与气肿　　　　　　　（徐有生）

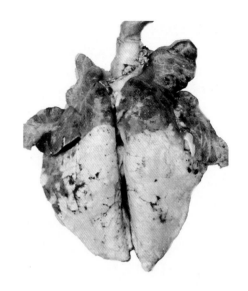

图2.1.10-5　猪支原体肺炎　病猪肺的尖叶、心叶、
　　　　　　膈叶出现融合性的实变区，且呈明显
　　　　　　的对称性　　　　　（徐有生　刘少华）

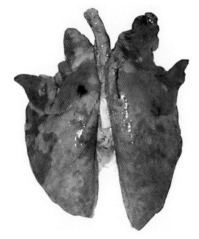

图2.1.10-6　猪支原体肺炎　病猪肺的尖叶、心叶、
　　　　　　膈叶出现肉变，呈对称性发生；膈叶
　　　　　　的背面可见以肺小叶为单位的病灶

图2.1.10-7　猪支原体肺炎　病猪肺的尖叶、心叶
　　　　　　和膈叶的肉变，呈对称性，膈叶部分
　　　　　　发生气肿，色苍白　　　　（樊茂华）

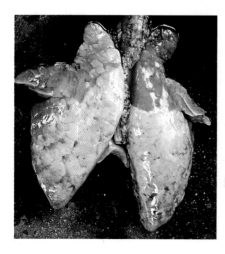

图2.1.10-8　猪支原体肺炎　病猪肺有气肿和实变，
　　　　　　肺的尖叶、心叶发生的实变呈对称性
　　　　　　　　　　　　　　　　　　（樊茂华）

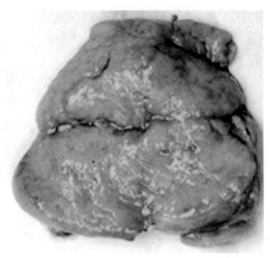

图2.1.10-9　猪支原体肺炎　病猪肺的中间叶发生明显的胰样变，其他部分为色苍白的气肿区　　　（刘少华）

图2.1.10-10　猪支原体肺炎　病猪肺门淋巴结肿大，切面呈脑髓样外观　　（徐有生）

十一、猪传染性萎缩性鼻炎

猪传染性萎缩性鼻炎（swine infectious atrophic rhinitis，AR）主要由产毒多杀性巴氏杆菌（*Toxigenic Pasteurella multocida*）单独或与支气管败血波氏杆菌（*Bordetella bronchiseptica*）联合感染引起猪的一种慢性接触性呼吸道传染病。其特征是鼻炎、鼻中隔和鼻甲骨（以鼻甲骨下卷曲部最为多见）软化、萎缩、颜面部变形和生长发育迟缓。

【流行病学】

病猪和带菌猪是主要传染源。病原体主要通过飞沫经呼吸道感染。本病可发生于任何年龄的猪，通常见于2～5月龄猪。

本病传播缓慢，多呈散发性或地方流行性。

【临床症状与病理变化】

病猪表现打喷嚏，鼻流黏性、脓性分泌物，鼻部瘙痒不安，拱地、搔抓或摩擦鼻部，常因擦伤引起出血，严重者鼻孔流血（图2.1.11-1～3）。由于鼻炎和眼结膜发炎，引起鼻泪管阻塞、泪液外流，导致眼内角下方的皮肤上形成半月形的黑泪痕（黑泪斑），俗称黑斑眼（图2.1.11-4、图2.1.11-5）。发病数周或更长时间后，病猪鼻部和面部变形，如鼻短缩、鼻端向上翘起、上颌骨变短、上下门齿不能正常咬合、鼻端歪向一侧、鼻骨隆起、下颌短缩（图2.1.11-6～8）等。

病理变化主要是鼻中隔和鼻甲骨的变化。可见鼻中隔偏曲，鼻腔软骨和鼻甲骨软化、萎缩变形，甚至鼻甲骨结构消失，形成空洞。严重病例，两侧鼻甲骨的上、下卷曲萎缩消失，甚至鼻中隔也消失，鼻腔形成大空洞（图2.1.11-9～14）。

【诊断要点】

根据本病的流行病学特点和典型的临床症状可做出初步诊断。生前X线检查（图2.1.11-15）对本病早期病例的诊断有一定价值。确诊可做病原学检查、病理剖检和血清学检查。

病理剖检是从病猪头部两侧的第一和第二臼齿间横断锯开，或沿头部的正中矢状面锯开，若见到鼻甲骨和鼻中隔的病变，即可做出诊断。

病原学检查可采鼻拭子或采鼻甲骨卷曲上黏液进行细菌分离培养与鉴定。

血清学检查的血清凝集试验，有较高的特异性和敏感性，猪感染本病后2～4周，血清中出现的凝集抗体至少可维持4个月。

本病临床上应注意与传染性坏死性鼻炎和骨软症相区别。

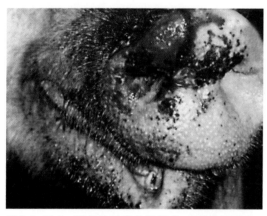

图2.1.11-1　猪传染性萎缩性鼻炎　病猪鼻部擦伤，出血　　　　　　　　　　（徐有生）

【检疫处理】

我国将猪传染性萎缩性鼻炎列为二类动物疫病（2008病种名录），并规定其为进境动物检疫二类传染病（2013病种名录）。

（1）加强动物的引种检疫，从健康猪群中引种。

（2）检疫确诊为本病的猪，头部做化制处理；其余部分依其病损程度做相应的无害化处理。

（3）进境动物检疫检出的阳性猪扑杀、销毁或退回处理，同群猪隔离观察。

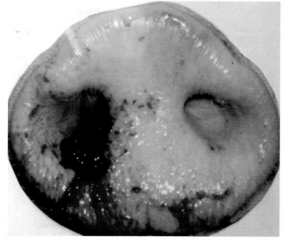

图2.1.11-2　猪传染性萎缩性鼻炎　病猪右侧鼻孔流血
　　　　　　　　　　　　　　　（徐有生）

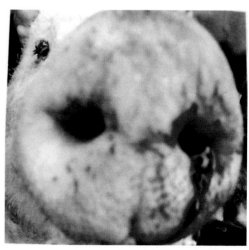

图2.1.11-3　猪传染性萎缩性鼻炎　病猪左侧鼻孔流血　　　　　　　　　　（徐有生）

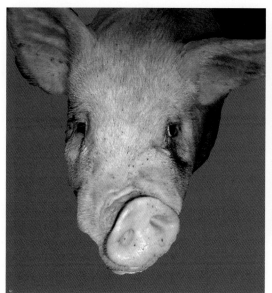

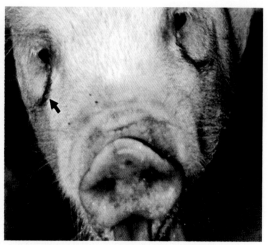

图 2.1.11-5 猪传染性萎缩性鼻炎 病猪眼角"泪斑",短颌,鼻背部皮肤皱褶

(徐有生)

图 2.1.11-4 猪传染性萎缩性鼻炎 患病猪鼻面部变形,眼角有"泪斑" (徐有生)

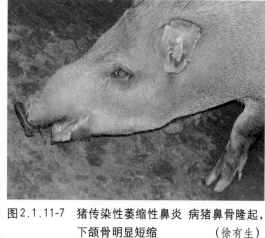

图 2.1.11-7 猪传染性萎缩性鼻炎 病猪鼻骨隆起,下颌骨明显短缩 (徐有生)

图 2.1.11-6 猪传染性萎缩性鼻炎 病猪鼻端上翘,眼角有泪斑 (王贵平)

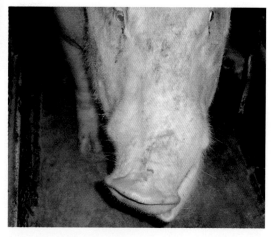

图 2.1.11-8 猪传染性萎缩性鼻炎 病猪鼻端歪向一侧 (黄青伟)

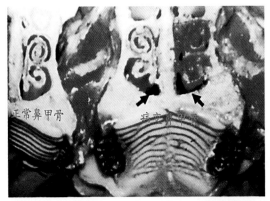

图2.1.11-9 猪传染性萎缩性鼻炎 患病猪鼻甲骨下卷曲部萎缩变形，左侧系正常鼻甲骨 （徐有生）

图2.1.11-10 猪传染性萎缩性鼻炎 病猪鼻部横断后，见鼻甲骨上、下卷曲萎缩，图右侧鼻腔鼻道增大 （周诗其）

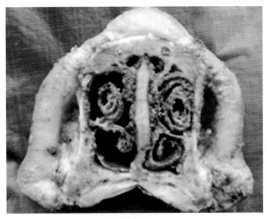

图2.1.11-11 猪传染性萎缩性鼻炎 病猪鼻甲骨卷曲萎缩消失，以左侧严重(徐有生)

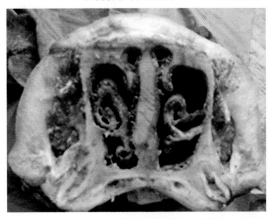

图2.1.11-12 猪传染性萎缩性鼻炎 病猪鼻中隔偏曲，鼻甲骨萎缩消失，以右侧严重

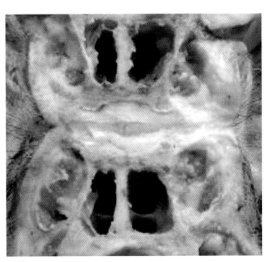

图2.1.11-14 猪传染性萎缩性鼻炎 病猪两侧鼻甲骨和鼻中隔全部萎缩消失成大空洞 （熊道焕 孙锡斌）

图2.1.11-13 猪传染性萎缩性鼻炎 病猪鼻甲骨卷曲萎缩消失 （徐有生）

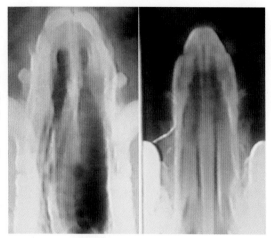

图2.1.11-15 猪传染性萎缩性鼻炎 左侧图系病猪的X线底片：鼻中隔偏曲，鼻甲骨萎缩、消失，形成空洞；右侧图系正常底片

(熊道焕)

十二、猪痢疾

猪痢疾（swine dysentery）旧称猪血痢，是由猪痢疾短螺旋体（*Brachyspira hyodysenteriae*）引起幼龄猪的一种危害严重的肠道传染病。病理特征为大肠黏膜发生卡他性出血性炎症或纤维素性坏死性炎症。临床症状以黏液性或黏液出血性下痢为特征。

【流行病学】

病猪、带菌猪是本病的主要传染源，康复猪带菌可长达数月。病猪、带菌猪经常从粪便中排出大量病原体，污染周围环境、饲料、饮水和用具，经消化道感染。不同年龄、品种的猪均易感，以8～12周龄猪多发。

本病发生无明显的季节性，其流行缓慢，持续时间较长，且反复发生。各种应激因素如猪的转群、并群，或从外地引种、寒冷、气候多变、环境卫生不良以及饲料营养不足等，均可促进本病的发生与流行。

【临床症状】

根据临床症状和病程可分为急性型和慢性型。

1. **急性型** 病初排黄色或灰色软粪或稀粪，继之粪便中混有黏液和血液；病情严重时，粪便呈红色、褐色或黑红色糊状，恶臭，混有大量黏液、凝血块和脱落的坏死组织碎片（图2.1.12-1～4）；病猪迅速脱水、消瘦，极度衰弱死亡或转为慢性。病程7～10d。

2. **慢性型** 病情时轻时重，主要表现反复下痢，病程为1个月以上。粪便呈黑色，混有黏液和脱落的组织碎片。病猪消瘦、贫血、发育不良、生长迟滞。

【病理变化】

病变主要在大肠的结肠和盲肠。

1．急性型　结肠和盲肠呈黏液性（卡他性）、出血性肠炎变化。可见其黏膜肿胀、充血、出血，皱褶明显，附有黏液纤维素性物（图2.1.12-5、图2.1.12-6）；肠系膜淋巴结肿大；肠内容物稀薄，呈黑红色或咖啡色，并混有黏液和血液（图2.1.12-7～10）；大肠壁和大肠肠系膜充血、水肿，直肠黏膜增厚、出血。

2．慢性型　呈纤维素性坏死性肠炎变化。可见病猪明显的脱水、消瘦；肠内容物稀薄并混有多量黏液、血液和坏死脱落的组织碎片；大肠黏膜有明显的斑点状、片状或弥漫性坏死，坏死组织与渗出的纤维素融合形成豆腐渣样的假膜，剥去假膜露出浅表糜烂或溃疡面。

【诊断要点】

根据本病常发于8～12周龄猪，青年猪和成年猪少发或不发，且流行缓慢、持续时间较长的流行特点和出血性下痢的主要临床症状，以及结肠、盲肠、直肠的卡他性、出血性炎或纤维素性、坏死性炎的病理变化，即可做出初步诊断。确诊须进行实验室的病原学检查和血清学试验。

1．病原学检查　有直接镜检法和病原分离与鉴定。直接镜检法是用棉拭子采取急性病猪新鲜粪便或大肠黏膜抹片，染色后镜检；或制成悬滴标本暗视野检查，如视野中见到多个弯曲的猪痢疾短螺旋体，可做出确诊。也可用PCR技术进行病原体的快速检测。

2．血清学检查　以微量凝集试验、ELISA较常用。

本病应注意与猪增生性肠病、猪传染性胃肠炎、仔猪副伤寒、猪流行性腹泻等相区别。

【检疫处理】

我国将猪痢疾列为三类动物疫病（2008病种名录），并规定其为进境动物检疫二类传染病（2013病种名录）。

（1）动物检疫确诊为本病的病死猪做化制或销毁处理。

（2）进境动物检疫检出的阳性猪扑杀、销毁或退回处理，同群猪隔离观察。

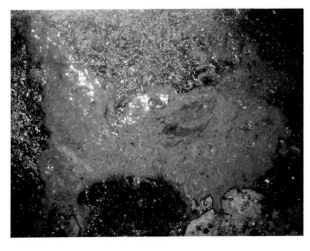

图2.1.12-1　猪痢疾　病猪排混有血液和黏液的红褐色稀便

（徐有生）

图2.1.12-2 猪痢疾 病猪排混有血液和肠黏膜组
织碎片的稀便 （金梅林）

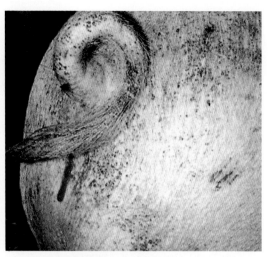

图2.1.12-3 猪痢疾 病猪从肛门处流出暗红褐色
血粪 （金梅林）

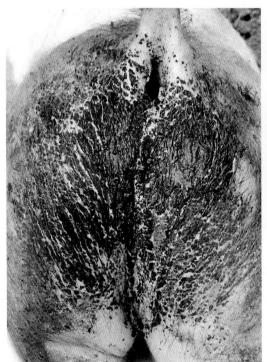

图2.1.12-4 猪痢疾 病猪肛门周围和臀部粘满干
涸的黑红色血粪 （徐有生）

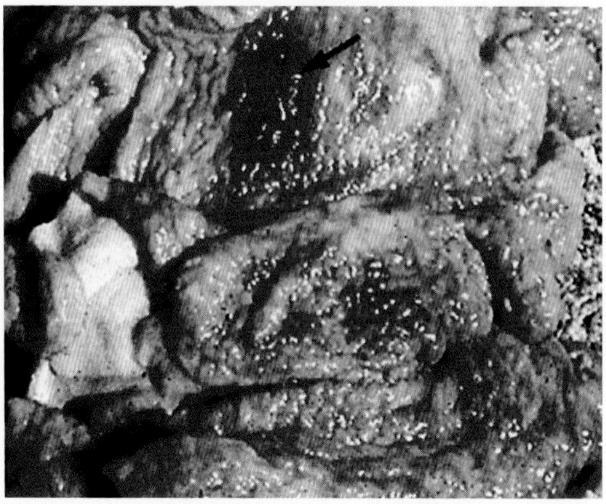

图2.1.12-5 猪痢疾 病猪大肠黏膜增厚，弥漫性
出血 （金梅林）

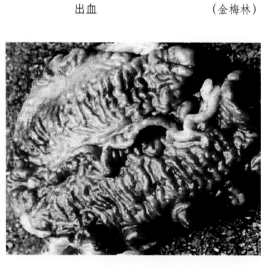

图2.1.12-6 猪痢疾 病猪大肠黏膜肿胀、增厚，
皱褶明显；黏膜弥漫性出血
（金梅林）

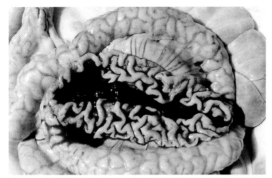

图2.1.12-7　猪痢疾　病猪肠浆膜肿胀，肠腔内积大量的黑色凝块状混合物　（徐有生）

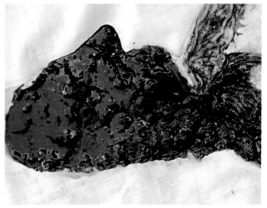

图2.1.12-8　猪痢疾　病猪回肠、盲肠连接部的黏膜严重出血，肠管内蓄积大量的带有血液和黏液的黑红色混合物

（徐有生）

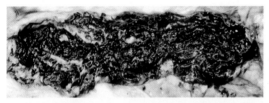

图2.1.12-9　猪痢疾　上图：病猪肠腔内充满黑红色的黏液和血液；下图：直肠内积有黑红色的血液、凝血块和纤维素性坏死性假膜　　（徐有生）

图2.1.12-10　猪痢疾　病猪回肠-盲肠连接部的肠黏膜弥漫性出血，肠腔内混有大量黏液和血液，呈黑红色；肠系膜水肿　　　（徐有生）

十三、猪恶性水肿

　　恶性水肿(malignant edema)是由梭菌属中的腐败梭菌为主的多种梭菌(其他如魏氏梭菌、诺维氏梭菌、溶组织梭菌等)引起的多种动物的一种急性中毒性传染病。腐败梭菌等是一种革兰氏阳性、能形成芽孢的厌氧杆菌，在动物体内能产生极强的外毒素，迅速引起组织气性腐败，导致尸体腐烂异常迅速。猪恶性水肿以发生急剧气性炎性水肿和全身毒血症致使病猪突然发病、迅速死亡为特征。

【流行病学】

　　本病的病原菌主要存在于动物肠道内和土壤中，主要通过各种创伤如去势、断尾、注射、外科手术、助产、咬伤、剪毛等污染本菌而引起感染。自然条件下，以绵羊、马较多见，牛、猪、山羊较少发生。在猪群中出现散发的胃型（快疫型）病例，可能与采食了被污染的饲料、饮水经消化道感染有关。徐有生（2005）报道，发病猪主要为老龄母猪和成年大肥猪。

徐有生、万莹莹（2017）报道，黑龙江肇东某猪场及养猪户对34头1～2日龄仔猪用未经消毒的注射器、针头等器械肌内注射性血素，1～2d后感染发病，共有7头仔猪于24h内死亡，剖检所见病征明显而典型。现将所报道的病征分述如下。

【临床症状与病理变化】

成年大肥猪和老龄母猪：病猪通常突然猝死。症状明显的病猪，可见腹围膨大，呼吸高度困难，呈犬坐式张口喘气，口、鼻流泡沫（图2.1.13-1）常带有血液。病猪死亡后，可见口、鼻流浆液性泡沫样的血样液体，腹部迅速膨胀（图2.1.13-2）。

病理剖检可见肺充血、水肿，气管内充满泡沫样血性黏液；心包腔有浆液性、纤维素性或血样渗出物，心内、外膜出血；肝脏变性、气肿，呈青铜色，被膜下有呈弥散性凸出于肝表面的小气泡，手按压有捻发音；切面呈多孔蜂巢状，弥散分布许多小气泡；脾瘀血、肿大。胃、肠严重臌气、出血（图2.1.13-3～6）。

初生仔猪：可见病猪全身肿胀、皮肤紧张、皱褶消失，呈圆筒状（图2.1.13-7）；触诊肿胀猪体有明显凹陷和捻发音；病猪颈部严重肿胀、发紫，全身皮肤多处出现紫黑色斑块，有的出血（图2.1.13-8）。头、舌肿大，舌外伸，眼角膜混浊，眼睑肿胀，眼结膜内含有气泡（图2.1.13-9、图2.1.13-10）。病猪于发病1～2d后死亡。

剖检可见皮下和肌间结缔组织呈弥漫性水肿，呈污黄色或红黄色液状或胶状，混有多量大小不一的气泡，有酸臭味（图2.1.13-11、图2.1.13-12）；实质器官出现水肿，水肿液中大多含有酸臭味气泡，淋巴结肿大、出血，心水肿、出血，肝、肾、脾肿胀，病变部位出血、多汁；肺水肿、表面有散在分布透明的小气泡（图2.1.13-13～15）。严重者可见肝、肾局部呈多孔蜂巢状或结构模糊如黑泥状（图2.1.13-16～18）；脑水肿，沟回结构模糊（图2.1.13-19）。猪死后尸体迅速腐败，皮下气体逐渐增多。

【诊断要点】

根据流行病学特点、典型的临床症状和全身各组织器官内的气泡形成、水肿、出血，胃肠严重臌气等病理特征，以及死后尸体腐烂异常迅速，即可做出诊断。必要时可进行实验室检验确诊。本病应注意与猪水肿病、猪巴氏杆菌病相区别。

【检疫处理】

动物检疫确诊为本病的尸体或胴体和内脏做化制或销毁处理。

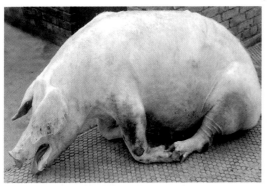

图2.1.13-1　猪诺维氏梭菌病　病猪张口呼吸，呈
犬坐姿势　　　（徐有生　刘少华）

图2.1.13-2　猪诺维氏梭菌病　病猪倒地痛苦挣扎，
腹部迅速膨胀　（徐有生　刘少华）

图2.1.13-3　猪诺维氏梭菌病　病猪心包腔蓄积大
量血样渗出液，心外膜出血

（徐有生　刘少华）

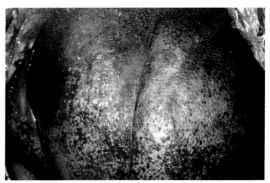

图2.1.13-4　猪诺维氏梭菌病　病猪肝气肿，体积
显著增大，呈古铜色；气泡弥散在肝
小叶内使肝脏体积增大

（徐有生　刘少华）

图2.1.13-5　猪诺维氏梭菌病　病猪胃臌气，脾瘀
血、肿大，呈蓝紫色
（徐有生　刘少华）

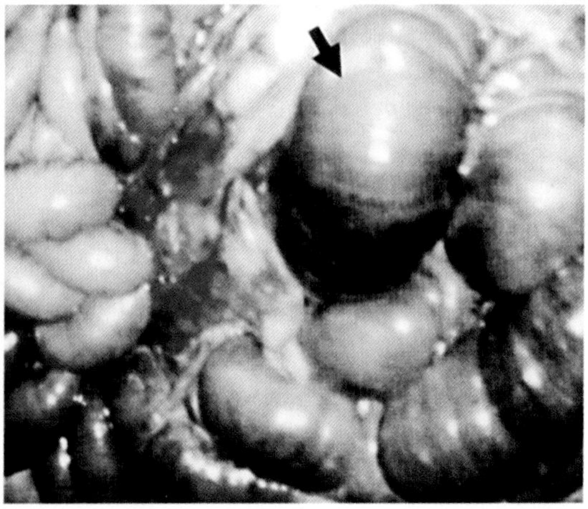

图2.1.13-6　猪诺维氏梭菌病　病猪肠严重臌气和
出血　　　　（徐有生　刘少华）

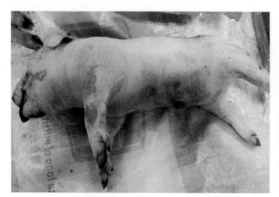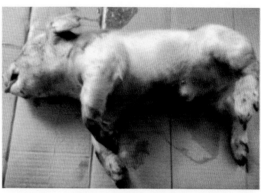

图2.1.13-7　猪恶性水肿病　病猪全身气肿，皮肤
　　　　　紧张绷直，皱褶消失，呈圆筒状
　　　　　　　　　　　　　　　　（万莹莹）

图2.1.13-8　猪恶性水肿病　病猪全身气肿，呈圆
　　　　　筒状，全身皮肤上有多处紫黑色斑块
　　　　　　　　　　　　　　　　（万莹莹）

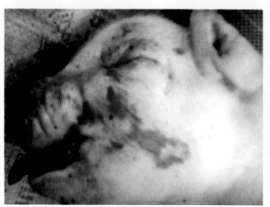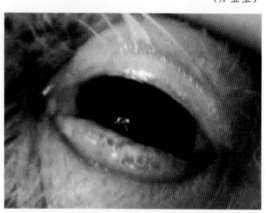

图2.1.13-9　猪恶性水肿病　病猪头、舌肿胀，舌
　　　　　外伸　　　　　　　　　（万莹莹）

图2.1.13-10　猪恶性水肿病　眼睑水肿，结膜下充
　　　　　满气泡　　　　　　　　（万莹莹）

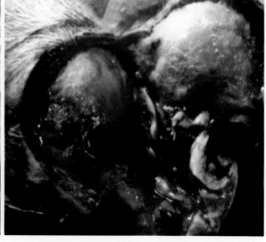

图2.1.13-11　猪恶性水肿病　病猪皮下组织水肿、出血，水肿液呈红黄色液状；右侧图肌肉严重出血，
　　　　　皮下组织布满小气泡
　　　　　　　　　　　　　　　　　　　　　　　　　　　　　　　　　　　（万莹莹）

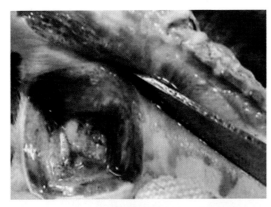

图2.1.13-12　猪恶性水肿病　皮下组织、肌间水肿
　　　　　　出血，水肿液呈红黄色胶冻样，混
　　　　　　有气泡，有酸臭味　　　　（万莹莹）

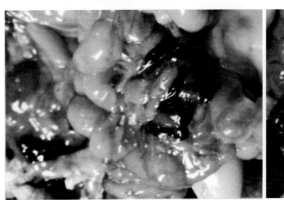 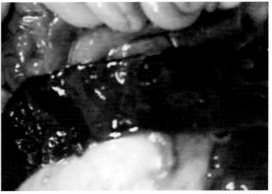

图2.1.13-13　猪恶性水肿病　左图：病猪肠系膜淋巴结肿大，呈黑红色；肠管内充满气体、肠壁变薄
　　　　　　右图：脾肿大　　　　　　　　　　　　　　　　　　　　　　　　　　　（万莹莹）

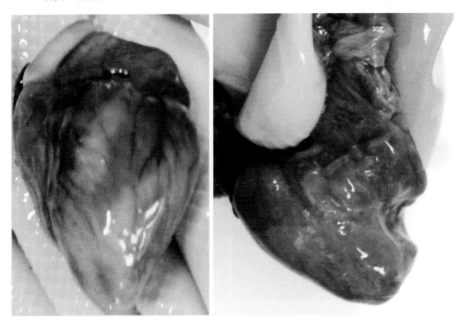

图2.1.13-14　猪恶性水肿病　左图：病猪心水肿出血，右图：心外膜水肿呈半透明黄
　　　　　　白色胶冻状　　　　　　　　　　　　　　　　　　　　　（万莹莹）

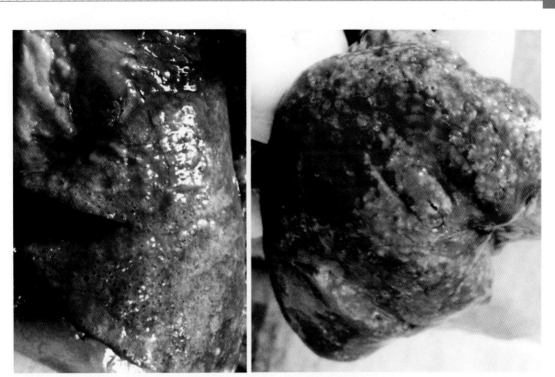

图2.1.13-15 猪恶性水肿病 病猪肺水肿、出血,肺表面散在分布大小不一的空泡,泡壁薄呈透明样,凸出于肺的表面,有酸臭味 (万莹莹)

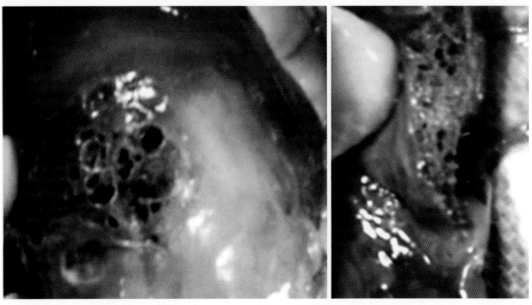

图2.1.13-16 猪恶性水肿病 病猪肝表面和切面(右图)呈多孔状 (万莹莹)

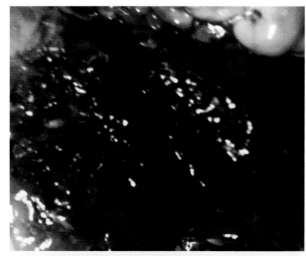

图2.1.13-17　猪恶性水肿病　病猪肝发生气性腐败，外观结构模糊呈黑泥状　　　　（万莹莹）

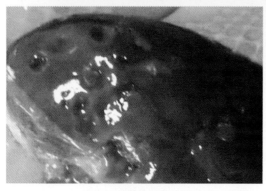

图2.1.13-18　猪恶性水肿病　病猪肾肿大，实质柔软塌陷呈蜂巢状　　（万莹莹）

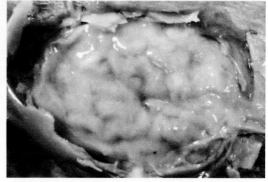

图2.1.13-19　猪恶性水肿病　病猪可见脑水肿，沟回结构模糊　　　　（万莹莹）

十四、猪增生性肠病

猪增生性肠病（porcine proliferative enteropathy，PPE，又名猪肠腺瘤复合征、猪增生性肠炎）是由一种专性寄生于回肠、盲肠和邻近结肠段的肠黏膜上皮细胞内的猪肠炎弯曲杆菌，又名胞内劳森菌（*Lawsonia intracellularis*）引起猪的一类慢性肠道疾病。本病依病理表现形式不同分：单纯增生性变化的，称为肠腺瘤病；在增生的同时有出血变化的，称为增生性出血性肠炎；增生的同时有坏死变化的，称为坏死性肠炎。此外，还有局部性回肠炎。

【流行病学】

病猪和带菌猪是主要传染源。本病的传播主要是健康猪采食了被病猪粪便污染的饲料、饮水经消化道感染。不同年龄的猪均可感染，以6～16周龄的猪更易感，马、鹿、兔、鼠等动物亦可感染。

猪转群并群、运输、拥挤、饲养条件改变、气温骤变等应激因素，常是本病发生和流行的诱因。

【临床症状】

1. **肠腺瘤病** 临床症状轻微，通常在出现症状4～6周后逐渐康复，仅在屠宰检验中可发现病变的痕迹。

2. **增生性出血性肠炎** 多见于4～12月龄后备猪和育肥猪，主要表现全身贫血、苍白，无规律的腹泻黑色柏油状稀便，粪便中混有血丝、大量血液或小凝血块（图2.1.14-1、图2.1.14-2）。有的病猪仅表现全身贫血、消瘦。

3. **坏死性肠炎** 可见持续性或间歇性腹泻，粪便呈糊状或水样；严重者，粪便中混有血液、脱落的坏死组织碎片和消化不全的饲料。病猪消瘦、贫血，生长发育不良。

4. **局部性回肠炎** 病猪常持续性腹泻，消瘦，有的因肠壁穿孔导致腹膜炎引起死亡。

【病理变化】

1. **肠腺瘤病** 最常见的病变部位是回肠末端、盲肠和邻近结肠段上1/3处（有的病例的大肠也有类似变化）的肠管，其外径变粗，肠壁水肿、增厚；由于肠黏膜发炎水肿、增厚，导致黏膜形成分枝状或脑回样皱褶（图2.1.14-3～6），有的形成多个息肉。

2. **增生性出血性肠炎** 可见回肠末端、盲肠和邻近结肠段呈黑色，肠壁水肿、增厚，肠腔内的黑色柏油状粪便中混有凝血块（图2.1.14-7）。

3. **坏死性肠炎** 是在肠腺瘤病病变的基础上，肠黏膜发生凝固性坏死并有炎性渗出物，可见灰黄色的干酪样物附着于肠壁上形成坏死性假膜。

4. **局部性回肠炎** 病变特征是肠腔缩小，后段小肠外观如硬管；肠壁肌层显著增生变厚，使黏膜形成明显皱褶并有出血（图2.1.14-8），黏膜上的溃疡面通常呈条索状或岛状；病程较长者，可见明显的肉芽组织（图2.1.14-9）。严重病例可发生肠壁穿孔和腹膜炎。

【诊断要点】

本病的临床症状虽不典型，但病理变化最常见于回肠末端、盲肠和邻近结肠段上1/3处，根据其病变特征可做出初步诊断。确诊可通过病理组织学检查和PCR检测、免疫荧光抗体技术、ELISA等。

【检疫处理】

（1）确诊为本病的死亡尸体做化制或销毁处理。
（2）病变器官做化制处理，其余依其病损程度做相应的无害化处理。

图2.1.14-1 猪增生性肠病 病猪急性贫血，全身
皮肤苍白 （徐有生）

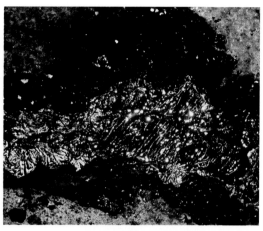

图2.1.14-2 猪增生性肠病 病猪肠腔内积大量黑
红色柏油状粪便 （徐有生）

图2.1.14-3 猪增生性肠病 病猪邻近结肠的回肠
下端肠管增粗 （马增军）

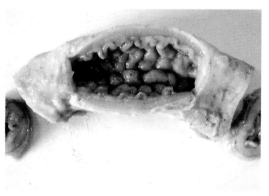

图2.1.14-4 猪增生性肠病 剪开上图病猪肠管，
可见肠黏膜增厚呈脑回样 （马增军）

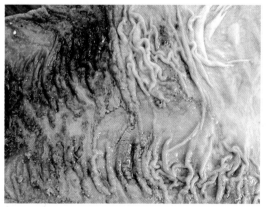

图2.1.14-5 猪增生性肠病 病猪结肠肠壁水肿增
厚，黏膜形成的皱褶明显可见，黏膜
出血 （徐有生）

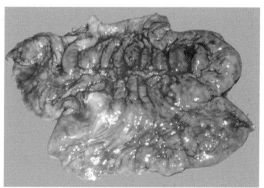

图2.1.14-6 猪增生性肠病 病猪回肠末端和邻近
的结肠肠壁明显增厚，黏膜形成脑回
状皱褶，黏膜湿润 （徐有生）

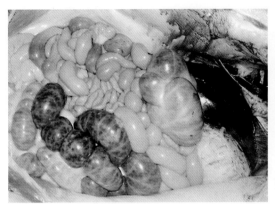

图2.1.14-7 猪增生性肠病 病猪结肠和盲肠呈黑色，肠腔内混有凝血块的柏油状粪便
(徐有生)

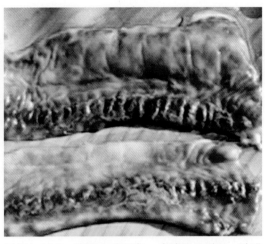

图2.1.14-8 猪增生性肠病 病猪肠壁增厚，黏膜弥漫性出血，皱褶明显 (徐有生)

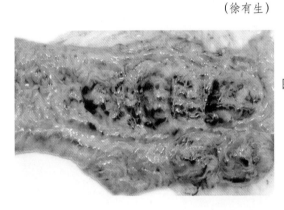

图2.1.14-9 猪增生性肠病 病猪肠壁增生变厚，黏膜形成明显皱褶，并见斑块状出血，病变部外观呈条索状或岛屿状
(徐有生)

十五、细颈囊尾蚴病

细颈囊尾蚴病（cysticercosis tenuicollis）是由泡状带绦虫的中绦期幼虫——细颈囊尾蚴（*Cysticercus tenuicollis*）引起多种动物的一种常见寄生虫病。

【流行病学】

犬、狼等终末宿主吞食了含有细颈囊尾蚴的肝、肺后，在小肠内发育为成虫。成虫的孕卵节片随粪便排出体外，当猪、牛、羊等中间宿主采食了被虫卵污染的饲料、牧草、饮水后可引起感染。本病在动物中以猪、羊的感染率最高，屠宰检疫中检出率较高。成年动物感染后一般无临床症状。

【虫体形态特征】

细颈囊尾蚴呈圆形囊泡状，囊体由黄豆粒大到鸡蛋大或更大，囊壁薄，囊泡内充满透明液体，俗称"水铃铛"。在囊壁一端的延伸处有一米粒大小的乳白色结节，翻转结节的凹陷部，可见到一细长的颈部与其游离端的头节（图2.1.15-1、图2.1.15-2）。包囊内虫体死亡、钙化后可形成球样硬壳，剖检可见黄褐色钙化碎片及头颈残骸。

【寄生部位与病理变化】

成虫（泡状带绦虫）寄生于犬、狼等动物的小肠内；幼虫（细颈囊尾蚴）主要寄生于猪、牛、羊、骆驼等动物的肝、肺的浆膜及大网膜、肠系膜、腹膜甚至子宫韧带和肠浆膜等处（图2.1.15-3 ～ 15）。

剖检患病动物可见虫体寄生的局部脏器组织因受虫体压迫引起色泽变淡，严重时呈萎缩现象。

【诊断要点】

本病的生前诊断比较困难。确诊主要根据死后剖检或宰后检验时在肝脏、肠系膜、大网膜等处发现细颈囊尾蚴，并需与棘球蚴相鉴别。

【检疫处理】

轻者割除患部集中销毁，严禁喂犬；严重者将整个器官化制或销毁。

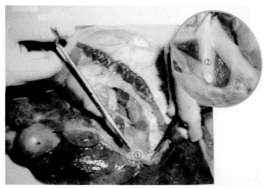

图2.1.15-1　剪破肝上寄生的囊泡，提起颈部可见下端游离的乳白色头节　（孙锡斌）

图2.1.15-3　细颈囊尾蚴病　猪肝上寄生一个细颈囊尾蚴　　　　　（周诗其）

图2.1.15-2　细颈囊尾蚴又称"水铃铛"，呈圆形囊泡状，囊内充满透明液体，囊壁上有一乳白色头节　　　（徐有生）

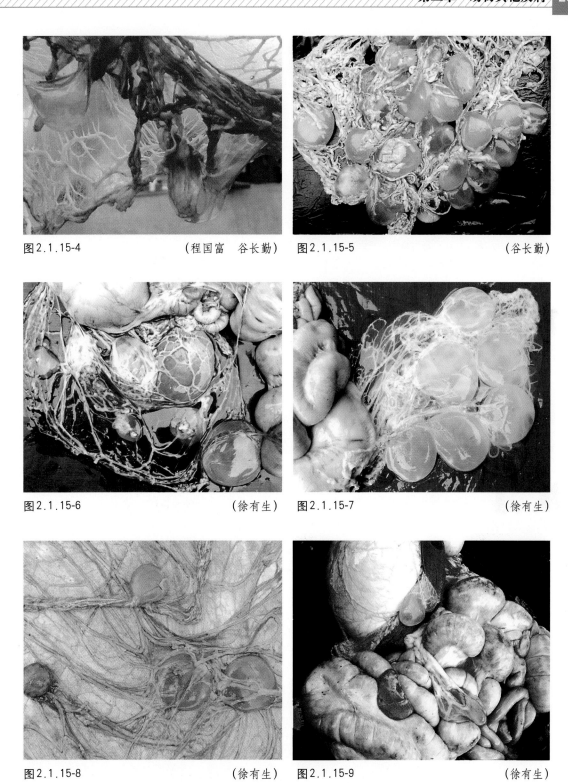

图2.1.15-4 （程国富 谷长勤） 图2.1.15-5 （谷长勤）

图2.1.15-6 （徐有生） 图2.1.15-7 （徐有生）

图2.1.15-8 （徐有生） 图2.1.15-9 （徐有生）

图2.1.15-4 ～ 9 细颈囊尾蚴病：腹腔网膜上寄生的细颈囊尾蚴

图2.1.15-10 细颈囊尾蚴病 猪肝上寄生数个细
颈囊尾蚴 （徐有生）

图2.1.15-11 细颈囊尾蚴病 病肝上寄生一个大的
囊体，囊内充满透明液体，囊壁上
有一乳白色头节 （程国富）

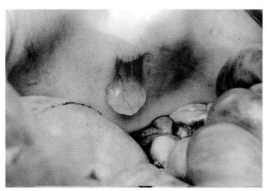

图2.1.15-12 细颈囊尾蚴病 腹膜上寄生的细颈囊
尾蚴 （谷长勤）

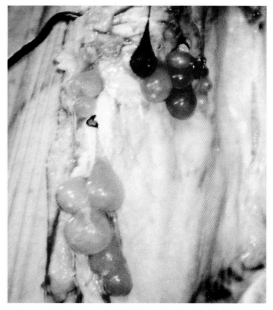

图2.1.15-13 细颈囊尾蚴病 寄生于腹膜上的细颈
囊尾蚴呈葡萄串状 （黄大力）

图2.1.15-14 细颈囊尾蚴病 子宫扩韧带上寄生的
细颈囊尾蚴 （徐有生）

图2.1.15-15 细颈囊尾蚴病 肠浆膜上寄生的细颈
囊尾蚴 （谷长勤）

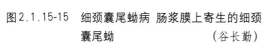

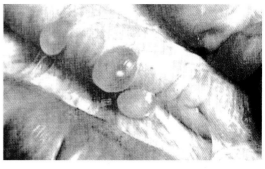

十六、猪颚口线虫病

猪颚口线虫病（gnathostomiasis）是由寄生于猪胃内的多种线虫中最常见的刚棘颚口线虫（*G. hispidum*）引起一种寄生虫病。主要特征为急性或慢性胃炎。

【流行病学】

患病猪是主要传染源。颚口线虫虫卵随粪便排出体外，被中间宿主剑水蚤吞食后，在其体内发育为感染性幼虫，猪由于吞食了含有感染性幼虫的中间宿主而受到感染，在猪胃内发育为成虫，其寿命约10个月。各种年龄的猪均可感染，但多见于仔猪和架子猪。本病以南方散养猪多发。

【虫体形态特征】

新鲜虫体呈淡红色，头部呈球状膨大，体前端略粗，向尾部逐渐变细，全身有小棘排列成环。虫卵呈椭圆形、黄褐色，一端有帽状结构。

【寄生部位与病理变化】

猪遭受感染后，幼虫经肝脏移行进入胃内发育为成虫，成虫主要寄生在胃底部，以其头部钻入胃壁中，其余部分游离于胃黏膜表面（图2.1.16-1、图2.1.16-2）。

虫体寄生的局部组织红肿、发炎，黏液增多，黏膜显著肥厚，病损严重的可见局灶性似火山口样溃疡病灶（图2.1.16-3～6）。

【诊断要点】

生前粪便检查发现虫卵或死后病理剖检从胃内病变处找到虫体即可确诊。

【检疫处理】

（1）寄生的虫体数量少且病损部轻微的，切除病损部分予以化制或销毁。

（2）大量虫体寄生且病损严重的，将整个胃化制或销毁。

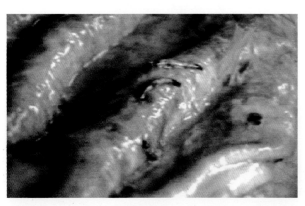

图2.1.16-1 猪颚口线虫病 猪胃黏膜上寄生的刚棘颚口线虫 （姚宝安）

图2.1.16-2　猪颚口线虫病　刚棘颚口线虫长期寄生于猪胃底部黏膜，引起慢性增生性炎症，胃壁增厚，色苍白，表面不平呈颗粒状　　　　　　（周诗其）

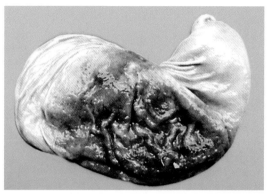

图2.1.16-3　猪颚口线虫病　刚棘颚口线虫寄生于猪胃底部黏膜，引起溃疡、出血

（周诗其）

图2.1.16-4　猪颚口线虫病　刚棘颚口线虫寄生于猪胃底部，引起黏膜溃疡、出血和炎症　　　　　　（周诗其）

图2.1.16-5　猪颚口线虫病　虫体以头部钻入猪胃黏膜，引起溃疡和出血　　（周诗其）

图2.1.16-6　猪颚口线虫病　刚棘颚口线虫寄生引起猪胃黏膜的晚期病变

（周诗其）

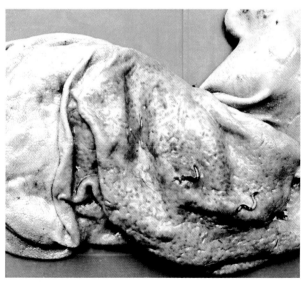

十七、食道口线虫病

食道口线虫病（oesophagostomiasis）是由食道口线虫属（*Oesophagostomum*）线虫寄生于牛、羊、猪的结肠内引起的一种寄生虫病。由于幼虫阶段能在肠壁上形成结节，故又称结节虫病或结节线虫病。

【流行病学】

患病动物是主要传染源。虫卵随粪便排出体外，潮湿环境有利于虫卵发育和感染性幼虫存活，动物在放牧或舍内采食、饮水时吞食了感染性幼虫而受到感染。动物感染主要发生于春、秋放牧季节，猪以成年猪较多见，牛、羊则主要侵害犊牛和羔羊。

动物感染本病后一般无明显症状。重度感染时，可引起羔羊、仔猪持续性腹泻，粪便呈暗绿色、带有黏液、间或带血。慢性感染表现为贫血和消瘦，腹泻与便秘交替发生。

【虫体形态特征】

寄生于猪的虫体有长尾食道口线虫、有齿食道口线虫和短尾食道口线虫，成虫为乳白色或灰白色，雄虫长6.2～9mm，雌虫长6.4～11.3mm。幼虫短粗，尾鞘长。

【寄生部位与病理变化】

虫体寄生于动物结肠内，也有寄生于盲肠。感染性幼虫侵入结肠肠壁引起黏膜发炎，在肠壁上形成大量的灰白色或黄白色粟粒状结节，结节内有脓汁或干酪样物（图2.1.17-1～6）。在新形成的结节中常可发现幼虫，陈旧的结节往往发生部分钙化或完全钙化。当结节破溃感染细菌时，常引起溃疡性、化脓性肠炎，甚至腹膜炎和广泛性肠粘连。

【诊断要点】

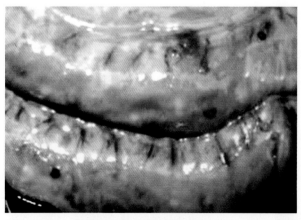

根据临床症状，从粪便中检出大量虫卵或虫体，或在结肠壁上发现大量的结节及相应病变，从新形成的小结节内发现幼虫或在肠腔内找到虫体，均可做出诊断。

【检疫处理】

将病变肠段切除化制或销毁。

图2.1.17-1　猪食道口线虫病　食道口线虫的幼虫寄生于猪的结肠壁，形成黄白色结节病灶　（姚宝安）

图 2.1.17-2　猪食道口线虫病　可见猪结肠黏膜层中有散在多量的灰白色结节病灶

图 2.1.17-3　猪食道口线虫病　虫体寄生于猪结肠黏膜，引起出血、炎症和形成灰白色结节病灶　　　　　　（刘少华）

图 2.1.17-4　猪食道口线虫病　虫体寄生于猪结肠黏膜，引起出血、炎症和结节病灶，病灶周围充血　　　　　（徐有生）

图 2.1.17-5　猪食道口线虫病　虫体寄生于猪结肠黏膜，引起结节病灶和出血，结节口有脓性物流出　　　　　（徐有生）

图 2.1.17-6　猪食道口线虫病　猪结肠肠壁中可见食道口线虫幼虫寄生引起的灰白色颗粒状结节　　　　　　（舒喜望）

十八、猪蛔虫病

　　猪蛔虫病（ascariasis）是猪蛔虫（*Ascaris suum*）寄生于猪小肠内引起的一种寄生虫病。仔猪感染后生长发育不良，严重的常形成僵猪，甚至死亡。

【流行病学】

　　患病猪是主要传染源。虫卵随粪便排出体外，在外界环境中发育成感染性虫卵，感染性虫卵随同饲料、饮水等经口感染猪。一般在饲养管理不良、卫生条件差、猪群拥挤、营养缺乏的猪场，常可见到本病发生，尤以3～5月龄仔猪高发，常严重影响仔猪生长发育。

【虫体形态特征】

　　新鲜虫体为淡黄色或淡红色，死后为苍白色，虫体呈中间稍粗、两端较细的圆柱形。雄虫长150～250mm，雌虫长200～400mm。受精卵为短椭圆形、黄褐色，卵壳内有一个卵细胞，卵细胞与卵壳之间的两端形成半月形空隙（图2.1.18-1）。

【寄生部位与病理变化】

　　虫卵随饲料、饮水被猪觅食进入小肠，在小肠内孵化出幼虫，随血液循环最后又返回小肠内定居，经7～10个月后随粪便排出。

　　成虫在小肠内大量寄生（图2.1.18-2）时，能引起肠黏膜发炎、出血、溃疡（图2.1.18-3），大量的虫体寄生可引起肠梗阻或肠穿孔。若蛔虫进入胆管（图2.1.18-4）阻塞管腔，可引起黄疸等症状。蛔虫幼虫移行至肺时，常引起蛔虫性肺炎，临床上表现咳嗽、呼吸加快等。蛔虫幼虫移行至肝时，可引起肝组织出血、变性和坏死，形成云雾状的移行斑（形成蛔虫斑的肝脏俗称乳斑肝，图2.1.18-5、图2.1.18-6）。

　　〔附〕鸡蛔虫阻塞小肠肠腔图见图2.1.18-7。

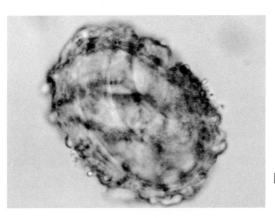

【诊断要点】

　　生前从粪便中检出虫卵或/和虫体，或者死后剖检见小肠内有寄生的虫体和相应的病理变化，均可做出确诊。

【检疫处理】

　　将病变肠段化制或销毁。

图2.1.18-1　猪蛔虫虫卵（50～70）μm×（40～60）μm呈椭圆形或圆形，黄褐色

（周诗其）

图2.1.18-2　猪蛔虫病 猪小肠内寄生的猪蛔虫

（左图：周诗其；右图：王贵平）

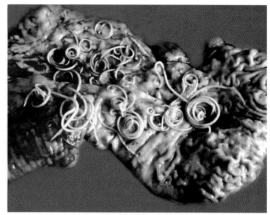

图2.1.18-3　猪小肠中寄生大量蛔虫，引起肠黏膜
出血和水肿　　（周艳琴　赵俊龙）

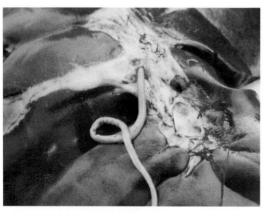

图2.1.18-4　猪蛔虫病 猪蛔虫从十二指肠胆管入
口处钻入胆管内　　　　（周诗其）

图2.1.18-5　猪蛔虫幼虫移行肝时，破坏肝组织，
引起结缔组织增生形成的灰白色斑块，
如同牛乳滴斑　　　　　（程国富）

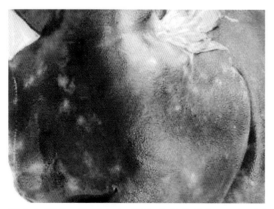

图2.1.18-6　猪蛔虫病 猪蛔虫幼虫移行肝时，损
伤肝组织引起结缔组织增生，形成灰
白色小网格状斑块　　　（蒋文明）

图2.1.18-7　大量的鸡蛔虫阻塞小肠肠腔

（许益民）

十九、猪浆膜丝虫病

猪浆膜丝虫病（serofilariosis）是由双瓣线虫科、灿烂丝虫亚科的猪浆膜丝虫（*Serofilaria suis*）寄生于猪心外膜淋巴管内引起猪的一种寄生虫病。猪浆膜丝虫病一般不表现临床症状，其危害不很严重。

【虫体形态特征】

虫体呈乳白色，纤细如毛发状，头端稍膨大。雄虫体长20～23mm，雌虫体长55～64mm。在血液中的带鞘微丝蚴长0.118～0.139mm。

【寄生部位与病理变化】

猪浆膜丝虫虫体主要寄生于猪心外膜淋巴管内；其他如肝、胆囊、膈肌、子宫、胃、腹膜及肺动脉基部等处的浆膜淋巴管内也有寄生，但较少见。许益民（1975）多次在肠系膜淋巴结水疱样病变中发现微丝蚴。

心脏的病变多分布在心脏纵沟和冠状沟附近的心外膜处，心外膜淋巴管因虫体阻塞导致淋巴管扩张，于心外膜表面形成稍隆起的粟粒大至小豆粒大，呈灰白色、透明的小泡状乳斑（图2.1.19-1），或为质地坚实的呈弯曲的条索状包囊（图2.1.19-2），内有卷曲的白色透明虫体。有些包囊形成寄生虫性结节，切面呈灰黄色，虫体部分钙化或完全钙化。

【诊断要点】

生前诊断可从疑似病猪耳部采耳静脉血液，采用涂片法或悬滴法检查，若检查到微丝蚴，或宰后检验从心脏病变处找到猪浆膜丝虫虫体，或将病灶压成薄片，镜检找到虫体残骸，均可做出诊断。

【检疫处理】

心脏有少数病灶时可依据病损程度进行相应的无害化处理；病灶较多者，将整个心脏进行化制处理。

图2.1.19-1　猪浆膜丝虫病　猪心外膜上见乳白色的小乳斑状、短杆状或条索状的浆膜丝虫寄生病灶　　（周诗其）

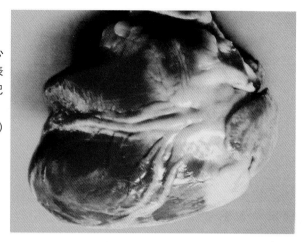

图2.1.19-2　猪浆膜丝虫病　猪心脏纵沟及心外膜淋巴管扩张隆起于浆膜表面，呈乳白色微弯条索状（淋巴管内有猪浆膜丝虫寄生）

(周诗其)

二十、猪鞭虫病

猪鞭虫病（trichuriosis，又称猪毛尾线虫病或猪毛首线虫病）是由猪毛尾线虫（*Trichuris suis*）寄生于猪大肠（主要是盲肠）内引起的一种线虫病。本病以幼龄猪多见。严重感染者，表现消瘦、贫血、生长迟缓，常发生腹泻，粪便带血并混有脱落的黏膜。

【流行病学】

患病猪是本病的主要传染源。成虫在猪体内盲肠中产卵，虫卵随粪便排出，在外界适宜的条件下发育为感染性虫卵，随同饲料、饮水等经口感染宿主。幼龄猪感染率高，以4月龄左右的猪感染率和感染强度最高。

【虫体形态特征】

虫体呈乳白色，前部细长为食道部，后部短而粗为体部，整个虫体外形很像一根鞭，故又称鞭虫。虫卵呈棕黄色、腰鼓形，卵壳厚，两端有塞（图2.1.20-1）。

【寄生部位与病理变化】

在小肠内孵出的幼虫，移行至盲肠和结肠，并固着在肠黏膜上发育为成虫（图2.1.20-2、图2.1.20-3），成虫的寿命为3～4个月。虫体以头部钻入肠黏膜，引起寄生的局部组织发炎，有出血、水肿、坏死和溃疡（图2.1.20-4、图2.1.20-5），并形成肉芽样结节。

【诊断要点】

生前从粪便中采用漂浮法检出虫卵，死后剖检或屠宰检疫时从盲肠、结肠内发现大量虫体和相应病变即可确诊。

【检疫处理】

将病变肠段切除化制或销毁。

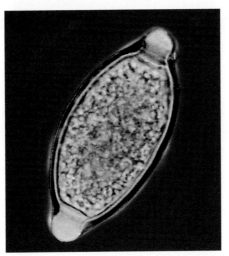

图2.1.20-1 猪鞭虫虫卵 (50～68) μm×(21～31) μm，两端透明，形态如柠檬状
（周艳琴）

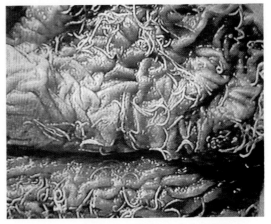

图2.1.20-2 猪鞭虫病 猪盲肠内寄生的猪鞭虫
（姚宝安）

图2.1.20-3 猪鞭虫病 猪结肠黏膜充血、出血，肠内容物中混有大量乳白色鞭虫
（徐有生）

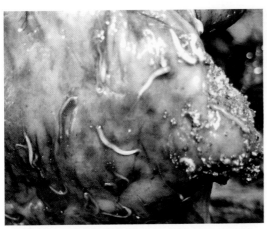

图2.1.20-4 猪鞭虫病 猪盲肠内寄生的虫体引起盲肠黏膜充血、出血、坏死和黏膜脱落

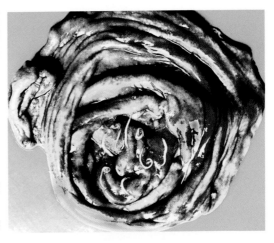

图2.1.20-5 猪鞭虫病 猪盲肠内寄生的猪鞭虫引起盲肠黏膜充血、出血等炎症
（周诗其）

二十一、猪肺线虫病

猪肺线虫病（lungworm disease of swine）又称猪后圆线虫病（metastrongylosis），是由后圆属（*Metastrongylus*）的后圆线虫寄生于猪支气管、细支气管内引起的一种以慢性支气管肺炎为特征的寄生虫病。

【流行病学】

患病猪是本病的主要传染源。猪后圆线虫主要危害散养放牧的仔猪和育肥猪，以6～12月龄的猪最易感。感染性幼虫在中间宿主蚯蚓体内可长期保存其生活力，被后圆线虫虫卵污染并有蚯蚓的运动场、牧地、水源，若猪吞食了此种蚯蚓就可引起感染。因此，本病的发生与饲养管理方式有关，以散养、放牧猪群的感染率最高。

【虫体形态特征】

猪后圆线虫虫体呈乳白色细丝线状。我国常见的猪后圆线虫有：野猪后圆线虫（雄虫长11～25mm，雌虫长20～50mm）；复阴后圆线虫（雄虫长16～18mm，雌虫长22～35mm）；萨氏后圆线虫（雄虫长17～18mm，雌虫长30～45mm）。3种虫体的虫卵相似，呈椭圆形，表面略粗糙，大小为（40～60）μm×（30～40）μm。

【临床症状】

猪生前轻度感染时症状不明显。重度感染猪主要表现支气管肺炎或肺炎症状，可见贫血、生长发育迟缓。病猪表现最明显的症状是常常阵发性咳嗽、呼吸急促，以运动、采食、冷空气刺激或夜间、清晨休息时强力表现阵咳更明显。成年猪感染后症状轻微。

【寄生部位与病理变化】

猪后圆线虫成虫主要寄生于猪的支气管和细支气管内。

病理变化主要见于肺膈叶的后下缘甚至背缘，呈界限明显的灰白色局灶性隆起的气肿区和暗红色肺萎陷实变区，有的病例其他肺叶边缘部也有类似变化。切开白色气肿区，从支气管或细支气管断端可挤出多量泡沫状分泌物及乳白色线状虫体（图2.1.21-1～4）。

【诊断要点】

生前可根据临床症状和流行病学特点做出初步诊断。若采用硫酸镁饱和盐水漂浮法从粪便中检查到虫卵，或剖检见肺的典型病变并从肺气肿区找到虫体即可确诊。

【检疫处理】

病变严重者整个肺脏化制或销毁；病变轻微者病变部化制处理。

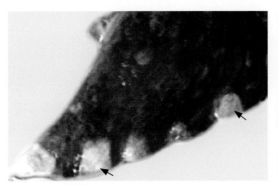

图2.1.21-1　猪肺线虫病　猪肺膈叶边缘隆起的灰白色肺小叶气肿病灶，与周围组织界限明显　　　　　　　（孙锡斌）

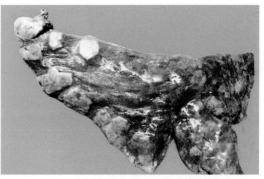

图2.1.21-2　猪肺线虫病　屠宰猪肺膈叶边缘，可见由肺丝虫引起的灰白色隆起的楔形肺气肿病灶　　　　　　　（周诗其）

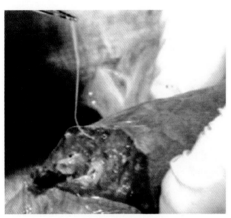

图2.1.21-3　猪肺线虫病　切开猪肺的气肿区，可从支气管断端挑出乳白色、丝线状猪后圆线虫　　　　　　　　　　　　（雷健保）

图2.1.21-4　猪肺线虫病　病肺切面，可在支气管内见到大量的乳白色丝线状猪后圆线虫寄生　　　　　　　（程国富）

二十二、猪棘头虫病

猪棘头虫病（macracanthorhynchosis）是由蛭形巨吻棘头虫（*Macracanthorhynchus hirudinaceus*）寄生于猪小肠内引起的寄生虫病，亦可感染犬、猫、野生动物等，偶见于人。

【流行病学】

患病猪是本病的主要传染源。虫卵被中间宿主金龟子的幼虫——蛴螬或其他甲虫的幼虫吞食后，在其体内发育为感染性幼虫。当猪吞食了含有巨吻棘头虫感染性幼虫的中间宿主——蛴螬或金龟子时即招致感染。放牧猪比舍饲猪感染率高，每年春、夏季为本病的高发季节。本病在农村散养猪中呈地方流行性，以8～10月龄猪感染率高。

【虫体形态特征】

蛭形巨吻棘头虫虫体呈乳白色或淡红色。雄虫长7～15cm，雌虫长30～68cm。虫体前部较粗，向后逐渐变细，体表有清晰明显的环状皱纹；头端有一个吻突，其上有许多弯曲的角质小钩（图2.1.22-1、图2.1.22-2）。

【寄生部位与病理变化】

棘头虫在猪体内寄生于小肠主要是回肠，以吻突固定于肠壁上。成虫在猪体内的寿命为10～24个月。每条雌虫在小肠内每天产卵，其持续排卵时间可达10个月之久。

猪轻度感染不显症状。重度感染，表现食欲减少、下痢并混有血液。如因肠穿孔引发腹膜炎，可引起体温升高、剧烈腹痛，乃至死亡。病理变化可见小肠内寄生的虫体以吻突和角质小钩牢牢叮在肠壁上，并引起肠黏膜红肿、发炎，形成暗红色小结节，周围有红色充血带。若有继发感染，发炎的结节病灶形成火山口状坏死、溃疡和化脓（图2.1.22-3、图2.1.22-4），严重时可引起肠壁穿孔和腹膜炎。

【诊断要点】

生前可采集病猪粪便用直接涂片法或水洗粪便沉淀法检查虫卵确诊。死后剖检若见小肠黏膜上有牢固叮着的成虫和被虫体损伤的炎性病灶即可确诊。

【检疫处理】

将虫体寄生和损伤的肠段销毁，其余部分依病损程度做相应的无害化处理。

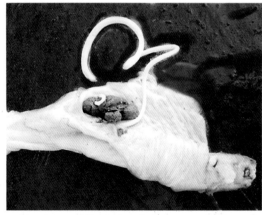

图2.1.22-1　棘头虫病　寄生于猪回肠的棘头虫
（徐有生）

图2.1.22-2　棘头虫病　棘头虫头部的吻突和角质
小钩　　　　　　　　　（徐有生）

图2.1.22-3　棘头虫病 大量棘头虫寄生于猪小肠内，引起肠　　图2.1.22-4　棘头虫病 可见肠黏膜上隆
　　　黏膜发炎，肠壁变薄　　　　　　　（徐有生）　　　　　　　　　起的结节病灶，有的已感
　　　　　　　　　　　　　　　　　　　　　　　　　　　　　　　　　　　染化脓　　　　　　（徐有生）

二十三、猪疥螨病

疥螨病（sarcoptidosis）又称疥癣，是由疥螨（*Sarcoptes scabiei*）引起的一种接触传染的体表皮肤寄生虫病。

【流行病学】

疥螨种类很多，根据寄生宿主不同有猪疥螨、牛疥螨、山羊疥螨、绵羊疥螨、兔疥螨、犬疥螨等变种，这些疥螨的宿主特异性并不十分严格，如经常接触家畜的人，有可能引起感染。猪疥螨病多发于仔猪，其主要传播途径是由病猪与健康猪的直接接触或通过被疥螨及其卵污染的垫草、圈栏和饲养管理用具等间接接触传播，在猪群拥挤、阴暗潮湿、环境卫生不良的条件下更易促进本病的发生和蔓延。

【寄生部位与虫体形态特征】

猪疥螨为不完全变态的节肢动物，其全部发育过程包括卵、幼虫、若虫、成虫，均在宿主体内度过。一般正在产卵的雌虫寄生于皮肤深层，边挖掘隧道边产卵；而幼虫和雄虫则寄生于皮肤表层的新隧道。

虫体呈卵圆形或龟板状，淡黄色，背面隆起，腹面扁平；躯体分背胸部和背腹部，前端有蹄铁形咀嚼式口器，背部有棘和刚毛，腹面有4对短粗的足。

【临床症状与病理变化】

病猪的皮肤病变初期起始于眼周、颊部、耳根等处（图2.1.23-1、图2.1.23-2），进一步蔓延至背部、体侧和大腿内侧（图2.1.23-3、图2.1.23-4）。表现为患部剧痒，到处擦痒（图2.1.23-5、图2.1.23-6），甚至将患部擦伤导致出血、脱毛和皮肤受损。病程长的，出现皮肤肥厚，并形成皱褶或龟裂。若有继发感染，可见患部有化脓性结节或脓疱，破溃后结成痂块。

【诊断要点】

根据临床症状和皮肤病变可做出初步诊断。确诊可在皮肤的病健交界处，用刀片刮取皮屑直到稍有出血，将最后刮下的皮屑用直接涂片法或沉淀法检查。

1. **直接涂片法**　将刮取的病料少许置于载玻片上，加数滴50%甘油生理盐水，用牙签轻轻搅匀后，盖上盖玻片置显微镜下检查虫卵。

2. **沉淀法**　取刮取的皮屑，放入装有5%～10%氧氢化钠溶液的小试管中，浸泡溶解20～30min后，吸取沉淀物于显微镜下检查虫体。

【检疫处理】

我国将绵羊疥癣列为三类动物疫病（2008病种名录），将疥癣列为进境动物检疫其他寄生虫病（2013病种名录）。

（1）动物检疫确诊的病猪，要及时隔离治疗；对猪舍和饲养用具进行消毒；必要时对猪群进行驱虫。

（2）病变部分或整个皮张做化制或销毁处理。

（3）进境动物检疫检出的阳性猪扑杀、销毁或退回处理，同群猪隔离观察。

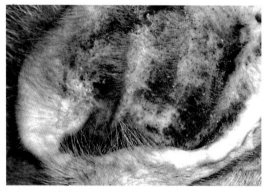

图2.1.23-1　猪疥螨病　病猪耳廓皮肤内侧面的黄褐色疥癣痂皮　　　　　　（徐有生）

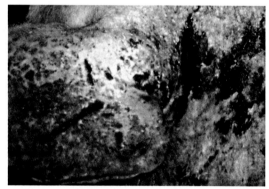

图2.1.23-2　猪疥螨病　病猪耳部和颈部皮肤的疥癣痂皮　　　　　　　　　（徐有生）

图2.1.23-3　猪疥螨病　病猪全身皮肤疥癣以头部皮肤更严重　　　　　　（徐有生）

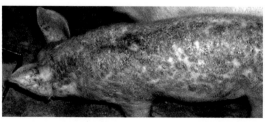

图2.1.23-4　猪疥螨病　病猪全身皮肤疥癣感染后形成痂块　　　　　　　（徐有生）

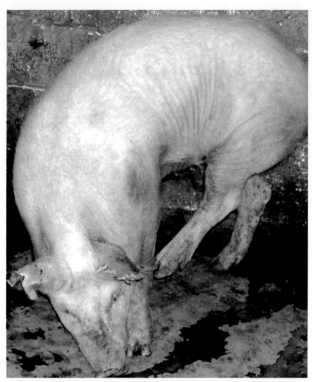

图2.1.23-5 猪疥螨病 病猪表现奇痒，用脚趾抓痒

（徐有生）

图2.1.23-6 猪疥螨病 发生奇痒的病猪在饲槽上摩擦

（徐有生）

第二节 禽传染性疾病

一、新 城 疫

新城疫（newcastle disease，ND）是由新城疫病毒（newcastle disease virus，NDV）引起鸡和火鸡等禽鸟类的一种急性、热性和高度接触性传染病。病理特征是固膜性肠炎、淋巴组织出血、坏死及非化脓性脑膜脑炎。

【流行病学】

本病的主要传染源是病鸡、带毒鸡以及流行间歇期的带毒鸟类。感染鸡可经口、鼻分泌物和粪便排出病毒，污染饲料、饮水、垫草、用具及圈舍地面等，当健康鸡与病鸡或与污染的环境接触，可经消化道、呼吸道感染；病毒也可经眼结膜、泄殖腔黏膜和损伤的皮肤感染。鸡、火鸡、珠鸡、野鸡均易感，但以鸡尤其是幼龄鸡易感性最高。

本病在易感鸡群中流行，发病率和死亡率可达90%以上。目前，我国已有很好的疫苗控制新城疫，在规模化鸡场由于接种疫苗确实，发病率和死亡率都很低。

【临床症状】

临床上病鸡以呼吸困难、严重腹泻和病后期出现神经症状为特征。根据临床症状可分为典型新城疫和非典型性新城疫。

典型新城疫的主要综合征候群是：病鸡体温升高、精神萎靡；鸡冠、肉髯呈暗紫色；口、鼻分泌多量黏液，摇头或吞咽动作，张口伸颈发出嘶哑的"咯咯"声；嗉囊充满黏液，倒提时常有酸臭液体从口腔流出（图2.2.1-1）；排黄绿色恶臭稀便，常混有血液；病程拖长的，常表现翅麻痹、头颈向后或向一侧扭转等神经症状（图2.2.1-2～4）。

在目前养殖条件下，新城疫免疫鸡群很少发生典型症状。感染鸡群一般表现为轻微的呼吸道症状，病程长的有神经症状。成年鸡仅见产蛋量下降，软壳蛋增多。

【病理变化】

病理变化以消化道病变为特征。

典型新城疫主要综合病变群是，腺胃黏膜水肿，腺胃乳头有出血、溃疡（图2.2.1-5～7），有的病鸡可见食管与腺胃、腺胃与肌胃的交界处，有条状或斑点状出血、溃疡，有的见肌胃角质膜下黏膜皱襞出血、溃疡；小肠、盲肠扁桃体有出血或纤维素性坏死灶并形成假膜及溃疡（图2.2.1-8～13）；直肠和泄殖腔黏膜出血，有的有坏死灶。此外，鼻腔和喉部黏膜充血、出血；气管黏膜出血，黏液增多（图2.2.1-14～17）；肺有瘀血或水肿；心外膜和心冠脂肪出血（图2.2.1-18）。

非典型新城疫的病理变化轻微且不典型，可见肠道黏膜卡他性炎，喉、气管（图2.2.1-19）、直肠的黏膜及盲肠扁桃体等有轻度出血，有的病鸡的腺胃有少量出血。

【诊断要点】

根据本病的流行病学特点和病鸡表现呼吸困难、下痢、神经症状及消化道黏膜的出血、坏死、溃疡等特征，即可做出初步诊断。确诊需进行病毒分离鉴定和血清学诊断。

分子生物学方法诊断采用RT-PCR技术，可快速检测新城疫病毒并确定其毒力。血清学诊断方法有中和试验、血凝和血凝抑制试验、免疫荧光抗体技术、ELISA等。

临床上本病应注意与禽传染性支气管炎和禽霍乱相鉴别。

【检疫处理】

新城疫是世界动物卫生组织（OIE）列为必须通报的动物疫病（2018病种名录），我国将其列为一类动物疫病（2008病种名录）。新城疫也是我国规定的进境动物检疫一类传染病（2013病种名录）。

（1）当发现新城疫疫情时及时上报疫情，并应根据国家《新城疫防治技术规范》和《病害动物和病害动物产品生物安全处理规程》（GB16548—2006）对疫情进行紧急处理。

（2）对疫病区实行严格隔离、封锁，禁止疫区内动物、动物产品移动；禁止易感动物进出和其产品及其他可能被污染的物品运出；对病鸡及死亡鸡或其胴体与内脏销毁；对被污染的物品、用具、禽舍、场地等严格彻底消毒；对疫点内病禽排泄物、粪便及可能被污染的饲料、垫料等进行无害化处理；对疫区内和受威胁区内易感禽进行紧急强制免疫。

（3）进境动物检疫确诊的阳性鸡，全群扑杀、销毁或退回处理。

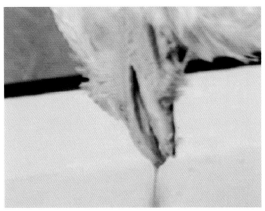

图2.2.1-1　新城疫　倒提病死鸡，从口腔流出黄绿色酸臭液体　　　　　　（王桂枝）

图2.2.1-2　新城疫　病鸡精神委顿、闭目缩颈　左下图示头颈部向一侧弯曲等神经症状　　　　　　（王桂枝）

图2.2.1-3　新城疫　病鸡表现头颈向后弯曲的神经症状　　　　　　（肖运才　周祖涛）

图2.2.1-4　新城疫　病鸡表现头颈扭曲的神经症状　　　　　　（肖运才　周祖涛）

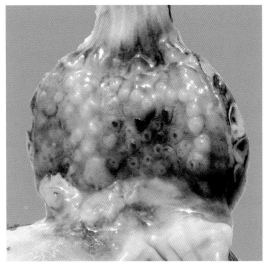

图2.2.1-5　新城疫　病鸡腺胃乳头水肿、出血，腺胃与肌胃交界处出血　　（徐有生）

图2.2.1-6　新城疫　病鸡整个腺胃乳头肿胀、出血　　　　　　（肖运才　周祖涛）

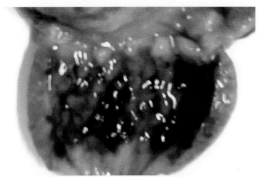

图2.2.1-7　新城疫　病鸡腺胃乳头严重出血
（孙锡斌）

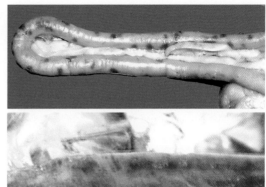

图2.2.1-8　新城疫　病鸡十二指肠出血：上图可见
十二指肠浆膜下有散在出血斑（徐有生）；
下图可见十二指肠的黏膜肿胀、弥漫性
出血

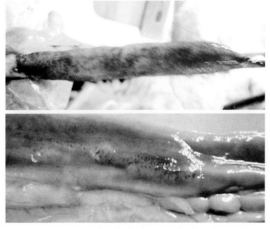

图2.2.1-9　新城疫　病鸡回肠、盲肠出血。上图：
回盲段弥漫性出血（肖运才　王喜亮）；
下图：回肠黏膜固有层淋巴滤泡肿大、
出血　　　　　　　　　　（周祖涛）

图2.2.1-10　新城疫　病鸡小肠出血和溃疡
（孙锡斌）

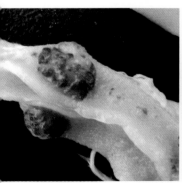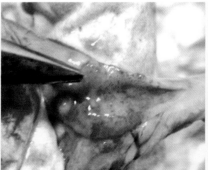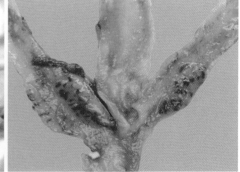

图2.2.1-11 ～ 13　新城疫　病鸡盲肠扁桃体肿胀、出血，有的溃疡
（右图：徐有生；左和中图：肖运才　王喜亮）

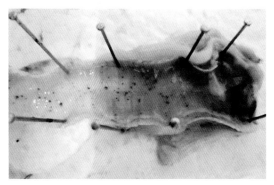

图2.2.1-14　新城疫 病鸡喉部和气管黏膜散在出血
（肖运才　王喜亮）

图2.2.1-15　新城疫 病鸡气管黏膜弥漫性出血
（金梅林）

图2.2.1-16　新城疫 病鸡喉部和气管黏膜明显出血
（肖运才　王喜亮）

图2.2.1-17　新城疫 病鸡喉部出血、气管黏膜环
状出血　　　（肖运才　周祖涛）

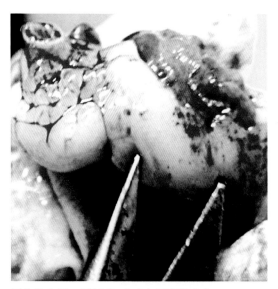

图2.2.1-18　新城疫 病鸡心冠脂肪出血
（肖运才　王喜亮）

图2.2.1-19　非典型新城疫病鸡的喉部轻度的散在
出血点　　（肖运才　周祖涛）

二、传染性支气管炎

鸡传染性支气管炎（infectious bronchitis，IB）是由鸡传染性支气管炎病毒（avian infectious bronchitis virus，IBV）引起鸡的一种急性、高度接触性呼吸道和泌尿生殖道传染病。其临床病理特征是：呼吸型表现眼鼻流分泌物、咳嗽、喷嚏、呼吸困难等呼吸道症状；肾病变型表现肾肿大，肾小管和输尿管内有尿酸盐沉积；腺胃型表现腺胃明显肿大、胃壁增厚。

【流行病学】

病鸡、带毒鸡是主要传染源。病毒随病鸡呼吸道的分泌物排出，主要经空气飞沫传播；亦可通过被污染的饲料、饮水、用具等经消化道感染。各种年龄的鸡均易感，以1～6周龄鸡和产蛋鸡最容易受到侵害。

本病以冬、春寒冷季节多发。鸡群拥挤、鸡舍通风不良、饲料中缺乏维生素和矿物质、疫苗接种等均可促进本病发生。

【临床症状】

1. **呼吸型** 患病鸡年龄不同，其呼吸道症状也有明显差别。4周龄以下的雏鸡和幼鸡发病迅速，短期内波及全群。病鸡表现伸颈、张口呼吸（图2.2.2-1）、打喷嚏、咳嗽、流泪、流鼻液，呼吸时有啰音，有的面部肿胀（图2.2.2-2）。

成年鸡的呼吸道症状轻微；蛋鸡主要表现开产期推迟，产蛋量减少，蛋品质下降如产软壳蛋、畸形蛋、褪色蛋、砂粒蛋等，蛋清稀薄、呈水样（图2.2.2-3～5）。肉鸡发病后有轻微的呼吸道症状，排灰白色稀粪，消瘦、衰弱。

2. **肾病变型** 主要发生于2～4周龄幼鸡。病鸡排白色稀粪，发病初期常伴发短期的轻微呼吸道症状。

3. **腺胃型** 主要表现腹泻、生长迟缓，部分病鸡伴有呼吸道症状。发病中后期表现为极度消瘦，最后衰竭死亡。

【病理变化】

1. **呼吸型** 可见呼吸道黏膜弥漫性充血、出血，鼻腔、气管和支气管内有浆液性、黏液性或干酪样渗出物（图2.2.2-6～8）；气囊混浊，常附有干酪样渗出物。产蛋鸡的卵泡充血、出血、变形，甚至发生液化（图2.2.2-9）；日龄偏低的幼雏，可见输卵管发育异常，输卵管积液（图2.2.2-10）。

2. **肾病变型** 主要病变为肾苍白、肿大，肾小管和输尿管充满白色尿酸盐，致使肾脏形成花斑肾（图2.2.2-11、图2.2.2-12）。有轻微或无呼吸道病变。其他脏器如法氏囊、肝、脾等无肉眼可见的明显变化。有些严重病例的肝、心外膜、胸膜、腹膜等组织器官的表面可见白色尿酸盐沉积（图2.2.2-13、图2.2.2-14）。

3. 腺胃型　以腺胃显著肿大为特征。外观呈壶腹形或乒乓球形，腺胃壁极度增厚，腺胃黏膜及腺胃乳头肿胀、充血、出血，甚至有坏死和溃疡。有的病鸡的肾脏肿大，肾脏和输尿管有白色尿酸盐沉积。

【诊断要点】

根据本病的流行病学特点、鸡群暴发呼吸道疾病的临床综合征候群、产蛋量减少和蛋品质下降，以及剖检见呼吸道有炎性渗出物，肾脏或腺胃有典型病变，可做出初步诊断。确诊需进行病毒分离鉴定、血清学和分子生物学诊断。

血清学诊断方法有中和试验、血凝和血凝抑制试验、琼脂扩散试验、ELISA、免疫荧光抗体试验等。分子生物学技术主要是应用RT-PCR检测。

本病临床上应注意与新城疫、禽流行性感冒、传染性喉气管炎、传染性鼻炎、曲霉菌病、大肠杆菌性气囊炎等相区别。此外，本病的肾病变型应注意与鸡法氏囊病相区别。

【检疫处理】

传染性支气管炎是世界动物卫生组织（OIE）列为必须通报的动物疫病（2018病种名录），我国将其列为二类动物疫病（2008病种名录）。传染性支气管炎也是我国规定的进境动物检疫二类传染病（2013病种名录）。

（1）动物检疫确诊的病死鸡或胴体和内脏做化制或销毁处理。

（2）对易感鸡进行紧急免疫接种，对鸡舍、环境、用具、运输工具等进行消毒；对粪便和污染的饲料、垫料等最好烧毁或用其他方法进行无害化处理。

（3）进境动物检疫检出为本病的阳性鸡做扑杀、销毁或退回处理，同群鸡隔离观察。

（肖运才）

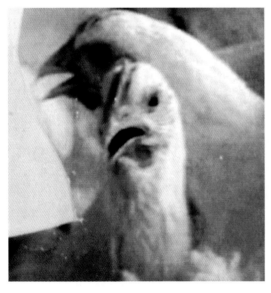

图2.2.2-2　传染性支气管炎　病鸡面部肿胀

（胡薛英）

图2.2.2-1　传染性支气管炎　病鸡张口伸颈呼吸

（王桂枝）

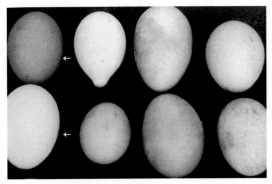

图2.2.2-3　传染性支气管炎　病鸡群产褪色蛋、异形蛋。箭头示正常蛋

（孙锡斌　栗绍文）

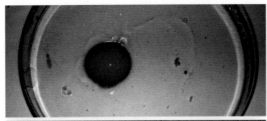

图2.2.2-5　传染性支气管炎　产蛋病鸡产软壳蛋，蛋清稀薄（下图）。上图为正常浓稠蛋清

（李自力）

图2.2.2-4　传染性支气管炎　产蛋病鸡群产蛋量减少，软皮蛋增多　　　　　（李自力）

图2.2.2-6　传染性支气管炎　病鸡喉部黏膜出血，有多量血红色渗出物

（周祖涛　崔卫涛）

图2.2.2-7　传染性支气管炎　病鸡气管黏膜环状出血　（上图:胡薛英；下图:孙锡斌）

图2.2.2-8　传染性支气管炎　病鸡气管黏膜环状出血　气管内有多处干酪样渗出物

（周祖涛　崔卫涛）

图2.2.2-9　传染性支气管炎　病鸡卵泡充血、出血
和卵黄溢出　　　　　（肖运才　周祖涛）

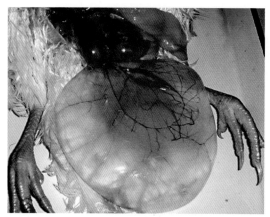

图2.2.2-10　传染性支气管炎　病鸡输卵管积液

（许青荣　王喜亮）

图2.2.2-11　传染性支气管炎　病鸡肾肿胀，尿酸
盐沉着，呈明显的"花斑肾"外观

（胡薛英）

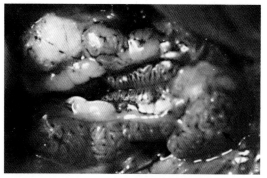

图2.2.2-12　传染性支气管炎　病鸡肾肿胀明显，
尿酸盐沉着，呈"花斑肾"

（王桂枝）

图2.2.2-13　传染性支气管炎　病鸡心外膜和肾输
尿管沉着灰白色尿酸盐

（胡薛英）

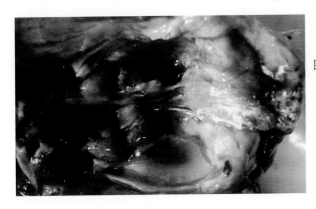

图2.2.2-14　传染性支气管炎　病鸡肾肿大，肾和腹腔浆膜面有灰白色尿酸盐沉着

（肖运才　王喜亮）

三、马立克氏病

马立克氏病（marek's disease，MD）是由有致瘤作用的马立克氏病病毒（marek's disease virus，MDV）引起鸡的淋巴组织增生性恶性肿瘤病，是目前危害养禽业健康发展的最重要疾病之一。本病以患病禽的外周神经、内脏器官、卵巢、皮肤等发生淋巴细胞浸润和肿瘤形成为特征。

【流行病学】

本病的主要传染源是病鸡和带毒鸡。病鸡羽囊上皮细胞中存在传染性很强的病毒，随羽毛和皮屑脱落到周围环境中，通过直接接触或间接接触经气源传播。本病通常发生于1月龄以上的鸡，以2～5月龄鸡最易发生。特别是出雏和育雏室的雏鸡早期感染，有很高的发病率和死亡率。

饲养过密、通风不良、舍内空气污浊等均可促进本病的发生与流行。

【临床症状】

根据发生部位不同可分为4种类型，以神经型为常见。

1. **神经型**　当病鸡迷走神经受侵害时，可引起嗉囊麻痹；坐骨神经受侵害时，表现步态不稳，肢体呈不对称性麻痹，以一腿向前另一腿向后呈大劈叉姿势最具特征性（图2.2.3-1、图2.2.3-2）；臂神经受侵害时，可引起病侧翅膀下垂；颈神经受侵，则表现头颈下垂或歪斜。

2. **内脏型**　常见于幼龄鸡群。病鸡表现鸡冠及肉髯苍白、食欲不振、逐渐消瘦、腹泻、脱水等，最后衰竭死亡。

3. **皮肤型**　病鸡颈部、背部、翅、大腿外侧的皮肤羽囊肿大，形成大小不一的结节或瘤状物（图2.2.3-3）。皮肤病变以褪毛后的胴体最为明显。有的病鸡距部、趾部的皮肤也形成肿瘤结节（图2.2.3-4）。

4. **眼型**　病鸡一侧或双侧眼的瞳孔边缘呈锯齿状，且瞳孔逐渐缩小，到严重阶段只剩针尖大小孔。当虹膜受侵时可见其色彩呈环状或斑点状褪色，甚至变为弥漫性的灰白色或灰青色混浊（俗称"灰眼""鱼眼"，图2.2.3-5、图2.2.3-6），严重者导致眼失明。

【病理变化】

1. **神经型**   可见受侵的一侧或两侧的坐骨神经显现局限性或弥漫性水肿、增粗，呈灰白色或黄白色；严重病例横纹消失，粗肿的神经常呈颗粒状突起或结节状（图2.2.3-7）。臂神经丛、腹腔神经丛、肠系膜神经丛等的病理变化与坐骨神经相似。

2. **内脏型**   病变最显见的是心、肝、肺、肾、脾、卵巢、腺胃、肌胃和肠等器官有大小不一的单个或多个灰白色或黄白色肿瘤结节（图2.2.3-8 ～ 21）。

3. **皮肤型和眼型**   同临床症状。

4. **其他**   肌肉肿瘤（图2.2.3-22 ～ 24）、骨增生形成的瘤状物（图2.2.3-25）等可见于少数病鸡。

【诊断要点】

根据本病的流行病学、临床症状、病理变化以及肿瘤标记可做出诊断。

血清学诊断方法中的琼脂扩散试验常用于对鸡群的监测，依需要可用已知抗原检测受检鸡血清中特异性抗体或用已知阳性血清检测病毒抗原（受检鸡羽髓浸液）（图2.2.3-26）。也可用PCR技术鉴定肿瘤中的病毒，或用DNA探针技术检测羽髓提取物中病毒的DNA。

本病临床上应注意与禽白血病/肉瘤群相区别。

【检疫处理】

我国将鸡马立克氏病列为二类动物疫病（2008病种名录），并规定其为进境动物检疫二类传染病（2013病种名录）。

（1）动物检疫确诊的病死鸡或胴体和内脏做销毁或其他无害化处理。

（2）对易感鸡进行紧急免疫接种，对鸡舍、环境、用具、运输工具等进行消毒；对粪便和污染的饲料、垫料等采用焚烧或其他方法进行无害化处理。

（3）进境动物检疫检出为本病的阳性鸡做扑杀、销毁或退回处理，同群鸡隔离观察。

图2.2.3-1   马立克氏病 神经型：病鸡站立
时，前后腿呈劈叉姿势

（徐有生）

图2.2.3-2   马立克氏病 神经型：患病乌骨鸡不能站立，
前后腿劈叉呈典型的一字形

（许青荣）

图2.2.3-3　皮肤型：病鸡颈部和腿部的皮肤上有肿瘤结节　　　　　　　　　　（周诗其）

图2.2.3-4　马立克氏病　皮肤型：病鸡趾部皮肤肿瘤　　　　　　　　　　　　（谷长勤）

图2.2.3-6　马立克氏病　眼型：病鸡眼球的虹膜呈灰白色或青灰色。右侧为正常眼球

（孙锡斌　孟宪荣）

图2.2.3-5　马立克氏病　眼型：病鸡瞳孔缩小，虹膜呈灰白色浑浊

图2.2.3-7　马立克氏病　神经型：病鸡一侧坐骨神经肿胀，肿瘤呈结节状。左下图示放大的肿瘤结节　　　　　　（周诗其）

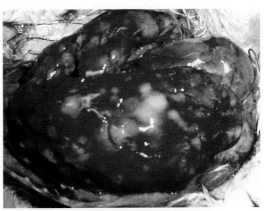

图2.2.3-8　马立克氏病　内脏型：病鸡肝有大小不一的黄白色肿瘤结节　　　　（马增军）

图2.2.3-9 马立克氏病 内脏型：病鸡肝表面有多
个白色肿瘤结节 （马增军）

图2.2.3-10 马立克氏病 内脏型：病鸡肝肿大，
可见密布的灰白色肿瘤组织增生
（胡薛英）

图2.2.3-11 马立克氏病 内脏型：病鸡肝肿大，
切面可见散在的灰白色肿瘤结节
（金梅林）

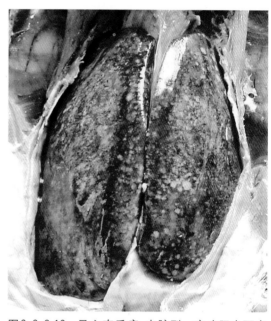

图2.2.3-12 马立克氏病 内脏型：病鸡肝表面密
布白色小结节 （许益民）

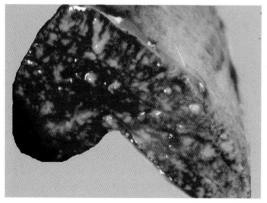

图2.2.3-13 马立克氏病 内脏型：同一病鸡（上
图）肝的切面散在灰白色结节明显可
见 （许益民）

图2.2.3-14 马立克氏病 内脏型：肾肿胀，有灰
白色肿块区 （许益民）

图2.2.3-15 马立克氏病 内脏型：病鸡脾和卵巢
肿瘤 （谷长勤）

图2.2.3-16 马立克氏病 内脏型：病鸡卵巢和肾
肿瘤 （周诗其）

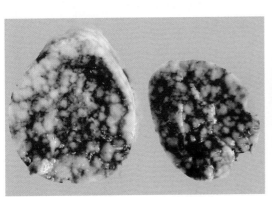

图2.2.3-17 马立克氏病 内脏型：病鸡脾切面散
在大量白色肿瘤结节 （许益民）

图2.2.3-18 马立克氏病 内脏型：乌鸡腺胃黏膜
肿瘤，有的糜烂出血，胃壁增厚
（谷长勤）

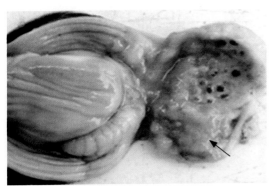

图2.2.3-19 马立克氏病 内脏型：病鸡腺胃黏膜
上灰白色肿块区（箭头）（金梅林）

图2.2.3-20 马立克氏病 内脏型：病鸡胰肿瘤
（胡薛英）

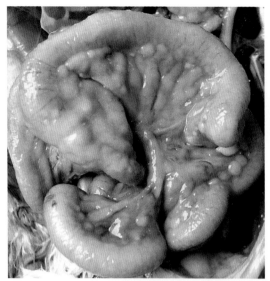

图2.2.3-21　马立克氏病　内脏型：病鸡肠系膜肿瘤
（胡薛英）

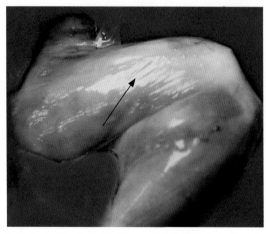

图2.2.3-23　马立克氏病　病鸡腿部肌肉大片灰白
色肿瘤区域（组织学变化已证实）
（许益民）

图2.2.3-25　马立克氏病　病鸡胸椎上瘤状物
（徐有生）

图2.2.3-22　马立克氏病　病鸡肌肉肿瘤（注意与
疫苗注射引起肌肉坏死相区别）
（谷长勤）

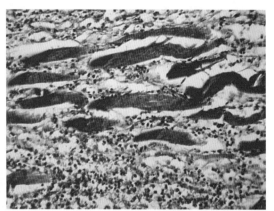

图2.2.3-24　马立克氏病　病鸡腿部灰白色肌肉的
纵切面：组织学肌肉结构破坏，肌纤
维坏死；马立克氏病肿瘤细胞弥漫性
浸润　　　HE×400　　（许益民）

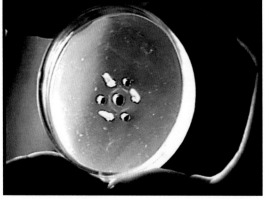

图2.2.3-26　马立克氏病琼脂扩散试验：用已知阳
性血清检查病毒抗原（被检鸡羽髓丰
满的翅羽），阳性：两者之间出现一
条白色沉淀线；阴性：不出现沉淀线
（王桂枝）

四、传染性法氏囊病

传染性法氏囊病（infectious bursal disease, IBD）是由传染性法氏囊病病毒（infectious bursal disease virus，IBDV）引起雏鸡和幼鸡的一种急性、高度接触性传染病。本病别名甘保罗病（gumboro disease）。其病变特征是法氏囊肿大、出血，部分病例可见肾脏肿大并有尿酸盐沉着和胸肌与腿肌的出血。

【流行病学】

病鸡和带毒鸡是主要传染源。病毒主要随病鸡粪便排出，污染饲料、饮水和环境，同群鸡经消化道、呼吸道和眼结膜等途径感染。主要发生于2～15周龄鸡，以3～6周龄鸡最易感。

本病的发生无明显季节性，其潜伏期很短，往往突然发生，迅速传播，以初次暴发鸡群的死亡率高。

【临床症状】

鸡突然发病，表现体温升高，羽毛蓬松，精神萎靡，常蹲伏低头闭眼，排白色或黄白色黏稠或米汤样稀便，病后期严重脱水，最后衰竭死亡。

【病理变化】

病理剖检可见法氏囊肿大，其浆膜下呈胶冻样水肿、出血；严重者整个法氏囊广泛出血，似樱桃状或紫葡萄状外观（图2.2.4-1）；切开囊腔见黏膜皱褶水肿、出血，有灰黄色或红棕色黏性分泌物或坏死的干酪样物；病后期法氏囊萎缩，囊内渗出物变干，形如豆腐渣样或干酪物（图2.2.4-2～6）。胸肌和腿肌（特别是外侧肌）出血，呈条状、斑点状或涂刷状（图2.2.4-7～10）。腺胃与肌胃交界处黏膜（图2.2.4-11）常有出血斑点或呈带状出血甚至溃疡。部分病鸡的肾脏有不同程度肿大、苍白，并有尿酸盐沉着，呈红白相兼的花斑状外观（图2.2.4-12、图2.2.4-13）。

【诊断要点】

根据鸡群发病年龄和法氏囊病变特征，并能与肾型传染性支气管炎（无法氏囊病理变化）相区别，可做出初步诊断。确诊需进行病毒分离鉴定和血清学诊断。

用于本病的诊断方法有琼脂扩散试验、免疫荧光抗体技术、中和试验、ELISA、RT-PCR检测技术等，其中琼脂扩散试验（图2.2.4-14）快速简便，常用于鸡群的流行病学调查和免疫监测。

临床上本病应注意与新城疫、肾型传染性支气管炎等相区别。

【检疫处理】

传染性法氏囊病是世界动物卫生组织（OIE）列为必须通报的动物疫病（2018病种名录）。我国将传染性法氏囊病列为二类动物疫病（2008病种名录），并规定其为进境动物检疫二类传染病（2013病种名录）。

（1）动物检疫确诊的病死鸡或胴体和内脏做销毁或其他无害化处理。

（2）对易感鸡进行紧急免疫接种，对鸡舍、环境、用具、运输工具等进行消毒；对粪便和污染的饲料、垫料等采用焚烧或其他方法进行无害化处理。

（3）进境动物检疫检出为本病的阳性鸡做扑杀、销毁或退回处理，同群鸡隔离观察。

（肖运才）

 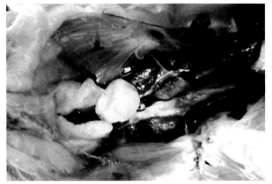

图2.2.4-1　传染性法氏囊病　病鸡的法氏囊肿大，浆膜出血　　　　（徐有生　刘少华）

图2.2.4-2　传染性法氏囊病　病鸡的法氏囊肿大，切开囊腔，可见坚实的黄白色干酪样物

（肖运才　周祖涛）

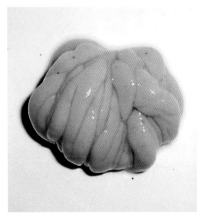  

图2.2.4-3～5　传染性法氏囊病　病鸡法氏囊黏膜水肿、出血。左图示健康鸡法氏囊

（肖运才　周祖涛）

图2.2.4-6　病鸡的法氏囊黏膜水肿，皱襞增厚，覆盖大量黏液。左图可见明显出血和坏死性干酪样物　（孙锡斌　李自力）

图2.2.4-7　传染性法氏囊病　病鸡的皮下和胸肌出血　（周祖涛　崔卫涛）

图2.2.4-8　传染性法氏囊病　胸肌和腿肌有条状、斑点状出血　（徐有生　刘少华）

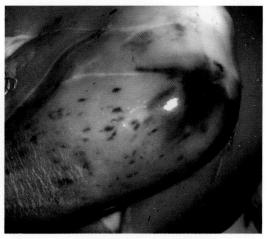

图2.2.4-9　传染性法氏囊病　病鸡的腿肌散在出血斑

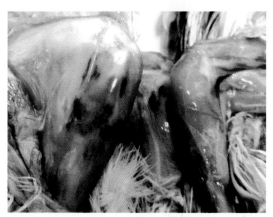

图2.2.4-10　传染性法氏囊病　病鸡腿肌出血斑块

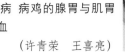

（肖运才　周祖涛　崔卫涛）

图2.2.4-11　传染性法氏囊病　病鸡的腺胃与肌胃交界处黏膜出血

（许青荣　王喜亮）

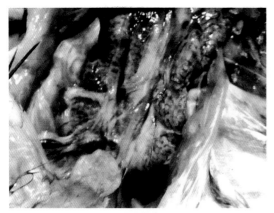

图2.2.4-12 传染性法氏囊病 病鸡的法氏囊肿大；肾肿大，有尿酸盐沉着，形成"花斑肾"（传支肾病变型无法氏囊病变）

（许青荣 王喜亮）

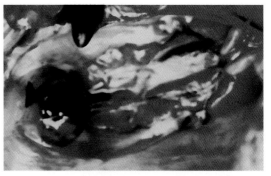

图2.2.4-13 传染性法氏囊病 病鸡的法氏囊肿大如乒乓球并有出血，呈黑红色；肿大的肾脏有尿酸盐沉着（传支肾病变型无法氏囊病变）

（王桂枝）

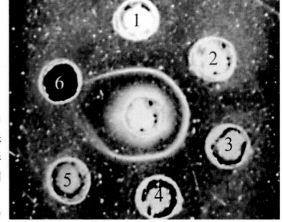

图2.2.4-14 传染性法氏囊病 琼脂扩散试验：中间孔为标准阳性血清，1、4孔为标准抗原对照，2、3、5孔与中间孔形成沉淀线并与对照沉淀线融合为阳性，无沉淀线（6号孔）为阴性

（王桂枝）

五、传染性喉气管炎

传染性喉气管炎（infectious laryngotracheitis，ILT）是由传染性喉气管炎病毒（infectious laryngotracheitis virus，ILTV）引起鸡的一种呼吸道接触传染性疾病。其特征是呼吸困难，咳嗽，气喘，咳出带血的黏液；喉部和气管黏膜肿胀、充血、出血，甚至坏死、糜烂。

【流行病学】

病鸡和带毒鸡是主要传染源。病毒通过上呼吸道分泌物向外排毒，污染舍内空气、垫料、饲料、饮水及用具等，主要通过上呼吸道和眼结膜接触感染，也可经消化道感染。不同年龄的鸡均易感，以成年鸡发病症状明显而典型；幼火鸡、野鸡、孔雀也可感染。

本病于每年的秋、冬季节多发，常呈地方流行性。鸡群的感染率可达90%，病死率较低，但高产蛋鸡病死率较高。

【临床症状】

发病初期有少数鸡突然死亡，其他病鸡出现流泪、流鼻液，口腔有多量黏性分泌物（图2.2.5-1），进一步显现本病典型的症状：咳嗽，气喘，呼吸极度困难，伸颈张口吸气（图2.2.5-2），呼吸时伴有啰音和喘鸣声，咳嗽甩头，甩出带血黏液或凝血块。产蛋鸡群产蛋量下降，甚至停产。

症状轻微的病鸡，主要表现浆液性、纤维素性或化脓性结膜炎（图2.2.5-3），可见眼结膜充血，眼睑肿胀，流泪，分泌黏性或干酪样物；严重者可导致眼失明。

【病理变化】

传染性喉气管炎的主要病理变化部位在喉部和气管。

病理剖检可见喉部和气管黏膜肿胀、充血和出血，表面覆有多量黏稠黏液和黄白色干酪样假膜，并有凝血块、血液和/或血丝样物黏附于气管壁上（图2.2.5-4～8），严重时可阻塞气管。肺有弥漫性出血，支气管、细支气管内有黄白色干酪样物（图2.2.5-9、图2.2.5-10）。严重病例可见口腔、喉和气管黏膜发生糜烂、坏死（图2.2.5-11、图2.2.5-12）。

病情较轻的病鸡，仅见眼结膜炎、眶下窦黏膜水肿、充血等变化。

【诊断要点】

根据流行病学特点，发病后表现呼吸困难、气喘、咳嗽并甩出带血色分泌物等典型症状和喉与气管的黏液性出血性炎的病变特征，可做出初步诊断。确诊需做病毒的分离与鉴定、血清学诊断和分子生物学诊断。血清学检查方法有琼脂扩散试验、中和试验、免疫荧光抗体技术、ELISA等。应用RT-PCR扩增传染性喉气管炎病毒特异性基因，其操作简便、快速。

此外，在病程早期（4～5d）刮取气管或喉部黏膜或眼结膜的上皮组织制成涂片、染色、镜检，如镜下观察到核内包含体，也有助于诊断。

临床上本病应注意与黏膜型鸡痘、维生素A缺乏症等相区别。

【检疫处理】

传染性喉气管炎是世界动物卫生组织（OIE）列为必须通报的动物疫病（2018病种名录）。我国将传染性喉气管炎列为二类动物疫病（2008病种名录），并规定其为进境动物检疫二类传染病（2013病种名录）。

（1）动物检疫确诊的病死鸡或胴体和内脏做销毁或其他无害化处理。

（2）对易感鸡进行紧急免疫接种，对鸡舍、环境、用具、运输工具等进行消毒；对粪便和污染的饲料、垫料等采用焚烧或其他方法进行无害化处理。

（3）进境动物检疫检出为本病的阳性鸡做扑杀、销毁或退回处理，同群鸡隔离观察。

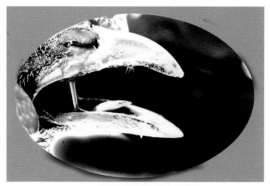

图2.2.5-1　传染性喉气管炎 病鸡鼻腔和口腔的黏液性分泌物明显可见　（徐有生）

图2.2.5-2　传染性喉气管炎 病鸡张口伸颈呼吸　（徐有生）

图2.2.5-3　传染性喉气管炎 病鸡眼有大量脓性分泌物　（徐有生）

图2.2.5-4　传染性喉气管炎 患病乌骨鸡的喉部和气管黏膜充血、出血，黏膜上有大量泡沫样分泌物　（徐有生）

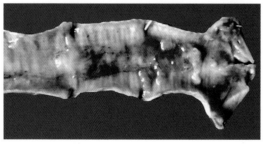

图2.2.5-5　传染性喉气管炎 病鸡的喉部和气管黏膜肿胀、严重出血，黏膜面上附着带血的黏液性分泌物　（马增军）

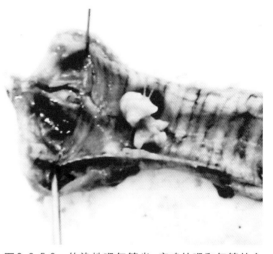

图2.2.5-6　传染性喉气管炎 病鸡的喉和气管的交界处有黄白色干酪样物，质地硬实　（周祖涛　崔卫涛）

图2.2.5-7　传染性喉气管炎 病鸡的气管壁上黏附的黄白色干酪样物　（周祖涛　崔卫涛）

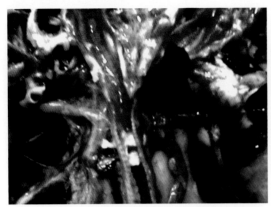

图2.2.5-8 病鸡气管黏膜出血,气管壁多处有黄白色干酪样物,有的被凝固物栓塞
（周祖涛 崔卫涛）

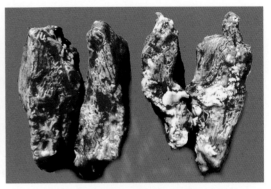

图2.2.5-10 传染性喉气管炎 左侧图示病鸡的肺弥漫性出血;右侧图示病鸡的支气管周围有黄白色干酪样物 （徐有生）

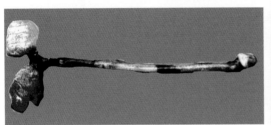

图2.2.5-9 传染性喉气管炎 病鸡的气管内多处被凝血块阻塞 （徐有生）

图2.2.5-11 传染性喉气管炎 患病雪山乌鸡舌上有结节状糜烂坏死 （徐有生）

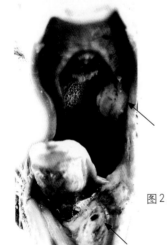

图2.2.5-12 传染性喉气管炎 患病雪山乌鸡上、下颚有糜烂坏死结节 （徐有生）

六、禽白血病/肉瘤群

禽白血病/肉瘤群（avian leukosis/sarcoma group）是由反转录病毒科禽反转录病毒属中成员引起鸡的可传播的一类肿瘤性疾病群。其中常见的有淋巴细胞性白血病、成髓细

胞性白血病、髓细胞瘤性白血病和血管瘤性白血病等，近年来在鸡群中广泛流行。

【流行病学】

病禽和带毒禽是本病的主要传染源。经蛋传播是病毒的主要传播方式，这为世代间的持续感染提供了一条途径；多数健康鸡通过与病鸡接触而受到水平传播。本病可发生于多种禽类，其中以鸡特别是6~8月龄鸡最易感，母鸡的易感性比公鸡高。14周龄以下的幼禽很少发生本病。

该病病毒不耐热，在外界环境中存活时间很短，因此不易经间接接触传播。本病潜伏期较长，多呈散发性，死亡率较低。

【临床症状与病理变化】

1. **淋巴细胞性白血病**　病鸡无特征性症状。常见鸡冠苍白、皱缩，偶尔发绀，表现厌食、进行性消瘦和虚弱（图2.2.6-1）。病理变化可见肝、脾、肾、卵巢、肠和肠系膜、胰、法氏囊等有呈结节状、粟粒状或弥散性的肿瘤，其质地柔软、光滑且有光泽，表面和切面呈淡灰色或乳白色（图2.2.6-2~16）。

2. **成髓细胞性白血病**　病鸡食欲不振、嗜睡、全身虚弱，进一步表现食欲废绝、脱水、消瘦和腹泻。病理变化可见病鸡的肝、脾、肾等器官肿大，质地脆而易碎，有弥漫性呈灰色的肿瘤结节，外观呈花斑状或颗粒状（图2.2.6-17~23）。

3. **髓细胞瘤性白血病**　其全身症状与成髓细胞性白血病相似。骨骼上的髓细胞生长可引起头部、胸骨的异常隆凸，有的病鸡腹部膨大，用手可触摸到肿大的肝脏。病理剖检可见形成的肿瘤独特地生长于骨骼表面与骨膜相连处（图2.2.6-24、图2.2.6-25），而且靠近软骨处的肋骨与胸骨的内侧面，以及下颌骨和鼻腔的软骨上；髓细胞瘤呈黄白色，弥漫性或结节性生长；若生长在肝、脾、肾等器官，可形成大肝、大脾等（图2.2.6-26~28）。

4. **血管瘤性白血病**　常见皮肤上发生单个血管瘤（图2.2.6-29），病鸡常啄咬患处（图2.2.6-30），当肿瘤破裂时，可引起大量出血（图2.2.6-31），甚至因失血而死亡。病鸡的血管瘤多见于皮肤和肌肉（图2.2.6-32、图2.2.6-33），也可见于内脏，常因血管破裂形成血肿（图2.2.6-34）。

以上肿瘤在显微镜下显示：均由肿瘤名称相应的肿瘤细胞组成，以此做出病理学诊断。

【诊断要点】

根据该病典型的剖检病理变化，结合临床症状和流行病学特点可做出初步诊断。确诊需进行实验室诊断。病理组织学方法常用于对肿瘤病变组织的检查。

其他诊断方法有鸡或鸡胚接种、补体结合试验、中和试验、免疫荧光抗体技术、ELISA和PCR技术等。

【检疫处理】

我国将禽白血病列为二类动物疫病（2008病种名录），并规定其为进境动物检疫二类传染病（2013病种名录）。

（1）动物检疫确诊的病死鸡或胴体和内脏做销毁或其他无害化处理。

（2）对鸡舍、环境、用具、运输工具等进行消毒；对粪便和污染的饲料、垫料等最好烧毁处理。

（3）进境动物检疫检出为本病的阳性鸡做扑杀、销毁或退回处理，同群鸡隔离观察。

（胡薛英）

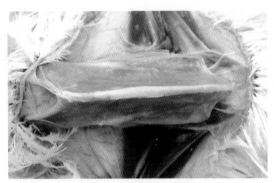

图2.2.6-1 淋巴细胞性白血病 病鸡消瘦，胸部肌肉萎缩，胸骨突出 （胡薛英）

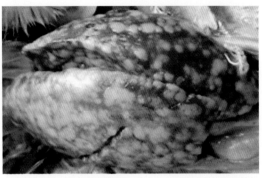

图2.2.6-2 淋巴细胞性白血病 病鸡肝上布满乳白色结节状肿瘤 （周祖涛 王喜亮）

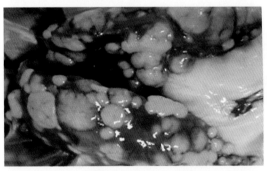

图2.2.6-3 淋巴细胞性白血病 病鸡肝上布满大小不一的乳白色肿瘤

图2.2.6-4 淋巴细胞性白血病 病鸡肝上有多量大小不一的乳白色肿瘤 （胡薛英）

图2.2.6-5 淋巴细胞性白血病 病鸡肝上布满粟粒状乳白色结节 （许青荣 王喜亮）

图2.2.6-6 淋巴细胞性白血病 病鸡肝上散在灰白色结节状肿瘤 （胡薛英）

图2.2.6-7　淋巴细胞性白血病　病鸡肝弥漫性分布
　　　　　灰白色粟粒状的肿瘤结节

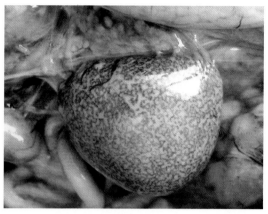

图2.2.6-8　淋巴细胞性白血病　脾肿大，弥漫性分
　　　　　布白色肿瘤　　　　　　（胡薛英）

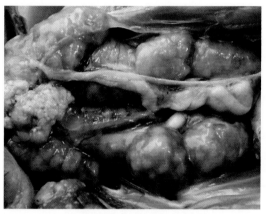

图2.2.6-9　淋巴细胞性白血病　肾高度肿大，散在
　　　　　大量的灰白色肿瘤结节
　　　　　　　　　　　　　　　（胡薛英）

图2.2.6-10　淋巴细胞性白血病　病鸡肾肿大，布
　　　　　　满的白色肿瘤使肾呈花斑状
　　　　　　　　　　　　　　　　（胡薛英）

图2.2.6-11　淋巴细胞性白血病　病鸡肾肿大，弥
　　　　　　漫性白色肿瘤呈花斑状

　　　　　　　　　　　　（许青荣　王喜亮）

图2.2.6-12　淋巴细胞性白血病　病鸡肠浆膜上弥
　　　　　　漫性分布的肿瘤　　　　（许益民）

图2.2.6-13 淋巴细胞性白血病 病鸡胰和肠浆膜
上弥漫性分布的白色肿瘤
（胡薛英）

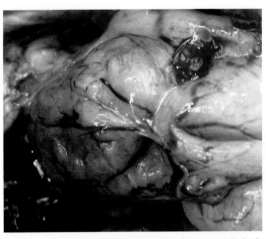

图2.2.6-15 淋巴细胞性白血病 病鸡法氏囊高度
肿大如乒乓球 （胡薛英）

图2.2.6-14 淋巴细胞性白血病 肠壁、肠系膜和
卵巢弥漫性分布的粟粒状白色肿瘤
（胡薛英）

图2.2.6-16 淋巴细胞性白血病 病鸡肝切面弥漫
性粟粒状白色肿瘤 （胡薛英）

图2.2.6-17 成髓细胞性白血病 病鸡肝肿大，质
地变脆 （胡薛英）

图2.2.6-18 成髓细胞性白血病 病鸡肝高度肿大，
密布粟粒大小的灰白色肿瘤结节
（胡薛英）

图2.2.6-19 成髓细胞性白血病 病鸡脾肿大，有弥漫性灰白色肿瘤结节　　（胡薛英）

图2.2.6-20 成髓细胞性白血病 病鸡脾肿大（左侧图为正常脾脏），有弥漫性灰白色肿瘤结节　　（周祖涛　肖运才）

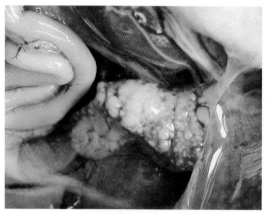

图2.2.6-21 成髓细胞性白血病 病鸡卵巢灰白色肿瘤结节　　（胡薛英）

图2.2.6-22 成髓细胞性白血病 病鸡肾和卵巢有弥漫性灰白色肿瘤结节　　（胡薛英）

图2.2.6-23 成髓细胞性白血病 病鸡心和肾有灰白色肿瘤结节　　（胡薛英）

图2.2.6-24 髓细胞瘤性白血病 生长于病鸡肋骨表面的肿瘤结节　　（胡薛英）

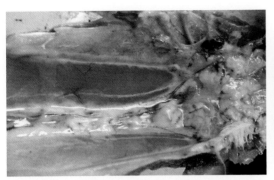

图2.2.6-25 髓细胞瘤性白血病 病鸡胸骨肿瘤结节
（胡薛英）

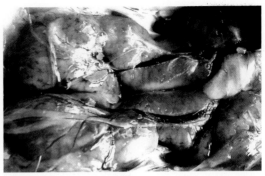

图2.2.6-26 髓细胞瘤性白血病 病鸡肾脏上生长
的白色髓细胞瘤 （胡薛英）

图2.2.6-27 髓细胞瘤性白血病 病鸡肝上生长的
髓细胞瘤，使肝极度肿大，几乎占满
整个腹腔 （胡薛英）

图2.2.6-28 髓细胞瘤性白血病 病鸡脾脏上生长
的白色髓细胞瘤，使脾显著肿大至鸡
蛋大 （胡薛英）

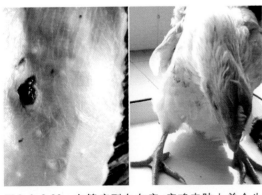

图2.2.6-29 血管瘤型白血病 病鸡皮肤上单个生
长的血管瘤
（左图：胡薛英；右图：许青荣）

图2.2.6-30 血管瘤型白血病 病鸡啄皮肤上血管瘤
（胡薛英）

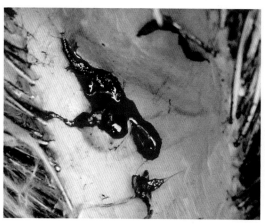

图2.2.6-31　血管瘤型白血病　病鸡皮肤上的血管
　　　　　　瘤破裂出血　　　　　　　（胡薛英）

图2.2.6-32　血管瘤性白血病　肌肉血管瘤
　　　　　　　　　　　　　　　　　（胡薛英）

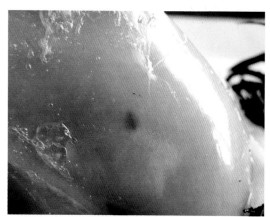

图2.2.6-33　血管瘤性白血病　病鸡胸部肌肉血管瘤
　　　　　　　　　　　　　　　　　（胡薛英）

图2.2.6-34　血管瘤性白血病　病鸡肝血管瘤。血
　　　　　　管破裂形成血肿，腹腔有凝血块
　　　　　　　　　　　　　　　　　（胡薛英）

七、禽戊肝病毒感染

禽戊肝病毒感染（avian hepatitis E virus infection chickens）是由禽戊肝病毒（avian hepatitis E virus）主要引起成年肉用种鸡和商品蛋鸡以亚临床或低死亡率和轻度产蛋下降为特点，病理变化以大肝、大脾为特征的疾病。本病曾经称为大肝大脾病（big liver and spleen disease，BLS）、肝炎－脾肿大综合征（hepatitis-splenomegaly syndrome，HS）等。

【流行病学】

禽戊肝病毒迄今尚不能在细胞培养上分离复制病毒。病毒存在于病鸡的血液、肝、脾、肾等组织中；鸡大肝大脾病是接触性传染病。感染鸡是最重要的感染来源，通过粪、口途径经污染的饲料、饮水和垫料扩散。

戊肝病毒感染主要发生于肉用种鸡和商品蛋鸡。火鸡有自然感染，但也能试验感染。肉用种鸡和商品蛋鸡通常呈慢性感染，各种日龄鸡都易感，以35～50周龄的成年鸡多发。肉用种鸡比白来亨鸡更易感。其他感染影响因素有性别、品种、生理状况、体质状况及应激等。协同感染，如鸡毒支原体感染、鸡霍乱、鸡传染性鼻炎等，都会促使疾病的发生。作者曾遇到的蛋鸡病例最小日龄是60日龄，在运输应激后发病。

本病的发病季节与媒介昆虫有关，因此消灭有害昆虫也是很重要的一个环节。

禽戊肝病毒的公共卫生意义不明。尚未鉴定到人类感染禽戊肝病毒，说明鸡不大可能是人感染的宿主。

【临床症状】

戊肝病毒感染潜伏期常需数月。母鸡在性成熟前感染，不表现临床症状，但往往在性成熟后的数周内发病。临床病例仅见于24周龄以上的母鸡，以35～50周龄的成年鸡多发。本病以亚临床感染普遍，死亡率平均为1%。鸡群感染的最初表现为产蛋量突然迅速下降，死亡率增高。在产蛋量明显下降的同时，开始出现血清抗体；"卵黄"中约有1/4的抗体检出率。其他表现包括精神委顿，鸡冠和肉髯苍白，食欲下降，糊状稀粪，肛门周围羽毛污浊。病鸡群内多见鸡主羽毛脱落。感染母鸡常无预兆症状死亡。

【病理变化】

可见病鸡体况良好，嗉囊常空虚，内脏和皮下脂肪呈黄疸色，腹腔有不易凝固的血水。最明显的病变是：

脾肿大，可达正常大小的2～3倍，重量达4～10g或更多（图2.2.7-1）；脾切面的红髓中分布着大量的白色小病灶，病后期，切面可见大的粉红色病灶。显微镜下，脾脏内淋巴样细胞普遍耗竭，小动脉壁和间质空隙集聚粉红色淀粉样物质；脾网状内皮巨噬细胞明显增生（引起脾脏肿大），有时嗜异白细胞轻度浸润；坏死组织区（可能是坏死巨噬细胞集结区）含有细胞核碎片或呈现无定形嗜伊红物质。晚期，脾脏保留大体上的肿大，脾组织细胞以网状内皮细胞为主；残留的坏死和无定形病灶有程度不等的纤维化，周围包围多核巨细胞（图2.2.7-2）。

肝肿大，苍白色，易碎，色彩斑驳，散在红色、黄色和棕色病灶。常见包膜下出血或血肿，有凝血块疏松地附着于肝表面（图2.2.7-3、图2.2.7-4）。显微镜下（图2.2.7-5、图2.2.7-6）为多灶性或广泛性肝出血、多灶性到广泛性肝细胞的凝固性坏死、脉管炎特征是门脉区末梢门静脉和肝小静脉血管壁和静脉周围的肝组织有嗜异白细胞和单核炎性细胞浸润。此外，还可见肝窦淀粉样变，肝组织区完全被沉着的无细胞或少量细胞的致密无定形均质的嗜伊红淀粉样物质取代，这些淀粉样变物质染色不呈现阳性。某些病例可见干酪样肉芽肿。

卵巢退化，苍白色，滤泡中常现凝血块，有时有游离卵黄的腹膜炎。病后期，卵巢及输卵管完全退化。

其他内脏变化，有腺胃炎、肠炎、十二指肠黏膜出血、胰腺出血，肺和肾严重充血、水肿和炎症，有时见瘀斑状出血。

【诊断要点】

由于禽戊肝病毒的亚临床感染在鸡群中非常普遍，检测血清抗体或粪便、组织中的病毒抗原并结合临床症状、大体和显微病变即可做出鉴别。

根据产蛋的肉用种鸡或蛋鸡表现产蛋下降、死亡率增加等临床表现，病死鸡的肝、脾肿大和腹腔血水，显微病变为出血性坏死性肝炎和脾炎、淀粉样变、血管炎等病理变化，可做出初步诊断。确诊需进行实验室检查。

禽戊肝病毒难分离，可应用特异性引物做RT-PCR检测病料中的鸡戊肝病毒；用免疫荧光抗体技术检测组织切片、涂片和细胞培养物中的抗原；用病鸡胆汁电镜检查病毒颗粒。

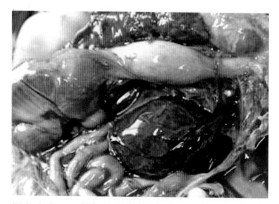

图2.2.7-1　禽戊肝病毒感染　病鸡脾肿大、出血，周围有凝血块。病变脾为正常脾的2～3倍
（许益民）

【检疫处理】

（1）动物检疫确诊的病死鸡或胴体和内脏做销毁或其他无害化处理。

（2）对鸡舍、环境、用具、运输工具等进行消毒；对粪便和污染的饲料、垫料等最好烧毁或用其他方法进行无害化处理。

（许益民）

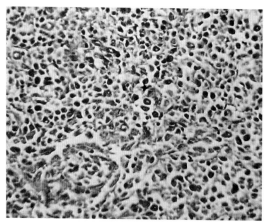

图2.2.7-2　禽戊肝病毒感染　脾水肿，原有结构破坏，炎性细胞浸润，巨噬细胞增多，细胞坏死碎片较多　HE×400
（许益民）

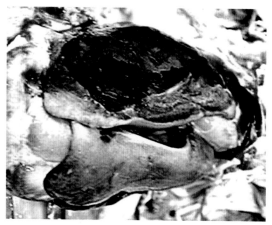

图2.2.7-3　禽戊肝病毒感染　病鸡肝肿大，一侧严重出血，另一侧有出血斑，色黄
（许益民）

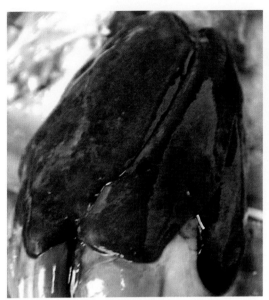

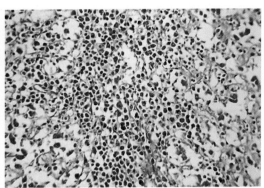

图2.2.7-5　禽戊肝病毒感染　肝大片凝固性坏死出血区域内，原有的肝组织消失，大量白细胞浸润。肝细胞被无定形的淀粉样物质包围。因此本病曾经称为"坏死性出血性肝炎"（necrotic haemorrhagic hepatitis，Read et al，1993）HE×400

（许益民）

图2.2.7-4　禽戊肝病毒感染　病鸡肝肿大，色彩斑驳。肝占据腹部大部分体腔，含有灰白色细小坏死灶和褐色斑点，造成肝色彩花斑状，肝质地松脆易碎

（许益民）

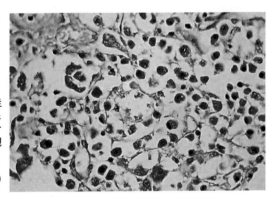

图2.2.7-6　禽戊肝病毒感染　肝脏坏死和淀粉样变。肝坏死区内的炎性细胞多数是巨噬细胞、白细胞和淋巴细胞，肝细胞被无定形淀粉样物质分隔　HE×1000

（许益民）

八、鸡心包积水-肝炎综合征

鸡心包积水-肝炎综合征（hydropericardium-Hepatitis syndrome, HHS）是由禽腺病毒属的Ⅰ群腺病毒群中特定血清型感染引起的一种死亡率较高的鸡传染性疾病。Ⅰ群禽腺病毒主要从鸡、火鸡、鹅及其他禽类获得，包括5个基因型（A-E）和12个血清型（FAdV1-12）。每个基因型包含一定的血清型，禽腺病毒C基因型包括禽腺病毒4型和10型（FAdV-4、FAdV-10），其主要临床和病理症候群为心包积水综合征、包含体肝炎、肌胃糜烂症、产蛋下降等。鸡心包积水-肝炎综合征主要病理变化为心包积水和包含体肝炎，因最早于1987年发生于巴基斯坦的安格拉，故命名为安格拉病。我国学者称该病为鸡包含体肝炎或贫血综合征。

【流行病学】

鸡心包积水-肝炎综合征于1987年在巴基斯坦首次报道，之后主要在亚洲、南美洲暴发，最近几年在世界范围内流行持续增多并导致较大的经济损失。我国于1976年首先在中国台湾地区发现该病，此后在多个省市相继发生，呈日益蔓延趋势。2015年起，我国多省份暴发该病，引起鸡大量死亡。

本病多发生于3～5周龄的肉鸡，10～20周龄的产蛋鸡也有发病。如有其他混合感染时，病情加剧，死亡率上升。

【临床症状】

本病多呈急性经过。病鸡精神状态无明显异常，采食也不见下降，感染后3～4d突然出现死亡高峰，5d后死亡减少或停止，死亡率为20%～80%。病程短的4～8d逐渐恢复，有的可持续2～3周甚至更长的时间。

【病理变化】

剖检病变包括心包蓄积大量淡黄色液体（图2.2.8-1～3）；肝脏肿大，表面有点状或斑状出血，并有灰白色坏死灶（图2.2.8-4、图2.2.8-5）；肾脏肿大，并有尿酸盐沉积（图2.2.8-6）；部分鸡腺胃和肠道出血。主要组织学病变包括肝脏出血，肝细胞大量坏死，部分肝细胞出现核内嗜碱性包含体（图2.2.8-7、图2.2.8-8）；心肌变性和坏死，并伴有出血、炎性细胞浸润（图2.2.8-9）；肾脏组织内出血，肾小管上皮细胞大量坏死（图2.2.8-10）；肺出血（图2.2.8-11）。透射电镜观察，在肝细胞内发现大量腺病毒样病毒颗粒（图2.2.8-12）。

【诊断要点】

目前还没有针对该病的商业化的检测试剂，可以根据临床症状和典型病理变化做出初步诊断，确诊需进行实验室诊断。常用的方法是根据腺病毒基因序列合成引物，进行PCR检测。发病鸡的肝脏病毒含量最多，可用作检测取样组织。

【检疫处理】

（1）对患病鸡群进行隔离，加强饲养管理，进行必要的对症治疗，防止继发细菌感染；对病死鸡进行化制或销毁处理。

（2）对患病鸡的铺料、剩余饲料、排泄物等，须在检疫人员监督下做无害化处理。

（张万坡　罗玲）

图2.2.8-1 鸡心包积水-肝炎综合征 心包蓄积大量淡黄色液体 （张万坡 罗玲）

图2.2.8-2 鸡心包积水-肝炎综合征 心包积水，肝有脂肪变性 （肖运才 周祖涛）

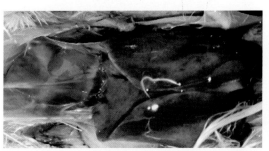

图2.2.8-3 鸡心包积水-肝炎综合征 心包积水，肝有脂肪变性和出血
（肖运才 周祖涛）

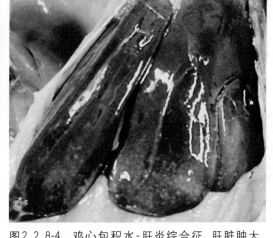

图2.2.8-4 鸡心包积水-肝炎综合征 肝脏肿大，表面可见明显的呈点状或斑状灰白色坏死灶 （肖运才 周祖涛）

图2.2.8-5 鸡心包积水-肝炎综合征 肝肿大、脂肪变性，表面密发点状或斑状出血
（肖运才 周祖涛）

图2.2.8-6 鸡心包积水-肝炎综合征 肾肿大，有尿酸盐沉积 （张万坡 罗玲）

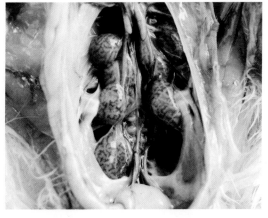

图2.2.8-7　鸡心包积水-肝炎综合征　组织学病变，
肝出血，肝细胞大量坏死　HE×400

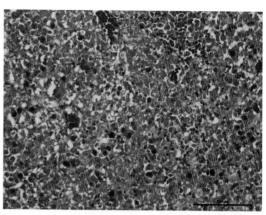

图2.2.8-8　鸡心包积水-肝炎综合征　部分肝细胞
核内出现嗜碱性包含体　HE×400

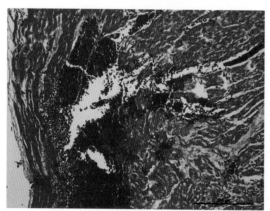

图2.2.8-9　鸡心包积水-肝炎综合征　心肌变性
和坏死，并伴有出血和炎性细胞浸
润　HE×400　　（张万坡　罗玲）

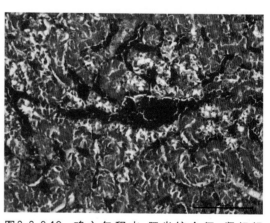

图2.2.8-10　鸡心包积水-肝炎综合征　肾组织
内出血，肾小管上皮细胞大量坏
死　HE×400　　（张万坡　罗玲）

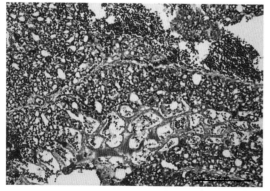

图2.2.8-11　鸡心包积水-肝炎综合征　　肺水
肿　HE×400　　（张万坡　罗玲）

图2.2.8-12　透射电镜观察，在肝细胞内发现大量
腺病毒样病毒颗粒　（张万坡　罗玲）

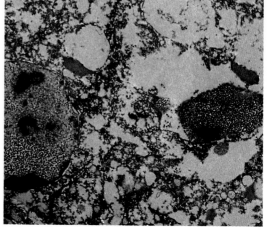

九、鸭 瘟

鸭瘟（duck plague）又称鸭病毒性肠炎，是由鸭瘟病毒（duck plague virus）又称鸭疱疹病毒Ⅰ型（anatid herpesvirus Ⅰ）引起的鸭和鹅的一种急性败血性传染病。其病理特征是各组织器官广泛性出血、消化道黏膜呈固膜性坏死性炎和肝的灶状坏死。

【流行病学】

病鸭、潜伏期和恢复期的带毒鸭是主要传染源，其血液、排泄物、肝、脑、食管、泄殖腔内的病毒含量最高。病毒通过病鸭与健康鸭的直接接触或间接接触，主要经消化道感染；也可以经呼吸道、眼结膜、交配或损伤的皮肤感染。不同品种、年龄的鸭均可感染，以番鸭、麻鸭、绵鸭、绍兴鸭等易感性较高。在自然感染病例中，以产蛋鸭多见，成年鸭的发病率达100%，病死率达95%以上。1月龄以下雏鸭发病较少。

本病一年四季均可发生，以春、夏之交和秋季鸭群运销的季节最易发病和流行。

【临床症状】

病鸭主要表现体温升高，减食或食欲废绝；两腿麻痹、发软无力，行走困难，严重者卧地不起；流泪，眼睑肿胀，严重的甚至上下眼睑黏合，有的眼睑外翻，眼结膜充血、出血或溃疡；排青绿色或灰白色稀粪。部分病鸭头颈明显肿胀（俗称大头瘟），鼻流血样分泌物（图2.2.9-1、图2.2.9-2）。

【病理变化】

病理剖检可见全身各处发生血管损伤性变化，特别是消化道（如口腔、上腭、咽、食管、泄殖腔）的黏膜、淋巴组织和实质器官的出血、坏死更明显。出现头颈肿胀的病例，皮下组织发生炎性水肿，呈明显的出血性胶样浸润（图2.2.9-3、图2.2.9-4）。此外，眼结膜、喉部、气管也有充血、出血，甚至坏死（图2.2.9-5）。

消化道黏膜的病变特征为口腔、咽部、食管和泄殖腔的黏膜发生出血、坏死，黏膜上被覆灰黄色或黄白色假膜，食道的黏膜出血和假膜呈纵行条纹状排列（图2.2.9-6），剥离后遗留出血性浅溃疡面（图2.2.9-7）；食道和腺胃交界处有出血和坏死；肠道发生的急性卡他性炎或出血性坏死性炎，以十二指肠和直肠最为严重（图2.2.9-8 ～ 10）。

部分病例可见脾肿大，色暗红，表面有不规则的灰白色坏死区（图2.2.9-11）；肝肿大，表面和切面有小点出血和密发性（或散在）灰白色小坏死灶（图2.2.9-12、图2.2.9-13）；胆囊肿胀，充满胆汁，胆囊黏膜有出血斑点。

笔者2010年做人工感染试验，还观察到试验病鸭有胸腺出血、坏死，法氏囊肿大、出血、坏死，卵巢充血、出血，卵巢破裂引起卵黄性腹膜炎（图2.2.9-14 ～ 19）等变化。

【诊断要点】

根据鸭瘟主要发生于成年鸭，有发病急、传播迅速、发病率和病死率高等流行特点；临床表现以体温升高、两脚无力、下痢、流泪、眼睑水肿和头颈肿大为特征；病理变化以全身组织器官的广泛性出血、消化道黏膜早纤维素性坏死性炎和肝发生灶状坏死为特征，综合上述可做出初步诊断。确诊需进行实验室诊断。

血清学诊断方法有中和试验、反向间接血凝试验、琼脂扩散试验、ELISA、免疫荧光抗体技术等。也可采用PCR技术检测病毒。

临床上本病应注意与鸭巴氏杆菌病相区别。

【检疫处理】

我国将鸭瘟列为二类动物疫病（2008病种名录），并规定其为进境动物检疫二类传染病（2013病种名录）。

（1）动物检疫确诊的病死鸡或胴体和内脏做销毁或其他无害化处理。

（2）对易感鸭群进行紧急免疫接种，对鸡舍、环境、用具、运输工具等进行消毒；对粪便和污染的饲料、垫料等最好烧毁或用其他方法进行无害化处理。

（3）进境动物检疫检出为本病的阳性鸭做扑杀、销毁或退回处理，同群鸭隔离观察。

（胡薛英）

图2.2.9-1　鸭瘟　病鸭头部肿胀，眼睑水肿

（胡薛英）

图2.2.9-2　鸭瘟　病鸭头部肿胀，鼻孔流出的血样分泌物干涸　　　　　（胡薛英）

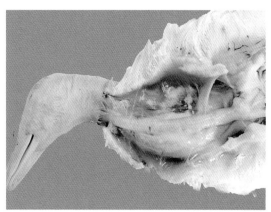

图2.2.9-3　鸭瘟　病鸭头颈部皮下水肿，水肿液呈黄色胶冻状　　　　　（胡薛英）

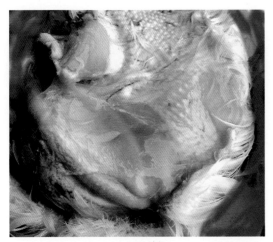

图2.2.9-4 鸭瘟 病鸭颈部皮下水肿液呈黄色胶冻状 （胡薛英）

图2.2.9-5 鸭瘟 病鸭气管黏膜呈环状出血 （胡薛英）

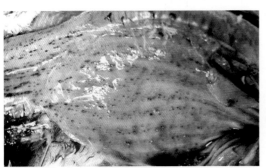

图2.2.9-6 鸭瘟 病鸭食管黏膜坏死、出血 （胡薛英）

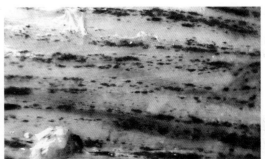

图2.2.9-7 鸭瘟 病鸭食管黏膜出血、坏死，出血点成纵行条纹状 （胡薛英）

图2.2.9-8 鸭瘟 病鸭肠道环状坏死出血 （胡薛英）

图2.2.9-9 鸭瘟 可见结肠黏膜内淋巴小结集结处呈环状坏死、出血 （胡薛英）

图2.2.9-10　鸭瘟　病鸭肠道环状坏死出血区的剖
面观　　　　　　　　（胡薛英）

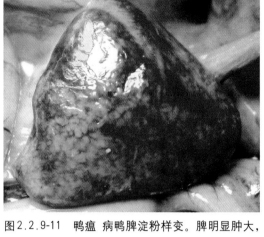

图2.2.9-11　鸭瘟　病鸭脾淀粉样变。脾明显肿大，
色暗红，表面可见不规则的灰白色
病灶　　　　　　　　（胡薛英）

图2.2.9-12　鸭瘟　病鸭肝脏密发性灰白色细小坏
死灶　　　　　　　　（胡薛英）

图2.2.9-13　鸭瘟　肝脏密发性出血小点，并有灰
白色坏死灶散在分布　（胡薛英）

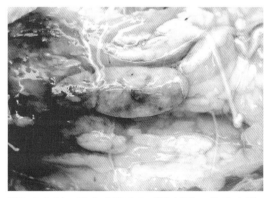

图2.2.9-14　鸭瘟病毒人工感染试验，胸腺水肿、
出血　　　　　　　　（胡薛英）

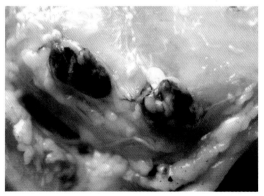

图2.2.9-15　鸭瘟病毒人工感染试验，胸腺出血、
坏死　　　　　　　　（胡薛英）

图2.2.9-16 鸭瘟病毒人工感染试验，法氏囊肿
大、出血 （胡薛英）

图2.2.9-17 鸭瘟病毒人工感染试验，切开法氏囊
见明显出血、坏死 （胡薛英）

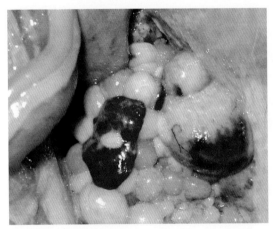

图2.2.9-18 鸭瘟病毒人工感染试验，卵泡出血
（胡薛英）

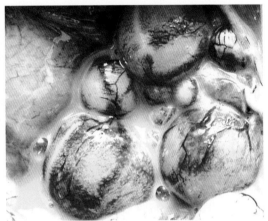

图2.2.9-19 鸭瘟病毒人工感染试验，卵泡出血，
有的破裂，卵黄溢出 （胡薛英）

十、鸭病毒性肝炎

鸭病毒性肝炎（duck viral hepatitis，DH）是由鸭肝炎病毒（duck hepatitis virus，DHV）引起的雏鸭的一种急性、高致死性传染病。本病发病急、传播快、病死率高，临床表现角弓反张，病理特征是肝肿大、出血性坏死性肝炎和非化脓性脑炎。

【流行病学】

病雏鸭是本病主要传染源，带毒而无症状的成年鸭在本病的传播中有一定作用。病毒随分泌物及粪便排出，主要经消化道和呼吸道感染。本病主要引起3周龄内的雏鸭发病和死亡，日龄越小，易感性越高，1周龄雏鸭病死率达95％以上。成年鸭常呈隐性感染。

【临床症状】

雏鸭突然发病，表现精神委顿、厌食，呈昏睡状态，随后很快发生全身性抽搐，病鸭多侧卧，两腿痉挛并向后伸展、头后仰呈角弓反张姿势（图2.2.10-1、图2.2.10-2）。出现痉挛、抽搐后约十几分钟至数小时死亡。少数病鸭死前出现腹泻，排暗绿色稀粪。

【病理变化】

最急性病例的眼观病变不明显。急性病例主要病变是肝肿大，颜色发黄或黄红色，质地柔软，表面的出血斑点与灰白色或灰黄色坏死灶相间存在（图2.2.10-3～6），使肝色彩呈斑驳状；胆囊肿大，充满胆汁，重者引起肝呈青铜色（图2.2.10-7）。作者于2012年用鸭肝炎病毒人工感染雏鸭观察到胸腺出血（图2.2.10-8）和胰坏死（图2.2.10-9）。

【诊断要点】

根据本病多发于30日龄以下尤其是3周龄内小鸭，成年鸭不发病；发病急、传播快、死亡率高；病鸭有明显的神经症状；剖检肝有独特的病变（肝肿大，有局灶性坏死）等特征，综合上述可做出初步诊断。若在新疫区或需要确诊，则需做实验室检查。

病原检查可采病鸭肝，接种10～14日龄鸡胚培养（图2.2.9-10）后，用中和试验检测病毒。亦可做雏鸭感染试验，观察雏鸭出现的典型症状与病变。

血清学诊断方法有中和试验、琼脂扩散试验、免疫荧光抗体技术、ELISA等。

本病的临床症状与病理变化应注意与黄曲霉毒素中毒相区别。

【检疫处理】

鸭病毒性肝炎是世界动物卫生组织（OIE）列为必须通报的动物疫病（2018病种名录）。我国将鸭病毒性肝炎列为二类动物疫病（2008病种名录），并规定其为进境动物检疫二类传染病（2013病种名录）。

（1）动物检疫确诊的病死鸭或胴体和内脏做销毁处理。

（2）对易感鸭进行紧急免疫接种，对鸭舍、环境、用具、运输工具等进行消毒；对粪便和污染的饲料、垫料等进行无害化处理。

（3）进境动物检疫检出为本病的阳性鸭做扑杀、销毁或退回处理；同群鸭隔离观察。

（胡薛英）

图2.2.10-1　鸭病毒性肝炎 病鸭呈角弓反张姿势
（郭定宗）

图2.2.10-2　鸭病毒性肝炎 病鸭死前，头向后背呈角弓反张姿势
（张文坡）

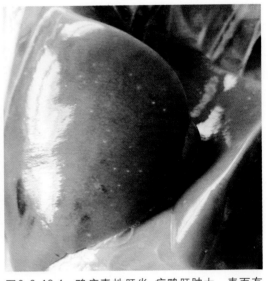

图2.2.10-4 鸭病毒性肝炎 病鸭肝肿大，表面有
　　　　　 散在的坏死点，并有出血 （刘正非）

图2.2.10-3 鸭病毒性肝炎 病鸭肝肿大，表面有
　　　　　 散在的出血斑点 （胡薛英）

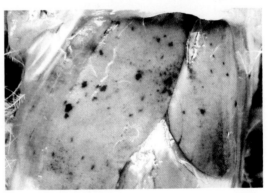

图2.2.10-6 鸭病毒性肝炎 病鸭肝肿大，色淡黄，
　　　　　 表面散在出血斑点 （张文坡）

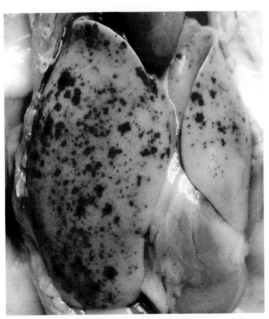

图2.2.10-5 鸭病毒性肝炎 病鸭肝肿大，色黄，
　　　　　 质地柔软，表面密布出血斑点
　　　　　 （胡薛英）

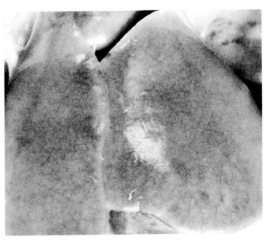

图2.2.10-7 鸭病毒性肝炎 病鸭肝呈青铜色，胆
　　　　　 汁淤滞 （胡薛英）

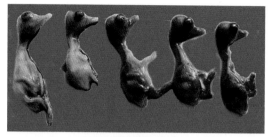

图2.2.10-8　14日龄鸭胚接种病毒，引起胚胎发育
　　　　　　中止，胎儿全身出血　　　（胡薛英）

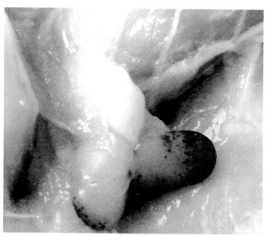

图2.2.10-9　鸭病毒性肝炎病毒人工感染雏鸭，见
　　　　　　胸腺肿大，密布出血点

（胡薛英）

图2.2.10-10　鸭病毒性肝炎病毒人工感染雏鸭，
　　　　　　　见胰表面散在灰白色坏死灶

（胡薛英）

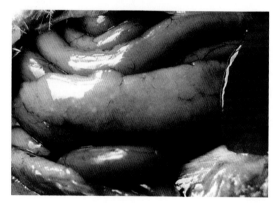

十一、鸭坦布苏病毒病

鸭坦布苏病毒病（duck tembusu virus disease，DTMUVD）是由鸭坦布苏病毒（duck tembusu virus，DTMUV）引起的以鸭减料、产蛋量下降、腹泻、传染性卵巢炎并伴有病程短、发病率较高，死亡率较低为特征的一种传染病。本病旧称鸭黄病毒病、鸭传染性卵巢炎。

【流行病学】

2010年以来，我国大部分种鸭和蛋鸭养殖地区相继发生了以减料、产蛋量下降和伴有一定死淘率为特征的一种传染病。该病大范围暴发，首先发生在2010年4—6月，主要集中在种鸭和蛋鸭养殖比较密集的福建、浙江、安徽等地，随后迅速波及河南、山东等地。

感染鸭中以麻鸭最多，其次是樱桃谷鸭，番鸭最少，肉鸭和鹅也有感染报道，有人在蛋鸡中也分离到了鸡坦布苏病毒。作者于2012年、2013年分别从自然发病鸭和人工试验鸭的病料中分离到了鸭坦布苏病毒。该病主要为水平传播，主要经呼吸道传播，也可通过动物的采食及饮水传播。

【临床症状】

鸭群感染后主要表现体温轻微上升，采食量下降，出现流泪（图2.2.11-1）、排黄绿色水样稀便。发病后期出现跛行、站立不稳，甚至瘫痪等神经症状（图2.2.11-2）。雏鸭感染后，如饲养管理较好的鸭群，通常呈零星死亡。蛋鸭还表现产蛋量急剧下降。

【病理变化】

主要病变有卵巢严重出血，有的发生萎缩（图2.2.11-3、图2.2.11-4）；心内膜、心包膜及心肌出血（图2.2.10-5），部分病鸭心包积液；肝出血、瘀血，有的可见灰白色小坏死灶（图2.2.11-6）；脾显著肿大，表面布满灰白色斑纹，呈大理石样外观（图2.2.11-7）；脑膜出血、水肿，部分病例可见颅骨轻微出血（图2.2.11-8～10）。

【诊断要点】

根据鸭坦布苏病毒病的流行病学、临床症状和病理变化可做出初步诊断，确诊需进行实验室诊断。

病鸭感染后期因机体已形成大量抗体，一般不易分离到病毒，因此应在发病的急性期采集病料。病料一般选用鸭的发育成熟卵巢，也可采鸭的脑、脾或肝，经处理后，对组织上清进行RT-PCR扩增，若结果为阴性，再将组织上清接种鸭坦布苏病毒病抗体阴性的9～11日龄鸭胚，3日后取收获的尿囊液进行RT-PCR扩增，若结果为阴性，盲传3代，再进行RT-PCR扩增。

本病临床上应注意与鸭流感和鸭副黏病毒病相区别。

【检疫处理】

（1）动物检疫确诊为本病的病死鸭或胴体和内脏做化制处理。

（2）进行隔离的患病鸭群，应加强饲养管理，进行必要的对症治疗，防止继发细菌感染。对患病鸭的垫料、剩余饲料、排泄物等做无害化处理。

（金梅林）

图2.2.11-1　鸭坦布苏病毒病　病鸭眼流泪，下眼角附有分泌物　（金梅林　刘志刚）

图2.2.11-2　鸭坦布苏病毒病　病鸭双腿瘫痪，趴卧于地　　　　（金梅林　刘志刚）

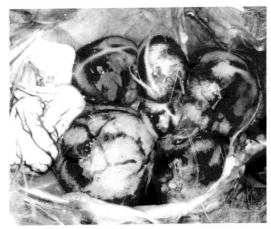

图2.2.11-3 鸭坦布苏病毒病 病鸭卵巢出血
（金梅林 刘志刚）

图2.2.11-4 鸭坦布苏病毒病 病鸭卵巢炎。卵巢严重
出血，呈黑红色 （金梅林 刘志刚）

图2.2.11-5 鸭坦布苏病毒病 病鸭心内膜明显出血
（金梅林 刘志刚）

图2.2.11-6 鸭坦布苏病毒病 病鸭肝出血，表面有
散在的灰白色小点（金梅林 刘志刚）

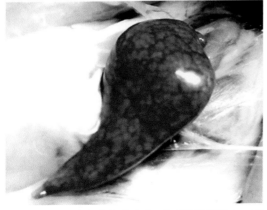

图2.2.11-7 鸭坦布苏病毒病 病鸭脾明显肿大，表
面布满灰白色斑纹，呈大理石样外观

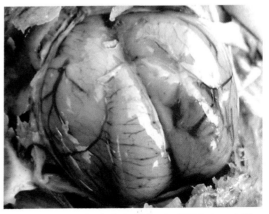

图2.2.11-8 鸭坦布苏病毒病 病鸭脑充血、水肿
（金梅林 刘志刚）

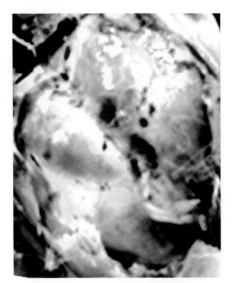

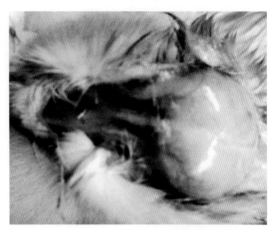

图2.2.11-10　鸭坦布苏病毒病 病鸭颅骨底部出血

（金梅林　刘志刚）

图2.2.11-9　鸭坦布苏病毒病 病鸭脑膜出血

（金梅林　刘志刚）

十二、小 鹅 瘟

小鹅瘟（gosling plague，GP）又称鹅细小病毒感染，是由鹅细小病毒（gosling plague virus，GPV）引起的雏鹅和雏番鸭的一种高度接触性传染病。本病临床上以下痢、神经症状及高发病率和高死亡率为特征，病理特征为纤维素性、坏死性肠炎。

【流行病学】

病鹅和带毒鹅（特别是成年鹅）是主要传染源。感染鹅排出的病毒，主要通过直接接触或间接接触传播，也可经种蛋传播。本病自然感染仅发生于鹅、番鸭和一些杂交品种，以2周龄以内雏鹅和5～25日龄的雏番鸭多发，1月龄以上的则很少发病，成年鹅带毒。1周龄内雏鹅感染能引起100%死亡。

本病以冬、春季节发多。

【临床症状】

1周龄以内雏鹅发病后迅速出现厌食、腹泻、衰竭倒地，临死前双腿麻痹、抽搐，呈角弓反张或双脚划动（图2.2.12-1、图2.2.12-2），病程2～5d。日龄较大的鹅，其病程较长，主要症状表现食欲不振或废绝、腹泻、消瘦。

【病理变化】

病理变化特征是小肠呈纤维素性、坏死性肠炎。

剖检可见雏鹅皮下脱水，脚蹼干燥皱缩（图2.2.12-3）。小肠的中后段，特别是接近回盲口处的肠管极度增粗，质地坚硬形如腊肠状（图2.2.12-4）。切开肠管，可见膨大部分的肠壁变薄，肠腔内堵塞着血液凝固的红色栓子或充塞着呈灰白色、淡黄色的纤维素性腊肠样栓子，栓子系成片坏死、脱落的肠黏膜与凝固的纤维素性渗出物形成，栓子中心为深褐色干燥的肠内容物，其表面包裹着纤维素性假膜（图2.2.12-5～8）。

【诊断要点】

根据流行病学特点、临床表现败血症与临死前有明显的神经症状，结合小肠呈纤维素性、坏死性肠炎的病理变化特征，即可做出初步诊断。确诊需进行实验室诊断。

检测方法有病毒中和试验、琼脂扩散试验、ELISA、免疫荧光抗体技术、RT-PCR技术等。

【检疫处理】

我国将小鹅瘟列为二类动物疫病（2008病种名录），并规定其为进境动物检疫二类传染病（2013病种名录）。

（1）动物检疫确诊的病死动物做销毁处理。

（2）对易感动物进行紧急免疫接种，对圈舍、环境、用具、运输工具等进行消毒；对粪便和污染的饲料、垫料等最好烧毁或用其他方法进行无害化处理。

（3）进境动物检疫检出为本病的阳性者做扑杀、销毁或退回处理，同群者隔离观察。

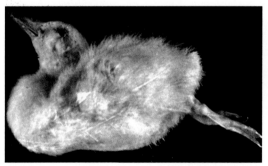

图2.2.12-1　小鹅瘟　病鹅临死前出现抽搐，仰头
　　　　　　缩颈、腿后伸，呈观星姿势

（王桂枝）

图2.2.12-2　小鹅瘟　病鹅死亡时的姿势

（许益民）

图2.2.12-4　小鹅瘟　25日龄死亡雏鹅，小肠因炎
　　　　　　症渗出物集聚而膨胀　　（许益民）

图2.2.12-3　小鹅瘟　病雏鹅皮下脱水，脚蹼干燥
　　　　　　皱缩　　　　　　　　　（许益民）

图 2.2.12-5　小鹅瘟　剪开病鹅肠管见小肠肠腔内有凝血块

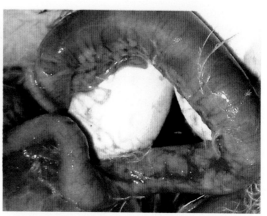

图 2.2.12-6　小鹅瘟　病鹅肠管增粗，质地坚硬，肠壁菲薄，外观腊肠状

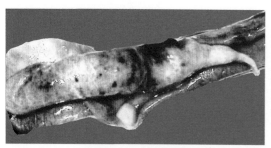

图 2.2.12-7　小鹅瘟　小肠肠腔栓塞，剪开后见肠壁变薄，肠腔内栓塞物质地坚实，呈黄白色，表面黏附血液

图 2.2.12-8　小鹅瘟　小肠肠腔栓塞，剪开后见肠管内充满灰白色、质地坚实的纤维素性栓塞物　　　　　　（周祖涛　崔卫涛）

十三、传染性鼻炎

传染性鼻炎（infectious coryza，IC）是由副鸡禽杆菌（*Avibacterium paragallinarum*）引起的鸡的一种急性上呼吸道传染病。本病主要特征是鼻腔和窦的炎症，表现流鼻涕、打喷嚏、结膜炎和面部肿胀。副鸡禽杆菌旧称为副鸡嗜血杆菌（*Haemophilus paragallinarum*）。

【流行病学】

病鸡、带病鸡是本病的主要传染源，慢性病鸡和带毒鸡是本病在鸡群中长期流行的重要原因。病原菌主要通过空气飞沫传播。本病只有鸡能自然感染，以4周龄以上的鸡多发，尤其是育成鸡、成年鸡和产蛋鸡。

本病以秋、冬季节多发。鸡舍通风不良、鸡群密度过大、气候突变等都易诱发本病。

【临床症状】

轻症病鸡主要症状为鼻流稀薄的浆液性分泌物。重症病鸡最明显的症状是鼻流浆液、黏液或脓性分泌物，附着于鼻腔、鼻孔周围的分泌物逐渐浓缩干涸，凝结成鼻痂；鼻腔的炎症引起病鸡打喷嚏、呼吸困难，常有甩头动作；病后期因鼻腔和眶下窦中蓄积渗出物，引起一侧或两侧的眼睑高度肿胀、鼻部明显隆起和面部肿胀（图2.2.13-1 ～ 6）。患病蛋鸡产蛋量明显下降，公鸡肉髯肿大。

【病理变化】

主要病变是鼻腔和鼻窦部的黏膜肿胀、充血，充满浆液、黏液或干酪样分泌物；眼结膜充血、肿胀，结膜囊内蓄积黏性或黄白色脓性分泌物。严重病例，可见气管黏膜出血，有浆液或黏液分泌物；偶见肺炎、气囊炎和卵泡变性、坏死或萎缩。

【诊断要点】

根据本病的流行病学、临床症状和病理变化的特点的综合分析，并注意与鸡传染性支气管炎、鸡毒支原体感染等相区别后可做出初步诊断。确诊需进行实验室诊断。

常用的诊断的方法有玻片凝集试验、琼脂扩散试验、血凝和血凝抑制试验、ELISA、免疫荧光抗体技术、RT-PCR 技术等。

【检疫处理】

我国将鸡传染性鼻炎列为三类动物疫病（2008病种名录），并规定其为进境动物检疫其他传染病（2013病种名录）。

（1）动物检疫确诊的病死鸡或胴体和内脏做销毁处理。

（2）对易感鸡进行紧急免疫接种，必要时可配合选用药物治疗；对鸡舍、环境、用具等进行消毒；对粪便和污染的饲料、垫料等最好烧毁或用其他方法进行无害化处理。

（3）进境动物检疫检出为本病的阳性鸡做扑杀、销毁或退回处理，同群鸡隔离观察。

图2.2.13-1　传染性鼻炎 病鸡面部明显肿胀
（胡薛英）

图2.2.13-2　传染性鼻炎 眼睑和面部肿胀，眼有脓性分泌物　（周祖涛　崔卫涛）

图2.2.13-3　传染性鼻炎　病鸡眼睑和面部肿胀，鼻流泡沫样血性分泌物

（周祖涛　崔卫涛）

图2.2.13-4　传染性鼻炎　病鸡眼睑和面部肿胀，鼻孔和结膜囊内蓄积黄白色黏脓性分泌物　　　　（许青荣）

图2.2.13-5　传染性鼻炎　病鸡眼睑和面部肿胀，眼、鼻有干酪样物　　（许青荣）

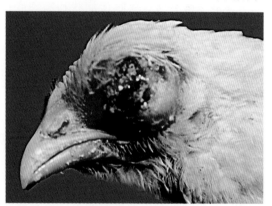

图2.2.13-6　传染性鼻炎　病鸡眼部受损，眼眶周围肿胀和坏死　　　（许益民）

十四、鸡毒支原体感染

　　鸡毒支原体感染（mycoplasma gallisepticum infection）又称鸡败血支原体感染、鸡慢性呼吸道病、禽支原体病，是由鸡毒支原体（*Mycoplasma gallisepticum*，MG）引起的鸡和火鸡的一种慢性呼吸道传染病。其主要特征为咳嗽、流鼻液、气喘和呼吸道啰音。

【流行病学】

　　病鸡、隐性感染鸡是本病的主要传染源。病原体可通过空气中的飞沫经呼吸道感染，也可通过受污染的饲料、饮水等经消化道感染，使本病从一个鸡群传至另一个鸡群；经蛋传播也是很重要的传播途径。鸡和火鸡对本病有易感性，鸡以1～2月龄的最易感，成年鸡常为隐性感染；火鸡发病多见于5～16周龄。本病以寒冷季节多发。

【临床症状】

　　潜伏期为6～12d。幼龄鸡发病症状较典型。发病初期可见鼻流浆液性、黏液性鼻液，分泌物堵塞鼻孔后引起呼吸困难、打喷嚏、咳嗽，频频摇头；严重者有频繁咳嗽、气喘和呼吸道啰音。后期因鼻窦炎症和眼结膜炎产生的干酪样渗出物蓄积鼻腔和眶下窦内（图2.2.14-1、图2.2.14-2），引起眼睑肿胀凸出，呈球状（图2.2.14-3），甚至可导致单侧或双侧眼失明（图2.2.14-4）。火鸡感染后可见鼻窦炎和明显的呼吸道症状。

【病理变化】

主要病变是鼻腔、气管、支气管和气囊内有多量黏稠浑浊的或干酪样的渗出物，严重病例可见窦腔内渗出物波及肺脏；气囊壁变厚、浑浊；眶下窦内也充满黏液或干酪样渗出物。如有大肠杆菌混合或继发感染，可见纤维素性心包炎、肝周炎。

【诊断要点】

本病发病缓慢，其临床症状和病理变化应与其他类似的呼吸道疾病相鉴别。确诊需进行病原分离鉴定和血清学诊断。

血清学方法有血凝抑制试验、ELISA、平板凝集试验、试管凝集试验等。

临床上本病应注意与鸡传染性鼻炎、鸡传染性喉气管炎和传染性支气管炎相区别。

【检疫处理】

鸡毒支原体感染是世界动物卫生组织（OIE）列为必须通报的动物疫病（2018病种名录），我国将其列为二类动物疫病（2008病种名录），并规定其为进境动物检疫二类传染病（2013病种名录）。

（1）对确诊的患病鸡群隔离，选用有较好疗效的药物治疗；对病死鸡或胴体和内脏做销毁或其他无害化处理。

（2）对易感鸡进行紧急免疫接种，对鸡舍、环境、用具、运输工具等进行消毒；对粪便和污染的饲料、垫料等最好烧毁或用其他方法进行无害化处理。

（3）进境动物检疫检出为本病的阳性鸡做扑杀、销毁或退回处理，同群鸡隔离观察。

图2.2.14-1　鸡毒支原体感染　病鸡眼结膜炎、眶下窦炎引起眼睑肿胀　　（许青荣）

图2.2.14-2　鸡毒支原体感染　病鸡右眼眼睑肿胀，眼部凸出呈球状　　　　　（许青荣）

图2.2.14-3　鸡毒支原体感染　病鸡眼睑肿胀，眶　　图2.2.14-4　鸡毒支原体感染　病鸡眼部病变导致
　　　　　　内及眶下窦蓄积黄白色干酪样物　　　　　　　　　　　　眼失明　　　　　　　　　（庄宗堂）

（徐有生　刘少华）

十五、鸡传染性滑膜炎

鸡传染性滑膜炎（avian infectious synovitis）又名鸡滑液支原体感染、鸡传染性滑液囊病，是鸡和火鸡的一种以关节疾病为主的急性或慢性的炎性疾病。病原是滑液囊支原体（*Mycoplasma synoviae*，MS）。临床上以关节肿大、滑液囊炎、腱鞘炎和气囊炎为特征。

【流行病学】

病鸡、火鸡和隐性感染者是主要传染源。本病的传播途径与鸡毒支原体感染相似，主要通过空气飞沫传播，也可经蛋传播。鸡、火鸡和珍珠鸡是滑液支原体的自然宿主。鸡的自然急性感染最早可发生于1周龄，以2～20周龄鸡更易感染；慢性感染可见于任何年龄的鸡。

【临床症状】

临床上以关节肿大、滑液囊炎、腱鞘炎为特征。

病鸡的早期症状为鸡冠苍白、生长迟缓，继之病鸡的腱鞘和关节［以跗关节、指（趾）关节为多发］肿胀，行走跛行（图2.2.15-1、图2.2.15-2）。严重病例，可见全身大部分关节肿胀、疼痛，站立困难（图2.2.15-3）。发生气囊炎的病例，表现轻度的呼吸道症状，如打喷嚏、流鼻液、咳嗽，病重者呼吸困难。

火鸡感染引起的症状与鸡的症状基本相同。最明显的症状是一个或多个关节肿胀，跛行；其呼吸道症状不常见。

如病鸡继发或混合感染大肠杆菌，可能同时出现滑膜炎和气囊炎两种病型。

【病理变化】

其病变特征为急性或慢性的腱鞘炎、滑膜炎和骨关节炎。

初期病鸡关节红肿，关节内渗出液增多；之后，关节内渗出液逐渐浑浊黏稠；病后期关节内有黄白色或黄褐色的黏稠或干酪样物沉着（图2.2.15-4～7）。腱鞘部位的炎症，呈急性浆液性或慢性的化脓性腱鞘炎（图2.2.15-8～13）。病程较长的病例，可见滑膜肿胀、肥厚。如有继发或混合感染，可引起浆液性或化脓性气囊炎（图2.2.15-14），甚至引发纤维素性肝周炎和心包炎等病变。

【诊断要点】

根据本病的流行病学特点和关节肿大、跛行等症状，以及病理变化可以做出初步诊断。确诊需做病原的分离与鉴定和血清学的诊断。血清学方法与鸡毒支原体感染相同。

【检疫处理】

鸡传染性滑膜炎是世界动物卫生组织（OIE）列为必须通报的动物疫病（2018病种名录），我国将其列为进境动物二类传染病（2013病种名录）。

目前尚无商品化疫苗上市，其他处理原则同鸡毒支原体感染。

（肖运才）

图2.2.15-1　鸡传染性滑膜炎　滑膜炎型：病鸡后肢跗关节肿大，滑液囊明显肿胀
（肖运才　王喜亮）

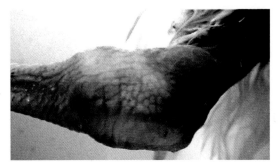

图2.2.15-2　鸡传染性滑膜炎　滑膜炎型：病鸡后肢跗关节高度肿大
（肖运才　王喜亮）

图2.2.15-3　鸡传染性滑膜炎　滑膜炎型：病鸡消瘦，羽毛粗乱，关节肿胀致跛行、站立困难
（胡思顺）

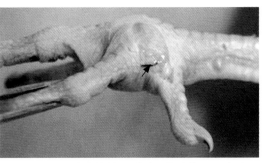

图2.2.15-4　鸡传染性滑膜炎　滑膜炎型：病鸡后肢趾关节肿大，流淡黄色透明的渗出物
（胡思顺）

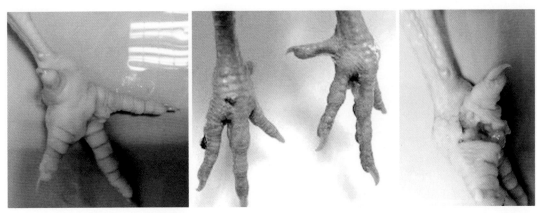

图2.2.15-5 ～ 7　鸡传染性滑膜炎　滑膜炎型：病鸡趾关节肿大，关节内有黄色渗出物

（胡思顺　肖运才　王喜亮）

图2.2.15-8　鸡传染性滑膜炎　滑膜炎型：病鸡翼
　　　　　　的肘部明显肿胀　　　　　（胡思顺）

图2.2.15-9　鸡传染性滑膜炎　滑膜炎型：病鸡翼
　　　　　　的肘部切面可见黄白色干酪样物

（胡思顺）

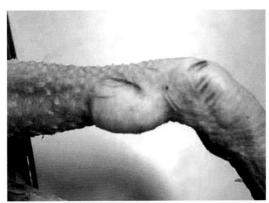

图2.2.15-10　鸡传染性滑膜炎　滑膜炎型：病鸡小
　　　　　　腿肌肉腱鞘炎引起腱鞘明显肿胀

（胡思顺）

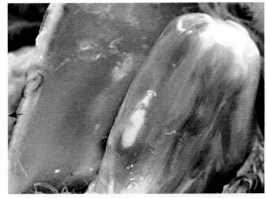

鸡传染性滑膜炎　滑膜炎型：病鸡小
腿部（前方）腱鞘炎。腱鞘内有黄
白色干酪样渗出物　　　（胡思顺）

图2.2.15-13　鸡传染性滑膜炎　滑膜炎型：病鸡后肢小腿部背侧腱鞘内积有黄白色干酪样物　　　　　　　（胡思顺）

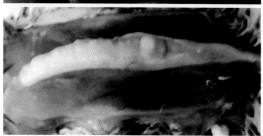

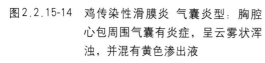

图2.2.15-12　鸡传染性滑膜炎　滑膜炎型：病鸡胸肌腱膜附着处积有厚层的黄白色干酪样物　　　　　　（肖运才　周祖涛）

图2.2.15-14　鸡传染性滑膜炎　气囊炎型：胸腔心包周围气囊有炎症，呈云雾状浑浊，并混有黄色渗出液
　　　　　　　　　　（肖运才　王喜亮）

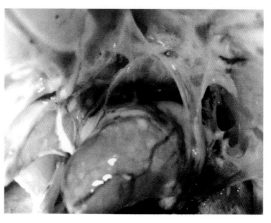

十六、鸭传染性浆膜炎

鸭传染性浆膜炎（infectious serositis of duck）又称鸭疫里默氏杆菌病（riemerella anatipestifer infection），是由鸭疫里默氏杆菌（*Riemerella anatipestifer*，RA）引起的鸭、鹅、火鸡和多种禽类的一种急性或慢性传染病。病理特征为纤维素性心包炎、肝周炎、气囊炎、关节炎、脑炎及输卵管炎。

【流行病学】

病鸭和带菌鸭是主要传染源。病原体主要通过病鸭直接接触健康鸭受损的皮肤，尤其是鸭蹼的伤口感染；亦可通过被污染的饮水、饲料或飞沫等经消化道或呼吸道感染。各品种的鸭均可感染，主要侵害1～8周龄鸭，日龄越小的雏鸭，易感性越强。

发病率和死亡率与饲养管理的好坏、发病日龄及菌株毒力强弱等因素有关，一般情况下，发病率和死亡率可高达90%。

【临床症状】

急性病例表现食欲减退，行动迟缓，缩颈，不愿走动，常呈犬坐式，腹泻，粪便呈绿色或黄绿色；后期可见共济失调，头颈震颤、头颈歪斜或角弓反张等神经症状，最后倒地，抽搐死亡。

亚急性和慢性病例，除上述症状外，常出现头颈歪斜、转圈或倒退运动，少数病鸭有关节炎；病后期常因发育不良、体态消瘦而衰竭死亡。

【病理变化】

病理变化特征是全身浆膜面均覆有纤维素性渗出物，以纤维素性心包膜、肝周炎、气囊炎和脑膜炎最为明显。心包炎，表现心包积液，心外膜有纤维素性渗出物。肝周炎表现肝肿大，表面有纤维素性渗出物，严重者形成一层厚厚的纤维素膜（图2.2.16-1～4）。气囊炎见气囊增厚、浑浊，有灰白色纤维素性渗出物。此外，脾肿大，表面呈大理石样外观（图2.2.16-5）；个别病例可见肾瘀血、出血（图2.2.16-6），肠道出血（图2.2.16-7）；慢性病例可见纤维素性脑膜炎（图2.2.16-8）。

【诊断要点】

根据病理变化、临床症状和流行病学特点可做出初步诊断。确诊需进行实验室的病毒分离与鉴定和血清学诊断。

血清学方法有ELISA、平板凝集试验、免疫荧光抗体技术等。

临床上本病应注意与鸭大肠杆菌病败血症、鸭巴氏杆菌病、鸭瘟等相区别。

【检疫处理】

我国将鸭传染性浆膜炎列为二类动物疫病（2008病种名录），并规定其为进境动物检疫其他传染病（2013病种名录）。

（1）动物检疫确诊的病死鸭或胴体和内脏做销毁或其他无害化处理。

（2）对易感鸭进行紧急免疫接种，对鸡舍、环境、用具、运输工具等进行消毒；对粪便和污染的饲料、垫料等最好烧毁或用其他方法进行无害化处理。

（3）进境动物检疫检出为本病的阳性鸭做扑杀、销毁或退回处理；同群鸡隔离观察。

（胡薛英）

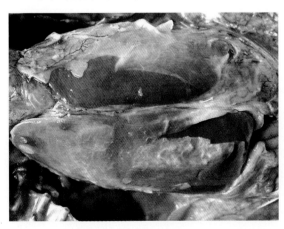

图2.2.16-1 鸭传染性浆膜炎 病鸭肝肿大，心和肝表面有灰白色纤维素性膜状物

图2.2.16-2 鸭传染性浆膜炎 病鸭肝肿大，呈暗红色，部分肝表面有灰白色纤维素性物 （胡薛英）

图2.2.16-3 鸭传染性浆膜炎 病鸭肝肿大，全肝覆盖灰白色纤维素性假膜 （胡薛英）

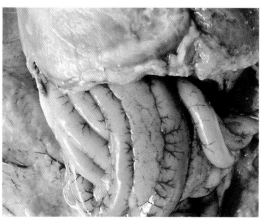

图2.2.16-4 鸭传染性浆膜炎 病鸭肝肿大，表面布满灰白色纤维素性假膜；胰和小肠充血 （胡薛英）

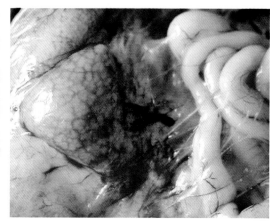

图2.2.16-5 鸭传染性浆膜炎 病鸭脾肿大，表面呈花斑状 （胡薛英）

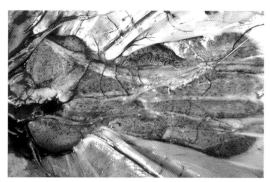

图2.2.16-6 鸭传染性浆膜炎 病鸭肾瘀血、肿大 （胡薛英）

图2.2.16-7 鸭传染性浆膜炎 病鸭肠黏膜出血 （胡薛英）

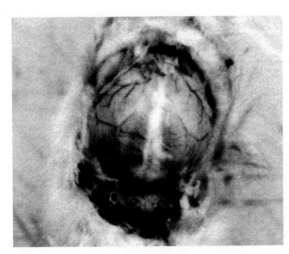

图2.2.16-8 鸭传染性浆膜炎 病鸭脑和脑膜充血和出血 （胡薛英）

十七、鸭链球菌病

鸭链球菌病（duck streptococcosis）是由致病性兽疫链球菌引起的鸭的一种急性败血性传染病。临床特征是腿软弱、步态蹒跚。

【流行病学】

患病鸭和带菌鸭是主要传染源。致病菌可经各种途径感染。雏鸭、成年鸭均可感染。

本病多发于鸭舍地面潮湿、空气污秽、卫生条件差的鸭场，多见于放牧很少的舍饲鸭群。以10～30日龄的中雏鸭多发。

【临床症状】

患病的雏鸭主要表现眼半闭、缩颈、两翼下垂、腿脚软弱、步态蹒跚、步态不稳或两腿交叉运步，如强行走动，立刻倒下，这些症状以日龄更小（3～5日龄）的病雏鸭表现更明显。有的雏鸭还发生眼结膜炎（图2.2.17-1）和腹泻。濒死期可见痉挛、角弓反张等神经症状。

【病理变化】

3～5日龄的病雏鸭剖检变化以脐炎为主，卵黄吸收不全。呈败血症变化的病例，病理剖检可见心外膜有小出血点（斑）（图2.2.17-2）；肝和脾肿大，有出血、变性、坏死（图2.2.17-3）；小肠、盲肠黏膜明显出血（图2.2.17-4，图2.2.17-5）。少数严重的病鸭，可见纤维素性心包炎、肝周炎、气囊炎及心内膜炎。

成年鸭常见关节炎和肠炎的症状与病变，部分病鸭有神经症状或眼结膜炎。

【诊断要点】

本病的临床症状和病理变化与多种疾病相似，应注意与巴氏杆菌病、大肠杆菌病、葡萄球菌病、鸭传染性浆膜炎等相区别。确诊需进行细菌学检查。

【检疫处理】

（1）动物检疫确诊的病死鸭或胴体和内脏做销毁或其他无害化处理。

（2）对鸭舍、环境、用具等进行消毒；对粪便和污染的饲料、垫料等烧毁。

（3）如需隔离治疗病鸭群，应选用敏感的抗菌药物进行治疗。

（胡薛英）

图2.2.17-1　致病性兽疫链球菌人工感染病例，结膜炎导致鸭眼角泪斑　（胡薛英）

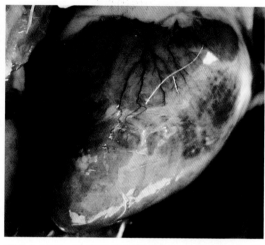

图2.2.17-2　致病性兽疫链球菌人工感染病例，可见心肌明显出血　（谷长勤）

图2.2.17-3　致病性兽疫链球菌人工感染病例，肝肿大，呈土黄色，边缘钝圆（谷长勤）

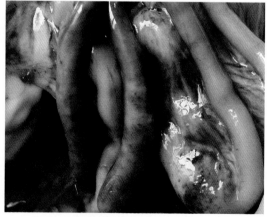

图2.2.17-4　致病性兽疫链球菌人工感染病例，盲肠黏膜明显出血　（谷长勤）

图2.2.17-5　致病性兽疫链球菌人工感染病例，小肠壁明显出血，并形成血肿（谷长勤）

十八、鸡球虫病

鸡球虫病（coccidiosis in chicken）是由艾美耳属（*Eimeria*）的一种或多种球虫寄生于鸡的肠黏膜上皮细胞内引起的一种原虫病，是养鸡业中一种重要的常见寄生虫病。

【流行病学】

鸡艾美耳球虫有柔嫩艾美尔球虫、毒害艾美尔球虫、布氏艾美尔球虫、巨型艾美耳球虫、和缓艾美尔球虫、堆型艾美尔球虫和早熟艾美尔球虫7种。鸡是各种艾美耳球虫的天然宿主，病鸡和带虫鸡是本病的主要传染源。不同日龄和品种的鸡对专性寄生的球虫都有易感性，以雏鸡和育成鸡多发，特别是3～6周龄雏鸡最易感。柔嫩艾美尔球虫对3～6周龄鸡致病性最强，而毒害艾美尔球虫多见于8周龄以上的中雏鸡。

鸡球虫在宿主体内进行无性世代裂殖生殖和有性世代配子生殖，在外界环境中完成孢子生殖。随粪便新排出的尚不具有感染性的球虫卵囊，在适宜的环境下经短时间发育成具有侵袭性孢子化卵囊。孢子化卵囊被鸡吞食后，可引起鸡感染球虫病。

鸡舍潮湿、拥挤、卫生条件不良、饲养管理不当等均易促进本病发生。发病时间与多雨、温暖季节密切相关。

【临床症状】

鸡球虫病的症状常常是由多种球虫混合感染所致。急性型病例可见消瘦、贫血，下痢并混有血液（图2.2.18-1），甚至排出鲜血；发病率和死亡率很高，雏鸡死亡率可达80％以上，甚至全群死亡。慢性病例多见于2～4月龄的幼鸡或成年鸡，其症状轻微，呈间歇性腹泻或排黏液便，产蛋量下降，消瘦、贫血，死亡率较低。

【寄生部位与病理变化】

各种球虫在宿主体内的寄生部位，也有严格的选择性。柔嫩艾美尔球虫主要寄生于盲肠黏膜，称盲肠球虫。毒害艾美尔球虫、布氏艾美尔球虫、巨型艾美耳球虫、堆型艾美尔球虫等的致病力仅次于柔嫩艾美尔球虫，各自专性寄生于小肠（主要见于小肠中段或十二指肠段的黏膜内）均称小肠球虫。

鸡球虫病病变主要在盲肠和小肠（图2.2.18-2～12）。盲肠高度肿胀，呈棕色或暗红色，浆膜上可见散在或密集的点状出血，盲肠内有大量血液、凝血块和盲肠黏膜碎片，逐渐干燥变硬，形成混有血液的黄白色干酪样物。小肠的病变多见于小肠的中段和十二指肠，以小肠中段更为严重，肠管显著肿胀，肠黏膜增厚，肠管的浆膜、黏膜及肠系膜上密布大小不一的出血斑点和（因球虫增殖形成的）灰白色斑点，肠内容物常混有黏液、血液、凝血块及组织碎片。

【诊断要点】

根据典型的临床症状和盲肠的高度肿胀、严重出血，肠腔内充满凝血块和黏膜碎片，甚至形成干酪样物，以及小肠的出血性肠炎，可做出初步诊断。确诊主要靠刮取病变部分的黏膜或采粪便检查，镜下可见大量的球虫卵囊或各发育阶段的球虫裂殖子。但由于成年鸡和雏鸡的带虫现象极为普遍，因此必须根据粪便（或病变部黏膜刮取物）检查、临床症状、病理变化和流行病学特点等进行综合判断。

【检疫处理】

我国将鸡球虫病列为二类动物疫病（2008病种名录），并规定其为进境动物检疫其他寄生虫病（2013病种名录）。

（1）病变严重的死亡尸体或胴体和内脏做化制或销毁处理。

（2）病变轻微的病变脏器化制或销毁。其余部分依其病损程度做相应的无害化处理。

（3）养禽场应做好环境卫生、定期或不定期地消毒和使用抗球虫药（如地克珠利、球痢灵、那拉霉素等）等综合防治措施。

（4）进境动物检疫检出的阳性动物做扑杀、销毁或退回处理，同群者隔离观察。

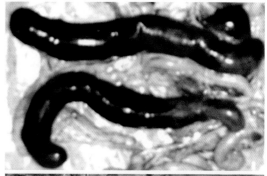

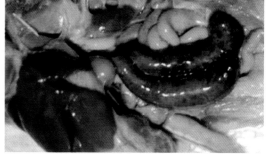

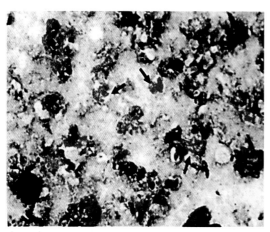

图2.2.18-1　鸡球虫病 病鸡粪便带血，俗称柿子粪

（徐有生　刘少华）

图2.2.18-2　鸡球虫病　柔嫩艾美耳球虫引起鸡盲肠扩张，色棕红或暗红，肠腔内充满混有血液、凝血块和肠黏膜碎片的糊状黑红色内容物

（上图：徐有生；下图：许益民）

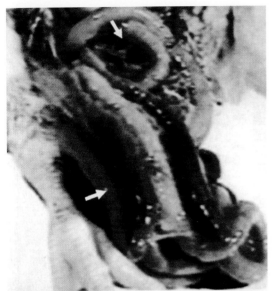

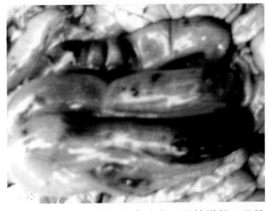

图2.2.18-3 鸡球虫病 病鸡盲肠肿胀，明显出血呈暗红色；小肠浆膜和肠系膜上皆有出血 （王桂枝）

图2.2.18-4 鸡球虫病 病鸡盲肠肠管增粗，肠腔内充满气体，肠浆膜面上有散在和成片的出血斑 （胡薛英）

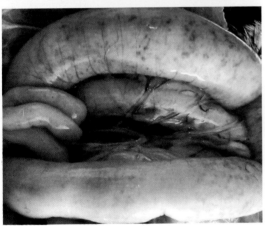

图2.2.18-5 鸡球虫病 病鸡盲肠浆膜下点状出血，肠黏膜肿胀，有散在出血点 （胡薛英）

图2.2.18-6 鸡球虫病 病鸡十二指肠浆膜面有散在出血斑 （周祖涛 崔卫涛）

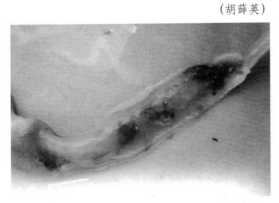

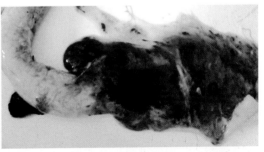

图2.2.18-7 鸡球虫病 病鸡肠内容物呈番茄酱色 （周祖涛 崔卫涛）

图2.2.18-8 鸡球虫病 病鸡盲肠、十二指肠黏膜肿胀、出血，有大小不一的出血斑点，黏膜大量脱落，肠腔内的糊状物混有凝血块 （胡薛英）

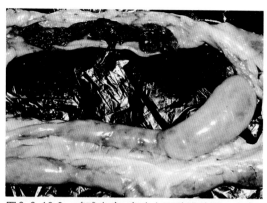

图2.2.18-9　鸡球虫病　病鸡小肠黏膜肿胀、出血、
　　　　　　肠腔内充满黑红色凝血块　（徐有生）

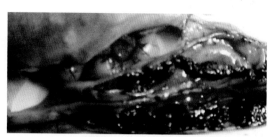

图2.2.18-10　鸡球虫病　病鸡小肠和盲肠肿胀、黏
　　　　　　　膜出血，肠腔内充满黑红色凝血块
　　　　　　　　　　　　　　　　　　（孙锡斌）

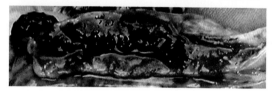

图2.2.18-11　鸡球虫病　盲肠黏膜脱落，肠腔内混
　　　　　　　有大量凝血块　（周祖涛　崔卫涛）

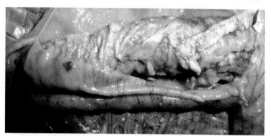

图2.2.18-12　鸡球虫病　肠壁变薄，肠腔内有质地
　　　　　　　较坚实的淡黄色纤维素性栓塞物
　　　　　　　　　　　　　　（周祖涛　崔卫涛）

十九、组织滴虫病

组织滴虫病（histomoniasis）又称盲肠肝炎、黑头病，是由火鸡组织滴虫（*Histomonas meleagridis*）寄生于鸡和火鸡的盲肠和肝脏而引起的一种寄生虫病。主要特征为鸡冠和肉髯呈暗黑色，盲肠炎和肝坏死、溃疡。

【流行病学】

寄生于患病、带虫的鸡、火鸡的盲肠和肝脏内的组织滴虫，侵入鸡异刺线虫卵内，并随同虫卵排到外界环境中，成为本病的重要感染源。鸡感染本病主要是采食或饮用了污染有组织滴虫的鸡异刺线虫卵的饲料或饮水所致。本病多发于2～12周龄的鸡和火鸡，特别是雏火鸡和4～6周龄鸡的易感性最强；成年火鸡多为带虫者，呈隐性感染。

【临床症状】

病鸡精神沉郁，闭目嗜睡，下痢，严重者粪便带血。后期由于血液循环障碍，病鸡头部皮肤、鸡冠和肉髯严重瘀血，呈暗黑色，故称为"黑头病"。

【病理变化】

主要病变在盲肠和肝，引起盲肠炎和肝炎。

一侧或两侧盲肠肿胀、坚实，外观似香肠样；切开肠管，可见肠壁肥厚，肠管内充满浆液性或出血性渗出物，或形成坚实的淡黄褐色的干酪样的盲肠肠芯栓塞，其横截面呈同心轮层状，中心是黑红色凝固血块，外周包被灰白色或黄白色坏死物（图2.2.19-1～4）。有的还可见因肠黏膜坏死、溃疡并发生穿孔而引起的腹膜炎。

肝脏出现特征性病变：肝大小正常或稍肿大，表面有明显的散在或密布大小不一的圆形或不规则形坏死灶，呈黄绿色、淡黄色或紫褐色，边缘隆起、中央凹陷；有的坏死灶相互融合，呈花环状或大片状的坏死溃疡区（图2.2.19-5～7）。

【诊断要点】

根据盲肠和肝的特征性病变可做出初步诊断。若从盲肠黏膜刮下物或盲肠内容物中找到的虫体有一根很细的鞭毛，并能做节律性钟摆运动，即可确诊。

【检疫处理】

病变器官化制或销毁，其余部分依病损程度做相应的无害化处理。

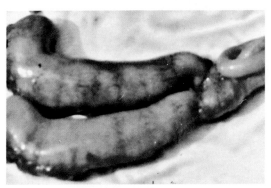

图2.2.19-1 组织滴虫病 病鸡盲肠发炎，肠管增粗，质地坚实 （许青荣）

图2.2.19-2 组织滴虫病 肠腔内充满黄白色干酪样物。右侧图为正常盲肠 （孙锡斌）

图2.2.19-3 组织滴虫病 盲肠粗硬，肠腔内充满坚实的干酪样坏死物 （孙锡斌）

图2.2.19-4 横切（上图）阻塞肠管的干酪样坏死物，可见质地坚硬干燥，其横截面呈同心轮层状 （孙锡斌）

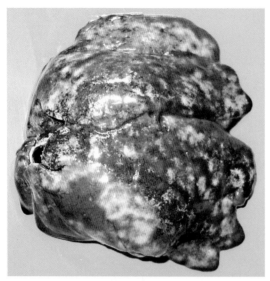

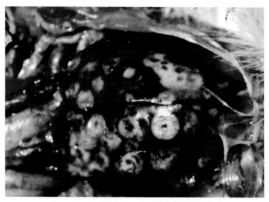

图2.2.19-6　组织滴虫病　坏死病灶中央凹陷，周边稍隆起，呈淡黄色或黄褐色

（许青荣）

图2.2.19-5　组织滴虫病　病鸡肝表面布满大小不一、不规则的黄白色坏死灶，有的相互融合成斑驳样　　　　（孙锡斌）

图2.2.19-7　组织滴虫病　病鸡肝表面布满圆形、不规则的黄褐色坏死灶，病灶呈环状，中央凹陷，周边稍隆起

（许青荣）

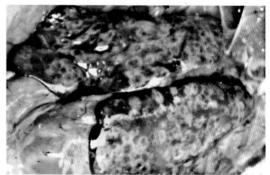

二十、禽曲霉菌病

　　禽曲霉菌病（aspergillosis）是曲霉菌属（*Aspergillus*）中的多种曲霉菌引起的禽类和哺乳动物的一种急性或慢性感染性真菌病。主要特征是在器官组织，尤其是肺及气囊发生炎症并形成霉菌结节。本病是禽类的一种常见的真菌性传染病。

【流行病学】

　　本病最常见的病原体为烟曲霉，其他致病性曲霉菌还有黑曲霉、黄曲霉、青曲霉、构巢曲霉、白曲霉等。其孢子广泛分布于自然界，常污染垫料、饲料及阴暗潮湿的环境。各种禽均易感，以幼禽尤其是4～12日龄雏禽最易感，常呈急性、群发性发生；成年禽发病呈散发性，死亡率不高。禽类常因接触发霉饲料、垫料和被污染的空气、地面等经呼吸道感染，亦可经消化道或皮肤伤口感染。

　　马、牛、羊、猪也能感染，但较少见，主要侵害呼吸器官和发生霉菌性流产。人也可感染，但一般不易致病。

【临床症状】

雏禽感染本病常为群发，呈急性经过，主要侵害肺脏和气囊。可见病禽精神萎靡，缩头闭眼，表现呼吸困难、张口伸颈，鼻流浆液性、脓性分泌物；病后期常伴腹泻、消瘦。少数病雏禽表现摇头、头后仰、运动时失去平衡甚至强直性痉挛和两腿麻痹等神经症状。有的雏禽发生霉菌性眼炎，表现眼结膜充血、肿胀，结膜囊内积有干酪样物，使眼睑肿胀、隆起，严重者失明。

成年禽呈慢性、散发，且症状轻微，显现突出的变化是长期消瘦，发育不良，其病程可延至数周。

【病理变化】

主要病变是霉菌性肺炎和气囊炎。

肺脏的病变除肺的炎症外，最为显见的是，肺的表面或切面有粟粒大至黄豆粒大或榛子大的灰白色或黄白色霉菌结节（图2.2.20-1）；切开结节，中心为干酪样坏死组织，内含大量菌丝体和孢子，外层为类似肉芽组织的炎性反应层。严重病例，在气管、气囊、胸腹腔，以及心、肝、肠的浆膜处也可见到类似的霉菌结节（图2.2.20-2～5）；有的病禽从受侵害的部位浆膜上可见绒毛状菌丝体或因霉菌大量增殖形成的弥漫性霉菌菌苔（图2.2.20-6、图2.2.20-7）。

病禽的气囊炎形成的霉菌结节多见于胸气囊，其次为锁骨气囊和腹气囊，可见气囊壁增厚、浑浊，腔内壁上生长着与霉菌性肺炎类似的霉菌结节（图2.2.20-8）；切开结节可见的变化与肺脏中霉菌结节相似。

【诊断要点】

根据呼吸困难、气喘等症状和肺脏、气囊等处形成广泛性炎症和结节性病变，结合圈舍阴暗潮湿、饲料、垫料等不良卫生条件，即可做出初步诊断。确诊需进行真菌检验。

可从病禽肺脏或气囊上的结节中心处取小块病料，置载玻片上，加生理盐水或10%氢氧化钠溶液少许，加压盖玻片后镜检，若见菌丝体和孢子即可确诊。必要时采新鲜病料接种真菌培养基进行病原的分离和鉴定。

【检疫处理】

（1）检疫确诊的患病禽，可选用制霉菌素、克霉唑等治疗。

（2）对病死动物和发霉的饲料与垫料，应及时进行无害化处理。环境和用具等用戊二醛碱性溶液、过氧乙酸溶液喷洒消毒或用甲醛与高锰酸钾混合熏蒸消毒。

【附】

人类对致病性曲霉菌虽易感，但一般不易致病。常因机体组织损伤、患慢性病以及长期应用抗菌药或用某些激素导致机体免疫力下降而引起。

当全身或局部抵抗力低下的人吸入了大量致病性曲霉菌孢子后，常发生急性霉菌性支气管肺炎，称支气管和肺曲霉菌病。当有过敏体质的人大量吸入了致病性曲霉菌孢子后，常在数小时内发生哮喘、呼吸困难、发热等，称过敏性曲霉菌病。当人体因皮肤损伤如创伤、烧伤等感染致病性曲霉菌，可引发全身败血症。当人体仅局限性感染致病性曲霉菌：感染耳部称为耳曲霉菌病；感染鼻窦称为鼻窦曲霉菌病；感染眼结膜称为眼曲霉菌病。

人感染曲霉菌病可选用针对霉菌的药物治疗。

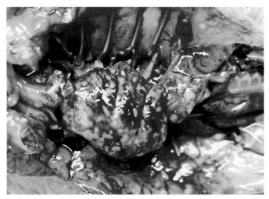

图2.2.20-1　禽曲霉菌病　病鸡的肺表面散在多个灰白色霉菌结节　　　　（胡薛英）

图2.2.20-2　禽曲霉菌病　病鸡胸腔散在多个大小不一的灰白色霉菌结节　　（李自力）

图2.2.20-3　禽曲霉菌病　病鸡心尖部见黄白色霉菌结节　　　　（胡薛英）

图2.2.20-4　禽曲霉菌病　病鸭胸腔浆膜上的黄白色霉菌结节　　　　（胡薛英）

图2.2.20-5　禽曲霉菌病　病鸡肝、肠浆膜上的黄白色霉菌结节　　　（胡薛英）

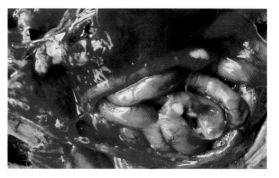

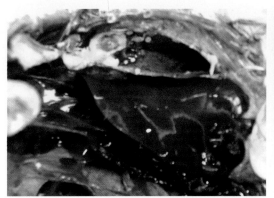

图2.2.20-6　禽曲霉菌病　病鸭胸腔浆膜上形成的
黑黄绿色霉菌斑块　　　　（胡薛英）

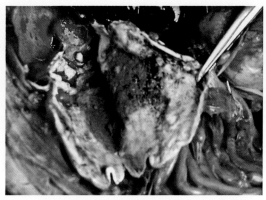

图2.2.20-7　禽曲霉菌病　病鸭腹腔浆膜上因霉菌大
量增殖而形成大片的黑黄绿色菌苔

图2.2.20-8　禽曲霉菌病　病鸡腹气囊壁增厚、浑浊，囊腔
内壁有大小不一的黄白色霉菌结节

（马增军）

第三节 牛、羊传染性疾病

一、牛、羊口蹄疫

牛、羊口蹄疫（foot and mouth disease，FMD）是由口蹄疫病毒（foot and mouth disease virus，FMDV）引起的偶蹄动物的一种急性、热性、高度接触性传染病。临床特征为口腔黏膜和鼻镜、蹄部等部位的皮肤发生水疱、溃疡和结痂。

【流行病学】

同猪口蹄疫。

【临床症状】

病牛初期体温升高，食欲减退，流涎，常在唇、齿龈、舌面、颊部的黏膜和鼻镜等处发生水疱，从口角流出呈灰白色泡沫状的流涎常挂满嘴边，采食和反刍停止。水疱破溃后形成烂斑（图2.3.1-1～5）。在口腔水疱发生的同时或稍后，病牛的蹄冠、蹄踵和趾（指）间隙的柔软皮肤上也常发生水疱和烂斑（图2.3.1-6～8）。母牛乳头及其周围的皮肤亦可发生水疱。

羊口蹄疫的临床症状与牛口蹄疫基本相似（图2.3.1-9～13），但较轻微。

骆驼的症状与牛表现的症状大致相同，但发病率较低。

【病理变化】

部分病例的喉部、气管、支气管、真胃等的黏膜，甚至在瘤胃肉柱上可见到水疱和烂斑（图2.3.1-14）。患恶性口蹄疫犊牛的心脏病变与猪的相同。

【诊断要点与检疫处理】

口蹄疫是世界动物卫生组织（OIE）列为必须通报的动物疫病（2018病种名录），我国将其列为一类动物疫病（2008病种名录）。口蹄疫也是我国规定的进境动物检疫一类传染病（2013病种名录）。

牛、羊口蹄疫的诊断要点和检疫处理与猪口蹄疫相同（图2.3.1-15）。

图2.3.1-1　牛口蹄疫　病牛口腔大量流涎挂满嘴边
（徐有生　刘少华）

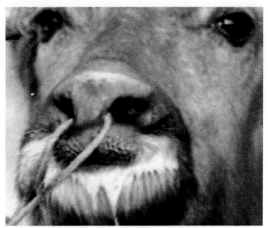

图2.3.1-2　牛口蹄疫　患病水牛口腔大量流涎
（孙锡斌）

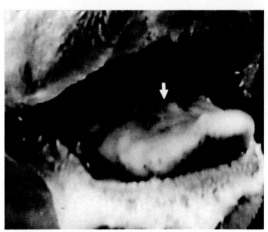

图2.3.1-3　牛口蹄疫　患病黄牛舌黏膜上水疱凸出舌面　　　　　（徐有生　刘少华）

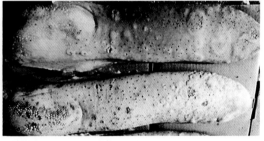

图2.3.1-4　牛口蹄疫　患病水牛舌面上散在大量水疱，舌前端水疱融合凸出舌表面，有的破溃　　　　（徐有生　刘少华）

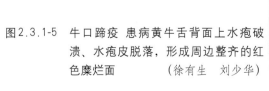

图2.3.1-5　牛口蹄疫　患病黄牛舌背面上水疱破溃、水疱皮脱落，形成周边整齐的红色糜烂面　　（徐有生　刘少华）

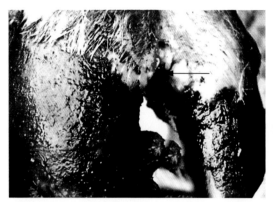

图2.3.1-6 牛口蹄疫 病牛蹄冠轴侧面（两蹄间）上水疱 （徐有生 刘少华）

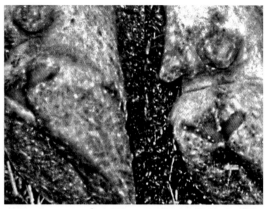

图2.3.1-7 牛口蹄疫 病牛蹄冠后缘皮肤上水疱破溃露出红色溃疡 （徐有生 刘少华）

图2.3.1-8 牛口蹄疫 病牛蹄冠上水疱破溃，形成红色环状溃疡 （徐有生 刘少华）

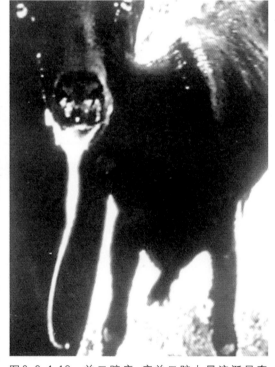

图2.3.1-10 羊口蹄疫 病羊口腔大量流涎呈牵缕状 （徐有生 刘少华）

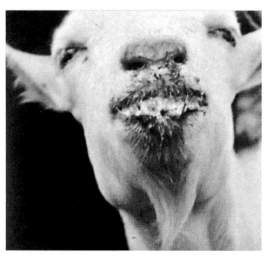

图2.3.1-9 羊口蹄疫 病羊口腔黏膜发生水疱和溃疡，口流泡沫状分泌物挂满嘴边

（徐有生 刘少华）

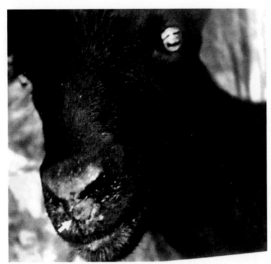

图2.3.1-11 羊口蹄疫 病羊上唇水疱破溃，露出红色溃疡面 （徐有生 刘少华）

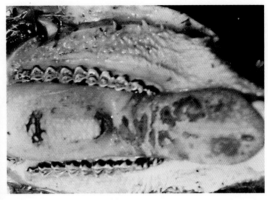

图2.3.1-12 羊口蹄疫 病羊舌前端烂斑 （徐有生）

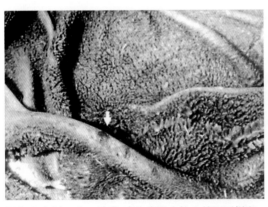

图2.3.1-14 牛口蹄疫 病牛瘤胃肉柱上的圆形烂斑 （徐有生 刘少华）

图2.3.1-13 羊口蹄疫 乳山羊乳房上的水疱，有的结痂 （徐有生 刘少华）

图2.3.1-15 击毙患口蹄疫病牛 （李复中）

二、小反刍兽疫

小反刍兽疫（peste des petits ruminants，PPR）又称羊瘟，是由小反刍兽疫病毒（peste des petits ruminants virus，PPRV）引起的羊的一种急性、接触性传染病。其特征是发病急、病死率高、高热稽留、眼与口和鼻流液、口腔黏膜糜烂、腹泻和肺炎。

【流行病学】

1942年在西非科特迪瓦（象牙海岸）首次发生小反刍兽疫，目前，主要流行于非洲西部、中部和亚洲部分地区。2007年7月，我国西藏阿理地区日土县热帮乡龙门村发生了小反刍兽疫疫情，死亡山羊262只，经国家外来动物疫病研究中心确诊。2013年11月30日新疆伊犁哈萨克自治州霍城县三宫乡一村，1 236只羊发病，死亡203只。随后陆续在甘肃、内蒙古、宁夏、云南等多个省、自治区发生该病。云南省的新平县、彝良县、玉龙县等多个县市发生羊小反刍兽疫，累计发病1 144只，死亡307只，扑杀1 977只；不久该病又在曲靖市的9个区县和红河州的河口、弥勒、泸西等县发生。

本病的主要传染源为患病动物和隐性感染动物，处于亚临床型的病羊尤为危险。病毒存在病畜的各种组织内，随其分泌物、排泄物向外排毒，主要通过直接或间接接触经呼吸道感染；也可经配种、人工授精、胚胎移植传播。山羊和绵羊是本病唯一的自然宿主，山羊的不同品种的易感性有差异，山羊比绵羊更易感，其发病率和病死率均较高，尤其是幼龄羊。牛、猪也可以感染，但通常为亚临床症状。

本病一年四季均可发生，但在雨季和干燥、寒冷季节多发，呈地方流行性。本病发病率可达100%，严重暴发期死亡率为100%。

【临床症状】

本病的潜伏期4～5d，最长21d。自然发病仅见山羊和绵羊，以山羊发病严重，幼龄动物发病率和死亡率高。山羊的临床症状比较典型，绵羊症状一般较轻微。

患病羊发病急剧，体温41℃以上。初期精神沉郁，口、鼻干燥；眼结膜红肿，眼、鼻流浆液、黏液脓性分泌物（图2.3.2-1、图2.3.2-2）；继之，口腔黏膜和齿龈充血、糜烂和坏死；病羊大量流涎，呈泡沫状或长丝状（图2.3.2-3、图2.3.2-4）。严重病例，口腔病灶迅速波及齿龈、舌、硬腭、颊部和舌及乳头等处（图2.3.2-5～9），形成不规则的浅糜烂斑，有的也见于咽喉。母羊还常常发生外阴和阴道炎症，流黏液、脓性分泌物（图2.3.2-10），怀孕母羊常发生流产或产死胎，乳房、阴户有坏死和糜烂。多数病羊于病后期出现水样腹泻，粪便中混有血液和凝血块（图2.3.2-11～13），病羊多表现腹痛，起卧不安、回头看腹（图2.3.2-14）。发热后期的病例，多数病羊皆因严重腹泻，造成迅速脱水、消瘦、衰竭死亡。此外，有的出现咳嗽、肺部啰音及腹式呼吸等肺炎症状；慢性晚期病例可见口、鼻周围及下颌有结节和脓疱；一些康复山羊的唇部形成口疮样病变，常留有疣状结痂（图2.3.2-15）。

【病理变化】

病变与牛瘟相似。病变主要局限于消化道和呼吸道。

主要病理变化可见结膜炎；口腔和鼻腔黏膜的糜烂坏死，甚至蔓延至硬腭、咽喉部、食管等处并有出血点（斑）；皱胃黏膜常出现糜烂病灶（瘤胃、网胃、瓣胃则很少出现病变），其创面出血呈鲜红色（图2.3.2-16）。

此外，有些病例的肠道有出血性或坏死性肠炎，尤其在盲肠、结肠近端和直肠黏膜上常有特征性的沿皱襞呈条纹状（线状）充血、出血，或出血呈斑马样条纹（图2.3.2-17～19）；淋巴结肿大以肠系膜淋巴结更明显；脾肿大有坏死性病变；在鼻甲、喉、气管、支气管等处有出血斑；肺有不同程度的肺炎病变，组织学上见肺组织出现多核巨细胞及细胞质内嗜酸性包含体。

【诊断要点】

根据流行病学、临床症状和病理变化，可做出初步诊断。确诊需进行病毒分离鉴定和血清学诊断。病毒鉴定可用捕获ELISA、对流免疫电泳、琼脂凝胶免疫扩散、RT-PCR等方法。血清学试验可用单抗竞争ELISA、间接ELISA抗体检测法和间接荧光抗体试验等。

【检疫处理】

小反刍兽疫是世界动物卫生组织（OIE）列为必须通报的动物疫病（2018病种名录），我国将其列为一类动物疫病（2008病种名录）。小反刍兽疫也是我国规定的进境动物检疫一类传染病（2013病种名录）。

一旦发生小反刍兽疫，为及时、有效地预防、控制和扑灭本病，应依据《中华人民共和国动物防疫法》《重大动物疫情应急条例》《国家突发重大动物疫情应急预案》和《国家小反刍兽疫应急预案》《小反刍兽疫防治技术规范》《病害动物和病害动物产品生物安全处理规程》（GB16548—2006）等有关规定，采取紧急、强制性的控制和扑灭措施，扑杀患病和同群动物，进行销毁处理和彻底消毒。必要时，对疫区及受威胁区的动物，经国家兽医行政管理部门批准采取免疫措施。

（徐有生）

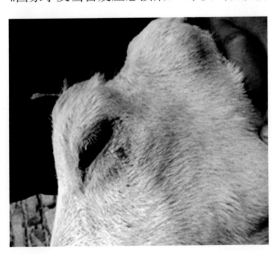

图2.3.2-1　小反刍兽疫　病羊眼结膜发炎引起眼部红肿

（徐有生）

图2.3.2-2　小反刍兽疫　病羊口、鼻流灰白色黏液-脓性分泌物　　　　（徐有生）

图2.3.2-3　小反刍兽疫　病羊口流出泡沫状分泌物，挂满嘴边　　　　（徐有生）

图2.3.2-4　小反刍兽疫　病羊口流分泌物呈长丝牵缕状　　　　（徐有生）

图2.3.2-5　小反刍兽疫　病羊发病后3d，口腔黏膜有大量唾液，黏膜上散在小溃疡病灶，右上方示局部溃疡放大图

　　　　（徐有生）

图2.3.2-7　小反刍兽疫（侧面观）口腔黏膜糜烂、坏死脱落　　　　（徐有生）

图2.3.2-6　小反刍兽疫（正面观）病羊发病第4d，可见口腔顶壁硬腭前后端厚实的黏膜大面积糜烂、坏死脱落（徐有生）

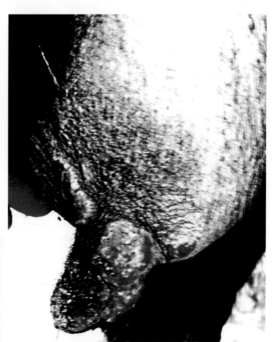

图2.3.2-8　小反刍兽疫　病羊乳头上圆形溃疡病灶　　　　　　　（徐有生）

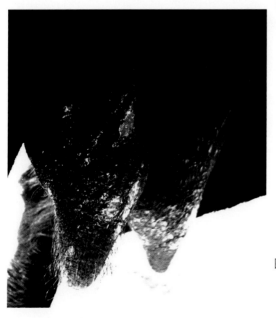

图2.3.2-9　小反刍兽疫　病羊乳房上有多个小溃疡病灶　　　　　　（徐有生）

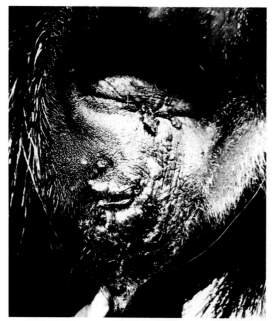

图2.3.2-10 小反刍兽疫 病羊从阴门排出的污秽物，污染会阴部，干涸成黑红色痂块 （徐有生）

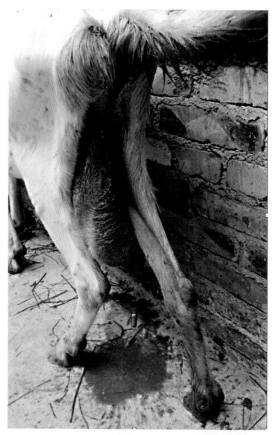

图2.3.2-11 小反刍兽疫 病羊腹泻，排水样稀粪 （徐有生）

图2.3.2-13 小反刍兽疫 病羊排出的血便混有凝血块 （徐有生）

图2.3.2-12 小反刍兽疫 病羊排黑红色血便 （徐有生）

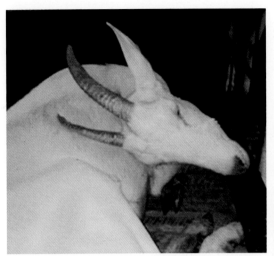

图2.3.2-14 小反刍兽疫 病羊腹痛起卧不安，回
　　　　　 头观腹 （徐有生）

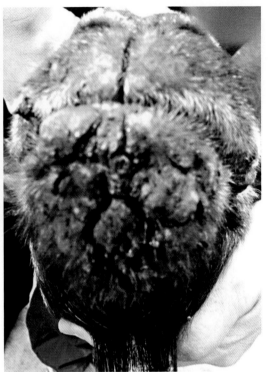

图2.3.2-15 小反刍兽疫 康复山羊的唇部留有的
　　　　　 疣状结痂（系发病时于唇部形成的口
　　　　　 疮样病变的转归） （徐有生）

图2.3.2-16 小反刍兽疫 病羊皱胃黏膜明显出
　　　　　 血，呈散在和弥漫性鲜红色
　　　　　 　　　　　　　　　　　（徐有生）

图2.3.2-17 小反刍兽疫 病羊结肠壁增厚，黏膜
　　　　　 皱襞明显，黏膜上呈条状和弥漫性出
　　　　　 血 （徐有生）

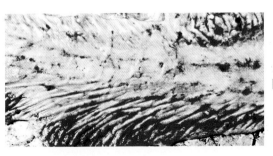

图2.3.2-18 小反刍兽疫 病羊结肠和直肠结合处
　　　　　 肠壁增厚，黏膜皱襞明显，黏膜出
　　　　　 血呈"斑马条纹"状；黏膜皱襞处
　　　　　 弥漫性出血 （徐有生）

图2.3.2-19　小反刍兽疫　病羊结肠和直肠连接
处黏膜呈"斑马条纹"状出血
（徐有生）

三、蓝 舌 病

蓝舌病（bluetongue，BT）是由蓝舌病病毒（bluetongue virus，BTV）引起反刍动物的一种传染病。本病特征是发热及口、鼻和胃的黏膜有充血、水肿、出血、糜烂和溃疡。舌发绀呈青紫色或蓝紫色，故称"蓝舌病"。徐有生于1979年7月首次在云南省师宗县发现本病。

【流行病学】

患病动物和病毒携带者是本病的主要传染源。病毒存在于感染动物的血液和各器官中，主要通过吸血昆虫传播，库蠓是主要的传播媒介。绵羊虱、蚊、蜱等也可作为病毒的携带者和传播媒介。绵羊对本病最易感，尤其是1岁左右的绵羊。牛和山羊的易感性较低。

本病有明显的地区性和季节性，于库蠓分布较多的地区和多雨潮湿的夏秋季节多发。

【临床症状】

1．羊　绵羊患病初期体温升高，稽留3～5d后，可见头、耳、唇肿胀，鼻镜瘀血，鼻腔流粉红色黏性鼻液（图2.3.3-1）；严重者，口、唇水肿，可波及下颌间隙、面部及颈部，口腔黏膜充血、出血、发绀（图2.3.3-2～4），随后出现黏膜的糜烂与溃疡（图2.3.3-5～7）。部分病羊舌发绀，呈青紫色（图2.3.3-3）。有的病羊呕吐，下泻，粪便带有少量血丝；有的四肢甚至体躯两侧被毛脱落（图2.3.3-8）；有的蹄冠部蹄叶发炎呈不同程度跛行，后期因蹄匣脱落不能站立；个别病羊可因口腔、咽喉肿胀、糜烂而造成吞咽困难，甚至导致异物性肺炎。

山羊的易感性较低，发病症状与绵羊相似，但表现轻微。

2．牛　多为隐性感染，偶见少数病牛在感染初期轻度发热，鼻镜、舌及口腔的变化轻微。

【病理变化】

剖检可见鼻腔、口腔、肠、胃尤其是瘤胃和瓣胃的黏膜及大网膜有出血、水肿和糜烂（图2.3.3-9～12），心外膜和心内膜有出血点或呈圆形、不规则形的出血斑；有的病羊的肌肉有灶性出血。严重者，消化道黏膜出血，甚至坏死、溃疡，脾肿大，淋巴结和肾充血、肿大，泌尿道和呼吸道的黏膜出血。

【诊断要点】

根据绵羊对蓝舌病易感性很强、发病多见于库蠓活动季节的发病特点和典型的临床症状与病理变化，可做出初步诊断。确诊可做病毒的分离鉴定、血清学诊断和分子生物学诊断。

血清学诊断常用的方法有琼脂扩散试验、ELISA、中和试验、补体结合试验、免疫荧光抗体技术等。分子生物学诊断方法可用DNA探针技术、RT-PCR鉴定病毒。

图2.3.3-1　蓝舌病 病绵羊鼻唇肿胀、出血、溃疡

【检疫处理】

蓝舌病是世界动物卫生组织（OIE）列为必须通报的动物疫病（2018病种名录），我国将其列为一类动物疫病（2008病种名录）。蓝舌病也是我国规定的进境动物检疫一类传染病（2013病种名录）。

（1）动物检疫确诊为本病后必须及时上报，按有关规定采取紧急、强制性的控制和扑灭措施，对疫点内患病动物、带毒动物及同群者全部扑杀，并对病死动物、被扑杀动物及其产品进行销毁处理。

（2）加强进境动物的检疫，且应选择在昆虫媒介不活动的季节，以防止本病传入。检疫确诊的阳性动物与其同群的动物全群做扑杀、销毁或退回处理。

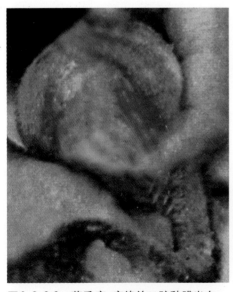

图2.3.3-2　蓝舌病 病绵羊口腔黏膜出血

（徐有生　刘少华）

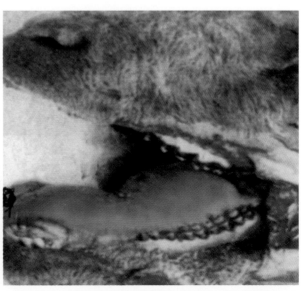

图2.3.3-3　蓝舌病 部分病绵羊舌发绀，可见舌面有蓝紫色斑块

（徐有生）

图2.3.3-4　蓝舌病　病绵羊舌和口腔黏膜发绀

（徐有生　刘少华）

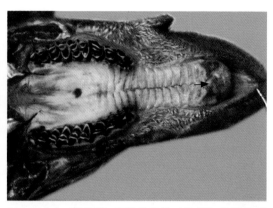

图2.3.3-5　蓝舌病　病绵羊齿枕（齿板）前段黏膜
　　　　　出血、糜烂　　　　（徐有生　刘少华）

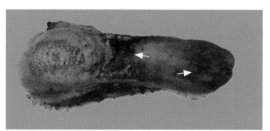

图2.3.3-6　蓝舌病　病绵羊舌前端和舌体背侧出
　　　　　血、糜烂　　　　（徐有生　刘少华）

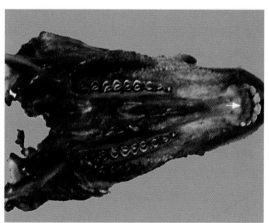

图2.3.3-7　蓝舌病　病绵羊口腔黏膜和切齿后缘处
　　　　　充血、出血和糜烂　　　　（徐有生）

图2.3.3-8　蓝舌病　患病绵羊四肢被毛脱落

（徐有生　刘少华）

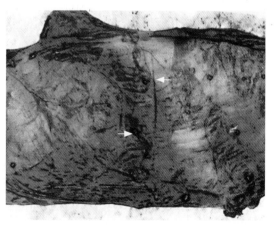

图2.3.3-9　蓝舌病　患病绵羊肠黏膜脱落，有弥漫
　　　　　性出血和点状坏死　　　　（徐有生）

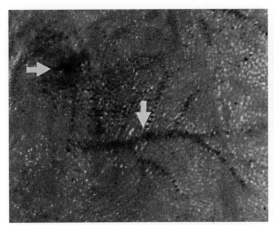

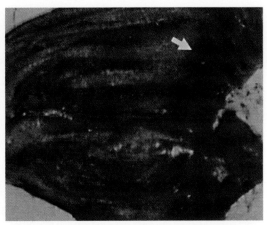

图2.3.3-10 蓝舌病 患病绵羊瘤胃黏膜出血，呈树枝状 （徐有生 刘少华）

图2.3.3-11 蓝舌病 患病绵羊瓣胃皱褶黏膜出血 （徐有生 刘少华）

图2.3.3-12 蓝舌病 患病绵羊大网膜上的出血斑块 （徐有生）

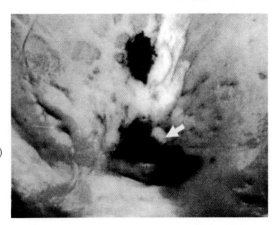

四、牛传染性鼻气管炎

牛传染性鼻气管炎（infectious bovine rhinotracheitis，IBR）又称传染性坏死性鼻炎、红鼻子病、牛媾疫和流行性流产，是由牛疱疹病毒1型即牛传染性鼻气管炎病毒（infectious bovine rhinotracheitis virus，IBRV）引起牛的一种急性、热性、接触性传染病。其特征是呼吸道黏膜发炎、呼吸困难、流鼻液等，还可引起生殖器感染、结膜炎、流产、脑膜炎等多种病型。

【流行病学】

病牛和带毒牛为主要传染源，病毒随分泌物排出，易感牛接触被污染的空气飞沫或精液，可通过呼吸道或生殖道传播。部分牛出现隐性感染，当机体抵抗力降低时，潜伏病毒可活化，随鼻液、泪液等分泌物感染健康牛。各种年龄的牛均可感染，以20～60日龄的犊牛最易感，且病死率高。

本病一年四季均可发生，但以冬、春季节多发。

【临床症状】

根据病毒侵害的部位，本病可分为呼吸道型、结膜炎型、生殖感染型、流产型和脑膜脑炎型等多种临床类型。

1. **呼吸道型**　最为常见。病牛体温可达39.5 ~ 42℃，鼻黏膜高度充血并有坏死溃疡，流黏脓性鼻液（图2.3.4-1 ~ 3），鼻窦及鼻镜红肿，呈火红色，故称为"红鼻子病"；可见呼吸困难，常有咳嗽。

2. **结膜炎型**　表现畏光、流泪，眼睑浮肿，眼结膜高度充血，眼分泌物中混有脓液（图2.3.4-4、图2.3.4-5）。有时眼结膜炎型与呼吸道型同时出现。

3. **生殖感染型**　主要表现外阴和阴道黏膜充血、肿胀，流黏液性分泌物。公牛生殖器充血，形成脓疱。

4. **流产型**　一般见于初产母牛，流产多发生于妊娠中期。

5. **脑膜脑炎型**　多见于犊牛，表现沉郁或兴奋，共济失调，甚至出现惊厥抽搐。

【病理变化】

2011年笔者通过犊牛人工感染牛传染性鼻气管炎病毒，获得传染性鼻气管炎呼吸道型病变：病牛上呼吸道呈急性出血性或纤维素性坏死性炎症，可见扁桃体充血、水肿，肺充血、水肿，支气管肺炎或纤维素性肺炎（图2.3.4-6 ~ 9）。

结膜炎型的眼观病理变化与临床症状相同。生殖道型的患病母牛表现为子宫内膜炎、阴户和阴道炎；公牛可见龟头包皮炎。脑膜脑炎型的患病牛表现为非化脓性脑炎变化。

【诊断要点】

根据本病的临床症状和病理变化，结合流行病学特点，可做出初步诊断。确诊方法有病毒的分离鉴定、中和试验及血清抗体的ELISA等。

本病应注意与具有呼吸道症状的传染病，如水疱性口炎、口蹄疫、恶性卡他热、牛病毒性腹泻/黏膜病等相鉴别。

【检疫处理】

牛传染性鼻气管炎是世界动物卫生组织（OIE）列为必须通报的动物疫病（2018病种名录），我国将其列为二类动物疫病（2008病种名录）。牛传染性鼻气管炎也是我国规定的进境动物检疫二类传染病（2013病种名录）。

（1）动物检疫确诊为本病的病死牛和流产物或胴体和内脏进行销毁。

（2）进境动物检疫检出的阳性牛扑杀、销毁或退回处理，同群牛隔离观察。

（胡长敏　郭爱珍）

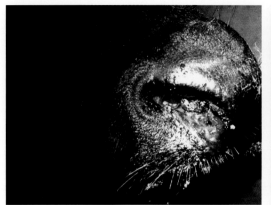

图2.3.4-1 牛传染性鼻气管炎 病牛鼻黏膜发红，黏膜有出血和溃疡；鼻孔边缘鼻液结痂
（胡长敏 郭爱珍）

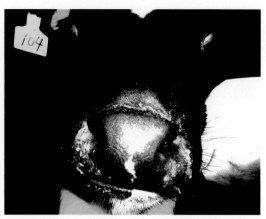

图2.3.4-2 牛传染性鼻气管炎 病牛两侧鼻孔流灰白色脓性鼻液 （胡长敏 郭爱珍）

图2.3.4-3 牛传染性鼻气管炎 病牛流黏性鼻液
（胡长敏 郭爱珍）

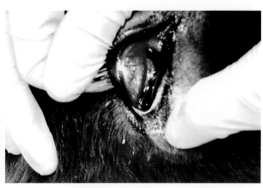

图2.3.4-4 牛传染性鼻气管炎 病牛眼睑浮肿，眼结膜高度充血，眼周附着灰白色分泌物 （胡长敏 郭爱珍）

图2.3.4-5 牛传染性鼻气管炎 病牛眼流大量脓性分泌物 （胡长敏 郭爱珍）

图2.3.4-6 牛传染性鼻气管炎 病牛肺有充血、水肿和实变 （胡长敏 郭爱珍）

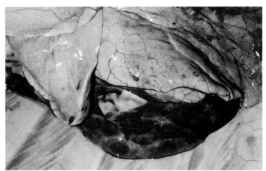

图2.3.4-7　牛传染性鼻气管炎　病程较长的严重病
　　　　　例，肺炎区呈红色肉变
　　　　　　　　　　　　　　　（胡长敏　郭爱珍）

图2.3.4-9　牛传染性鼻气管炎　病牛两侧扁桃体水
　　　　　肿，切面见浆液性渗出物
　　　　　　　　　　　　　　　（胡长敏　郭爱珍）

图2.3.4-8　牛传染性鼻气管炎　病牛肺的一侧肺
　　　　　叶发生实变　　　（胡长敏　郭爱珍）

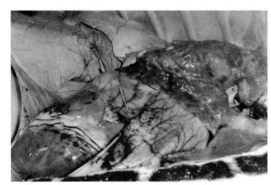

五、牛支原体病

牛支原体病（mycoplasma bovis disease）又称牛支原体感染，是由牛支原体（*Mycoplasma bovis*）感染牛引起的一种传染病，可导致牛肺炎、角膜结膜炎、乳腺炎、关节炎、耳炎、生殖道炎症、流产与不孕等多种疾病。

【流行病学】

病牛和带毒牛为主要传染源。健康牛通过接触患病牛的分泌物和排泄物，主要通过呼吸道和消化道感染。犊牛可通过吸吮乳汁感染。不同年龄的奶牛及肉牛均易感。

1961年在美国首次从患乳腺炎的奶牛中分离到该病原。1976年首次报道与牛的呼吸系统疾病有关，该病在世界大多数国家存在。自2008年以来，我国部分地区新从外地引进的肉牛暴发了以坏死性肺炎为特征的"传染性牛支原体肺炎"疫情，发病率50%～100%，部分牛场病死率高达10%～50%，给养牛业造成巨大损失。

2008年，笔者在国内首次从患病牛的肺脏中分离到病原，经分离培养及PCR鉴定确定为牛支原体。

【临床症状】

发病初期体温升高至42℃左右，病牛食欲减退、精神沉郁，咳嗽、气喘，鼻流清亮水样或脓性鼻液（图2.3.5-1～3）。病程稍长的患病牛表现消瘦，腹泻粪便呈水样或带有血液和黏液（图2.3.5-4），严重者出现死亡（图2.3.5-5）。若继发关节炎，表现跛行、关节肿胀等症状（图2.3.5-6）。有的病牛继发结膜炎，可见眼结膜潮红，有大量浆液性或脓性分泌物。

【病理变化】

患病牛鼻腔有大量的浆液性或脓性鼻液，气管内有黏性分泌液；胸腔有淡黄色渗出物；肺脏肿大，肺炎区的肉变部分有散在大小不一的灰黄色干酪样或化脓性坏死灶，剖面呈大理石花纹状且有脓汁流出（图2.3.5-7～9）；部分病牛胆囊肿大；膀胱尿潴留。若继发关节炎，可见关节积液，内有脓汁或/和干酪样坏死物（图2.3.5-10）。腹泻的病牛有肠炎变化。

【诊断要点】

根据流行病学、临床症状和病理变化可做出初步诊断，确诊需进行实验室检查。牛支原体病的常用确诊方法主要集中在病原体的分离鉴定和基因诊断。牛支原体病原分离培养2～3d后，在镜下观察菌落形态，其菌落应具有"煎蛋样"典型特征（图2.3.5-11）。牛支原体基因检测方法主要是PCR方法。

表现角膜结膜炎的病例应注意与恶性卡他热、维生素A缺乏症及其他病因引起的结膜炎相区别。

【检疫处理】

（1）动物检疫确诊为本病的病死牛或胴体和内脏做化制或销毁处理。

（2）进境动物检疫检出的阳性牛扑杀、销毁或退回处理，同群牛隔离观察。

（郭爱珍　胡长敏）

图2.3.5-1　牛支原体病　发病牛群精神沉郁

（郭爱珍　胡长敏）

图2.3.5-2　牛支原体病　病牛消瘦、精神沉郁，呼吸困难，呈腹式呼吸

（郭爱珍　胡长敏）

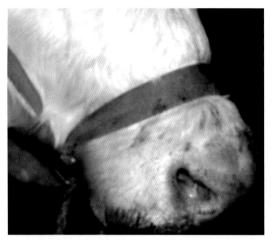

图2.3.5-3 牛支原体病 病牛鼻流浆液黏性鼻液
（郭爱珍 胡长敏）

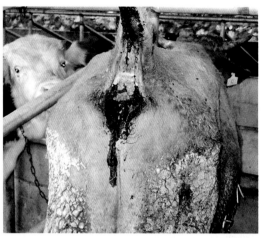

图2.3.5-4 牛支原体病 病牛排血样稀便，污染肛门周围和会阴部的血粪，干涸成黑红色痂块 （郭爱珍 胡长敏）

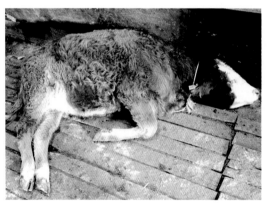

图2.3.5-5 牛支原体病 病牛衰竭，濒于死亡
（郭爱珍 胡长敏）

图2.3.5-6 牛支原体病 病牛跗关节明显肿大
（郭爱珍 胡长敏）

图2.3.5-7 牛支原体病 病牛肺的肺炎区发生肝变，呈大理石样外观，表面有灰白色坏死病灶 （郭爱珍 胡长敏）

图2.3.5-8 牛支原体病 病牛肺切面见散在、大小不一的黄白色化脓灶
（郭爱珍 胡长敏）

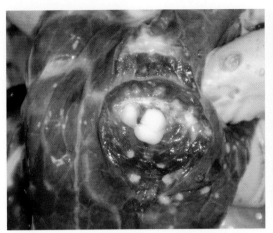

图2.3.5-9　牛支原体病　病牛肺脏的肺炎性区有多
个化脓灶，病灶内蓄积黄白色脓液

（郭爱珍　胡长敏）

图2.3.5-10　牛支原体病　病牛关节腔内积多量黄
绿色脓性干酪样物和浆液性渗出物

（郭爱珍　胡长敏）

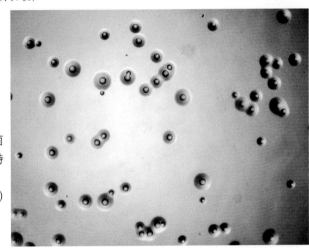

图2.3.5-11　光学显微镜下观察牛支原体菌
落形态，呈"煎蛋样"典型特
征 ×80

（郭爱珍　胡长敏）

六、山羊传染性胸膜肺炎

山羊传染性胸膜肺炎（contagious caprine pleuropneumonia）又称山羊支原体性肺炎，主要是由山羊支原体山羊肺炎亚种（*M. capricolum* subsp. *capripneumoniae*）引起的山羊的一种高度接触性传染病，呈急性或慢性经过，病死率高。其特征是高热、咳嗽、肺和胸膜发生浆液性和纤维素性炎症，并引发肺组织肝变和坏死。

【流行病学】

病山羊和带毒山羊是主要传染源。病原体主要通过空气飞沫经呼吸道感染。在自然感染情况下，山羊支原体山羊肺炎亚种只感染山羊，以3岁以内山羊最易感；而绵羊肺炎支原体（*M. ovipneumoniae*）则可感染山羊和绵羊。本病常呈地方流行性，饲养管理条件差、饲养密度过大、畜舍卫生条件差等可促进病的发生和流行。

【临床症状】

本病以急性型最常见。

1. **急性型** 主要表现胸膜肺炎症状。病羊体温升高，呼吸困难、咳嗽，鼻流浆液性或黏液性乃至铁锈色脓性鼻液（图2.3.6-1）；听诊肺部，多在胸部的一侧发现支气管呼吸音和摩擦音，按压该侧胸壁敏感。

2. **慢性型** 常由急性型转变而来，病羊间有咳嗽和腹泻。若有继发感染，出现并发症使病情恶化而迅速死亡。

【病理变化】

病变多局限于胸腔，呈纤维素性胸膜肺炎的变化。

1. **急性型** 喉部、气管内有泡沫状分泌物（图2.3.6-2）；胸腔积大量淡黄色渗出液；一侧或双侧肺叶与胸壁轻微粘连；肺炎的肝变区多见于肺的一侧，以右侧肺叶肝变明显（图2.3.6-3、图2.3.6-4），肺脏肝变区切面平整、结构致密，因处于不同肝变期，其颜色从红色至灰色不等，外观呈大理石样；随着病情发展，可见胸膜肥厚、表面粗糙并附有纤维素性物，胸膜与肋膜、心包发生粘连（图2.3.6-5）；心包积液，心肌变性和心内、外膜出血（图2.3.6-6）；支气管淋巴结和纵隔淋巴结肿大，并有出血点。此外，其他器官可见肝和脾瘀血、肿大（图2.3.6-7），胆囊充满胆汁，肾肿大、出血（图2.3.6-8）。

2. **慢性型** 常见肺与胸壁粘连，肺的肝变组织有坏死灶，有的被肉芽组织包裹或机化，支气管淋巴结和纵隔淋巴结肿大、出血。

【诊断要点】

根据本病的流行病学特点、主要呈胸膜肺炎的临床特点和病变多局限于肺脏和胸腔呈浆液性、纤维素性肺炎的病理特征的综合分析，可做出初步诊断。确诊需做病原分离鉴定和血清学诊断。本病应注意与山羊巴氏杆菌病相区别。

【检疫处理】

山羊传染性胸膜肺炎是世界动物卫生组织（OIE）列为必须通报的动物疫病（2018病种名录）。我国将山羊传染性胸膜肺炎列为进境动物检疫其他传染病（2013病种名录）。

（1）检疫确诊为本病的发病羊群进行隔离封锁；对污染的羊舍、场地、用具及垫料等彻底消毒；对粪便进行无害化处理。

（2）病死羊或胴体和内脏做化制或销毁处理。

（3）进境动物检疫检出的阳性羊扑杀、销毁或退回处理，同群羊隔离观察。

图2.3.6-1 山羊传染性胸膜肺炎 病羊鼻腔流脓性
分泌物 　　　　　　　　（庄宗堂）

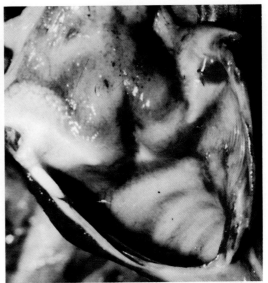

图2.3.6-2 山羊传染性胸膜肺炎 病羊喉部、气管
出血，有泡沫样分泌物 　　（庄宗堂）

图2.3.6-3 山羊传染性胸膜肺炎 病羊肺明显瘀血
　　　　　　　　　　　　　（庄宗堂）

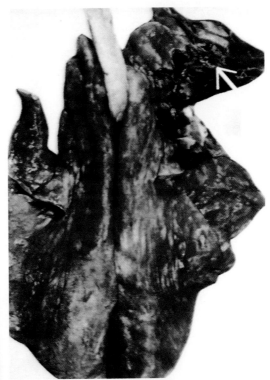

图2.3.6-4 山羊传染性胸膜肺炎 病羊肺的肝变常
见于右叶 　　　　　　　　（庄宗堂）

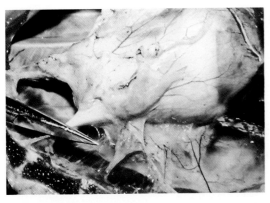

图2.3.6-5 山羊传染性胸膜肺炎 病羊心包膜、
胸膜和肺粘连 　　　　　（庄宗堂）

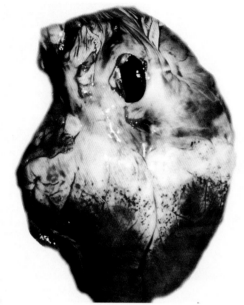

图2.3.6-7　山羊传染性胸膜肺炎　病羊脾瘀血、肿
大　　　　　　　　　　　　（庄宗堂）

图2.3.6-6　山羊传染性胸膜肺炎　病羊心冠脂肪密
发性小点出血　　　　　　（庄宗堂）

图2.3.6-8　山羊传染性胸膜肺炎　病羊肾脏肿大、
出血　　　　　　　　　　（庄宗堂）

七、脑脊髓丝虫病

　　脑脊髓丝虫病（cerebrospinal filariasis）是指寄生于牛腹腔的指形丝状线虫（*Setaria digitata*）的幼虫 - 童虫微丝蚴寄生于马属动物、羊的脑或脊髓的硬膜下或实质内引起的一种后躯运动神经障碍性寄生虫病。其临床特征是后躯麻痹、运动姿势特异。

【流行病学】

　　本病以马多发，骡次之，山羊、绵羊也有发生。脑脊髓丝虫病的发生主要是由牛腹腔的指形丝状线虫的幼虫微丝蚴，通过中间宿主蚊虫叮咬注入马或羊的体内，经淋巴或血液循环进入脑或脊髓而引起。牛有时也可因腹腔的指形丝状线虫的幼虫迷路进入其脑和脊髓引发本病。本病多发于夏末秋初季节，马属动物多、牛多和蚊虫多的地区极易发生，其发病时间常常比蚊虫活动旺盛时间晚1个月。

【虫体形态特征】

指形丝状线虫的童虫为乳白色小线虫，大小为（1.6～5.8）mm×（0.078～0.108）mm。

【临床症状】

1. **早期症状**　主要是腰脊髓所支配的后躯运动神经障碍引起后躯麻痹，临床上常称为"腰麻痹""腰痿"。常见一侧或两侧后肢提举伸展不充分，运动时蹄尖拖地，后躯无力、后肢强拘（图2.3.7-1、图2.3.7-2），对刺激反应迟钝。

2. **中晚期症状**　主要是因脑和脊髓受损引起神经症状。表现精神沉郁、凝视、易惊恐、采食异常，后躯对针刺反应消失，出现高度跛行，甚至后躯麻痹引起两后肢不能站立、起立困难，常呈犬坐式（图2.3.7-3、图2.3.7-4）。病重者长期卧地并发生褥疮，甚至继发败血症死亡。

【寄生部位与病理变化】

指形丝状线虫的幼虫-童虫大多寄生于马、羊的脑底部、颈椎和腰椎膨大部的硬膜下腔、蛛网膜下腔或蛛网膜与硬膜下腔之间。其成虫寄生于牛腹腔。

剖检可见虫体寄生部位的主要病变是脑脊髓的硬膜、蛛网膜有浆液性、纤维素性炎症和胶样浸润灶，并有大小不一的褐黄色、红褐色坏死灶或鲜红色出血灶，常在病变处附近发现虫体。

【诊断要点】

在流行地区若发现马、羊有后躯麻痹引起的运动姿势特异及后坐等典型而特征的症状，应怀疑为脑脊髓丝虫病。本病的早期诊断，可用牛腹腔的指形丝状线虫提取的抗原做皮内变态反应试验。

【检疫处理】

（1）确认为本病的早期发病动物，应进行及早治疗。

（2）屠宰检疫确诊为本病的头和脊柱（含脊髓）做化制或销毁处理；其余部分依病损程度做相应的无害化处理。

图2.3.7-1　脑脊髓丝虫病 病羊运动时后肢强拘，
　　　　　　提举伸展不充分　　　　（庄宗堂）

图2.3.7-2 脑脊髓丝虫病 病羊两后肢无力，起立
困难 （庄宗堂）

图2.3.7-3 脑脊髓丝虫病 病羊后躯麻痹，引起两
后肢不能站立，呈犬坐姿势
（庄宗堂）

图2.3.7-4 脑脊髓丝虫病 病马后躯麻痹，呈犬坐
姿势 （庄宗堂）

第四节 其他动物传染性疾病

一、兔病毒性出血症

兔病毒性出血症（rabbit viral haemorrhagic disease，RVHD）是由兔出血症病毒（rabbit haemorrhagic disease virus，RHDV）引起的兔的一种以全身实质器官出血及瘀血性变化为特征的急性、败血性传染病。本病俗称兔瘟，又称兔病毒性败血病。1984年在我国江苏无锡首次发现，许益民（1985）报道了本病的病理变化和DIC发病机理。

【流行病学】

主要传染源为病兔和带毒兔。主要传染途径是病兔、带毒兔与健康兔直接接触而传播，也可通过病兔的排泄物、分泌物所污染的饲料、饮水、用具、空气、兔毛皮、饲养人员等经消化道、呼吸道间接传播。以2月龄以上的青年兔和成年兔易感性最高。

本病无明显季节性，发病后迅速波及全群；在新发疫区多呈暴发流行，发病率可达100%，病死率达90%以上。

【临床症状】

根据病程和临床表现可分为最急性型、急性型和慢性型。

1. **最急性型**　多发生于流行初期。病兔突然倒地，抽搐，尖叫而死亡。

2. **急性型**　病兔体温升高，呼吸急促，有的发生腹泻或便秘，临死前出现挣扎、强直，死后常呈角弓反张，部分病兔肛门松弛，口、鼻（图2.4.1-1）甚至肛门、阴道等天然孔流出带血液体。

3. **慢性型**　多见于老疫区或流行后期。病兔表现体温升高，食欲减退，被毛无光泽，有的表现全身性黄疸。随着病程延长，病兔消瘦、衰弱死亡。

【病理变化】

病理变化以全身多器官的瘀血、出血和坏死为特征。

最显见的是，喉头、气管黏膜严重瘀血和出血，严重者呈弥漫性暗红色"红气管"外观，气管、支气管有泡沫样血液（图2.4.1-2）；肺有不同程度瘀血、出血和水肿（图2.4.1-3）；肝瘀血、肿大（图2.4.1-4），胆囊肿大；肾瘀血、肿大，呈暗紫红色（图2.4.1-5），有的肾表面密布小出血点；脾瘀血，显著肿大（图2.4.1-6）；心脏瘀血并有出血点；胃黏膜（图2.4.1-7、图2.4.1-8）出血，黏膜易脱落；十二指肠、回肠、结肠和直肠的黏膜呈弥漫性出血，肠系膜淋巴结肿大、出血。出现神经症状的病例，常见脑和脑膜有瘀血和出血。有的生殖器官也有出血。

【诊断要点】

根据突然发病死亡、口鼻流出泡沫样血液等临床特征和全身各实质器官的瘀血、出血为特征的病理变化，可做出初步诊断。确诊需进行实验室诊断。

病原学检查有病原的分离与鉴定、动物接种试验等。必要时，应用RT-RCR技术检测病料组织中病毒核酸。血清学诊断方法有ELISA、血凝和血凝抑制试验、免疫荧光抗体试验等。

【检疫处理】

兔病毒性出血症是世界动物卫生组织（OIE）列为必须通报的动物疫病（2018病种名录），我国将其列为二类动物疫病（2008病种名录）。兔病毒性出血症也是我国规定的进境动物检疫二类传染病（2013病种名录）。

（1）动物检疫确诊为本病的尸体或胴体和内脏及皮毛等做销毁处理。对污染的环境和用具等进行彻底消毒，对受威胁区及疫区内健康兔和假定健康兔进行紧急接种。

（2）进境动物检疫检出的阳性兔做扑杀、销毁或退回处理，同群兔隔离观察。

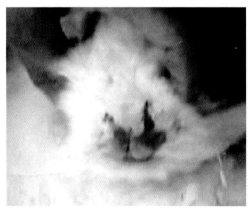

图2.4.1-1　兔病毒性出血症　病兔鼻腔流出泡沫样血液　　　　　　　　　（王桂枝）

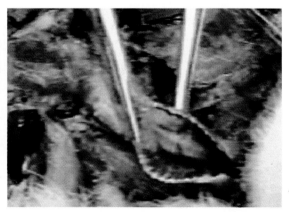

图2.4.1-2　兔病毒性出血症　病兔气管黏膜弥漫性出血，气管内有泡沫样血液　　　（王桂枝）

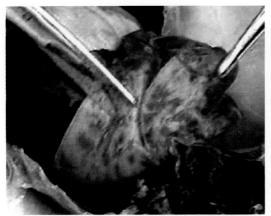

图2.4.1-3 兔病毒性出血症 病兔肺瘀血和出血
（王桂枝）

图2.4.1-4 兔病毒性出血症 病兔肝瘀血、肿大
（王桂枝）

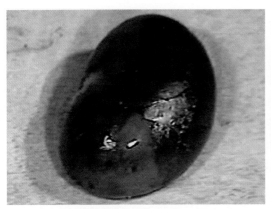

图2.4.1-5 兔病毒性出血症 病兔肾瘀血、出血、肿大 （王桂枝）

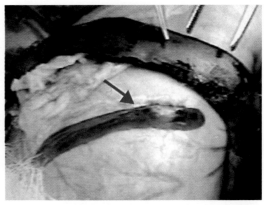

图2.4.1-6 兔病毒性出血症 病兔脾瘀血，高度肿大，下图示正常脾脏 （王桂枝）

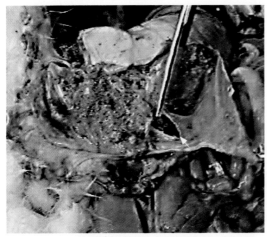

图2.4.1-7 兔病毒性出血症 病兔胃黏膜大片脱落
（王桂枝）

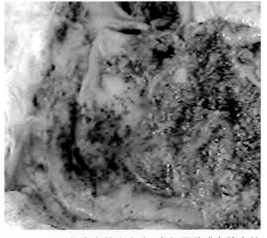

图2.4.1-8 兔病毒性出血症 病兔胃黏膜有散在的或弥漫性的出血 （王桂枝）

二、犬瘟热

犬瘟热（canine distemper，CD）是由犬瘟热病毒（canine distemper virus，CDV）引起的犬科（尤其是幼犬）、鼬科及部分浣熊科动物的一种急性传染病。发病动物早期表现双相热型、急性鼻卡他性炎，继之以支气管炎、卡他性肺炎、肠胃炎和神经症状为特征。

【流行病学】

病犬、带毒犬是本病的主要传染源。病毒存在病犬的泪液、鼻液、唾液和尿中，通过被其污染的饮水、饲料、空气、环境等经呼吸道和消化道感染。易感动物主要是犬（特别是幼龄犬），纯种犬比土种犬更易感；狼、貂、貉、水獭、黄鼬等也是CDV的自然宿主。

本病多发于冬、春季节。发病有一定的周期性。

【临床症状】

1. 犬　体温呈双相热型（体温2次升高，间隔2～3d），病犬羞明流泪，眼结膜潮红，眼、鼻流浆液、黏液或脓性分泌物（图2.4.2-1）。于第2次发热时，呼吸道常出现卡他性炎症，并发展成支气管肺炎，表现咳嗽、呼吸困难等；严重时，有呕吐和腹泻，混有黏液和血液；常在病的中、后期或全身症状好转后出现癫痫、转圈、共济失调、麻痹瘫痪等神经症状。少数病犬可能因继发感染引起腹下、四肢内侧、耳壳、包皮等部位发生水疱性或化脓性皮疹，鼻端和脚垫的表皮层高度角质化。

2. 水貂　水貂犬瘟热又称貂瘟热。临床特征为双相热型、急性卡他性呼吸道炎症。严重的病貂有胃肠炎和脑炎。根据临床表现分为最急性型、急性型、慢性型和隐性型。

貂、貉的犬瘟热典型症状见于急性型（黏膜卡他性），多发于该病流行中期。主要表现体温呈双相热型，眼结膜炎，鼻炎，眼、鼻流浆液、黏液乃至脓性分泌物（图2.4.2-2），并有呼吸困难，腹泻的粪便带血，呈煤焦油状。慢性病例，四肢的指（趾）部肿胀、脚软垫部表皮角质层增生，使脚垫（肉趾）增厚变硬，鼻、唇和脚爪部发生水疱、溃疡。严重者，出现后肢麻痹。

【病理变化】

病理剖检可见眼结膜炎，角膜浑浊甚至糜烂、溃疡；鼻、喉、气管、支气管的黏膜充血、肿胀，被覆浆液性或脓性渗出物；肺有出血和大小不一的呈红褐色的支气管肺炎病灶（图2.4.2-3、图2.4.2-4），常伴发纤维素性乃至化脓性肺炎；胃、肠黏膜有卡他性炎或出血性肠炎（图2.4.2-5）；有的病例脾肿大、瘀血，膀胱出血（图2.4.2-6），心外膜出血；出现神经症状的病例，可见脑膜瘀血、水肿（图2.4.2-7）。

【诊断要点】

根据典型的症状和病理变化，结合流行病学特点可做出初步诊断。确诊需进行实验室检测。

病理组织学的包含体（图2.4.3-8）检查，是刮取膀胱、胆管、胆囊或肾盂黏膜的上皮细胞，做组织触片或切片，用HE或荧光抗体染色，镜下检查细胞质或胞核内呈圆形或椭圆形的嗜酸性包含体。

从自然感染病例直接分离病毒比较困难，较为简便、准确的方法是采取可疑病料接种幼龄犬或幼龄貂。

常用的血清学诊断方法有中和试验、补体结合试验、ELISA等。目前多采用CDV快速诊断试剂板，用患病动物的眼、鼻分泌物或唾液或尿液为检测样品，可在5～10min内做出诊断（图2.4.3-9）。其他方法有荧光抗体技术、RT-PCR技术等。

【检疫处理】

我国将犬瘟热列为三类动物疫病（2008病种名录），并规定其为进境动物检疫二类传染病（2013名录）。

（1）动物检疫确诊为本病或疑似者应严格隔离治疗；对同群动物和受威胁区的易感动物进行紧急接种；对病死动物做化制或销毁处理。

（2）被污染的笼子、用具、地面及周围环境等要彻底消毒。

（3）进境动物检疫检出的阳性动物做扑杀、销毁或退回处理，同群者隔离观察。

图2.4.2-1　犬瘟热 病犬眼结膜炎、眼周湿疹，眼内有黏脓性物　　　　　（郭定宗）

图2.4.2-2　犬瘟热 病貉眼、鼻有明显的脓性分泌物　　　　　　　　　　　（马增军）

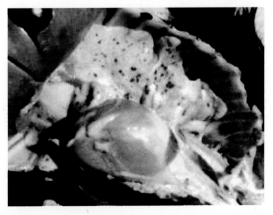

图2.4.2-3　犬瘟热 病犬肺有散在出血斑（点）
　　　　　　　　　　　　　　　　　（丁明星）

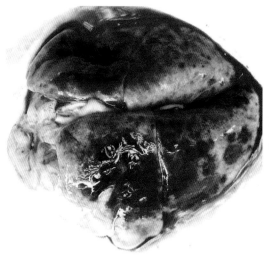

图2.4.2-4 犬瘟热 病犬肺脏呈明显的弥漫性出血

（马增军）

图2.4.2-5 犬瘟热 病犬肠浆膜弥漫性出血

（马增军）

图2.4.2-6 犬瘟热 病犬膀胱黏膜有散在出血斑点

（马增军）

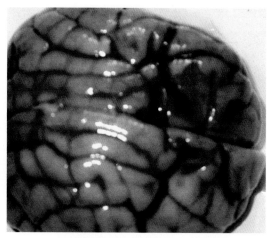

图2.4.2-7 犬瘟热 病犬脑膜瘀血，脑回扁平

（丁明星）

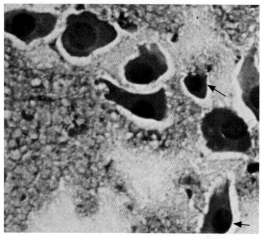

图2.4.2-8 犬瘟热 可见膀胱黏膜上皮细胞的细胞
质和胞核内，有呈圆形、椭圆形的嗜
酸性包含体（箭头）   （马增军）

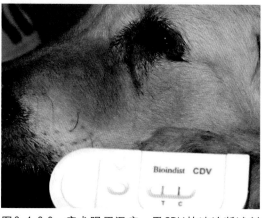

图2.4.2-9 病犬眼周湿疹。用CDV快速诊断试剂
板检测。试纸条出现对照线-C线和检
测线-T线，为犬瘟热阳性。若只有对
照线，为阴性   （丁明星）

三、犬传染性肝炎

犬传染性肝炎（infectious canine hepatitis，ICH）是由犬腺病毒1型（canine adeno virus 1，CAV1）引起的犬的一种急性、败血性传染病。主要症状和病理变化为眼疾患和肝炎。犬腺病毒2型只引起犬的呼吸器官疾病。

【流行病学】

病犬和带毒犬是主要传染源。病毒随病犬的分泌物和排泄物（唾液、呼吸道分泌物、粪、尿）以直接接触或间接接触（被污染的饲料、饮水或用具等）方式通过消化道感染，也可经胎盘垂直传播。不同品种和年龄的犬均易感，但以1岁以内的幼犬最易感，死亡率最高。本病亦可引起狐狸、黑熊等发病，主要引起脑炎型症状。

【临床症状】

犬腺病毒1型感染犬引起的症状主要表现犬肝炎型。病犬体温表现为马鞍形热型（即体温升高至40～41℃，持续1d，降至常温并持续1d后再次升温）。常见心跳加快、呼吸困难，呕吐、腹泻，粪便带血，腹部有压痛和呻吟；有的眼、鼻流浆液、黏性分泌物；眼睑、头颈及腹部皮下组织水肿；扁桃体肿大、充血；齿龈和口腔黏膜出血。恢复期可见部分病犬出现单侧眼或双眼的角膜浑浊，并迅速出现呈蓝白色的角膜翳（俗称蓝眼）。犬腺病毒1型如感染狐、狼、黑熊等野生动物，主要引起兴奋、抽搐等脑炎症状。

犬腺病毒2型引起的犬呼吸型只引起呼吸系统疾病，包括支气管炎和气管炎肺炎和扁桃体炎。

【病理变化】

犬肝炎型病例剖检可见腹腔内有血样腹水，肝肿大，肝小叶清晰，实质呈黄褐色，外观肝表面色彩斑驳（图2.4.3-1）；胆囊壁水肿、增厚；全身淋巴结肿大、出血，以肠系膜淋巴结表现更明显。此外，有的病例可见脾肿大，胸腺点状出血等。

狐狸脑炎型主要是全身各组织器官，尤其是脑和脊髓均有出血变化。病理组织学检查，全身各组织器官的内皮细胞特别是血管内皮细胞受损，脑脊髓和软脑膜血管出现血管袖套现象。

【诊断要点】

根据典型的症状和病理变化，结合流行病学特点可做出初步诊断。确诊需进行实验室病毒分离与鉴定和血清学诊断。

常用的血清学诊断方法有免疫荧光试验、血凝和血凝抑制试验、中和试验、补体结合试验、琼脂扩散试验等。

病理组织学检查，发现肝细胞及窦状隙内皮细胞内核内包含体，或其他实质器官的内皮细胞内核内包含体，也有助于对本病的综合诊断。

【检疫处理】

我国将犬传染性肝炎列为三类动物疫病（2008病种名录），并规定其为进境动物检疫二类传染病（2013病种名录）。

（1）动物检疫确诊为本病或疑似者应隔离治疗，对同群动物紧急接种，对病死动物做化制或销毁处理。对被污染的笼子、用具、地面及周围环境等要彻底消毒。

（2）进境动物检疫检出的病犬做扑杀、销毁或退回处理，同群者隔离观察。

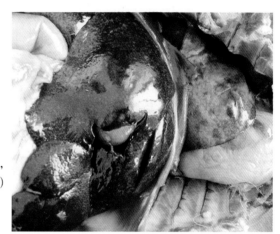

图2.4.3-1　犬传染性肝炎　肝肿大，呈黄褐色，外观表面色彩斑驳　　　（马增军）

四、水貂出血性肺炎

水貂出血性肺炎（mink hemorrhagic pneumonia）又称水貂假单胞菌性肺炎，是由铜绿假单胞菌（*Pseudomonas aeruginosa*）又称绿脓杆菌（图2.4.4-1）引起的貂的一种急性败血性传染病。本病以出血性肺炎、急性死亡为特征，死前出现呼吸困难、鼻孔流出红色带泡沫液体等症状，死后剖检可见整个肺叶弥漫性出血和败血症变化。

【流行病学】

患病貂是主要传染源。病原菌随病貂的粪、尿等排泄物和分泌物污染饲料、水源、环境，以及尘埃和绒毛，以直接接触和间接接触的方式，主要通过呼吸道和消化道传染。幼貂、毛丝鼠和北极狐对本菌易感，实验动物中的豚鼠、小鼠、大鼠和家兔亦可感染，老龄貂发病率很低。

本病多发生于每年夏毛脱落时期。多呈地方流行性，是严重威胁养貂业的重要疾病。

【临床症状和病理变化】

貂感染后大多数呈最急性型或急性型。最急性型常未见明显症状即死亡，若有显现者，可见呼吸困难，口、鼻间或流血样液。急性型病貂表现体温升高，食欲废绝，呈腹式呼吸，惊厥，有的口吐白沫、鼻流血样液，一般发病后1～3d死亡，病死率在90%以上。

病理变化主要表现为肺充血、出血，肺炎区呈红色肝样变；切面渗出大量血样液体，出血性变化多在血管和支气管周围甚至大部分肺组织（图2.4.4-2）；组织学检查，肺呈出血性、纤维素性、化脓性变化，细小动、静脉出血，血管周围有淋巴细胞浸润（图2.4.4-3、图2.4.4-4）。此外，脾肿大，表面有出血点（斑）（图2.4.4-5）；胃和小肠前段的内容物中混有血液，黏膜充血和出血；幼龄貂的胸腺上可见明显的出血点（斑）。

【诊断要点】

根据本病的流行病学、临床症状和病理变化的综合分析，可做出初步诊断。确诊的实验室方法主要是病原学检查。

病原学检查是采取肺、肝、脾、淋巴结等病料进行细菌培养，绿脓杆菌在普通琼脂平板上形成圆形、光滑并产生蓝绿色色素的菌落，水溶性色素可使培养基着色（图2.4.5-6）。

血清学检测方法有凝集试验、ELISA、间接血凝试验等，但由于病貂多发病急、病程短、病死率高，血清学检测用于流行病学调查尚有一定意义。其中玻片平板凝集试验可用于检查绿脓杆菌血清型，间接血凝试验、ELISA等可用于检测免疫接种貂的血清抗体效价。

【检疫处理】

（1）动物检疫确诊为本病或疑似者应严格隔离治疗，对同群动物紧急接种，对病死动物做化制或销毁处理。

（2）被污染的笼子、用具、地面及周围环境等要彻底消毒。

（马增军）

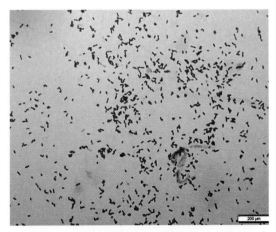

图2.4.4-1　绿脓杆菌形态　绿脓杆菌为中等大小革兰氏染色阴性　革兰氏染色×1 000

（马增军）

图2.4.4-2　水貂出血性肺炎　水貂肺严重出血、充血，肺炎区呈红色肝样变

（马增军）

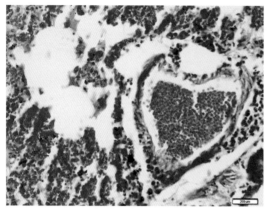

图2.4.4-3　水貂出血性肺炎　血管出血、瘀血
　　　　　HE×400　　　　　　　（马增军）

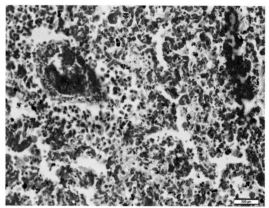

图2.4.4-4　水貂出血性肺炎　血管周围淋巴细胞浸
　　　　　润　HE×400　　　　　（马增军）

图2.4.4-5　水貂出血性肺炎　水貂脾肿大，有黑红
　　　　　色点状出血　　　　　（马增军）

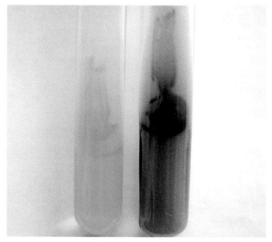

图2.4.4-6　病原菌（绿脓杆菌）产生的水溶性色
　　　　　素使培养基着色呈蓝绿色（右图）
　　　　　　　　　　　　　　　（马增军）

五、兔球虫病

　　兔球虫病（coccidiosis of rabbits）是由艾美耳属（*Eimeria*）的多种球虫寄生于兔的肝胆管上皮细胞和肠黏膜上皮细胞内引起的一种最常见的危害严重的原虫病。球虫对宿主有严格的选择性，与其他动物互不感染；其寄生部位，也有严格的选择性。

　　兔球虫生活史需要经过裂殖生殖、配子生殖和体外环境中的孢子生殖3个阶段。前两个阶段在胆管上皮细胞或肠黏膜上皮细胞内进行。

【流行病学】

　　患病兔、带虫兔是主要传染源，卵囊存在于粪便中；各品种的家兔对兔球虫都有易感性，以断奶后至3月龄幼兔感染最严重，死亡率也高；成年兔发病轻微，多系带虫者，为幼兔感染的重要传染源。仔兔的感染主要是在吮乳时食入母兔乳房上污染的卵囊；幼兔主要是因摄入污染的饲草、饲料或饮水而感染。此外，饲养人员、用具、鼠类和蝇类等也可携带球虫卵囊而传播本病。

本病多发于温暖潮湿的多雨季节，兔舍卫生条件恶劣等可促进本病的发生与传播。

【临床症状】

按球虫的种类和寄生的部位可分为肝型、肠型和混合型，以混合型最常见。各型球虫病表现的共同症状有精神沉郁、消瘦、贫血、被毛粗乱无光泽、眼鼻分泌物增多。严重病例后期常因神经症状和极度衰竭而死亡。

兔球虫病各病型的特有症状分述如下。

1. **肠型**　主要表现顽固性下痢，腹泻与便秘交替发生，幼兔生长发育不良。

2. **肝型**　主要表现可视黏膜黄染，腹围膨大，触摸肝区有疼痛反应，后期常有腹泻和四肢痉挛。

3. **混合型**　则兼有上述两者的主要表现。

【寄生部位与病理变化】

兔球虫和畜禽的球虫一样对宿主有严格的选择性，寄生于兔的球虫虫种有10余种，其中除斯氏艾美尔球虫（*Eimeria stiedai*）寄生于肝胆管上皮细胞之外，其余均寄生于肠黏膜上皮细胞内。

临床上见到的多为混合型。肠型的病变主要在小肠和盲肠，表现尸体消瘦，小肠（多见于回肠）和盲肠内充满气体和大量黏液，黏膜充血、肿胀，黏膜上散布点状出血；慢性病例的肠壁肥厚、黏膜呈灰白色，有黄白色或白色的细小硬性结节（结节中有球虫卵囊）和化脓灶。肝型的病变主要在肝脏，可见肝肿大，肝表面和切面散布粟粒大至豌豆大的干酪样结节病灶（图2.4.5-1～3）；慢性病例的肝脏体积缩小，质地坚实。

【诊断要点】

根据兔球虫病的流行病学、临床症状和肝脏、回肠和盲肠的病理变化，可做出初步诊断。确诊需检查球虫卵囊和其他发育阶段的球虫。

肠型球虫病可采取粪便或肠道病变处黏膜刮取物，肝型球虫病则取肝结节病灶刮取物，采用直接涂片/压片法或饱和食盐水浮集法，镜检球虫卵囊、裂殖体或裂殖子等。如在粪便、刮取物中发现大量卵囊或在病灶中发现大量的不同发育阶段的球虫，即可确诊为兔球虫病。

【检疫处理】

我国将兔球虫病列为二类动物疫病（2008病种名录），并规定其为进境动物检疫其他寄生虫病（2013病种名录）。

（1）动物检疫确诊为本病的死亡尸体或胴体和内脏做化制或销毁处理。

（2）病兔立即隔离治疗；被污染的笼子、用具、地面及周围环境等要彻底消毒；污染的粪便、垫料等要进行无害化处理。

（3）进境检疫检出的阳性兔做扑杀、销毁或退回处理，同群者隔离治疗。

图2.4.5-1　兔球虫病　病兔肝肿大，表面散在分布
　　　　　　大量黄白色球虫结节　　（焦海宏）

图2.4.5-2　兔球虫病　病兔肝表面散在淡黄白色球
　　　　　　虫结节
　　　　　　　　　　　　　　　　　　（马增军）

图2.4.5-3　兔球虫病　病兔肝脏切面有散在的黄白色结节病灶

（胡薛英）

第五节　动物非传染性疾病

一、黄曲霉毒素中毒

黄曲霉毒素中毒（aflatoxin poisoning）是由于动物长期摄食了含黄曲霉或寄生曲霉的产毒菌株产生的黄曲霉毒素（aflatoxin）的饲料，引起的动物发生以肝的变性、坏死、出血等损害为主，并伴有全身性出血和神经机能障碍的中毒性疾病，严重时可诱发原发性肝癌。

各种黄曲霉毒素中以B_1毒素的毒性最强，其毒性为氰化钾的10倍，为砒霜的68倍；其致癌作用比化学致癌剂——二甲基氨基偶氮苯大900倍。

【病因】

黄曲霉和寄生曲霉在自然界中普遍存在，尤其是南方温湿地区很容易污染食品，特别是花生、玉米、豆类等及其副产品污染严重。这两种霉菌在温度和湿度适宜的条件下，大量生长繁殖产生黄曲霉毒素，并引起食品、饲料霉变（图2.5.1-1、图2.5.1-2）。如果用这种含有黄曲霉毒素的霉变饲料饲喂动物，可引发动物中毒。动物若持续少量的摄入黄曲霉毒素就会引起慢性中毒，若长期摄入低剂量或短期摄入大剂量的黄曲霉毒素则可诱发肝癌。

家禽黄曲霉毒素中毒以雏鸭和火鸡最为敏感，尤其是2～6周龄的雏鸭、雏鸡，其他年龄的家禽和鸽也可发生中毒。2～4月龄仔猪的敏感性也很高。兔、犬、牛对黄曲霉毒素也敏感。

【临床症状与病理变化】

1.猪　临床症状可分为急性、亚急性和慢性3种类型，大多数病例为亚急性经过。急性病例常无明显的症状就突然死亡。亚急性病例主要表现渐进性食欲减退，口渴，粪便干硬并附有黏液和血液，可视黏膜苍白、后期多表现黄染，精神沉郁，后肢无力，甚至卧地不起。慢性病例多见于育成猪，表现迅速消瘦，被毛粗乱，全身皮肤苍白或黄染（限于白皮猪）（图2.5.1-3）；常出现步态不稳、间歇性抽搐、角弓反张等神经症状；病程经过长，有的可达数月，很少死亡。

急性中毒猪的病理变化特征为肝脏肿大、黄疸和全身性出血，有的还伴有全身黏膜、浆膜的黄染。主要病变是全身黏膜、浆膜、皮下和肌肉有出血和瘀血斑；肝肿大，呈淡黄色或橘黄色，偶见表面有出血点或坏死灶（图2.5.1-4、图2.5.1-5）；脾通常无明显变化，有的可见出血性梗死（图2.5.1-6、图2.5.1-7）；心内、外膜有明显出血（图2.5.1-8）；肾、胃、肠出血（图2.5.4-9～11）；有的胸腺肿大、出血（图2.5.1-12）；大部分病例的皮肤及皮下组织、黏膜、浆膜等皆可见全身性黄染（图2.5.1-13）。

亚急性和慢性病例的病变特征主要是肝硬变呈结节性硬化。肝呈土黄色、灰黄色或灰白色，肝内结缔组织和胆管增生引起质地变硬（图2.5.1-14、图2.5.1-15），胆囊体积缩小或胆囊壁水肿，胆汁浓稠似胶状，胆囊黏膜有坏死溃疡（图2.5.1-16、图2.5.1-17）；脾硬化皱缩（图2.5.1-18）；大肠黏膜、浆膜及肠韧带出血（图2.5.1-19）；脂肪变性；胸腹腔积液。慢性中毒病猪常可诱发原发性肝癌或胆管型肝癌。

2. 禽类　以雏鸭、雏鸡对黄曲霉毒素的敏感性较高，中毒表现明显，多取急性经过。

中毒病雏鸭表现食欲不振，生长发育不良，嗜睡，时而凄叫；走路时步态不稳、趾部发紫绀、鸭蹼出血，临死前常有共济失调、颈肌痉挛、抽搐，多在角弓反张发作中死亡（图2.5.1-20～22），其死亡率可达90%～100%。中毒病鸡，常见鸡冠和肉髯苍白、贫血，排混有血液的稀便，时有凄叫声。成年禽耐受性较强，其症状轻微；长期慢性中毒者，表现食欲减少、消瘦、贫血、不爱活动，严重病鸡多陷于恶病质。

病理变化以雏鸭中毒最明显，急性病例，可见肝肿大、出血，呈灰黄色。亚急性和慢性病例，主要病变为肝硬变，体积缩小，表面粗糙呈颗粒状（图2.5.1-23～26）；胆囊肿大；腺胃和/或肌胃有出血、溃疡（图2.5.1-27）；肾肿大、苍白（图2.5.1-28）；胰有出血点。病程较长的慢性中毒病例易诱发原发性肝癌，以胆管型肝癌居多。

孙锡斌、雷健保（1980）报道，武汉某鸭场由于长期（1979.4—1980.3）用发霉玉米、豆饼等饲料（经检测黄曲霉毒素含量大于100μg/kg）饲喂北京鸭，引起大批雏鸭中毒死亡，剖检20只8月龄种鸭，均系（诱发的）原发性肝癌（图2.5.1-29～31）。

【诊断要点】

本病的发病史是长期饲喂极易污染黄曲霉（图2.5.1-32）、寄生曲霉的玉米、大豆及其副产品等霉变饲料；临床上鸭多见于2～6周龄雏鸭中毒，猪多见于2～4月龄仔猪，表现贫血、消瘦，甚至恶病质；病理变化特点主要是肝脏的病损，急性中毒病例的肝肿大、变性、出血，亚急性、慢性中毒病例的肝硬变，甚至诱发原发性肝癌，综合上述可做出初步诊断。确诊和确定病原需做可疑饲料中黄曲霉毒素含量检测和病原真菌的分离培养。还可进行本动物试验或大鼠饲喂试验等。

图2.5.1-1　玉米极易污染黄曲霉和寄生曲霉

（徐有生）

【检疫处理】

（1）对可疑饲料及时采样送有关部门进行黄曲霉毒素检测。

（2）检疫确诊的黄曲霉毒素中毒动物应予以化制或销毁。立即停止饲喂确认的或可疑的霉变饲料，更换优质饲料。

（3）检疫确诊的本病死亡的动物尸体或胴体和内脏进行化制或销毁。

图2.5.1-2　豆类、玉米等配合饲料严重发霉（污染黄曲霉、寄生曲霉）　（徐有生）

图2.5.1-3　黄曲霉毒素急性中毒　病猪全身皮肤、黄染　（徐有生）

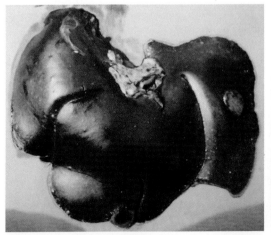

图2.5.1-4　黄曲霉毒素急性中毒　病猪肝稍肿大、黄染　（徐有生）

图2.5.1-5　黄曲霉毒素急性中毒　病猪肝表面有黄白色坏死灶，肝门淋巴结肿大

（徐有生）

图2.5.1-6　黄曲霉毒素急性中毒　病猪脾边缘有黑
红色梗死灶　　　　　　　（徐有生）

图2.5.1-7　黄曲霉毒素急性中毒　病猪脾梗死灶深
入红髓，切面见红髓突出　（徐有生）

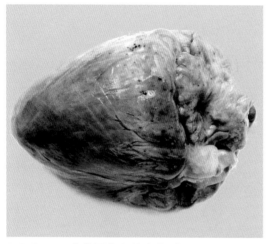

图2.5.1-8　黄曲霉素急性中毒　病猪心外膜出血，
心冠脂肪黄染　　　　　　（徐有生）

图2.5.1-9　黄曲霉毒素急性中毒　病猪胃黏膜充血
和出血　　　　　　　　　（徐有生）

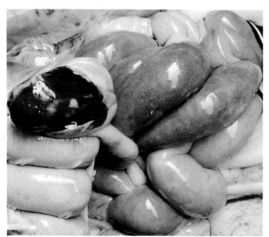

图2.5.1-10　黄曲霉毒素急性中毒　病猪小肠出血，
肠腔内充满血液　　　　　（徐有生）

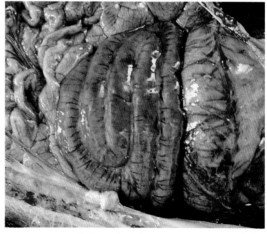

图2.5.1-11　黄曲霉毒素急性中毒　病猪大肠浆膜
明显出血　　　　　　　　（徐有生）

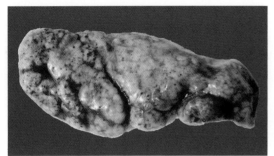

图2.5.1-12 黄曲霉毒素急性中毒 病猪胸腺明显
肿大和出血 （徐有生）

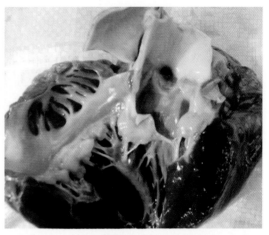

图2.5.1-13 黄曲霉毒素急性中毒 病猪心内膜出
血，瓣膜和血管内膜黄染 （徐有生）

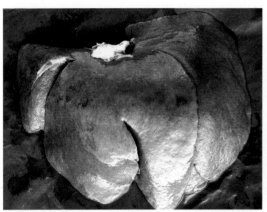

图2.5.1-14 黄曲霉毒素中毒 慢性中毒病猪肝内
结缔组织增生，质地较坚硬，肝表面
不平，呈颗粒状 （徐有生）

图2.5.1-15 黄曲霉毒素中毒 病猪肝硬化，其切
面见结缔组织增生，色彩斑驳
（徐有生）

图2.5.1-16 黄曲霉毒素中毒 中毒病猪的胆囊壁
水肿增厚 （徐有生）

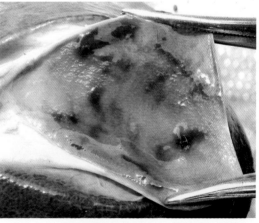

图2.5.1-17 黄曲霉毒素中毒 中毒病猪的胆汁浓
稠，胆囊黏膜坏死、溃疡 （徐有生）

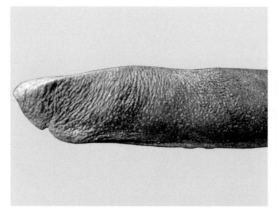

图2.5.1-18　黄曲霉毒素中毒　有的慢性中毒病猪可见脾脏皱缩硬化　（徐有生）

图2.5.1-19　黄曲霉毒素中毒　病猪大肠及肠系膜明显出血　（徐有生）

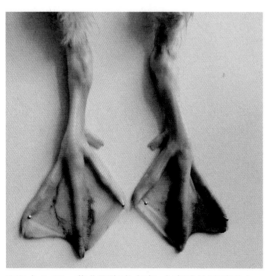

图2.5.1-20　黄曲霉毒素中毒　中毒鸭的鸭蹼出血
（胡薛英）

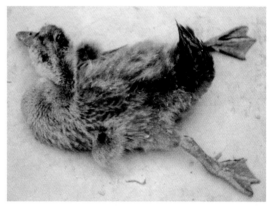

图2.5.1-21　黄曲霉毒素中毒　中毒鸭呈角弓反张神经症状　（胡薛英）

图2.5.1-22　黄曲霉毒素中毒　中毒鸭颈肌痉挛，两后肢伸直　（庄宗堂）

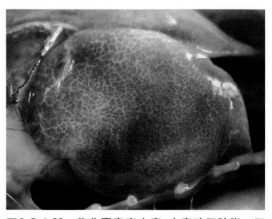

图2.5.1-23　黄曲霉毒素中毒　中毒鸭肝肿胀，肝间质明显，呈白色网格状
（胡薛英）

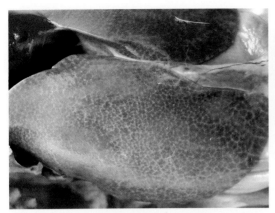

图2.5.1-24 黄曲霉毒素中毒 中毒鸭肝肿胀，间质明显，呈网格状 （胡薛英）

图2.5.1-25 黄曲霉毒素中毒 中毒鸭肝肿胀，质硬，色黄；肝间质明显增宽

（胡薛英）

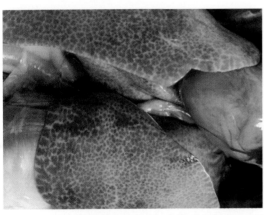

图2.5.1-26 黄曲霉毒素中毒 中毒鸭肝肿胀，肝间质明显，呈灰白色网格状

（胡薛英）

图2.5.1-27 黄曲霉毒素中毒 中毒鸭肌胃黏膜出血、溃疡 （许青荣 王喜亮）

图2.5.1-28 黄曲霉毒素中毒 中毒鸭肾肿大、苍白

（胡薛英）

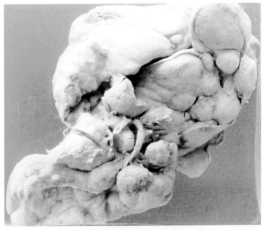

图2.5.1-29 黄曲霉毒素中毒 鸭肝癌：肝表面有大小不一的结节（固定标本）

（华中农业大学动物医学院病理室）

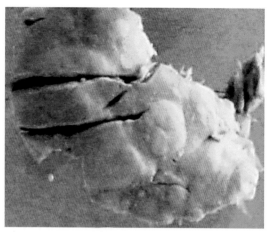

图2.5.1-31　黄曲霉毒素中毒　胆管型肝癌（鸭）肝
　　　　　表面有大小不一的结节（固定标本）
　　　　　（华中农业大学动物医学院病理室）

图2.5.1-30　黄曲霉毒素中毒　鸭肝癌：肝表面和切
　　　　　面上有大小不一的结节（固定标本）
　　　　　（华中农业大学动物医学院病理室）

图2.5.1-32　真菌培养基上生长的黄曲霉菌落
　　　　　　　　　　　　　　　　（马增军）

二、玉米赤霉烯酮中毒

玉米赤霉烯酮中毒（zearalenone poisoning）又称F-2毒素中毒（F-2 toxin poisoning），旧称赤霉菌毒素中毒，是由于猪、牛等动物采食了含有玉米赤霉烯酮毒素的霉变玉米、大麦或高粱等所引起的一种临床上呈现以阴户肿胀、乳腺隆起为特征雌激素综合征。本病多发于3～5月龄的猪。兔、羊、牛、鸡、火鸡等也可发生中毒。

【病因】

当动物用饲料未充分干燥，在阴雨连绵、空气中湿度过大的环境下，易遭受各种霉菌污染，其中以玉米、大麦、豆类、糠麸、青贮饲料（图2.5.2-1）等极易被能产生玉米赤霉烯酮的各种赤霉菌（如禾谷镰刀菌、粉红镰刀菌、串珠镰刀菌、三线镰刀菌等）污染。如果用这类含有赤霉烯酮毒素的霉变饲料、饲草饲喂畜禽，则可引起中毒。

【临床症状】

母猪和去势母猪中毒时，主要表现乳腺炎、阴道炎和流产。常见乳房肿胀、阴道黏膜瘙痒，阴户明显红肿外翻，阴道黏膜充血，有多量分泌物（图2.5.2-2）；严重者，发生阴道脱垂（图2.5.2-3）。后备母猪中毒后屡配不孕；成年母猪表现不发情或发情不规律，有的发生早产、流产，产出死胎、木乃伊或弱仔等；公猪乳腺增大、包皮红肿（图2.5.2-4）、睾丸萎缩、性欲减退等雌性化综合征。

牛中毒时表现外阴红肿、外翻，繁殖障碍。

鸡中毒时表现泄殖腔外翻和输卵管扩张等。公鸡的睾丸肿大或萎缩。

【病理变化】

主要病变是阴唇水肿、乳头肿大、乳腺间质水肿；阴道黏膜水肿、坏死脱出；子宫角增大和子宫内膜炎，卵巢发育不全，部分卵巢萎缩。

图2.5.2-1　含有玉米赤霉烯酮毒素的霉败饲料　　（徐有生）

【诊断要点】

根据病史、临床症状和病理变化可做出初步诊断。确诊需做玉米赤霉烯酮毒素检测和赤霉菌的分离和鉴定。

【检疫处理】

立即停喂霉变饲料，改换优质饲料。对病猪进行对症治疗。

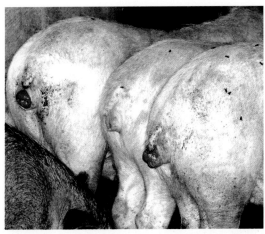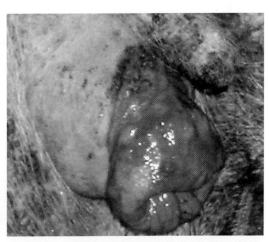

图2.5.2-2　猪玉米赤霉烯酮中毒　母猪阴门红肿，外阴部分脱出和瘀血、水肿（徐有生）

图2.5.2-3　猪玉米赤霉烯酮中毒　阴道脱出，黏膜红肿　　　　　　（徐有生）

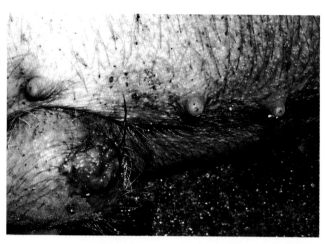

图2.5.2-4　猪玉米赤霉烯酮中毒　公猪
　　　　　包皮红肿　　　　　（徐有生）

三、慢性无机氟化物中毒

慢性无机氟化物中毒（inorganic fluoride poisoning）即慢性氟中毒（也称氟病），是土壤高氟区或工业污染区的牲畜长期连续摄入超过安全量的含无机氟的饲料、饮水而引起的一种地方病。本病以永久齿出现氟斑齿和门齿、臼齿的过度磨损，以及骨骼疏松、形成骨赘为特征。

【病因】

慢性氟中毒具有地方性群发特点，以放牧为主的成年牛和老龄牛高发，更以靠近氟污染源的畜群受害最大。牛、马、羊的症状基本相似。初生幼畜哺乳期不发病，以正在生长发育的2～5岁的牲畜，特别是犊牛多发，且发病最严重。

急性氟中毒是因一次性食入或饮用了过量的可溶性氟化物（如驱虫或灭虱时使用氟化钠或氟硅酸钠过量、氟化物防腐的木材或含氟化物的污水）所致。临床上常见猪发生急性中毒后，以急性胃肠炎和急性死亡为特征。

【临床症状与病理变化】

本病的特征变化主要表现于牙齿和骨骼。牙齿以永久齿的变化最大，其特点是对称性氟斑齿和门齿、臼齿的磨损。

轻症病例可见门齿釉质失去正常洁白色而呈粉白色，且表面粗糙，有散在或相连成片的黄色、褐色或黑棕色的斑纹和大小不等的凹陷斑（称为氟斑齿）（图2.5.3-1）。重度病例出现牙齿松动、磨灭不整。进一步出现齿裂、缺损或排列变形（图2.5.3-2～4），长期咀嚼困难导致消化障碍，消瘦。严重者，可见头骨（图2.4.3-5）、下颌骨出现肿大、变形（图2.5.3-6），肋骨两侧钝圆而膨大，关节肿大、变形，腰椎、盆骨、尾椎（图2.5.3-7）等骨质增生与变形。由于关节的肿大、变形，引起关节僵硬，表现跛行或站立不稳（图2.5.3-8）；有的因骨质疏松易发生骨折（图2.5.3-9）。此外，长期慢性中毒还可损害肾脏、甲状腺和神经系统。

【诊断要点】

根据以下两点对本病可做出诊断：①病畜有对称性釉斑齿和门齿、臼齿的过度磨损，且病的发生呈地方性群发，以正在生长发育的放牧牲畜较严重。②病区环境中有氟源（如排氟工厂、含氟的矿藏或水源，或牧草含氟量异常增高），且引起病畜的骨氟含量明显超标。

【检疫处理】

经检测氟含量超过国家标准的病畜做销毁处理。

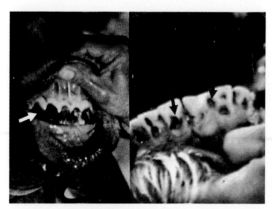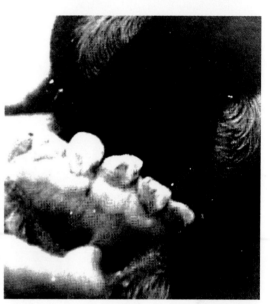

图2.5.3-1　牛慢性无机氟化物中毒 病牛口腔牙齿的表面有黄褐色氟斑（氟斑齿）
（左：徐有生；右：孙锡斌）

图2.5.3-2　牛慢性无机氟化物中毒 病牛切齿磨灭不整、松动　　　　（孙锡斌）

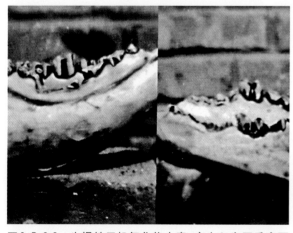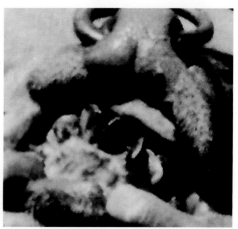

图2.5.3-3　牛慢性无机氟化物中毒 病牛臼齿严重磨灭不整，排列散乱　　　（孙锡斌）

图2.5.3-4　牛慢性无机氟化物中毒　病牛氟斑齿，切齿排列散乱，可见缺损齿、破裂齿　　　　（徐有生）

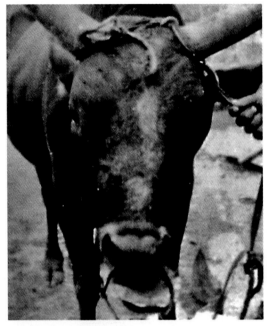

图2.5.3-5　牛慢性无机氟化物中毒　病牛头骨变形

（孙锡斌）

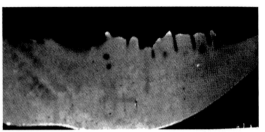

图2.5.3-6　牛慢性无机氟化物中毒　病牛下颌骨变形，牙齿磨灭不整齐，形成阶状齿（X线片）　　　　　（熊道焕　孙锡斌）

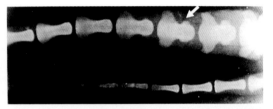

图2.5.3-7　牛慢性无机氟化物中毒　病牛尾骨变形；下图示正常尾骨（X线片）

（熊道焕　孙锡斌）

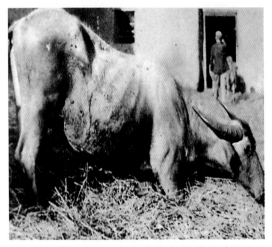

图2.5.3-8　牛慢性无机氟化物中毒　病牛肋骨明显变形向外突出；关节肿大、变形、站立困难　　　　　　　（徐有生）

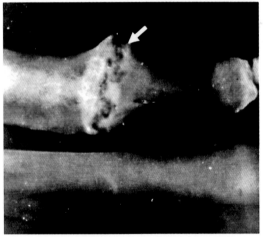

图2.5.3-9　牛慢性无机氟化物中毒　病牛骨质疏松引起骨折；下图示正常骨（X线片）

（孙锡斌　熊道焕）

四、猪应激综合征

猪应激综合征（porcine stress syndrome，PSS）是指具有遗传素质的应激敏感猪受到体内外非特异性有害因子长时间、高强度的刺激，引发的机能障碍和非特异防御反应，包括突然死亡、恶性高热综合征、应激性肌病等。

【病因】

引起猪应激综合征的应激因子除品种和个体内因外，还有不合理的饲养管理、运输、屠宰等诱因。应激敏感猪多为产肉多、瘦肉率高的品种，如波中猪、兰特瑞斯猪，以及这些品系的杂交猪。

饲养管理中的应激原有强制性运动、饲养拥挤、环境温度升高、混群打斗、抓捕、惊恐、防疫注射等。运输中的应激原有拥挤、高温、高湿、饥饿或寒冷等。

【临床症状与病理变化】

应激敏感猪受到应激原刺激后，依应激原的性质、程度和持续时间的差异，表现的形式不同。

1. **应激性肌病**（stress myopathy）　最常见的肌肉异常和病变有PSE肉、DFD肉和肌肉坏死。

（1）PSE肉（pale soft exudative pork）　常见杂交肥猪。以背最长肌和半腱肌、半膜肌、股二头肌多发，其次是腰肌与前腿的臂肌和臂二头肌，其色泽苍白或粉红、质地松软、有肉汁渗出（图2.5.4-1），严重时全身多块肌肉发生PSE。

（2）DFD肉（dark firm dry pork）　其发生的原因，目前多认为与动物宰前肌糖原过度消耗有关。这是由于猪在屠宰前受到应激强度较小而时间较长的作用，如温度变化急剧、长途运输和驱赶，引起肌肉中肌糖原过度消耗，导致肌肉产生的乳酸少，肌肉中pH偏高，致使肌肉形成切面干燥、质地粗硬、色泽深暗的DFD肉。

（3）肌肉坏死（muscle necrosis）　许益民（1981）报道，中国杂交肉猪的腿部肌肉坏死，最常见部位是后腿的半腱肌和半膜肌与前腿的臂肌和臂二头肌（图2.5.4-2、图2.5.4-3）；严重时，全身多块肌肉发生大面积坏死。

2. **猝死综合征**（sudden death syndrome）　或急性心力衰竭（acute cardiac failure）主要见于产肉性能好的3～5月龄、体重在30～90kg的青年猪多发PSS-急性心衰竭死亡。在采食、运输途中、运动后，以及配种时，猪受到应激原强烈刺激后，引起心肌强烈收缩，导致心脏骤停死亡。死前可见全身皮肤瘀血发绀，体温上升到41℃以上。实验室检查，病猪血液pH低；肌酸磷酸激酶、肾上腺皮质激素水平均升高；氟烷（halothane）试验阳性。剖检可见背肌、臀肌和半膜肌发生PSE肉，心肌变性、坏死。

3. **恶性高热综合征**（malignant hyperthermia syndrome，MHS）　应激敏感猪在受到应激刺激或吸入氟烷后就会发生本病，其特征是体温达42～44℃、呼吸急促、心跳加快、后躯肌肉僵直和尾部抖动，后肢痉挛性收缩。严重者可发生死亡。有的还发生眼球突出、震颤。白皮猪因外周血管扩张，引起全身皮肤发红，有充血紫斑；有的阴门红肿（图2.5.4-4～9）。剖检可见PSE肉。

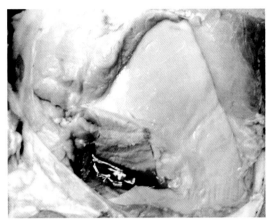

图2.5.4-1　PSE猪肉：图示二元杂交猪半膜肌、半腱肌的PSE猪肉变化：色泽苍白，肉汁渗出，质地松软，手指容易戳穿，pH在6.0以下　　　　　（许益民）

【诊断要点】

根据发病条件、主要症状和病理变化可做出初步诊断。必要时，可做氟烷测定。

【检疫处理】

（1）立即解除应激原并转移到非应激环境中，用凉水喷洒全身、加强通风后，多数病猪会自行恢复，必要时可选用镇静剂。因应激综合征致死的猪尸做化制处理。

（2）PSE肉不耐保存，宜尽快利用，不宜做腌腊制品的原料。DFD肉可以食用。

（3）肌肉坏死的病变部分化制。

图2.5.4-2　猪腿肌坏死：前腿最常见臂肌出血和坏死的病变　　　　　（许益民）

图2.5.4-3　猪腿肌坏死：后腿最常见半腱肌和半膜肌坏死　　　　　（许益民）

图2.5.4-4　应激敏感猪全身皮肤发红
（徐有生　刘少华）

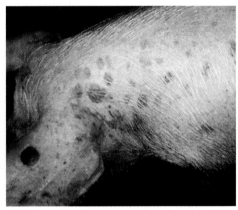

图2.5.4-5　应激敏感猪全身皮肤发红，耳部、颈背部皮肤出现明显的红色应激斑　　　（徐有生　刘少华）

图2.5.4-6　应激敏感猪耳部皮肤应激斑融合成片，呈紫红色

（徐有生　刘少华）

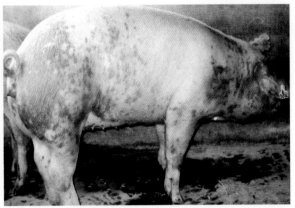

图2.5.4-7　应激敏感猪全身皮肤的应激紫斑以头颈部和臀部最明显

（徐有生　刘少华）

图2.5.4-8　应激敏感猪全身皮肤发红，密发红色小点　（徐有生　刘少华）

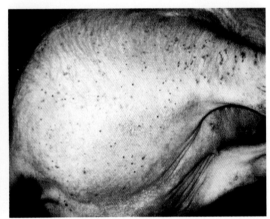

图2.5.4-9　应激敏感猪全身皮肤出现应激小红点和阴门红肿　（徐有生　刘少华）

五、肉鸡腹水综合征

肉鸡腹水综合征（ascites syndrome in broiler chickens）是以腹腔积聚大量浆液性液体、右心肥大扩张，以及肝脏的病损为特征的临床病理表现。

【病因】

本病多发生于生长速度过快的4周龄以上肉鸡，其病因和病理机制尚不完全清楚。大多数学者认为肺动脉高压是该综合征病理机制的中心环节，故又称为"肉鸡肺动脉高压综合征"。有的认为病的发生与缺氧有关。

【临床症状】

本病的典型症状是病鸡腹部明显膨大，触之有波动感，穿刺时有大量草黄色或淡黄色清亮液体流出；病鸡不愿活动，体温正常，呼吸困难，心跳加快，鸡冠、肉髯呈暗紫色，严重者皮肤发绀；站立时腹部着地形似企鹅状（图2.5.5-1）。病鸡常在无任何先兆症状下，因捕捉时突然发生抽搐死亡。

【病理变化】

剖检见扩张的腹腔中积聚大量草黄色或淡黄色清亮液体（图2.5.5-2、图2.5.5-3），其蓄积的腹水量可达50mL（图2.5.5-4），有的达300mL（图2.5.5-5），甚至高达500mL。心脏体积增大，右心明显扩张，心包积液。肝瘀血肿大（图2.5.5-6）或缩小，色彩斑驳，有结节性病变。亦可见肺、肾、脾等器官有瘀血和水肿。

图2.5.5-1　肉鸡腹水综合征　病鸡腹部胀满着地，呈企鹅状　　　　　　　（郭定宗）

【诊断要点】

根据本病的病因、临床症状和病理变化可做出初步诊断。进一步诊断需进行实验室检查。

【检疫处理】

动物检疫确诊为本病的病死鸡做化制处理。

（栗绍文）

图2.5.5-2　肉鸡腹水综合征　病鸡腹部高度隆起，积大量淡黄色腹水　　　（栗绍文）

图2.5.5-3　肉鸡腹水综合征　病鸡腹腔大量积液，腹部高度膨大　　　　　（郭定宗）

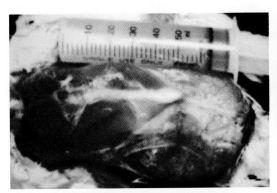
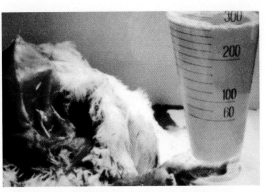

图2.5.5-4　肉鸡腹水综合征 病鸡腹腔中腹水呈淡
　　　　　黄色，达50mL以上　　　（栗绍文）

图2.5.5-5　肉鸡腹水综合征 从病鸡腹腔中抽出腹
　　　　　水约300mL　　　　　　（郭定宗）

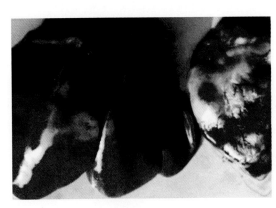

图2.5.5-6　肉鸡腹水综合征 病鸡肝瘀血、肿大；
　　　　　右心扩张，心外膜出血

　　　　　　　　　　　　　　　　（郭定宗）

六、鸡脂肪肝出血综合征

　　鸡脂肪肝出血综合征（fatty liver hemorrhagic syndrome，FLHS）又称脂肝病，主要是指笼养高产蛋鸡的体内脂肪代谢紊乱所引起的以过度肥胖、产蛋量下降以及肝脂肪变性、破裂和出血为特征的一种营养代谢病。其病理特征是肝脏内脂肪大量沉积，致使肝肿大、脂肪变性、肝细胞和肝血管壁脆弱和肝破裂、出血，形成血肿。

　　我国一些养鸡场曾有本病的发生。徐有生（1986）报道某鸡场的笼养高产蛋鸡群在高能量、低蛋白饲料的饲养和运动量小、能量消耗少的条件下，于当年的6～8月引发该病，发病高峰期蛋鸡群日龄为196～208d，终止发病日龄为262～288d，总发病死亡1 350只，平均发病率为12.49%，病死率为100%。这些死于肝破裂的鸡，都是鸡群中的肥胖者，体重在2kg以上。以上说明本病的发生与营养、环境和饲养管理有关。

【临床症状】

多数病鸡体况明显肥胖，行动迟缓，常由于惊吓、捕捉而死亡。亦多见于生前因产蛋时引起腹压上升等导致肝脏破裂，表现无明显症状而突然猝死。

【病理变化】

剖检见肝肿大，色泽呈土黄色，质地柔软易碎；刀切时，刀面上有脂肪滴附着（图2.5.6-1）；常见肝右叶被膜紧张、隆起，有蓝紫色或黑红色的血肿区和瘀血斑块。腹腔内可见因肝破裂产生的大量红色腹水和凝血块。有的可见破裂的肝脏表面留下裂痕，外观呈斑驳状（图2.5.6-2）。

【诊断要点】

根据本病生前突然死亡、死后鸡冠和肉髯苍白贫血的临床特点和肝出血、形成血肿、肝破裂致腹腔内积大量红色腹水和凝固血块等病理特征，且发病鸡系笼养的高产蛋鸡群、多发于6～8月份的高温多湿季节和呈散发性发生的流行特点，即可做出诊断。

【检疫处理】

确诊为本病的肝脏做化制处理。

图2.5.6-1　鸡脂肪肝出血综合征　病鸡肝右叶被膜下破裂致被膜紧张、隆起，形成蓝紫色或黑红色血肿区和瘀血斑

（徐有生）

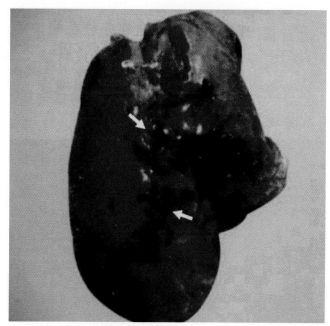

图 2.5.6-2　鸡脂肪肝出血综合征　病鸡肝破裂出血后留下裂痕，
呈斑驳状
（徐有生）

七、玫瑰糠疹

猪的玫瑰糠疹（pityriasis rosea）又称银屑样脓疱性皮疹，是指外观呈环状疱疹的脓疱性皮炎。多见于 3 ~ 14 周龄的猪，也见于青年猪。本病发生的原因尚不清楚。但患过本病母猪生产的仔猪更易感染。常见于一窝仔猪中只有一头猪发病。

【临床症状与病理变化】

玫瑰糠疹主要发生在腹部和四肢内侧、尾根部周围和左右臀部等处。最初在患部皮肤上出现小的红斑丘疹或小脓疱。隆起的丘疹和小脓疱中央低，呈火山口状，并迅速扩散成项圈状，其外周隆起呈玫瑰红色，项圈内被覆着灰黄色糠麸状鳞屑，故称玫瑰糠疹（图 2.5.7-1）。随着红色项圈的扩展，病灶中央逐渐恢复正常，相邻项圈各自扩展，相互融合（图 2.5.7-2）。患部通常不掉毛，很少有瘙痒症状。本病一般经数周后病损部分可缓慢恢复正常。

【诊断要点】

根据临床症状和病理变化可做出诊断。

【检疫处理】

本病如无继发感染，一般不做其他卫生处理，对胴体外观有影响者可做修割处理。

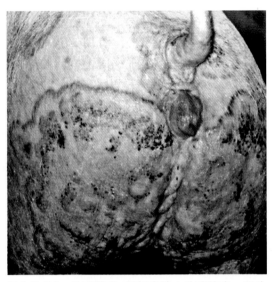

图2.5.7-1 玫瑰糠疹 腹部和股内侧皮肤的玫瑰糠疹，病初的丘疹迅速扩展呈项圈状，内有一层鳞屑 （徐有生 刘少华）

图2.5.7-2 玫瑰糠疹 臀部皮肤上玫瑰糠疹，周边隆起，随着红色项圈扩展，左侧病灶中央区恢复正常 （徐有生 刘少华）

第三章 *3*

组织器官病变和动物肿瘤

组织器官和相应淋巴结的每一种病理变化都与病变的程度、持续时间、分布部位和病变类型等疾病过程相关。当淋巴结呈现病理变化时，往往能较准确、迅速表达该淋巴结灌流区组织器官发生病变的性质和程度。因此，掌握组织器官和淋巴结在各种疾病时所呈现的病变特征，注意其变化是全身性的还是局部性的，对正确诊断疾病、评价肉品卫生质量和准确、安全处理都是至关重要的。

肿瘤是机体局部组织过度增生和异常分化所形成的新生物。良性肿瘤常见的有乳头状瘤、纤维瘤、软骨瘤、骨瘤、腺瘤、脂肪瘤等。恶性肿瘤又可分为癌和肉瘤两类，前者如鳞状细胞癌、腺癌、肝癌等，一般发生于中、老龄动物；后者如纤维肉瘤、淋巴肉瘤等。

不少种类的动物肿瘤疾病，比如马立克病、禽白血病、牛白血病是由病毒引起的传染性疾病，不仅直接影响养殖业的健康发展，也给肉品加工企业造成经济损失。人们对某些动物肿瘤（如鸭和鸡的肝癌、鸡咽-食管癌）与人的同类肿瘤的病因学和流行病学的调查研究中，发现两者有一定的相关性。因此，加强对畜禽肿瘤性疾病的研究、严格检疫检验和安全处理，具有重要的经济社会和公共卫生意义。

本章重点介绍组织器官及相应淋巴结病变和动物肿瘤，并匹配以相应的彩色照片280幅。理解和掌握这些病变的整体形态和重要性状的基本技能，将有助于广大读者通过病理剖检结合相关检测对疾病做出正确诊断和安全处理。

第一节　淋巴结常见病变

　　常见的淋巴结病变有淋巴结充血、瘀血、出血、水肿和炎症（如浆液性淋巴结炎、出血性淋巴结炎、坏死性淋巴结炎、化脓性淋巴结炎、增生性淋巴结炎等）。此外，淋巴结的变化还有淋巴结色素沉着、淋巴结肿瘤、淋巴结寄生虫钙化等。淋巴结的病变反映了该淋巴结灌流区的所属组织器官所发生的相应病理变化，因此应当对照相应器官或胴体部位的状况综合判定。

　　体内的淋巴结有的成簇、成链排列，有的单个存在，大小不一，呈球形、卵圆形、豆形、肾形或长条形等。其颜色因动物种类而异，猪的呈灰白色，牛、羊的呈黄褐色或灰褐色（图3.1.0-1、图3.1.0-2）。

图3.1.0-1　猪的正常淋巴结呈灰白色　（徐有生）

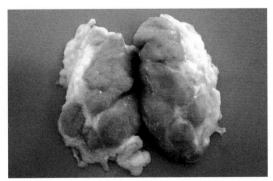

图3.1.0-2　羊的正常淋巴结呈黄褐色或灰褐色

（孙锡斌）

一、淋巴结水肿

淋巴结水肿（lymph node edema）是指过多的液体在淋巴结组织间隙中积聚。多见于慢性消耗性疾病、外伤及长途驱赶后立即屠宰等。

【病理变化】

可见淋巴结肿大，切口外翻、切面隆起、色泽苍白、质地松软，可挤压出多量透明液体，或有出血（图3.1.1-1、图3.1.1-2）。

【检疫处理】

若为病原性疾病引起的淋巴结水肿，应结合具体疾病处理。

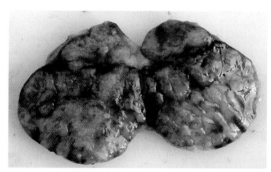 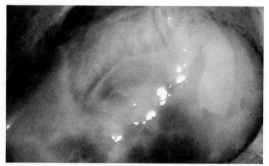

图3.1.1-1　淋巴结水肿　淋巴结切面外翻，湿润有　　　图3.1.1-2　淋巴结水肿　淋巴结肿大、色苍白，外
光泽　　　　　　　　　　　　（胡薛英）　　　　　观有湿润感　　　　　　　　　（徐有生）

二、浆液性淋巴结炎

浆液性淋巴结炎（serous lymphadenitis）又称单纯性淋巴结炎。常见于急性败血型猪丹毒、急性猪肺疫等传染病的初期，以及某一器官、组织的急性炎症时。

【病理变化】

淋巴结肿大、质地柔软，呈红色或粉红色；切面隆凸，湿润多汁，呈淡红黄色；按压时流出多量淡红黄色浆液（图3.1.2-1、图3.1.2-2）。

【检疫处理】

若属于病原性疾病引起的浆液性淋巴结炎，应结合具体疾病处理。

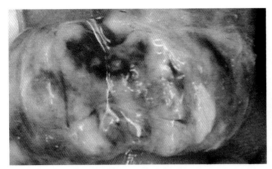

图3.1.2-1　浆液性淋巴结炎　淋巴结肿大、柔软，切面红润出血，有浆液流出

图3.1.2-2　浆液性淋巴结炎　肠系膜淋巴结明显肿大，周围组织呈胶冻样　　（周诗其）

三、出血性淋巴结炎

出血性淋巴结炎（hemorrhagic lymphadenitis）是指伴有严重出血的浆液性淋巴结炎。见于猪瘟、猪肺疫、猪丹毒等。

【病理变化】

病理特征是淋巴结肿大，呈深红色或黑红色，在粉红色背景上散在暗红色或黑红色的出血点（斑），切面湿润，呈暗红色与灰白色相间的大理石样花纹，沿被膜和小梁周围呈现暗红色出血带。出血严重时呈弥漫性黑红色，淋巴结似血肿。由于猪淋巴结结构的特殊性，出血多见于淋巴结外周（图3.1.3 -1～4）。

【检疫处理】

若属于病原性疾病引起的出血性淋巴结炎，应结合具体疾病处理。

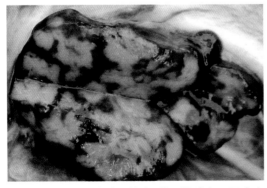

图3.1.3-1　出血性淋巴结炎　淋巴结肿大，周边出血　　　　　　　　　　　　（徐有生）

图3.1.3-2　出血性淋巴结炎　淋巴结肿大，切面湿润，呈暗红色与灰白色相间的大理石纹样　　　　　　　　（胡薛英）

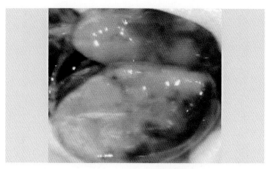

图3.1.3-3　出血性淋巴结炎　淋巴结肿大、边缘呈
弥漫性出血

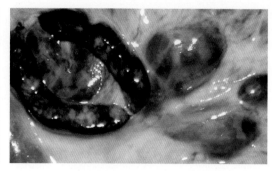

图3.1.3-4　出血性淋巴结炎　淋巴结肿大、出血，
呈黑红色　　　　　　　　　　　（徐有生）

四、坏死性淋巴结炎

坏死性淋巴结炎（necrotic lymphadenitis）是指以淋巴组织发生坏死为特征的炎症，多在浆液性淋巴结炎或出血性淋巴结炎的基础上发展而来，或伴发于浆液性淋巴结炎，或出血性淋巴结炎的炎症过程中。可见于猪弓形虫病、猪副伤寒、炭疽、坏死杆菌病等。

【病理变化】

淋巴结肿大，呈紫红或暗红色，淋巴结周围组织可见淡黄红色胶冻样炎性物，切面上散布坏死灶。猪慢性咽炭疽，常见下颌淋巴结肿大、出血，呈砖红色或淡红色，散在大小不一的灰黄色或黑褐色坏死灶，病程较长者，可见淋巴结质硬而脆，切面较干燥，淋巴结与周围组织粘连（图3.1.4 -1～4）。

【检疫处理】

若属于病原性疾病引起的坏死性淋巴结炎，应结合具体疾病处理。

图3.1.4-1　坏死性淋巴结炎　淋巴结肿大，切面灰
白色，均质　　　　　　　　　　（胡薛英）

图3.1.4-2　坏死性淋巴结炎　淋巴结肿大，切面干燥，
淡红色，有灰白色坏死灶　　　　（徐有生）

图3.1.4-3 坏死性淋巴结炎 猪胃门淋巴结呈暗红
　　　　　色，有灰白色坏死灶　　（胡薛英）

图3.1.4-4 坏死性淋巴结炎 淋巴结肿大、出血，
　　　　　在砖红色的切面上有黑红色呈斑点状、
　　　　　条状的坏死灶　　　　　（徐有生）

五、化脓性淋巴结炎

化脓性淋巴结炎（suppurative lymphadenitis）是指由病原微生物引起的淋巴结化脓性炎症。常见于由化脓菌引起组织器官的化脓性疾病，如猪链球菌病、化脓性棒状杆菌感染、葡萄球菌病等。

【病理变化】

淋巴结肿大、柔软，表面或切面有大小不一的黄白色化脓灶，切开见实质呈粥状，化脓灶处有脓液流出。严重时整个淋巴结被脓汁取代成为脓肿，按压时有波动感（图3.1.5 -1 ～ 4）。

【检疫处理】

若属于病原性疾病引起的化脓性淋巴结炎，应结合具体疾病处理。

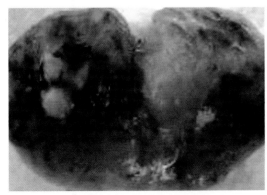

图3.1.5-1 化脓性淋巴结炎 淋巴结切面有较大的化
　　　　　脓灶，灶内有黄绿色脓性物 （徐有生）

图3.1.5-2 化脓性淋巴结炎 淋巴结切面见粟粒大
　　　　　小不等的黄白色化脓灶 （徐有生）

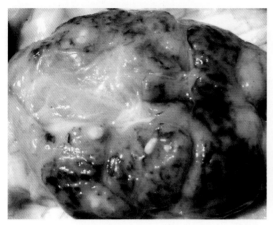

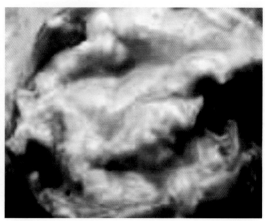

图3.1.5-3 化脓性淋巴结炎 淋巴结肿大，化脓灶
流浓稠的脓汁 （徐有生）

图3.1.5-4 化脓性淋巴结炎 切开淋巴结，整个淋
巴结实质呈粥样脓汁 （徐有生）

六、增生性淋巴结炎

增生性淋巴结炎（proliferative lymphadenitis）又称细胞增生性淋巴结炎，以淋巴结实质细胞增生为特征。主要见于慢性传染病，如布鲁氏菌病、鼻疽、猪支原体肺炎等。

【病理变化】

淋巴结肿大，质地变硬，切面较干燥，呈灰白色脑髓样，故称淋巴结髓样肿胀。增生的淋巴小结呈灰白色细颗粒状，其实质内可能有小坏死灶（图3.1.6-1、图3.1.6-2）。

【检疫处理】

若属于病原性疾病引起的增生性淋巴结炎，应结合具体疾病处理。

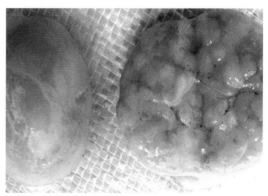

图3.1.6-1 增生性淋巴结炎 淋巴结肿大，切面较
干燥，呈灰白色脑髓样 （胡薛英）

图3.1.6-2 增生性淋巴结炎 淋巴结肿大，切面较
干燥，外观呈髓样肿胀 （徐有生）

七、淋巴结色素沉着

淋巴结色素沉着（lymph node pigmentation）见于支气管淋巴结炭末沉着、动物淋巴结黑色素沉着和含铁血黄素沉着等。

【病理变化】

其切面可见散在或弥漫着黑灰色、黑色或灰褐色的点（斑）状沉着物（图3.1.7 -1）。

【检疫处理】

若属于病原性疾病引起的淋巴结色素沉着，应结合具体疾病处理。

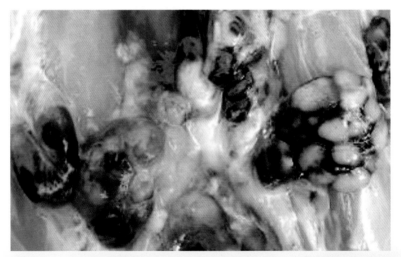

图3.1.7-1　淋巴结含铁血黄素沉着　淋巴结呈黑红色，切面见散在灰黑色沉着物　　　　　　　　　　　　　　　　　　　　　　　　　　（徐有生）

第二节 心脏常见病变

一、心脏出血

血液流出心血管之外，称为出血。发生于心脏的出血称为心脏出血。心脏出血（cardiac haemorrhage）可由病原性、非病原性因素引起，根据出血的原因可分为破裂性出血和渗出性出血。在临诊上最常见的是渗出性出血。

【病理变化】

由病原微生物感染所引起的急性、热性传染病，如巴氏杆菌病、炭疽、猪瘟、链球菌病、兔瘟等疾病过程中，都可能引起毛细血管和微静脉壁的通透性增高，红细胞渗出到血管外（漏出）现象。此种漏出现象可见于组织器官的浆膜、黏膜或组织内，如发生于心脏，则引发心脏出血。心脏出血表现的形态特征有：①呈散在分布或弥漫密布的针尖大至高粱米粒大小的出血点（瘀

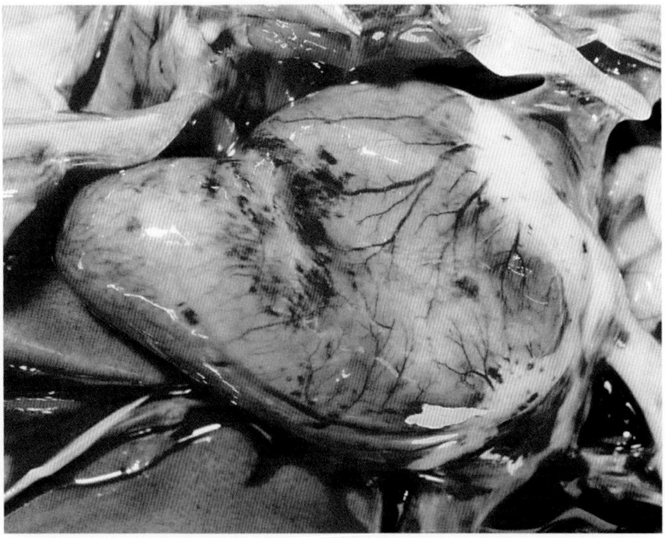

图3.2.1-1 心出血 鸭心肌和心冠脂肪表面可见红色点状和条纹状出血，心表面血管扩张
（胡薛英）

点）。②形状近似圆形或不规则形的出血斑（瘀斑）。③弥漫性浸润于出血的局部，呈大片暗红色（图3.2.1-1～5）。

【检疫处理】

若属于病原性疾病引起的心脏出血，应结合具体疾病处理。

图3.2.1-2　心出血　猪心内膜出血呈明显的条状出血　　　　　　　　　　　　（徐有生）

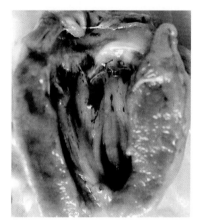

图3.2.1-3　心出血　鸭心内膜红色斑块状和条纹状出血　　　　　　　　　　　（胡薛英）

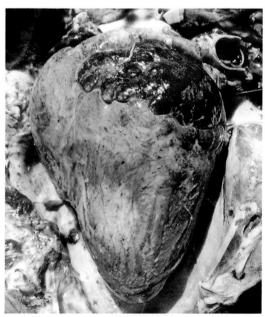

图3.2.1-4　心出血　猪心外膜出血，以心耳出血更严重，心脏表面血管扩张　　（徐有生）

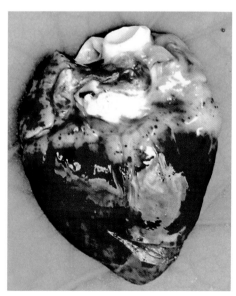

图3.2.1-5　心出血　猪心出血以冠状沟脂肪出血更明显　　　　　　　　　　　（徐有生）

二、心脏脂肪浆液性萎缩

心脏脂肪浆液性萎缩（serous atrophy of fat around the heart）是指心脏冠状沟和纵沟外膜下的脂肪组织被消耗，其间隙为水肿液浸润取代，这种病变往往是全身性脂肪萎缩的表现。病变多发于长期饲料营养不足、营养吸收障碍、病原性感染、肿瘤，以及寄生虫病等严重的消耗性疾病。

【病理变化】

病变的心脏冠状沟呈半透明、淡黄色胶冻状。发生病变的心脏往往有心脏扩张，表现心肌柔软，心室塌陷（图3.2.2-1、图3.2.2-2）。

【检疫处理】

若属于病原性疾病引起的心脏脂肪浆液性萎缩，应结合具体疾病处理。

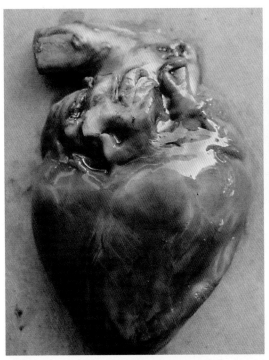 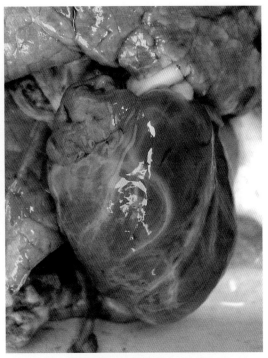

图3.2.2-1　心脏脂肪浆液性萎缩　心脏水肿，心冠状沟脂肪呈半透明淡黄色胶冻状。心肌柔软，心室塌陷　　　（胡薛英）

图3.2.2-2　心脏脂肪浆液性萎缩　心脏水肿，心冠状沟脂肪呈半透明淡黄色胶冻状　　　　　　　　　　（胡薛英）

三、心肌变性和坏死

心肌变性（myocardial degeneration）主要是心肌发生浊肿、脂肪变性等可恢复的变质变化。而心脏局部组织细胞的病理性死亡称为心肌坏死（myocardial necrosis），常见于中毒性、传染性疾病。

【病理变化】

正常的心肌含有少量脂肪滴，脂肪变性时，心肌脂肪滴明显增多。脂肪变性的心肌色灰黄，浑浊无光泽，松软，呈条纹状或点状分布在色彩正常的心肌之间，见于多种传染病、寄生虫病、中毒病等。患恶性口蹄疫幼畜的心外膜下和心室乳头肌周围发生的脂肪变性，分布在色彩正常的心肌之间，呈红黄相间的虎皮样斑纹，故称之为"虎斑心"（图3.2.3-1 ～ 3）。

心肌坏死的病灶呈局限的，可见心肌上有灰黄色或灰白色的斑块或条纹。有的因血管的栓塞引起局部梗死呈暗红色。

【检疫处理】

若属于病原性疾病引起的心肌变性和坏死，应结合具体疾病处理。

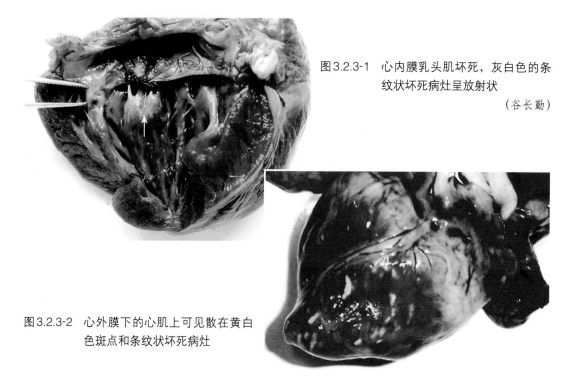

图3.2.3-1　心内膜乳头肌坏死，灰白色的条纹状坏死病灶呈放射状

（谷长勤）

图3.2.3-2　心外膜下的心肌上可见散在黄白色斑点和条纹状坏死病灶

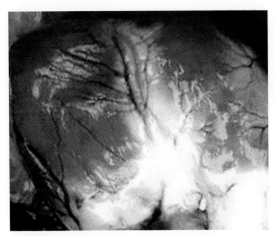

图3.2.3-3　心肌柔软，心外膜下的心肌上有许多　　图3.2.3-4　心肌上可见大面积的坏死病灶
　　　　　坏死病灶呈灰白色斑块和条纹状分布　　　　　　　　　　　　　　　　　　　（徐有生）
　　　　　　　　　　　　　　　　　（蒋文明）

四、心脏扩张

　　心脏扩张（cardiac dilatation）是指因心脏收缩力减弱、心腔容积扩大、心壁变薄的现象。急性心扩张常见于某些急性传染病如传染性胸膜肺炎、牛口蹄疫、犬瘟热等以及中毒病引起的心力衰竭时。慢性病例常伴有心房和心室肥大甚至心瓣纤维化、肝硬化、肺硬化等。

【病理变化】

　　心脏扩张多见于右心室，心脏的外形呈卵圆形，其横径大于纵径，心腔内常积有血液或/和凝血块，心壁薄而柔软，切开时心室壁塌陷（图3.2.4-1～4）。

【检疫处理】

　　若属于病原性疾病引起的心脏扩张，应结合具体疾病处理。

图3.2.4-1　心脏扩张　左图为心脏在胸腔的扩张状态，右图为摘除心包后的心脏。
　　　　　心腔内蓄积血液和凝血块　　　　　　　　　　　　　　　　　　（徐有生）

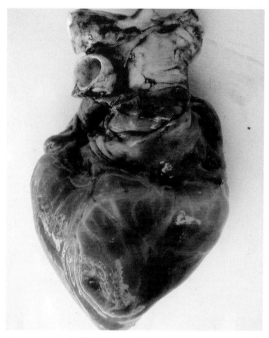

图3.2.4-2 心脏扩张 心肌柔软，心室塌陷，心脏
横径增加 　　　　　　　　（胡薛英）

图3.2.4-3 心脏扩张 心肌柔软，心室塌陷，心腔
内蓄积血液和凝血块 　　　（刘少华）

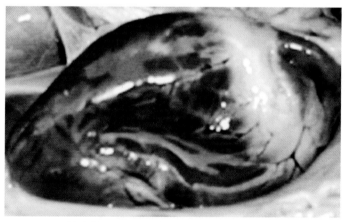

图3.2.4-4 心脏扩张，心肌松弛，心室明显塌陷，心冠脂肪呈胶
冻状 　　　　　　　　　　　　　　（徐有生）

五、心 肌 炎

心肌炎（myocarditis）是指心肌的局部性或弥漫性炎症，多呈急性经过，通常为多种全身性疾病的并发症，见于病毒性传染病（如犊牛、仔猪恶性口蹄疫，鸡白痢等）、中毒病，以及变态反应等。根据心肌炎发生的部位和性质，可分为实质性心肌炎、间质性心

肌炎和化脓性心肌炎，以实质性心肌炎最常见。

【病理变化】

实质性心肌炎的心肌呈灰白色或灰黄色，似煮肉状，质地松弛，以右心扩张明显。病灶呈局限的，在心内、外膜和心肌切面上可见许多灰黄或灰白色斑点状或条纹状病变，散布于红黄色心肌背景上。当横切心脏，可见心肌横断面有灰黄色条纹状病变围绕心腔呈环状排列，外观类似虎皮斑纹，故称"虎斑心"（图3.2.5-1）。

间质性心肌炎是以心肌间质的渗出性和增生性变化为主的炎症，而心肌纤维的变性、坏死轻微。其眼观变化与实质性心肌炎难以区分。

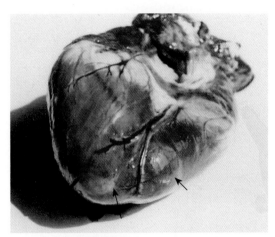

图3.2.5-1 实质性心肌炎。心脏表面有两处白色病灶向表面隆起 （胡薛英）

化脓性心肌炎是在心肌上出现单个或多个大小不一的化脓灶。

【检疫处理】

若属于病原性疾病引起的心肌炎，应结合具体疾病处理。

六、心内膜炎

心内膜炎（endocarditis）是指心内膜的炎症。根据心内膜炎的病理特点，通常将其分为疣状性心内膜炎和溃疡性心内膜炎。疣状性心内膜炎多由细菌感染所致，例如，红斑丹毒丝菌慢性持续感染时，可引起心房室瓣发生疣状赘生物。溃疡性心内膜炎多由链球菌、化脓性棒状杆菌引起。若从病变处采病料涂片、染色、镜检，可见大量纤细红斑丹毒丝菌或链球菌等。

【病理变化】

最常见的是疣状性心内膜炎，在心脏瓣膜（主要是二尖瓣，也见于主动脉半月瓣）游离缘上形成一种体积很小，呈串珠状或散在的、淡黄色或灰白色或灰红色的疣状物，疣状物易于剥离；若结缔组织增

图3.2.6-1 心内膜炎 心瓣膜上有白色呈菜花样赘生物 （徐有生）

生，疣状物与瓣膜紧密相连，并逐渐增大，不易剥离。溃疡性心内膜炎的特征是瓣膜的损伤比较严重，有明显的坏死变化（图3.2.6-1～3）。

【检疫处理】

若是病原性疾病引起的心内膜炎，应结合具体疾病处理。

图3.2.6-2　心内膜炎　心瓣膜上可见3个白色的赘
生物　　　　　　　　　　　　（马增军）

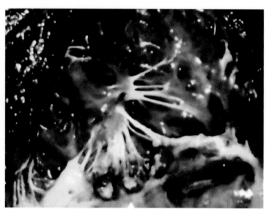

图3.2.6-3　心内膜炎　心瓣膜腱索上有白色赘
生物

七、心包炎

心包炎（pericarditis）是指心包的脏层和壁层的炎症，常伴发于其他疾病。心包腔内常积蓄大量炎性渗出物，根据炎性渗出物的性质可分为浆液性、纤维素性、化脓性、出血性、腐败性和混合性等类型。其中以浆液性、纤维素性和浆液纤维素性心包炎在畜禽中较为常见。主要是由链球菌、红斑丹毒丝菌、猪瘟病毒，大肠杆菌等病原引起。

【病理变化】

心包表面的血管扩张充血，心包腔内蓄积多量渗出液。剪开心包时，可见浆液性渗出液初呈淡黄色透明的水样物，后期因混有脱落的间皮细胞和渗出的白细胞而稍浑浊；而浆液纤维素性渗出液则混有絮状的纤维素条索或团块及较多的白细胞和少许红细胞，常呈灰黄色、浑浊。如病程较长，纤维素则沉积增加，随着心脏跳动，使沉积于心外膜的纤维素性物被摩擦牵引成绒毛状，故称为"绒毛心""绒毛性心包炎"。在慢性经过中，被覆于心外膜的纤维素性物往往发生机化，从而造成心包壁层和脏层不同程度的粘连，并在心脏表面被覆较厚的增生物，一层复一层，横切面呈树干年轮状（图3.2.7-1～8）。

【检疫处理】

若是病原性疾病引起的心包炎，应结合具体疾病处理。

（胡薛英）

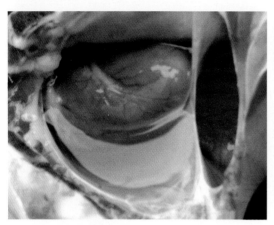

图3.2.7-1　心包炎　心包腔蓄积大量心包液
　　　　　　　　　　　　　　　（徐有生）

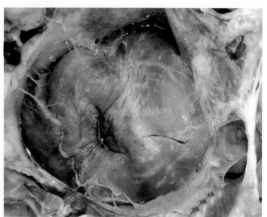

图3.2.7-2　心包炎　纤维素性心包炎。心包积液，心外膜覆盖大量灰白色纤维素性渗出物　　　　　　　　　　（胡薛英）

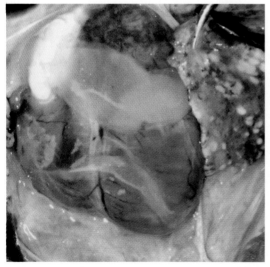

图3.2.7-3　心包炎　化脓性心包炎。心包腔内蓄积多量黄绿色化脓性渗出物，并被覆心外膜上　　　　　　　（徐有生）

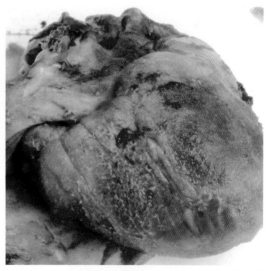

图3.2.7-4　心包炎　纤维素性心包炎。心脏横径增加，心包增厚，心包膜和心外膜附着一层白色絮状物　　　　　（胡薛英）

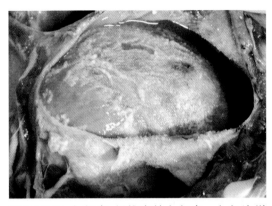

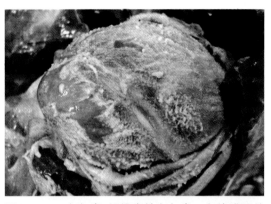

图3.2.7-5 心包炎 纤维素性心包炎。心包液增多。心包增厚、心包的脏层和壁层附着纤维素性渗出物 （胡薛英）

图3.2.7-6 心包炎 纤维素性心包炎。心外膜覆盖白色纤维素性渗出物。心脏变圆 （徐有生）

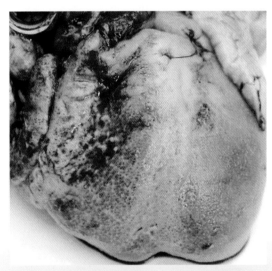

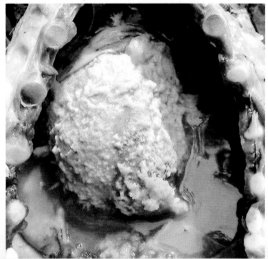

图3.2.7-7 心包炎 纤维素性心包炎。心柔软，心脏横径增加，表面覆盖纤维素性渗出物 （胡薛英）

图3.2.7-8 心包炎 纤维素性心包炎。心包腔大量积液，心外膜覆有厚层的灰白色纤维素性渗出物 （蒋文明）

第三节　肺脏常见病变

一、肺 瘀 血

肺瘀血（pulmonary congestion）是指肺脏组织的静脉性血液量增多的现象。多见于由各种炎症、传染病引起的心力衰竭。

【病理变化】

可见肺脏体积膨大，边缘钝圆，被膜紧张、光滑，呈紫红或暗红色，质地稍韧实，挤压时从切面血管断端流出混有泡沫的血液（图3.3.1-1、图3.3.1-2）。

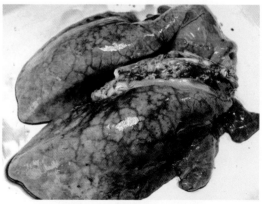

图3.3.1-1　肺瘀血　猪肺体积膨大，被膜紧张，表面呈暗红色　　　　　　　（程国富）

图3.3.1-2　肺瘀血　猪肺瘀血水肿。体积膨大，被膜紧张，表面呈暗紫红色　　　（胡薛英）

【检疫处理】

若是病原性疾病引起的肺瘀血，应结合具体疾病处理。

二、肺 水 肿

肺水肿（pulmonary edema）是指肺泡、支气管及小叶间疏松结缔组织内蓄积多量浆液的病变。常见于某些传染病和寄生虫病，如猪弓形虫病。

【病理变化】

肺水肿见于肺泡腔和小叶间疏松结缔组织。水肿液聚积于肺泡腔，使肺明显肿胀，被膜湿润光亮，小叶间质增宽呈半透明，切面有泡沫样液体流出。有瘀血存在则呈暗红色，气管和支气管内有大量带泡沫液体（图3.3.2-1～3）。

【检疫处理】

若是病原性疾病引起的肺水肿，应结合具体疾病处理。

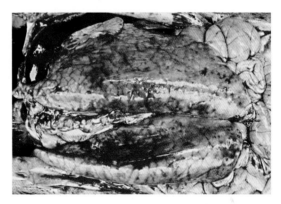

图3.3.2-1　肺水肿　猪肺颜色苍白，肺小叶间隔增宽，呈半透明状　　　　（李朝阳）

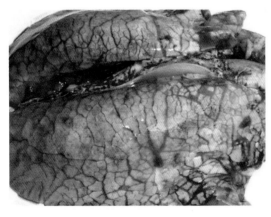

图3.3.2-2　肺水肿　猪肺肿胀，颜色苍白，间质明显增宽，呈透明状

图3.3.2-3　肺水肿　巴氏杆菌感染引起的肺水肿　　　　　　　　　　（胡薛英）

三、肺 出 血

肺出血（pulmonary haemorrhage）是指肺实质和肺胸膜的出血。可由病原性、非病原性因素引起。

【病理变化】

肺表面有散在分布或弥漫密布的出血点或呈不规则形的出血斑，或呈局部片状的出血性浸润等。新鲜的出血呈红色，陈旧性出血呈黑红色或黑色（图3.3.3-1～4）。

【检疫处理】

若是病原性疾病引起的肺出血，应结合具体疾病处理。

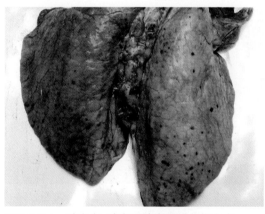

图3.3.3-1　肺出血 肺表面散在黑红色出血点
（胡薛英）

图3.3.3-2　肺出血 肺表面散在分布黑红色出血斑　　　　　　　　（胡薛英）

图3.3.3-3　肺出血 肺表面弥散分布暗红色出血斑

图3.3.3-4　肺出血 肺表面有黑红色和暗红色出血斑
（胡薛英）

四、肺 气 肿

肺气肿（pulmonary emphysema）是指肺组织内空气含量增多而引起肺体积膨大的现象。肺泡内含气量增多，使肺泡过度扩张的现象称肺泡性气肿，常见于肺炎、肺丝虫病（支气管因线虫阻塞）等。空气进入间质，称为间质性肺气肿，可见于甘薯黑斑病中毒、动物濒死剧烈挣扎、嘶叫和吸气增强（屠宰猪倒挂放血时）等。

【病理变化】

肺泡性肺气肿的肺脏表面不平整，气肿部位膨大高出肺表面，气肿肺边缘钝圆，肺组织苍白。肺泡破裂时，互相融合形成气囊腔，并有大小不一的空泡凸出于肺表面，指压常留压痕，多见于慢性肺泡性肺气肿（图3.3.4-1～4）。

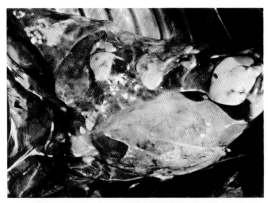

图3.3.4-1　肺气肿 可见灰白色气肿区域隆起于肺表面，周围为肺实变区　　　　（徐有生）

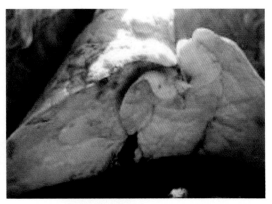

图3.3.4-2　肺气肿 肺体积膨大，色泽苍白，肺泡内含空气增多　　　　　　　　（徐有生）

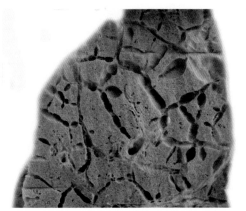

图3.3.4-3　肺气肿 间质性肺气肿，肺切面可见肺小叶间质增宽，间质内有串状气泡
（华中农业大学动物医学院病理室）

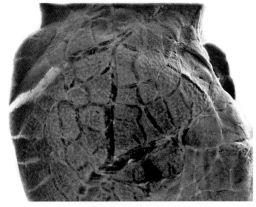

图3.3.4-4　肺气肿 间质性肺气肿，肺表面可见肺小叶间质增宽，间质内有成串气泡
（华中农业大学动物医学院病理室）

间质性肺气肿可见间质增宽，有多量大小不一呈串珠状气泡，并可波及全肺叶的间质，严重时小气泡可融合成大气泡。

【检疫处理】

若是病原性疾病所致肺气肿，应结合具体疾病处理。

五、支气管肺炎

支气管肺炎（bronchopneumonia）又称卡他性肺炎、小叶性肺炎，是指各种致病因子引发支气管和肺的一个肺小叶或多个肺小叶的卡他性炎症。这种以小叶为单位的肺炎病变在肺内呈散在的灶状分布，随着小叶性病灶融合扩大，形成成片的融合性支气管肺炎。典型的小叶性肺炎见于猪支原体肺炎。

【病理变化】

支气管肺炎的多发部位见于尖叶、心叶和膈叶的前下缘，病变为一侧性或两侧性。肺实质内有局灶性病灶，每个病灶为一个或一群肺小叶，病变部位质地坚实，灰红色，呈岛屿状散在或密布于肺脏。肺炎灶周围有呈苍白色的代偿性肺气肿区。病变部切面可挤压出血性、浆液性或黏液脓性的分泌物。多个小叶病灶的切面呈多色状（图3.3.5-1～5）。

【检疫处理】

若是病原性疾病引起的支气管肺炎，应结合具体疾病处理。

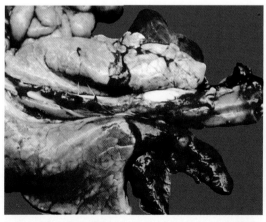
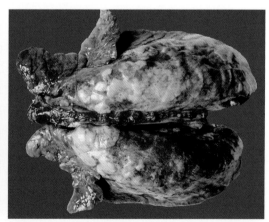

图3.3.5-1　支气管肺炎　肺尖叶和心叶质地硬实，呈灰红色　　　　　　（胡薛英）

图3.3.5-2　支气管肺炎　肺尖叶和心叶质地似肉样，色暗红　　　　　　（徐有生）

图3.3.5-3 小叶性肺炎 肺尖叶和心叶分布有黄白色散在的病灶，肺表面有凹陷区和凸起的气肿区 （陈怀涛）

图3.3.5-4 小叶性肺炎 上图肺病变区的切面：支气管内有带气泡的液体流出，还可见散在的黄白色肺炎病灶 （陈怀涛）

六、纤维素性肺炎

纤维素性肺炎（fibrinous pneumonia）是以肺泡内有大量纤维素性渗出物为特征的急性炎症，炎症可侵犯一个大叶甚至一侧肺叶或整个肺脏，故又称大叶性肺炎或格鲁布性肺炎。家畜的纤维素性肺炎一般由某些传染病的特定病原微生物引起，例如，牛、羊、猪的传染性胸膜肺炎、猪肺疫等。

【病理变化】

肺的间叶、心叶、膈叶均可能受到侵害，多为两侧性发生。根据其发生过程中的不同变化，可分为既有相互联系而又有区别的4个发展阶段的病变（图3.3.6-1～4）。

1.充血水肿期 病变组织充血水肿，呈暗红色，肺叶略膨大，切面平滑，按压流出血色泡沫状液体，切取小块投入水中，呈半沉半浮状。可见于急性死亡的猪肺疫病例。

2.红色肝变期 肺体积明显肿胀，表面及切面呈暗红色，肺组织致密、质坚实，由于病变肺的色泽和硬度如肝，故称为红色肝变。切小块投入水中完全下沉。

3.灰色肝变期 是红色肝变期的继续，病变部呈灰白色或灰黄色，质地坚实如肝，称为灰色肝变期。切面干燥，有小颗粒状突起，投入水中完全下沉。

4.溶解期 病变肺组织较肝变期体积缩小，呈灰黄色，质地柔软，切面湿润，类似胶冻样，挤压时可从肺组织中挤出少量浑浊的脓样液体。

由于患病动物同一肺叶的肺炎变化常处于上述不同阶段的病理过程，即同时有不同肝变期的病灶，尤其是牛传染性胸膜肺炎的纤维素性肺炎，炎症分期明显而典型，肺切面往往色彩不一，间质水肿和淋巴管扩张明显，外观呈多色的大理石样花纹，严重者在肺胸膜和肋胸膜表面被覆纤维素性物，也可因机化使胸膜增厚或形成粘连。

【检疫处理】

若是病原性疾病引起的纤维素性肺炎，应结合具体疾病处理。

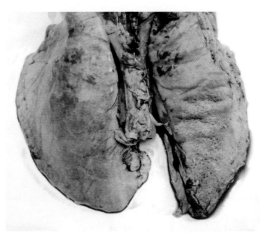

图3.3.6-1　纤维素性肺炎 肺呈暗红色，膨隆，表　图3.3.6-2　纤维素性肺炎 肺表面布满厚层灰白色
面附着白色膜状物　　　　　　　　　　　　　膜状物　　　　　　　　　　　（胡薛英）

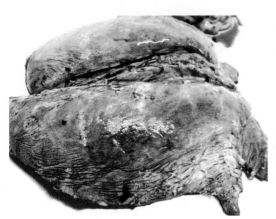
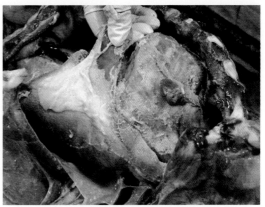

图3.3.6-3　纤维素性肺炎 肺膈叶表面覆着灰白色　图3.3.6-4　纤维素性肺炎 肺呈暗红色，膈叶表面
纤维素性膜状物　　　　　　　（胡薛英）　　　　　　附着厚层的灰白色膜状物

七、化脓性肺炎

化脓性肺炎（suppurative pneumonia）是指肺脏因感染化脓性细菌而出现大小不一的化脓性病灶的炎症。若继发或并发于支气管肺炎、纤维素性肺炎，称为化脓性支气管肺炎、

化脓性纤维素性肺炎。如经血液由其他器官的化脓性病灶转移所致，则称为转移性化脓性肺炎。

【病理变化】

因继发或并发化脓菌感染的化脓性肺炎，常见肺炎区有粟粒大到榛子大的脓肿，脓肿呈黄白色或灰白色，切开后可挤出脓性物。而转移性脓肿的特点是在肺组织上可见到散布较均匀、大小不一的多发性脓肿（图3.3.7-1、图3.3.7-2）。

【检疫处理】

若是病原性疾病引起的化脓性肺炎，应结合具体疾病处理。

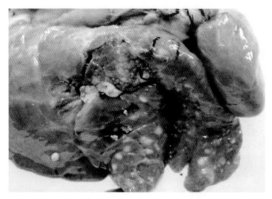 

图3.3.7-1 化脓性肺炎 肺表面和实质有散在大量黄白色化脓灶

图3.3.7-2 化脓性肺炎 肺表面见多个凸起的黄白色脓肿灶 （徐有生）

八、坏疽性肺炎

坏疽性肺炎（gangrenous pneumonia）又称腐败性肺炎，是在支气管肺炎和纤维素性肺炎的基础上，继发感染腐败菌，使肺组织呈腐败分解为特征的炎症。如因异物进入肺内，引起肺组织坏死腐败而形成的坏疽性肺炎，常称为异物性肺炎。

【病理变化】

肺组织膨大，切面呈灰绿色斑块状，肺组织发生分解，有恶臭。有时病变组织因腐败溶解而形成空洞，流出污灰色、黑色或暗绿色的液体。若是异物性肺炎，则在支气管或肺内可找到异物（图3.3.8-1、图3.3.8-2）。

【检疫处理】

若是病原性疾病引起的坏疽性肺炎，应结合具体疾病处理。

（胡薛英）

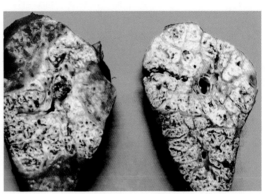

图3.3.8-1　坏疽性肺炎　肺切面可见灰白色病灶，支气管内有麦穗样异物　　（周诗其）

图3.3.8-2　坏疽性肺炎　支气管内有麦穗样异物，导致肺组织感染坏死　　（周诗其）

九、间质性肺炎

间质性肺炎（interstitial pneumonia）是指发生于肺间质的炎症过程。病变常起始于肺泡壁和肺泡间质，并可波及小叶间质和支气管及血管周围的结缔组织。间质性肺炎通常只能在显微镜下确诊。间质性肺炎常见于某些病毒性、细菌性和寄生虫疾病，如犬瘟热、流感、经典猪蓝耳病、猪支原体肺炎、猪弓形虫病、猪肺线虫病等；也可继发于支气管肺炎、纤维素性肺炎等。

【病理变化】

肺部病变常见于全肺呈大叶性，尤其是膈叶背缘呈弥漫性分布，也可呈局灶性分布。急性时肺呈淡灰红色，慢性时发生纤维化，呈灰白色、黄白色或斑驳色彩。肺质地柔韧，有弹性或似橡胶。肺切面似肉样。急性期病灶周围的肺组织常见肺水肿和间质气肿，其眼观变化与支气管肺炎相似（图3.3.9-1～4）。

【检疫处理】

若是病原性疾病引起的间质性肺炎，应结合具体疾病处理。

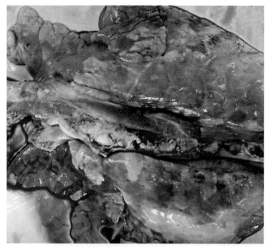

图3.3.9-1　间质性肺炎　肺表面呈灰红色色彩斑驳
　　　　　样　　　　　　　　　　　（胡薛英）

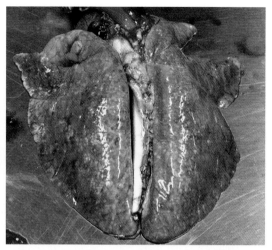

图3.3.9-2　间质性肺炎　肺膨大，表面色彩斑驳
　　　　　　　　　　　　　　　　　（胡薛英）

图3.3.9-3　间质性肺炎　肺膨大，被膜光滑

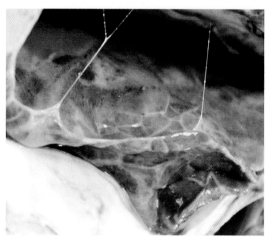

图3.3.9-4　间质性肺炎　肺呈暗红色，小叶间隔明
　　　　　显增宽　　　　　　　　　（周诗其）

十、电麻性肺出血

电麻性肺出血（electric stunning-induced pulmonary haemorrhage）又称电致昏性肺出血，是屠宰动物麻电致昏时，由于电压过高或/和电麻时间过长，引起心脏强力收缩，肺循环血压迅速升高，导致毛细血管破裂性出血。

【病理变化】

电麻性肺出血一般出现于肺的左右心叶、尖叶、膈叶背缘的肺胸膜下，呈散在性、放射状或喷雾状鲜红色小点状出血（而病理性出血点陈旧，呈暗红色），有的密集成片。轻度出血时支气管淋巴结正常；严重时该淋巴结切面周边轻度出血，但不肿大（图3.3.10-1～4）。

【检疫处理】

确因电麻不当引起的肺出血，将局部修割废弃，其余部分不受限制利用。

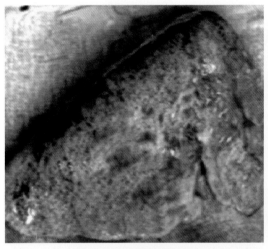 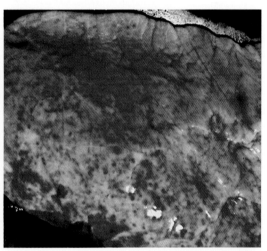

图3.3.10-1　电麻性肺出血　猪肺膈叶背缘的肺胸膜下，散在界限不清的鲜红色出血小点　　　　　　（孙锡斌）

图3.3.10-2　电麻性肺出血　猪肺膈叶的肺胸膜下密布鲜红色出血点（斑）

（孙锡斌　孟宪荣）

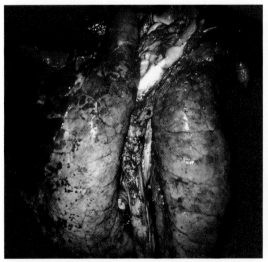 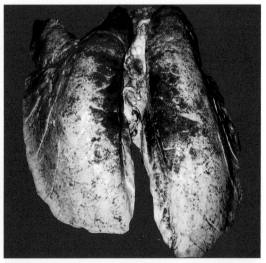

图3.3.10-3　电麻性肺出血　猪肺膈叶肺胸被膜下有散在鲜红色出血点，一侧膈叶的肺胸膜下出血弥漫成片　　　（孙锡斌　栗绍文）

图3.3.10-4　电麻性肺出血　猪肺两侧膈叶肺胸被膜下鲜红色点状出血，有的呈弥漫性　　　　　　　　（孙锡斌）

十一、肺呛血

牛、羊肺呛血（inhaled blood in lung）常见于用切颈法宰杀放血时，致使血液随吸气顺流向气管被吸入肺内。有时也见于屠宰猪倒挂刺杀放血时，因误伤气管引起猪强行吸气，致使血液通过气管被吸入肺。

【病理变化】

呛血区多局限于一侧或两侧肺膈叶的背下缘（有时见于尖叶），外观呈弥漫性暗红色或鲜红色，且范围不规则。切开呛血区肺组织，可见呈弥漫性暗红色或鲜红色，支气管、细支气管内亦有条状凝血块，支气管淋巴结不肿大，其切面边缘轻度出血（图3.3.11-1～5）。

【检疫处理】

检疫确认为肺呛血肺脏的处理原则同电麻性肺出血。

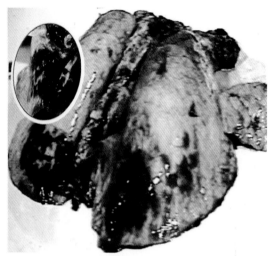

图3.3.11-1　肺呛血　猪肺两侧膈叶背缘有暗红色呛血区，左上图示：支气管内凝血块

（孙锡斌　栗绍文）

图3.3.11-2　肺呛血　羊肺表面见鲜红色的形状不规则的呛血区　　　　（马增军）

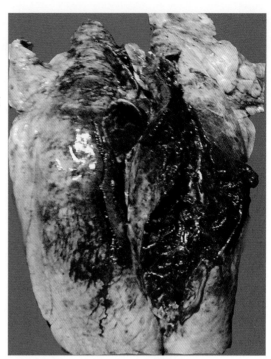

图3.3.11-3 肺呛血 屠宰猪宰杀放血过程中血液
被吸入气管引起的肺部积凝血块
（孙锡斌 孟宪荣）

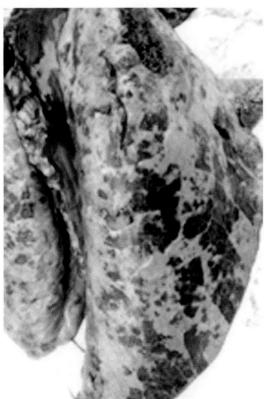

图3.3.11-4 肺呛血 宰杀放血过程中，血液被吸　图3.3.11-5 肺呛血 上图呛血区剖面观：肺部积黑
入气管引起的膈叶积血 （徐有生） 红色的凝血块 （徐有生）

十二、肺 呛 水

肺呛水（inhaled water in lung）是因屠宰加工时，将放血后尚处于濒死期的猪放入烫毛池，猪在濒死挣扎时强行吸气，致使烫毛池中污水被吸入肺内而引起。

【病理变化】

呛水肺的呛水区多见于一侧或两侧肺的尖叶、心叶，甚至膈叶。外观肺脏呛水区极度膨胀、透明，呈浅灰色或淡黄褐色，肺胸膜紧张、光亮湿润，肺间质一般不增宽，按压有波动感。切开呛水区，流出多量浑浊液体，其中往往混有血污、残毛等。支气管淋巴结无明显异常（图3.3.12-1）。

【检疫处理】

确认是因加工不当引起的肺呛水，可切开呛水区排出污水或将局部修割化制。

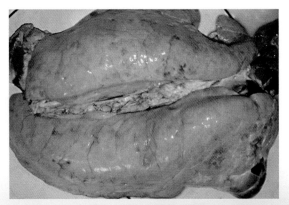

图3.3.12-1 肺呛水 猪肺膨胀、透明，色泽苍白；
呛水肺组织内蓄积浑浊液体

（孙锡斌）

第四节　肝脏常见病变

一、肝　瘀　血

肝瘀血（hepatic venous congestion）是指肝组织内血液含量增多，多见于右心衰竭的病例。

【病理变化】

瘀血的肝脏体积增大，呈蓝紫色或暗红色，边缘钝圆，被膜紧张，隆起光滑。切开肝脏，有多量的暗红色血液流出。若肝脏组织伴发脂肪变性，切面可见红黄相间的形同槟榔断面的斑纹（图3.4.1-1～3）。

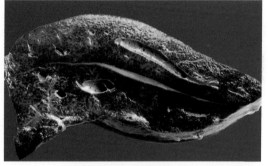

图3.4.1-1　肝瘀血　肝表面呈暗红色，质地坚实，切面见静脉扩张　　　　　　（胡薛英）

图3.4.1-2　肝瘀血　肝体积增大，被膜紧张，表面呈黑红色　　　　　　　　　（徐有生）

图3.4.1-3　肝瘀血　肝切面可见红黄相兼的网格样花纹　　　　　　　　　　　（胡薛英）

【检疫处理】

(1) 实质正常的压迫性肝瘀血，不受限制利用。

(2) 若是病原性疾病引起的肝瘀血，应结合具体疾病处理。

二、肝 出 血

根据肝出血（liver haemorrhage）的原因分为破裂性出血和渗出性出血。肝脏的渗出性出血是指肝内毛细血管和微动、静脉壁的通透性增强，引起红细胞渗出的现象，常见于传染病或中毒病。肝的破裂性出血是由于血管破裂引起的出血，主要见于蛔虫、细颈囊尾蚴、刚棘颚口线虫等的幼虫移行肝脏时损伤血管，导致血管破裂。

【病理变化】

肝渗出性出血，可见肝脏表面有针尖大至高粱米粒大小不一的细小点状出血，新鲜的出血呈红色，陈旧的呈黑色。

肝破裂性出血，可见小叶内有多个出血灶或小的血肿，严重者整个小叶出血（图3.4.2-1、图3.4.2-2）。

【检疫处理】

(1) 非病原性肝出血，将局部病变修割，予以化制处理。

(2) 若是病原性疾病引起的肝出血，应结合具体疾病处理。

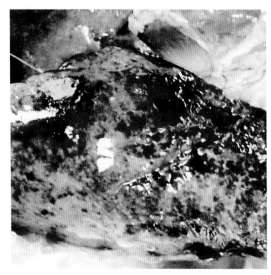

图3.4.2-1　肝出血 鸭肝表面散在大量暗红色出血斑　　　　　　　（胡薛英）

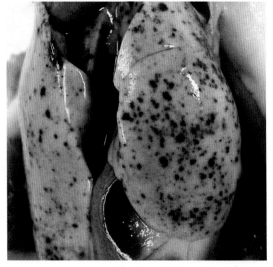

图3.4.2-2　肝出血 鸭肝表面布满暗红色出血斑　　　　　　　（胡薛英）

三、肝脂肪变性

肝脂肪变性（liver fatty degeneration）简称脂变。通常是由于传染或中毒因素引起肝组织细胞脂肪代谢障碍时的形态表现。其特点是细胞质中出现脂肪滴增多。

【病理变化】

肝肿大，边缘钝圆，呈不同程度的浅黄色、黏土色或黄褐色，质脆、易破裂，切面结构模糊，有油腻感，对光观察切面上和刀刃上有闪闪发亮的油滴。严重的脂肪变性肝称为脂肪肝。

如肝的瘀血较久，由于瘀血肝组织的周边区的肝细胞因缺氧而发生脂肪变性，故在肝组织切面呈紫红色（或暗红色）的小叶中央静脉瘀血部分和呈黄褐色的脂肪变性部分形成红黄相间，形同中药槟榔切面的网络状花纹，称为"槟榔肝"（图3.4.3-1～6）。

【检疫处理】

（1）若是非病原性的脂肪变性，可不受限制利用；其变性严重的化制。
（2）若是病原性疾病引起的肝脂肪变性，应结合具体疾病处理。

图3.4.3-1　肝脂肪变性　鸭肝体积增大，呈黄色，有油腻感　　　　　　　　　（胡薛英）

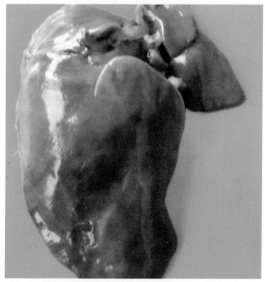

图3.4.3-2　肝脂肪变性　鸡肝肿大，色黄，有油腻感　　　　　　　　　（孙锡斌）

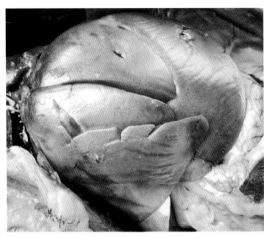

图3.4.3-3 肝脂肪变性 水貂肝肿大，色黄红，有
油腻感 （马增军）

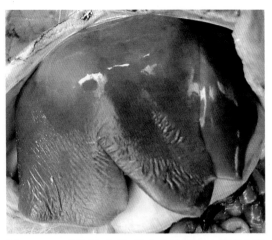

图3.4.3-4 肝脂肪变性 猪黄曲霉毒素中毒引起猪
肝肿大，边缘钝圆，色黄
（栗绍文 孟宪荣）

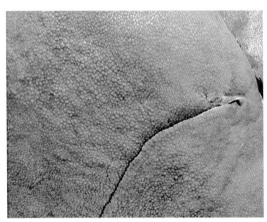

图3.4.3-5 肝脂肪变性 肝脂肪变性伴发肝纤维
化，肝肿大呈黄色，质地变硬，表面
呈细颗粒状 （胡薛英）

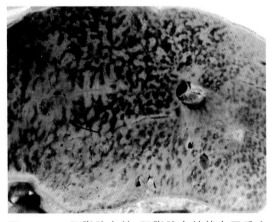

图3.4.3-6 肝脂肪变性 肝脂肪变性伴有严重瘀
血，肝切面由暗红色的瘀血部分和黄
褐色的脂变部分相互交织，形成类似
槟榔切面的花纹，称为"槟榔肝"或
"豆蔻肝" （许益民）

四、肝硬变

肝硬变（liver cirrhosis）是指由于多种原因引起肝脏实质组织的弥漫性变性和坏死后，
间质结缔组织显著增生，使肝脏形态结构改变、收缩变硬而形成的病变。猪肝硬变可由
某些微生物、寄生虫、霉菌毒素或有毒植物中毒引起。

【病理变化】

肝脏色泽正常或呈灰白色，器官收缩、质地变硬，肝被膜增厚，表面高低不平，有大小不一的呈颗粒状、小结节状或巨块。有时因胆汁瘀积伴发黄疸，使肝脏表面和切面呈深绿色或黄绿色（图3.4.4-1～6）。

【检疫处理】

若是病原性疾病引起的肝硬变，应结合具体疾病处理。

图3.4.4-1 肝硬变 肝质地变硬，表面分布黄豆大
小的结节 （胡薛英）

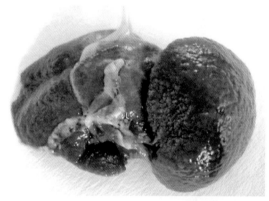

图3.4.4-2 肝硬变 肝质地变硬，肝被膜增厚，表
面高低不平 （胡薛英）

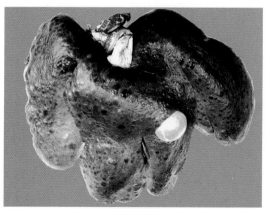

图3.4.4-3 肝硬变 肝质地变硬，表面分布绿豆至
黄豆粒大小的结节 （胡薛英）

图3.4.4-4 肝硬变 肝质地变硬，表面分布大小不
一的结节 （胡薛英）

 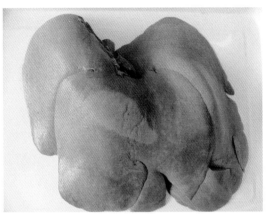

图3.4.4-5　肝硬变，肝质地变硬，肝被膜增厚，表面分布大小不一的结节，显示高低不平 　　　　　　　　　　（胡薛英）

图3.4.4-6　肝硬变 肝长期重度脂肪变性，引发纤维组织增生，使质地变硬，纤维化；全肝色黄 　　　　　　　　　　（胡薛英）

五、坏死性肝炎

坏死性肝炎（necrotic hepatitis）是指由病原引起肝组织变质、坏死的炎症。多见于沙门氏菌、禽巴氏杆菌、坏死杆菌，以及某些原虫等感染的疾病。

【病理变化】

以坏死为主的细菌性肝炎，表现肝肿大，表面和切面有散在分布的大小不一（从针尖大到粟粒大）、数量不等、形状不一的灰白色、灰黄色局灶性坏死灶。例如，禽巴氏杆菌病的肝脏坏死灶，通常以细小、密集分布为多见；坏死灶较大的则散布稀疏。鸡白痢的肝脏，除见坏死灶外，常有充血和出血（图3.4.5-1～3）。

图3.4.5-1　坏死性肝炎 猪肝表面散在分布呈灰白色、粟粒大小的局灶性坏死灶

　　　　　　　　　　（胡薛英）

【检疫处理】

若是病原性疾病引起的坏死性肝炎，应结合具体疾病处理。

　　　　　　　　　　（胡薛英）

图3.4.5-2 坏死性肝炎 鸭肝表面散在分布灰黄色
坏死灶 　　　　　　　　　　 （胡薛英）

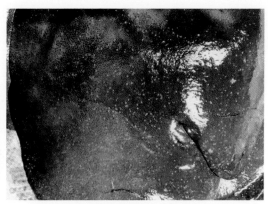

图3.4.5-3 坏死性肝炎 猪副伤寒引起的肝瘀血、
稍肿大，被膜下密布针尖大至粟粒大呈
灰白色的坏死灶 　　　　　　 （蒋文明）

六、肝脓肿

肝脓肿（liver abscesses）是指发生于肝脏的化脓性炎症。主要是由化脓性细菌如化脓性棒状杆菌、大肠杆菌、沙门氏菌、链球菌、葡萄球菌等引起。动物的肝脓肿以牛多见，常与原发性或继发性沙门氏菌感染有关。

【病理变化】

肝脓肿可呈单灶性或多灶性，脓肿病灶的大小有几毫米到数厘米不等，呈黄色或黄白色圆形化脓灶，切开病灶有脓汁流出。陈旧的脓肿，脓腔周围有较厚的结缔组织包囊（图3.4.6-1～3）。

【检疫处理】

若是病原性疾病引起的肝脓肿，应结合具体疾病处理。

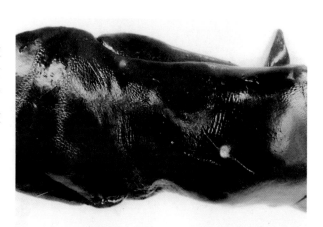

图3.4.6-1 肝脓肿 肝脏可见两个圆形、黄豆大小的黄白
色病灶，病灶内有白色脓汁 　　　　（胡薛英）

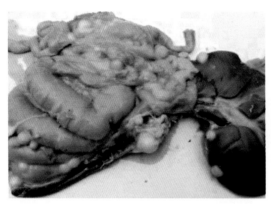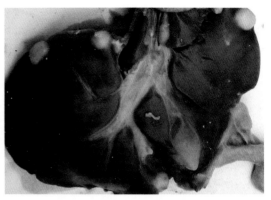

图3.4.6-2　肝和肠脓肿 可见圆形、黄豆至蚕豆大小的黄白色病灶，病灶内有白色脓汁

（徐有生）

图3.4.6-3　肝脓肿 肝脏上可见多个黄白色脓肿病灶

（徐有生）

七、乳 斑 肝

乳斑肝（milk spot liver）是由蛔虫幼虫、细颈囊尾蚴或肺丝虫幼虫移行于肝脏时损伤肝组织，引起间质结缔组织增生所致的间质性肝炎。由于增生的结缔组织疤痕如同牛奶滴下的斑痕，故称乳斑肝。其实质为蠕虫性肝炎。

【病理变化】

虫体移行于肝脏时，损伤肝组织，引起间质结缔组织增生，致使小叶间隔加宽，并向周围健康组织扩展，在肝表面形成乳白色或灰白色斑块，有时布满整个肝脏，导致肝脏发生硬变（图3.4.7-1、图3.4.7-2）。

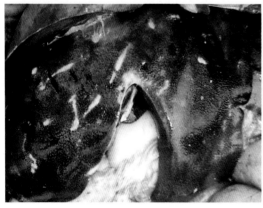

图3.4.7-1　乳斑肝 肝表面散在分布因间质结缔组织增生形成黄豆大小的灰白色斑块

（徐有生）

图3.4.7-2　乳斑肝 肝表面散在分布大量灰白色斑块

（胡薛英）

【检疫处理】

肝脏病变轻微的病变部分做化制处理，其余部分高温处理。病变严重的，整个肝脏化制。

八、肝毛细血管扩张

肝毛细血管扩张（liver telangiectasis）又称富脉肝。其发病原因不明，有人认为与育肥过度，饲料中缺硒和维生素E等有关，还有人认为可能是肠道细菌经门脉入侵肝脏引起。马、牛、羊、猪等动物均可发生，但以牛尤其是老年母牛多发。

【病理变化】

眼观肝脏表面有明显可见稍凹陷的散在、形状不规则、边缘整齐，形如锯屑颗粒样的局灶性小坏死灶，其色泽呈暗红色或蓝黑色，大小为1～3mm。肝实质内由于窦状隙灶性扩张和充血，故切面外观呈海绵样网状结构，并有血液从网孔流出（图3.4.8 -1）。

【检疫处理】

病变严重并影响商品外观的，可将其作为动物性饲料。

图3.4.8-1　肝毛细血管扩张　肝表面分布大小不一的暗红色"富脉斑"，右上图示切面呈多孔的海绵样，血液从网孔流出

（雷健保　孙锡斌）

第五节 肾脏常见病变

一、肾 瘀 血

肾瘀血（kidney congestion）是指各种原因引起肾脏的局部静脉回流受阻，造成肾内静脉性血量增多的现象。见于传染性病、中毒性疾病。

【病理变化】

肾肿大，表面呈暗红色或蓝紫色；切面可见皮质部色浅呈红黄色，髓质部为暗紫色，界限明显，弓状静脉断端流出暗红色血液。如在生前发生瘀血，则两侧肾变化一致（图3.5.1-1、图3.5.2 -2）。

图 3.5.1-1　肾瘀血 肾体积增大，被膜紧张，表面呈暗红色　　　　　　　　　（胡薛英）

图 3.5.1-2　肾瘀血 双肾体积增大，被膜紧张，表面呈暗紫红色　　　　　　　（徐有生）

【检疫处理】

若是病原性疾病引起的肾瘀血，应结合具体疾病处理。

二、肾 出 血

肾出血（kidney haemorrhage）是指发生于肾脏的渗出性出血，见于传染病、中毒性疾病等。

【病理变化】

肾表面有针尖大至高粱米粒大小不一的点状出血，新鲜的出血点呈红色，陈旧的呈暗红色或黑紫色。有的出血多限于肾皮质部（多见于急性猪丹毒）和/或髓质部（图3.5.2-1～6）。

【检疫处理】

若是病原性疾病引起的肾出血，应结合具体疾病处理。

图3.5.2-1　肾出血　肾表面密集分布的红色小点状
　　　　　　出血　　　　　　　　　（谷长勤）

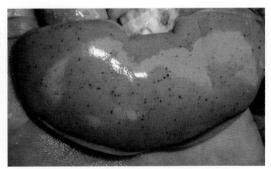

图3.5.2-2　肾出血　肾表面散在多量红色出血点
　　　　　　　　　　　　　　　　　（徐有生）

图3.5.2-3　肾出血　肾切面的皮质部密集分布红色
　　　　　　出血点　　　　　　　　（谷长勤）

图3.5.2-4　肾出血　猪链球菌病引起肾表面密布红
　　　　　　色粟粒大小出血点　　　（郭定宗）

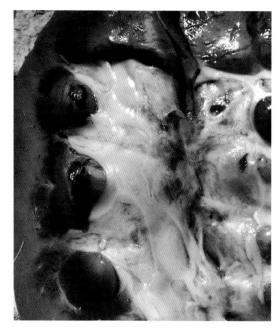

图3.5.2-6　肾出血　牛肾肿大，肾表面有多量暗红色出血斑点　　　　　（雷健保）

图3.5.2-5　肾出血　肾切面髓质部红色出血斑，肾乳头出血　　　　　（徐有生）

三、肾脂肪变性和坏死

肾脂肪变性和坏死（kidney fatty degeneration and necrosis）是指肾脏发生变性性和坏死性变化。见于急性传染病、中毒病等。

【病理变化】

肾脂肪变性的肾稍肿大，表面呈淡黄色或泥土色，切面见肾皮质增厚，有黄色条纹或斑纹。肾坏死时可见肾表面有大小不一的灰白色或黄白色梗死灶。有的表现肾肿大、柔软，呈灰白色或灰黄色，切面结构浑浊不清，有淡黄色与髓放线平行的条纹（图3.5.3-1～4）。

图3.5.3-1　肾脂肪变性　肾肿大，质脆，表面呈浅黄色　　　　　（胡薛英）

【检疫处理】

若是病原性疾病引起的肾脂肪变性和坏死，应结合具体疾病处。

（胡薛英）

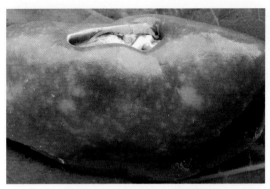

图3.5.3-2　肾坏死　肾表面可见形状不规则、大小不一的灰白色或黄白色坏死灶

（左图：徐有生；右图：谷长勤）

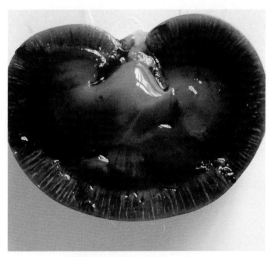

图3.5.3-3　兔汞中毒肾脏　肾表面见均匀分布呈粟
粒大灰白色的坏死灶　　（谷长勤）

图3.5.3-4　兔汞中毒肾脏　肾切面的皮质部有灰白
色髓放线的条纹　　（谷长勤）

四、肾　梗　死

肾梗死（kidney infarct）是肾脏组织中因动脉血流供应中断引起局部组织缺血性坏死。肾梗死以贫血性梗死为多见，又称肾白色梗死。肾梗死可见于左心疣状性心内膜炎的栓子随动脉血液流到肾小动脉引起栓塞。

【病理变化】

可见肾表面有大小不一的灰白色或黄白色的梗死灶,这种缺血性梗死灶多呈锥体形，其锥底向肾面，锥尖指向血管被堵塞的部位；梗死灶微凸出肾表面，稍干燥、硬固，表面呈黄白色不正圆形，与周围健康组织界限明显（图3.5.4-1～4）。

【检疫处理】

若是病原性疾病引起的肾梗死，应结合具体疾病处理。

（胡薛英）

图3.5.4-1　肾梗死　肾表面见形状不规则的灰白色
　　　　　梗死灶 　　　　　　　　　　（胡薛英）

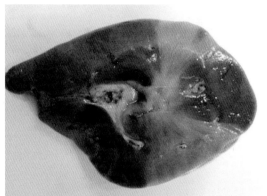

图3.5.4-2　肾梗死　肾切面见呈楔形的白色梗死灶
　　　　　　　　　　　　　　　　　　（胡薛英）

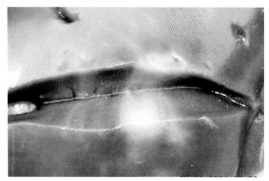

图3.5.4-3　肾梗死　肾切面可见明显的白色楔形梗
　　　　　死灶 　　　　　　　　　　　（徐有生）

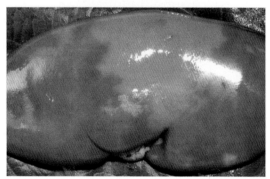

图3.5.4-4　肾贫血性梗死　肾脏稍肿大，质脆，梗
　　　　　死的病灶呈土黄色 　　　　　（徐有生）

五、肾囊肿

肾囊肿（kidney cystic）是指肾脏内有大小不一的水囊物形成，以猪多发，牛、兔也有发生。先天性囊肿多为单个囊肿，是由于动物在胚胎发育过程中，一部分肾小管变成盲管，致使尿液潴留在肾小管内逐渐发展形成囊肿。后天性囊肿则是由于肾小管被炎性渗

出物或脱落的上皮阻塞或被周围增生的结缔组织压迫，造成肾小管闭塞的结果。后天性囊肿一般比先天性囊肿小。

【病理变化】

多发性肾囊肿常见于肾实质深部，切面呈不规则的蜂巢状，囊肿壁薄而透明，囊内充满清亮液体，呈淡黄白色，如果有出血则呈淡红色或暗红色。而单个囊肿一般为单侧性大囊肿，多发于肾皮质部，呈球形或椭圆形凸出肾脏表面，囊内含清亮液体，囊壁光滑（图3.5.5-1～9）。

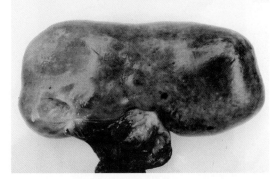

图3.5.5-1　肾囊肿　多发性肾囊肿　肾皮质部囊肿呈球状或椭圆形，囊肿凸出肾脏表面，囊壁变薄　　　　　　　　　　（程国富）

【检疫处理】

（1）轻度肾囊肿，将修割的局部病变化制或销毁。

（2）无法修割病变部分的，将整个肾脏化制或销毁。

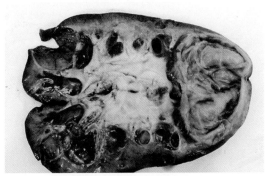

图3.5.5-2　多发性肾囊肿　肾切面见多个大小不一的球状囊肿，囊肿压迫肾皮质，使皮质变薄　　　　　　　　　　　　（程国富）

图3.5.5-3　多发性肾囊肿　肾脏上有多个囊肿，有的已破溃，局部留下凹陷　　（程国富）

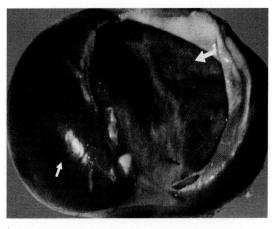

图3.5.5-4　肾的一端出现单个大囊肿　（已切开排液）　　　　　　　（徐有生　刘少华）

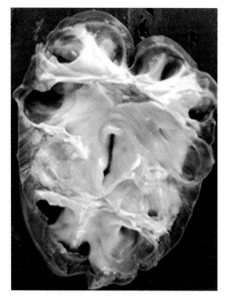

图3.5.5-5　猪多发性肾囊肿。切面见破溃的囊肿
融合成大的空腔　　　（刘少华）

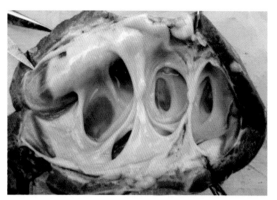

图3.5.5-6　猪多发性肾囊肿。切面呈多孔蜂窝状，
囊腔内积有透明液　　（刘少华）

图3.5.5-7　肾脏的单个囊肿呈球状凸出肾表面
（箭头）　　　　　　（徐有生）

图3.5.5-8　猪多发性肾囊肿。切面呈多孔蜂窝状；
箭头示未切破的囊肿　（徐有生）

图3.5.5-9　猪肝先天性多发性囊肿切面(固定标
本)　　　　　　　　（许益民）

六、肾小球性肾炎

　　肾小球性肾炎（glomerulonephritis）是
指原发于肾小球，以肾小球损害为主的炎
症。病因尚不清楚，一般认为与感染有关。
某些传染病（猪丹毒、猪瘟、马传染性贫
血、马鼻疽）时，常伴发肾小球性肾炎。

　　急性肾小球性肾炎常发生于急性感染
之后，病程较短。病变主要在血管球及肾小
球囊内，有变质、渗出和增生等变化。

亚急性肾小球性肾炎也称新月体形肾小球肾炎，其病理类型介于急性与慢性肾炎之间。其主要特征是肾小球囊壁层上皮细胞增生，形成新月体或环状体。

慢性肾小球性肾炎发病迟缓，病程长，症状常不明显。其中慢性硬化性肾小球性肾炎是各类肾小球性肾炎发展到晚期的结果。其特征是肾脏显著皱缩、变硬，又称为固缩肾。

【病理变化】（图3.5.6–1～4）

1.急性肾小球性肾炎　表现肾脏稍肿大，被膜紧张，易剥离；表面及切面呈红色，称为"大红肾"；皮质略增厚，纹理不清，肾小球呈灰白色半透明的细颗粒状，有的则可见红色出血小点。

2.亚急性肾小球性肾炎　表现肾脏肿胀，柔软，色泽苍白或灰黄，有"大白肾"之称，表面光滑，可能有散在出血点，皮质增宽，与髓质分界清楚。病变为弥漫性。

3.慢性硬化性肾小球性肾炎　眼观特征为两侧肾对称性缩小，苍白，质地变硬，表面凹凸不平或呈颗粒状，被膜粘连，不易剥离。切面的皮质变薄，见有微小囊肿。

【检疫处理】

若是病原性疾病引起的肾小球性肾炎，应结合具体疾病处理。

（胡薛英）

图3.5.6-1　急性肾小球肾炎　肾表面可见细小的白点和红点　　　　　　　　（胡薛英）

图3.5.6-2　急性肾小球肾炎　肾切面可见皮质部密布细小的红点　　　　　　　（胡薛英）

图3.5.6-3　慢性肾小球肾炎　肾质地变硬，色泽灰黄，表面呈细颗粒状　　　　　（胡薛英）

图3.5.6-4　慢性肾小球肾炎　肾质地变硬，色泽苍白，切面皮质变薄，髓质萎缩　　　（胡薛英）

七、间质性肾炎

间质性肾炎（interstitial nephritis）是指肾间质发生以单核细胞浸润和结缔组织增生为特征的原发性非化脓性炎症。一般认为与感染、中毒、免疫损伤和缺血有关，如高致病性猪蓝耳病。间质性肾炎有弥漫性间质性肾炎和局灶性间质性肾炎。弥漫性间质性肾炎多在幼年家畜中常见，伴发于全身感染。

【病理变化】（图3.5.7-1～6）

1.局灶性间质性肾炎　剖检可见肾表面散在0.5～1cm大小的灰白色的圆形结节，被膜易于剥离，或与结节发生粘连。切面见结节局限在皮质，呈楔形，眼观似淋巴组织，边缘部可见出血。病变多时，皮质呈现斑纹或斑块，又称为"白斑肾"。

2.急性弥漫性间质性肾炎　肾通常肿大，被膜紧张，易于剥离。被膜下皮质表面和切面可见灰白色斑纹，波及整个皮质和髓质外带。

3.慢性弥漫性间质性肾炎　肾脏体积缩小，质地较硬，肾表面皱缩，淡灰或灰黄褐色，被膜增厚，与皮质粘连，不易剥离。切面见皮质变窄，与髓质分界不清，可见小囊肿形成。

【检疫处理】

若是病原性疾病引起的间质性肾炎，应结合具体疾病处理。

（胡薛英）

图3.5.7-1　局灶性间质性肾炎　肾表面散在绿豆至黄豆大小的灰白色圆形斑块　（胡薛英）

图3.5.7-2　间质性肾炎　肾表面散在大小不一的黄白色病灶　　　　　　（胡薛英）

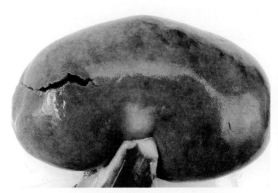

图3.5.7-3　弥漫性间质性肾炎　肾肿大，质地变
　　　　　脆，被膜紧张，易于剥离，表面有灰
　　　　　白色斑块　　　　　　　　（胡薛英）

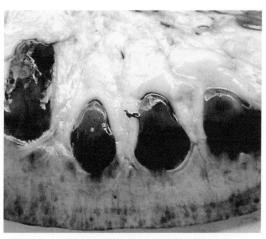

图3.5.7-4　慢性间质性肾炎　肾切面可见皮质变
　　　　　硬、变薄，皮质内结缔组织增生

（胡薛英）

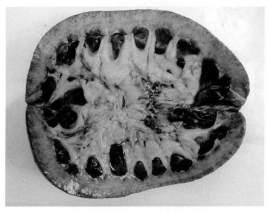

图3.5.7-5　慢性间质性肾炎　肾质地变硬，切面见
　　　　　皮质变窄，皮质内结缔组织增生

（胡薛英）

图3.5.7-6　慢性间质性肾炎　肾体积缩小，肾表面
　　　　　皱缩，被膜增厚，质地较硬，表面有
　　　　　灰白色网格样花纹

八、化脓性肾炎

　　化脓性肾炎（suppurative nephritis）是指肾盂和肾实质因感染化脓性细菌而发生的化脓性炎症。化脓性肾炎往往是其他器官的化脓性炎症（如化脓性肺炎、创伤性心包炎、蜂窝织炎、化脓性关节炎、化脓性膀胱炎等）的化脓性细菌向肾脏转移的结果。其感染途径可通过血源性或尿源性感染。

【病理变化】

　　肾脏肿大，被膜易剥离。表面散布粟粒至黄豆粒大稍隆起的黄色或黄白色圆形化脓灶，病灶散在或弥漫性分布或局限于肾的局部。大的病灶深入肾皮质层。浅表性脓肿破溃后可引起肾周围组织化脓性炎（图3.5.8-1、图3.5.8-2）。

【检疫处理】

若是病原性疾病引起的化脓性肾炎，应结合具体疾病处理。

图3.5.8-1　化脓性肾炎　肾皮质部散在黄白色局灶性化脓灶
（胡薛英）

图3.5.8-2　化脓性肾炎　肾皮质部散在多量的灰白-黄白色病灶
（胡薛英）

九、尿酸盐沉着

尿酸盐沉着（uric acid salt deposit）是指动物机体内嘌呤代谢障碍，血液中尿酸增高，并伴有尿酸盐结晶沉积于体内一些器官组织而引起的病理现象，又称为痛风。动物中以家禽尤其是鸡最为多发。尿酸盐结晶最易沉着在关节、腱鞘、软骨、肾、输尿管，以及内脏器官的浆膜上。引起尿酸盐结晶沉积的原因，一般认为与过多摄入高核蛋白的蛋白质饲料、某些疾病（如肾型传染性支气管炎、传染性法氏囊病、大肠杆菌病、鸡白痢等），以及饲养管理不良和遗传因素等有关。

【病理变化】

病理剖检，如果发生于内脏，可见胸膜、腹膜、肠系膜、心、肝、肾、肠等器官的表面布满石灰样的尿酸盐。肾脏尿酸盐沉着（kidney uric acid salt deposit）可见肾苍白、肿大，肾小管和输尿管充满白色尿酸盐，形成花斑肾；切面可见沉积的尿

图3.5.9-1　心脏尿酸盐沉着　心外膜上有白色石灰样尿酸盐沉积

酸盐形成散在的白色小点，扩张的输尿管内充满白色石灰样沉淀物。如关节型痛风可见关节表面和关节周围的组织中有白色的尿酸盐沉着（图3.5.9-1～5）。

【检疫处理】

若是病原性疾病引起的尿酸盐沉着，应结合具体疾病处理。

图3.5.9-2　肝脏尿酸盐沉着　肝脏有白色石灰样尿
　　　　　酸盐沉积　　　　　　　（周祖涛　崔卫涛）

图3.5.9-3　肾尿酸盐沉着　肾肿大，有尿酸盐沉着，
　　　　　形成"花斑肾"

图3.5.9-4　肾尿酸盐沉着　肾脏肿大、色苍白，有
　　　　　白色尿酸盐沉着　　　（周祖涛　崔卫涛）

图3.5.9-5　肾尿酸盐沉着　鸭心脏和肝脏有白色尿
　　　　　酸盐沉积　　　　　　　　　　（胡薛英）

第六节　胃肠常见病变

一、胃肠出血

发生于胃和肠道的出血称为胃肠出血（gastrointestinal haemorrhage）。多见于某些急性传染病，也见于霉败饲料和化学毒物引起的中毒。

【病理变化】

胃、肠出血时，在其浆膜或/和黏膜面有呈散在或密布的针尖大至高粱米粒大小的出血点，有的出血呈斑状或片状；严重时，胃、肠道内容物呈咖啡色或黑红色（图3.6.1-1～7）。

【检疫处理】

若是病原性疾病引起的胃、肠出血，应结合具体疾病处理。

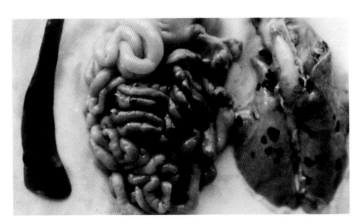

图3.6.1-1　肠出血　猪肺、肠和脾的表面可见黑红色出血斑

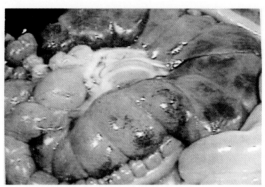

图3.6.1-2　胃出血 猪胃底黏膜面弥漫性出血，色暗红

图3.6.1-3　肠出血 牛大肠浆膜面见弥漫性出血

（孙锡斌）

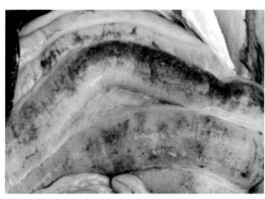

图3.6.1-4　肠出血 猪大肠浆膜面见弥漫性出血

（徐有生）

图3.6.1-5　肠出血 猪大肠浆膜面多处弥漫性出血

（徐有生）

图3.6.1-6　肠出血 鸭流感引起的小肠黏膜弥漫性出血

图3.6.1-7　肠扭转引起肠臌气、瘀血、出血和移位

（刘少华）

二、胃肠水肿

发生于胃、肠道的水肿称为胃肠水肿（gastrointestinal edema）。可见于某些传染性疾病如仔猪水肿病，中毒性疾病如霉菌毒素中毒。

【病理变化】

胃肠水肿时可见胃、肠壁的黏膜下层和浆膜下层发生浆液性浸润，呈半透明胶冻状，按压柔软，其周围疏松结缔组织、网膜、肠系膜的厚度增加，呈黄白色透明胶冻状（图3.6.2-1～6）。

【检疫处理】

若是病原性疾病引起的胃肠水肿，应结合具体疾病处理。

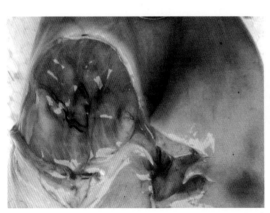

图3.6.2-1　胃水肿　胃壁水肿、增厚，胃壁的黏膜下层和浆膜下层有浆液性浸润，呈半透明胶冻状

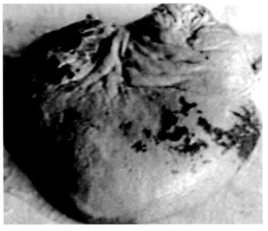

图3.6.2-2　胃水肿　胃明显肿大，被膜光亮透明，按压有波动感　　　　　　　（孙锡斌）

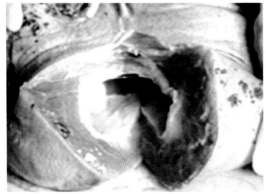

图3.6.2-3　胃水肿　胃壁增厚，切面呈黄白色半透明胶冻状　　　　　　（孙锡斌）

图3.6.2-4　肠水肿　猪水肿病引起大肠及大肠肠系膜水肿　　　　　　　（徐有生）

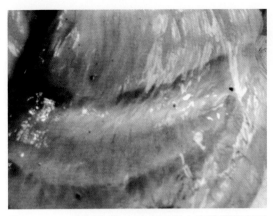
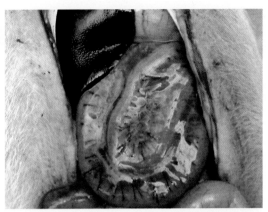

图3.6.2-5　肠水肿　猪水肿病引起大肠浆膜和肠系　　图3.6.2-6　肠水肿　猪大肠浆膜和肠系膜水肿呈透
膜水肿呈胶冻状　　　　　　　（徐有生）　　　　　　　明胶冻状　　　　　　　　　　（程国富）

三、胃溃疡

胃溃疡（gastrelcosis）又称坏死性胃炎（necrotic gastritis），是指各种因素引起的胃黏膜固有膜、黏膜肌层乃至黏膜下层、肌层呈局灶性或弥漫性的糜烂、坏死、溃疡，甚至胃壁穿孔。家畜中以猪和犊牛多发。其发生认为与黏膜的营养障碍和胃酸的腐蚀有关。有人认为本病有很大的遗传性，而且可能与继发因素如沙门氏菌、红斑丹毒丝菌、猪瘟病毒、幽门螺杆菌、猪蛔虫等感染有关。

猪胃溃疡多见于集约化饲养的猪群中，常因饲养拥挤、惊恐，以及长期单纯的饲喂配合饲料尤其是精细颗粒饲料，引起肾上腺皮质分泌大量皮质素，促进胃酸分泌过多使胃黏膜受损。这种"应激性溃疡"往往在应激原作用后24h以内迅速发生。

【病理变化】

溃疡病灶最常见部位是胃小弯、胃大弯前部与后部，也见于食管和贲门的连接处。通常病灶起初是黏膜增厚、粗糙，进一步导致黏膜呈局灶性或弥漫性的糜烂、坏死及溃疡。局灶性溃疡外观呈圆形或卵圆形的垂直打孔样黏膜缺陷。常由于胆汁着色使食道部和贲门无腺区呈淡黄色，剥去坏死性干痂，病灶底部平滑，呈淡红色溃疡面。严重者，胃溃疡由浅在的黏膜糜烂侵犯到达肌层甚至引发胃穿孔，继发化脓性腹膜炎（图3.6.3-1～4）。

【检疫处理】

（1）若是病原性疾病引起的胃溃疡，应结合具体疾病处理。
（2）若是非病原性因素引起的胃溃疡，仅局部轻度病损，将局部病变化制。

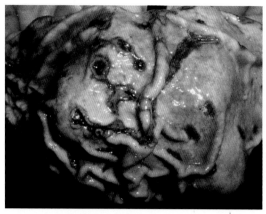

图3.6.3-1　胃溃疡　猪胃黏膜出血，散在明显的局灶性溃疡病灶

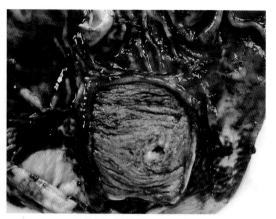

图3.6.3-2　胃溃疡　胃黏膜上有大块坏死溃疡病灶，弥漫性出血　　　　（徐有生）

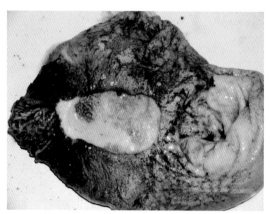

图3.6.3-3　胃溃疡　胃黏膜有多处大片和小块的坏死脱落　　　　　（徐有生）

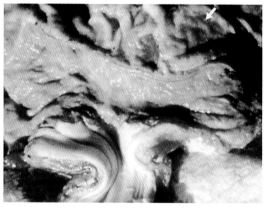

图3.6.3-4　胃溃疡　猪胃贲门无腺区大片溃疡病灶；食管黏膜增厚，食管和贲门连接处溃疡　　　（徐有生　刘少华）

四、卡他性胃肠炎

　　卡他性胃炎（catarrhal gastritis）是一种黏膜表层的炎症。主要见于毒物、细菌、寄生虫、霉败饲料等对胃黏膜直接刺激，也可见于某些传染病，如猪瘟、猪肺疫等。

　　卡他性肠炎（catarrhal enteritis）通常分为急性卡他性肠炎和慢性卡他性肠炎。急性卡他性肠炎是指肠黏膜呈局部节段性或弥漫性的急性充血和浆液、黏液渗出为特征的肠炎，是肠炎的早期发展阶段，常见于猪传染性胃肠炎、猪病毒性胃肠炎、大肠杆菌病、急性猪丹毒等传染病的病程中。慢性卡他性肠炎主要是由急性卡他性肠炎转变而来，也常见于因微生物、寄生虫感染和瘀血所致，如副结核病、马传染性贫血等。

【病理变化】

1.卡他性胃炎 表现胃黏膜呈弥漫性肿胀、充血与点状出血，黏膜表面被覆多量灰白色黏液（图3.6.4-1）。

2.卡他性肠炎 急性卡他性肠炎的肠黏膜肿胀，有弥漫性或沿皱襞呈条纹状潮红，有散在斑点状或线状出血，发炎区的黏膜面被覆稀薄、半透明或黏稠的灰白色渗出物。肠壁固有层内淋巴滤泡肿胀，呈半球状或堤状隆起。慢性卡他性肠炎的肠管积气，黏膜面覆有多量灰白色黏液，黏膜平滑呈灰白色，或因结缔组织的不均匀增生而呈颗粒状；如病程较久，黏膜萎缩，使肠壁变薄（图3.6.4-2）。

【检疫处理】

若是病原性疾病引起的卡他性胃肠炎，应结合具体疾病处理。

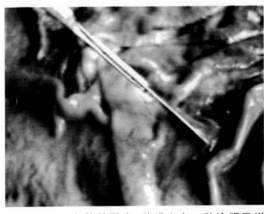 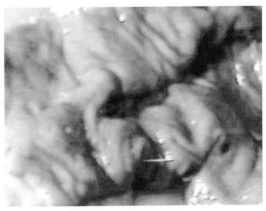

图3.6.4-1 卡他性胃炎 黏膜出血，黏液明显增
多 （孙锡斌）

图3.6.4-2 卡他性肠炎 肠黏膜肿胀，被覆多量黏
液 （孟宪荣）

五、出血性胃肠炎

出血性胃炎（hemorrhagic gastritis）多见于霉败饲料和化学物质中毒，也见于某些急性传染病。出血性肠炎（hemorrhagic enteritis）见于某些传染病、寄生虫病，如沙门氏菌病、仔猪痢疾、肠炭疽、球虫病等。也可见于某些化学毒物所致如砷中毒。

【病理变化】

出血性胃炎的胃黏膜肿胀，呈弥漫性点状、斑状出血，黏膜表面被覆多量红褐色黏液；严重时整个胃底部黏膜被血液浸染（图3.6.5-1、图3.6.5-2）。

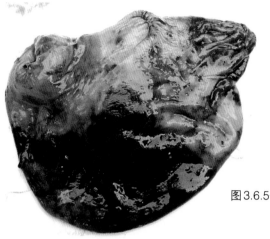

出血性肠炎的肠管呈弥漫性或节段状暗红色；切开肠管可见肠黏膜肿胀、出血呈弥漫性或斑块状分布。肠内容物中混杂血液和凝血块（图3.6.5-3～9）。

【检疫处理】

若是病原性疾病引起的出血性胃肠炎，应结合具体疾病处理。

图3.6.5-1　出血性胃炎　胃黏膜出血以胃底部明显，黏膜表面被覆的暗红色内容物混有血液、凝血块和黏液　　（孙锡斌）

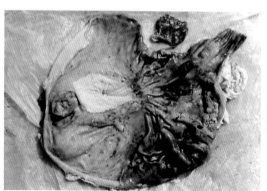

图3.6.5-2　猪胃出血和溃疡　　　　（许益民）

图3.6.5-3　出血性胃肠炎　胃体积膨大，胃肠瘀血和出血　　　　　　　　　　（金梅林）

图3.6.5-4　出血性肠炎　肠腔内充满气体和血色内容物　　　　　　　　　　　（徐有生）

图3.6.5-5　出血性肠炎　肠道出血，肠壁增厚，肠壁黏膜面呈暗红色，密布深红色的斑点和黏液　　　　　　　　　　（胡薛英）

图3.6.5-6　出血性肠炎　肠壁增厚，肠黏膜肿胀，弥漫性出血面呈暗红色　（徐有生）

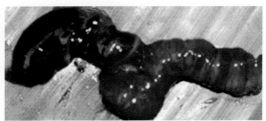

图3.6.5-7　出血性肠炎　可见肠管呈两节段状弥漫性出血，一段呈黑红色，另一段呈暗红色

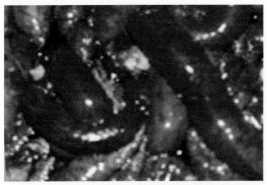

图3.6.5-8　出血性肠炎　初生仔猪（3日龄以内）红痢的小肠（特别是空肠）黏膜弥漫性出血，肠内容物呈红褐色并混杂气泡　（蒋文明）

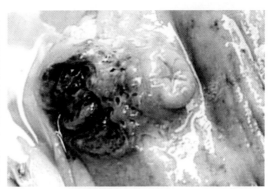

图3.6.5-9　出血性肠炎　回盲瓣处黏膜肿胀，呈弥漫性出血　（樊茂华）

六、纤维素性胃肠炎

　　纤维素性胃炎（fibrinous gastritis）是以胃黏膜被覆有纤维素性渗出物为特征的炎症。纤维素性肠炎（fibrinous enteritis）是肠黏膜被覆有纤维素性渗出物的炎症。由于肠黏膜被覆的纤维素性假膜易被剥离，故又称浮膜性肠炎或格鲁布性肠炎。本病多见于牛、猪、家禽等动物，常因沙门氏菌、大肠杆菌引起，也常继发于某些传染病；也可因误咽腐蚀性物所致。

【病理变化】

　　纤维素性胃炎可见胃黏膜被覆灰黄色纤维素性假膜，假膜剥离后，黏膜肿胀、充血、出血和糜烂。

　　纤维素性肠炎可见肠集合与孤立淋巴滤泡肿大，呈结节状突起，肠黏膜出血、肿胀，表面被覆呈灰黄色或棕黄色的局灶性或弥漫性的纤维素性假膜。随着病程的发展，假膜逐渐致密、增厚，形如糠皮样，将假膜剥离，肠黏膜明显的充血、水肿、点状出血和糜烂。假膜容易从黏膜表面脱离，并以肠管形状或絮状碎片混于水样粪便中排出（图3.6.6-1、图3.6.6-2）。

【检疫处理】

若是病原性疾病引起的纤维素性胃肠炎，应结合具体疾病处理。

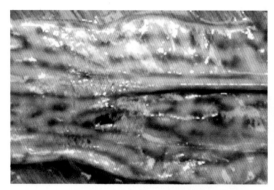 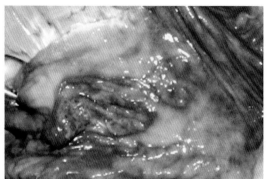

图3.6.6-1　纤维素性胃肠炎　仔猪副伤寒病猪的回肠黏膜上被覆淡黄绿色纤维素性假膜呈糠麸样　　　　　　　　（徐有生）

图3.6.6-2　纤维素性胃肠炎　仔猪副伤寒病猪回盲瓣处黏膜表面被覆的黄绿色纤维素性假膜结构松散，易剥离　　　（徐有生）

七、纤维素性坏死性肠炎

纤维素性坏死性肠炎（fibrino-necrotic enteritis）是以肠黏膜受损严重，伴发纤维素性渗出物为特征的炎症。由于形成的假膜干燥、硬固，不易剥离，故又称为固膜性肠炎。本病是纤维素性肠炎的进一步发展，其病因除与纤维素性肠炎相同外，常并发或继发于某些传染病，如猪瘟、猪副伤寒、新城疫、小鹅瘟等。

【病理变化】

病变常见于回肠的末端、盲肠、结肠的黏膜表层，甚至黏膜下层发生纤维素性坏死。黏膜面出现灰黄色、棕黄色或黄绿色致密、干燥、增厚的麸皮样假膜，其病变范围大小不一，呈弥漫性或局灶性。假膜不易剥离，如强行剥脱，黏膜显示充血、出血、水肿和溃疡（图3.6.7-1～3）。

【检疫处理】

若是病原性疾病引起的纤维素性坏死性肠炎，应结合具体疾病处理。

（胡薛英）

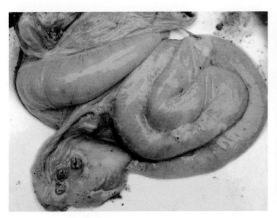

图3.6.7-1　纤维素性坏死性肠炎　肠浆膜面有白色
　　　　　瘢痕，肠黏膜有黄豆粒大、圆形坏死
　　　　　溃疡病灶　　　　　　　　（胡薛英）

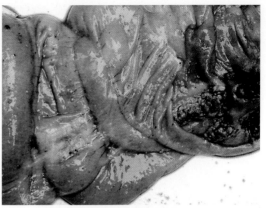

图3.6.7-2　纤维素性坏死性肠炎　肠浆膜面有白色
　　　　　节段状瘢痕；黏膜面呈局灶性的坏死
　　　　　溃疡病灶有黄绿色假膜　　　（胡薛英）

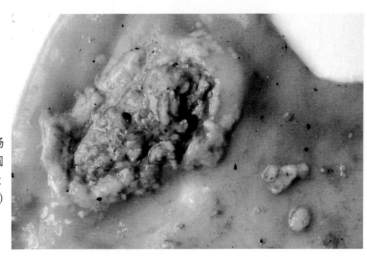

图3.6.7-3　纤维素性坏死性肠
　　　　　炎　肠黏膜上有一圆
　　　　　形火山口状溃疡病灶
　　　　　　　　　　（胡薛英）

八、胃肠套叠和扭转

胃肠套叠和扭转（gastrointestinal intussusception and volvulus）是指肠管由于机械性因素，如打架、翻拦、爬跨其他动物等外力的机械作用或饲喂了某种发酵饲料，刺激肠管剧烈蠕动，引起肠管发生顺时针或逆时针的扭转或套叠。

【病理变化】

套叠或扭转后的肠管发生移位，肠管严重臌气、瘀血和出血，甚至坏死（图3.6.8-1～3）。

【检疫处理】

严重胃肠扭转或套叠并发严重瘀血、出血、坏死者，割除病变部分化制。

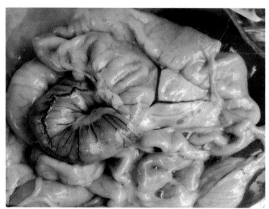

图3.6.8-2 胃肠套叠和扭转 狐狸肠套叠。肠的一段肠管套入另一段肠管中，套叠部分肠管血管呈暗红色 　　　（马增军）

图3.6.8-1 胃肠套叠和扭转 犬胃套叠。胃的一部分套入另一部分 　　　　　（胡薛英）

图3.6.8-3 胃肠套叠和扭转 肠套叠。肠的一端肠管套入邻近的肠管内 　　　　（徐有生）

九、肠气泡症

肠气泡症（pneumatosis cystoides intestini）又称肠气泡病、肠气肿病，常见于猪。

【病理变化】

肠气泡症主要发生于小肠、大肠、肠系膜及其淋巴结。以空肠和回肠段，特别是肠黏膜面、浆膜面及肠管与肠系膜连接处出现的气泡最多。在肠管浆膜下发生的气泡多呈丛状；发生于肠管和肠系膜连接处的气泡多形成葡萄串状。如气体串入肠黏膜或黏膜下层，可见大小不一的充满气体的气泡，用手指触压，该处黏膜表面有捻发音。本病一般不引起明显的临床症状（图3.6.9-1～3）。

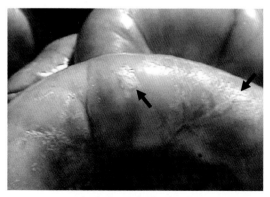

图3.6.9-1 肠气泡症 肠浆膜下形成的小气泡呈丛状 　　　　（孙锡斌）

 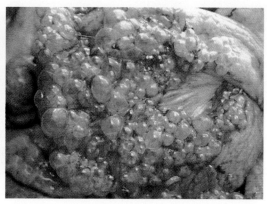

图3.6.9-2 肠气泡症 发生于肠管和肠系膜连接处　图3.6.9-3 肠气泡症 气泡大小不一，密集成葡萄
　　　　　的气泡大小不一，密集成葡萄串状　　　　　　　　　　串状，气泡表面附有血样物

（孟宪荣　郑明光）　　　　　　　　　　　　　　　　　　　　（孟宪荣　郑明光）

【检疫处理】

患有气泡症的肠管，放气后可供食用。

第七节 皮肤、肌肉、脂肪和关节常见病变

一、皮肤和肌肉瘀血

皮肤和肌肉瘀血（skin and muscle congestion）是指皮肤和肌肉内静脉性血量增多的现象。常见于严重疾病、濒死状态、极度疲劳和屠宰放血不良等。

【病理变化】（图3.7.1-1、图3.7.1-2）

皮肤和皮下组织瘀血的局部体积增大，呈暗红色或紫红色，手压色泽减退，切口有暗红色血液流出。

肌肉瘀血，可见肌肉颜色加深，切面有凝血块和/或小血珠溢出；皮下脂肪呈粉红色或暗红色。

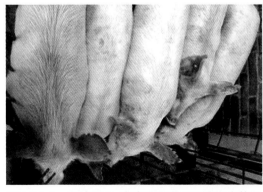

图3.7.1-1　皮肤瘀血　皮肤瘀血常见于蓝耳病等传染病　　　　　　　　　　　　　（徐有生）

图3.7.1-2　皮肤瘀血　病猪全身皮肤瘀血呈紫红色　　　　　　　　　　　　　（蒋文明）

【检疫处理】

若是病原性疾病引起的皮肤、肌肉瘀血，应结合具体疾病处理。

二、皮肤和肌肉水肿

皮肤和肌肉水肿（skin and muscle edema）是指皮肤和肌肉组织间隙中有过多液体潴留的现象。

【病理变化】

皮肤水肿时可见皮肤肿胀、变厚，呈生面团样硬度，按压有波动，并留下指压痕。切开时，可见皮下水肿组织呈黄白色胶冻状，有黄白色透明液体流出（图3.7.2-1～6）。

肌肉水肿见于肌纤维间的结缔组织呈黄色胶冻状。

图3.7.2-1　皮肤水肿　眼部皮肤水肿，眼睑增厚，有透明感　　　　　　　　　　　（谷长勤）

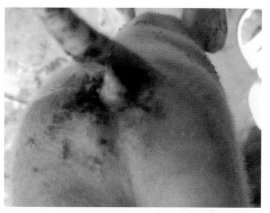

图3.7.2-2　皮肤水肿　猪水肿病引起皮肤及皮下水肿，外观皮肤肿胀变厚　　　　（徐有生）

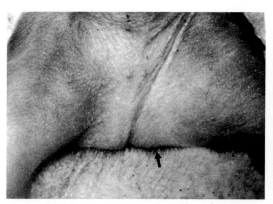

图3.7.2-3　皮肤水肿　猪水肿病引起股内侧皮肤及皮下水肿　　　　　　　　　　（徐有生）

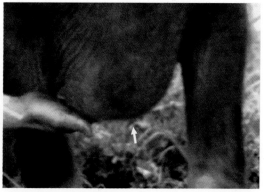

图3.7.2-4　牛肉垂水肿　　　　　　　（熊道焕）

图3.7.2-5　切开上图中水牛胸部的水肿肉垂，可
　　　　　见皮下水肿组织呈黄白色胶冻状，流
　　　　　出黄白色胶状液　　　（孙锡斌）

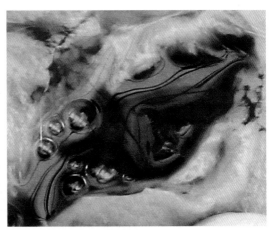

图3.7.2-6　耳部皮下积液形成囊腔，囊腔内充满
　　　　　半透明液体　　　　　　（程国富）

【检疫处理】

（1）如能排除因病原性因素引起的局限性的水肿，可将其病变部分化制，其余部分不受限制利用。

（2）若病原性疾病引起的皮肤、肌肉水肿，应结合具体疾病处理。

三、皮肤和肌肉出血

皮肤和肌肉出血（skin and muscle hemorrhage）的原因可分为病原性出血和非病原性出血。前者主要见于某些急性败血性传染病、中毒病引起。后者多见于一些非病原性因子所致，如麻电性出血、外伤性出血、某些物理因素出血等，外伤性出血多见于皮肤遭受打击的伤痕及应激敏感猪在打斗中留下的牙痕。

【病理变化】

皮肤、皮下组织和肌肉出血表现为多种形态，如散在或弥漫密布的呈点状、斑状、条状出血，或出血的局部呈大片暗红色的出血性浸润等（图3.7.3 -1 ～ 8）。

【检疫处理】

若是病原性疾病引起的皮肤、肌肉出血，应结合具体疾病处理。

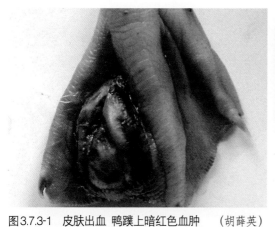

图3.7.3-1 皮肤出血 鸭蹼上暗红色血肿 （胡薜英）

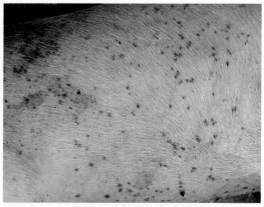

图3.7.3-2 皮肤出血 猪瘟引起的皮肤斑点状出血

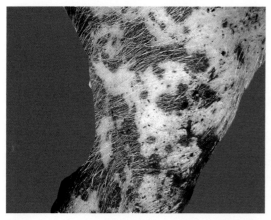

图3.7.3-3 皮肤出血 猪败血性传染病引起皮肤散在出血紫斑 （孟宪荣）

图3.7.3-4 肌肉出血 肌肉断面见散在和弥漫性出血 （徐有生）

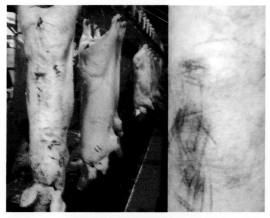

图3.7.3-5 皮肤出血 屠宰猪宰前受到鞭、棍打击，常常造成外伤性皮肤出血 （孙锡斌）

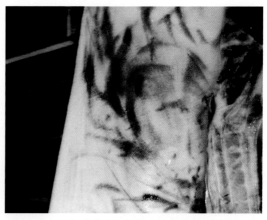

图3.7.3-6 皮肤出血 宰前运输途中猪受到鞭、棍打击造成的皮肤伤痕 （孙锡斌）

图3.7.3-7　日光灼伤引起的光敏性皮炎，出现条纹状红斑和水肿。灼伤由阳光直射中线向四周发展，并与没有接触阳光的健康皮肤界限明显　　　（徐有生）

图3.7.3-8　皮肤出血　鸡棉籽饼中毒引起鸡爪自发性出血

四、皮肤和肌肉脓肿

皮肤和肌肉脓肿 (skin and muscle abscess) 是指皮肤和肌肉组织内的局限性化脓性炎，脓液蓄积于局部的脓腔中。最常见的致病菌是化脓葡萄球菌、化脓链球菌等。

皮肤和肌肉脓肿常因创伤感染引起，其中耳根、颈部、臀部、胸肌、腿肌的脓肿，常因注射感染所致。头面部、四肢、子宫、乳房等部位的脓肿，多为原发性脓肿。肺、脾、肾等的脓肿，以转移性脓肿为多见。当在任何组织器官发现脓肿时，首先应考虑是否为脓毒败血症引起，这对发现原发性或转移性脓肿，并对其进行检疫处理十分重要。

由化脓性致病菌引起的皮肤、肌肉的局部感染，可造成组织坏死、化脓。编者对某后勤食堂采购部送检的布满灰白色豆形结节病灶的猪肉样进行检测，结果显示，致病菌为葡萄球菌，病理组织学特征为多发性局限性坏死性炎。

蜂窝织炎是指发生在皮下或肌间等处的疏松结缔组织的一种急性弥漫性化脓性感染。这种弥漫性脓性浸润，可由皮肤擦伤或软组织损伤的感染引起，或者是局部化脓性病灶的扩散，或者经淋巴、血流转移所致，最常见的致病菌是葡萄球菌、链球菌等。

【病理变化】

脓肿外观为近圆形，包膜呈灰白色，触之有波动感，切开后流出黄绿色或黄白色凝乳状脓液（图3.7.4-1～4）。上述猪肉样中的灰白色结节病灶，中心疏松，有干酪样物（图3-7.4-5）。组织学检查，病灶中心为坏死组织，周围有大量炎性细胞浸润（图3.7.4-6）。

蜂窝织炎发生部位常见于皮下、黏膜下、筋膜下、腹膜下及软骨、食管和气管周围。当发生部位的皮肤越薄软、结缔组织越多和组织结构越疏松，则蜂窝织炎蔓延越快、范围越大，局部和全身症状越明显（图3.7.4-7～12）。

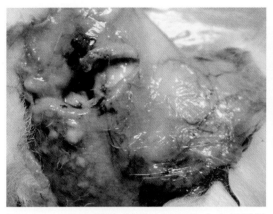

图3.7.4-1　肌肉脓肿　肌肉上可见乳白色圆形脓肿，切开流出乳白色脓汁　（胡薛英）

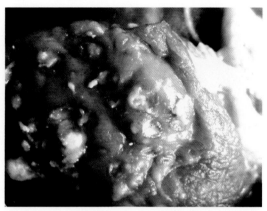

图3.7.4-2　肌肉脓肿　切面上有多个黄豆大小的乳白色圆形脓肿，充满浓汁　（胡薛英）

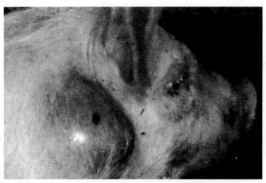

图3.7.4-3　猪颈部皮下脓肿　系注射感染引起，脓肿表面皮肤紧绷，颜色发红

（徐有生）

图3.7.4-4　因注射感染所致肌肉局部化脓性炎症右图示：切开左图脓肿，有完整包囊，从囊腔流出黄白色浓稠物　（黄兆力）

图3.7.4-5　屠宰猪肉样中布满豆形结节病灶，包膜呈灰白色　（李凤娥　孟宪荣）

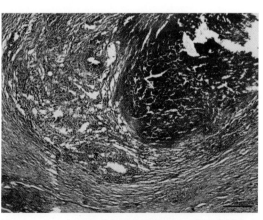

图3.7.4-6　上图中病灶组织学检查，可见病灶中心为坏死组织，周围有大量炎性细胞浸润

（张万坡　栗绍文）

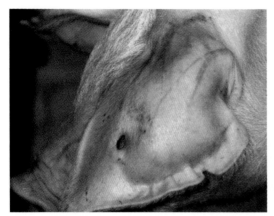

图3.7.4-7　蜂窝织炎　病猪的耳部皮下疏松结缔组织的急性化脓性炎症引起的蜂窝织炎。常见于猪链球菌病　　（徐有生　刘少华）

图3.7.4-8　蜂窝织炎　猪耳部的蜂窝织炎，外观呈囊状　　　　　　　　（徐有生　刘少华）

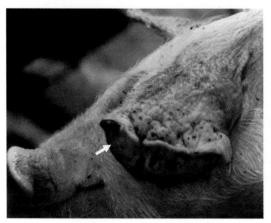

图3.7.4-9　蜂窝织炎　猪耳部的蜂窝组织炎经局部手术清创后，皮肤皱缩，外观呈饺子状　　　　　　　　（徐有生　刘少华）

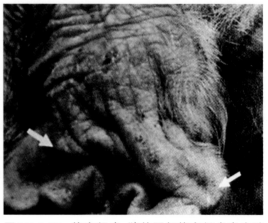

图3.7.4-10　蜂窝织炎　猪的耳部蜂窝织炎炎症消退后，皮肤硬化、皱缩、变形，呈鸡冠状　　　　　　　　（徐有生）

图3.7.4-11　蜂窝织炎　猪两耳部的蜂窝织炎炎症消退后，皮肤皱缩、变形，外观呈多花瓣状　　　　　　（徐有生）

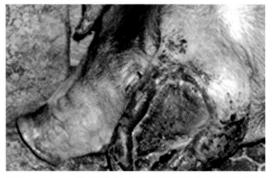

图3.7.4-12　蜂窝织炎　猪的耳部蜂窝织炎引起坏死结痂，痂皮脱落露出红色创面　　　　　　　　　　（徐有生）

【检疫处理】

（1）脓肿形成包裹的，将脓肿区及周围组织切除化制或销毁；多发性无包裹新鲜脓肿或脓肿有不良气味的，整个尸体或胴体化制或销毁。

（2）仅局限性病灶，病变部分及周围组织销毁。若病变已全身化，胴体和内脏销毁。

五、肌肉萎缩

肌肉萎缩（muscle atrophy）是指发育成熟的肌肉发生体积缩小的过程。多见于长期饲养不良、慢性胃肠炎、慢性传染病、恶性肿瘤及寄生虫病等。

【病理变化】

萎缩的肌肉外观原有形状基本保持，但体积均匀缩小，重量减轻，色泽变淡（图3.7.5-1、图3.7.5-2）。

【检疫处理】

若是病原性疾病引起的肌肉萎缩，应结合具体疾病处理。

（胡薛英）

图3.7.5-1 肌肉萎缩 鸡腿部肌肉严重消瘦
（胡薛英）

图3.7.5-2 肌肉萎缩 鸡胸部肌肉严重消瘦，胸骨突起明显
（胡薛英）

六、脂肪出血

脂肪组织出血（fat hemorrhage）多见于禽类的腹腔肠系膜、网膜、腺胃、肌胃和肾周围的脂肪组织（图3.7.6-1 ~ 3）。

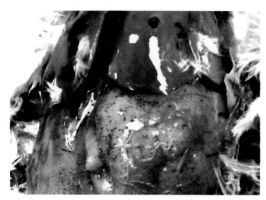

图3.7.6-1 鸡腹腔脂肪组织呈弥漫性出血
（周祖涛 王喜亮）

图3.7.6-2 鸡腹腔酯上可见散在多量细小出血点

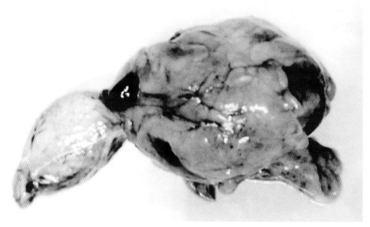

图3.7.6-3 鸡肌胃周围脂肪上可见散在小出血点
（肖运才 周祖涛）

【检疫处理】

若病原性疾病引起的脂肪出血，应结合具体疫病处理。

七、脂肪坏死

脂肪坏死（fat necrosis）是指脂肪组织的一种分解变性坏死性变化。按其发生的病因分为胰性脂肪坏死、营养不良性脂肪坏死和外伤性脂肪坏死。

【病理变化】

1. 胰性脂肪坏死 常见于胰腺炎或胰腺导管阻塞等疾患时，外观胰腺呈致密、无光泽的灰白色颗粒状或斑块，质地坚硬，失去正常的弹性和油腻感。

2. 营养不良性脂肪坏死 脂肪坏死通常为全身性。初期，脂肪组织有弥散或密集很细小的灰白色坏死点，状如撒上粉笔灰。随后病灶融合形成白色坚硬的坏死结节或斑块（图3.7.7-1），甚至发生钙化。常见于牛、羊的慢性消耗性疾病如结核病、副结核病等。

3. 外伤性脂肪坏死 常见于猪的背部、腰部和臀部的脂肪。

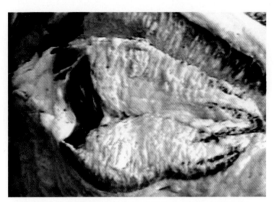

图3.7.7-1　脂肪组织坏死 外观呈白色的石灰样

（孙锡斌　孟宪荣）

【检疫处理】

(1) 营养不良性、外伤性引起的脂肪坏死，将病变部分化制。

(2) 胰性脂肪坏死，应结合具体疾病处理。

八、关 节 炎

关节炎（arthritis）是指畜禽关节各部位的炎症病变。常为某些传染病的一种并发症。

【病理变化】

急性关节炎通常由外伤如关节挫伤、脱位等引起，表现为浆液性、纤维素性和化脓性炎症。浆液性关节炎时，肿胀部位有波动感，关节囊扩张，有多量滑液。若有感染，表现为浆液性纤维素性关节炎，浆液中有多量纤维蛋白。化脓性细菌感染则可引起化脓性关节炎，切开关节囊可见脓汁流出，关节面常发生糜烂、溃疡（图3.7.8-1～4）。

慢性关节炎主要由外伤引起，也见于某些传染病，如慢性型猪丹毒、牛布鲁氏菌病、猪链球菌病等，主要表现关节囊的间质和软骨组织的增生性病变，严重者关节面之间发生纤维素性粘连。

【检疫处理】

若是病原性疾病引起的关节炎，应结合具体疾病处理。

（胡薛英）

图3.7.8-1　关节炎　鸡关节积液，关节腔充满半透
明液体　　　　　　　　　（谷长勤）

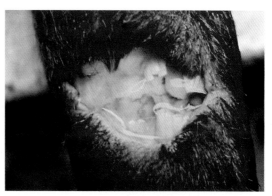

图3.7.8-2　关节炎　仔猪腕关节积液　　（徐有生）

图3.7.8-3　关节炎　猪关节积液，关节腔充满白色
半透明液体　　　　　　　（谷长勤）

图3.7.8-4　关节炎　猪关节积液，关节腔内积淡黄
色胶样液　　　　　　　　（徐有生）

第八节　脾脏常见病变

一、脾　瘀　血

脾瘀血（spleen venous hyperemia）是指脾内静脉性血量增多的现象。常见于多种急性传染性疾病。

【病理变化】

脾组织体积增大，被膜紧张，边缘钝圆，呈紫红色或暗红色，手压色泽减退，切口有暗红色血液流出（图3.8.1-1～3）。

【检疫处理】

若是病原性疾病引起的脾瘀血，应结合具体疾病处理。

图3.8.1-1　脾瘀血　猪脾体积增大，被膜紧张，表面呈暗红色　　　　　　　　（胡薛英）

图3.8.1-2　脾瘀血　猪脾瘀血、肿大　　（徐有生）

图3.8.1-3　脾瘀血　猪脾脏极度肿大，质地柔软，颜色黑红　　　　（徐有生）

二、脾 出 血

发生于脾脏的出血称为脾出血（spleen hemorrhage）。多见于传染性疾病。

【病理变化】

脾出血时，脾表面呈散在或弥漫的针尖大至高粱米粒大的出血点或呈形状近似圆形或不规则形的出血斑（图3.8.2-1～3）。

【检疫处理】

若是病原性疾病引起的脾出血，应结合具体疾病处理。

图3.8.2-1　脾出血　脾表面散在分布大小不一的出血斑点　　　　　　　　　　（徐有生）

图3.8.2-2　脾出血　脾表面布满小的出血点
　　　　　　　　　　　　　　　（徐有生）

图3.8.2-3　脾出血　脾表面有多个大小不一的斑块状出血　　　　　　　　　　（徐有生）

三、脾出血性梗死

脾出血性梗死（spleen haemorrhagic infarction）是指脾脏组织中因动脉血流供应中断，引起局部组织缺血性坏死。但因器官已处于高度瘀血状态，局部血管内压低于周围组织血管，致使周围血管内的血液逆流向坏死区，造成积血与滞留，使梗死灶呈暗红色，故又称为红色梗死。见于猪瘟等多种急性败血性传染病。

【病理变化】

可见梗死区肿大、硬固、切面湿润，梗死灶呈暗红色或黑红色，与周围组织界限清楚（图3.8.3-1～4）。

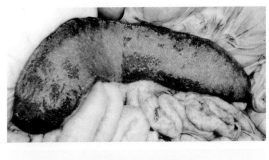

图3.8.3-1 脾出血性梗死 猪脾边缘有多个大小不一的出血性梗死灶

（上图：黄青伟；下图：徐有生）

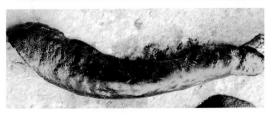

图3.8.3-2 脾出血性梗死 猪脾边缘和表面有大小不一的黑红色出血性梗死灶

（上图：徐有生；下图：蒋文明）

图3.8.3-3 脾出血性梗死 猪脾头和脾尾可见出血性梗死灶 （徐有生）

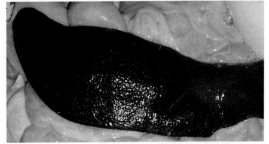

图3.8.3-4 脾出血性梗死 猪脾脏明显肿大和脾头出血性梗死灶 （徐有生）

【检疫处理】

若是病原性疾病引起的脾出血性梗死，应结合具体疾病处理。

四、脾脏淀粉样变

脾淀粉样变（spleen amyloid）是指脾的网状纤维、血管壁或间质内出现淀粉样物质沉着的病变。多发生于长期伴有组织破坏的慢性消耗性疾病和慢性抗原刺激的病理过程。此外，鸭有一种自发性的全身性淀粉样变病，发生原因尚不清楚。

【病理变化】

脾体积增大，质地稍硬，切面干燥。淀粉样物质沉积在淋巴滤泡部位时呈半透明灰白色颗粒状，外观如煮熟的西米，俗称"西米脾"。淀粉样物质弥漫性沉积在脾的红髓部分，切面呈不规则的灰白色区，其他部分保留脾髓的暗红色，两种颜色相互交织如同火腿肉切面花纹，俗称"火腿脾"（图3.8.4-1）。

【检疫处理】

若是病原性疾病引起的脾脏淀粉样变，应结合具体疾病处理。

（胡薛英）

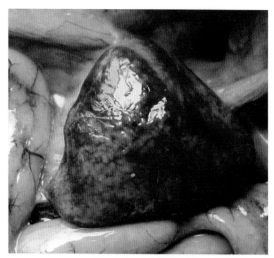

图3.8.4-1　脾脏淀粉样变　鸭脾脏肿大，表面呈白色花斑状　　　　　　　（胡薛英）

五、急性脾炎

急性脾炎（acute splenitis）是指脾的急性炎症并伴有脾的明显肿大。多见于败血型炭疽、急性猪丹毒、急性副伤寒、急性链球菌病、急性弓形虫病等，故又称为败血脾。

【病理变化】

急性脾炎包含了充血、瘀血、出血、渗出、变性和坏死，以及炎性细胞的浸润等。剖检可见脾体积显著肿大，呈黑红色或暗红色，脾被膜紧张，边缘钝圆，质地柔软。切开时流出血样液体，用刀轻刮，可刮下大量紫黑色煤焦油样脾髓（对疑似炭疽病例禁止剖检）（图3.8.5-1）。

【检疫处理】

若是病原性疾病引起的急性脾炎，应结合具体疾病处理。

图3.8.5-1　急性脾炎　脾脏极度肿大，质地柔软，呈黑红色　　　　（周诗其）

六、坏死性脾炎

坏死性脾炎（necrotic splenitis）是指脾实质坏死明显、体积不肿大的急性脾炎。多见于急性传染病，如巴氏杆菌病、猪瘟、新城疫等。

【病理变化】

脾体积不肿大或轻度肿大，其外形、色泽、质地与正常脾无明显差别，可见分布不均的灰白色坏死灶（图3.8.6-1）。

【检疫处理】

若是病原性疾病引起的坏死性脾炎，应结合具体疾病处理。

（胡薛英）

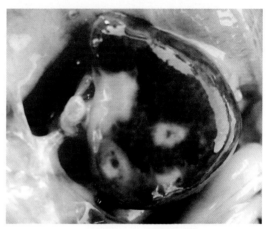

图3.8.6-1　坏死性脾炎　鸭脾脏表面可见四个黄白色坏死灶　　　　　　　（胡薛英）

第九节　神经组织和脑组织常见病变

一、脑和脑膜出血、瘀血

脑和脑膜出血、瘀血（hemorrhage and congestion in the brain）脑和脑膜出血是指发生于脑和脑膜的出血。脑和脑膜的瘀血是指组织内静脉性血量增多的现象。其发生多见于传染性疾病。

【病理变化】（图3.9.1-1～4）

脑和脑膜瘀血时，眼观器官或组织体积增大，脑及脑膜静脉和毛细血管扩张，充满暗红色或紫红色血液，手压色泽减退，切口有暗红色血液流出。

脑和脑膜出血时，可见其表面及切面呈散在或弥漫的针尖大至高粱米粒大小不等的出血点（瘀点），或呈形状近似圆形或不规则形的出血斑（瘀斑）。

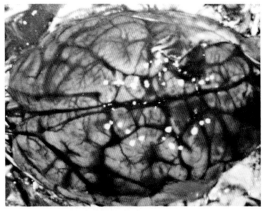

图3.9.1-1　脑表面血管扩张明显，呈暗红色，有凝
　　　　　血块　　　　　　　　　　（徐有生）

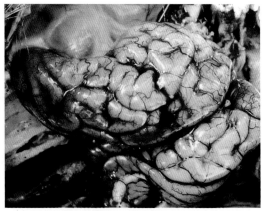

图3.9.1-2　脑回变平，脑的表面血管扩张呈暗红
　　　　　色，脑沟有血液渗出　　　（蒋文明）

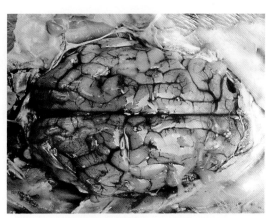

图3.9.1-3　脑表面呈暗红色，表面血管扩张明显，　图3.9.1-4　脑表面血管扩张，脑沟有少量渗出液
　　　　脑回肿胀　　　　　　　　　（胡薛英）　　　　　　　　　　　　　　　　　（石德时）

【检疫处理】

若是病原性疾病引起的脑和脑膜出血、瘀血，应结合具体疾病处理。

二、脑 水 肿

脑水肿（cerebral edema）是指脑组织的水分增加而使脑体积肿大。见于细菌性毒素血症、弥漫性病毒性脑炎、金属毒物（铅、汞）中毒，以及内源性中毒（如肝病、尿毒症）等。脑内肿瘤、血肿、脓肿等也可造成脑水肿。

【病理变化】

脑水肿表现为硬脑膜紧张，脑回扁平，色泽苍白，表面湿润，质地柔软。切面稍突起，白质变宽，灰质变窄，二者界限不清（图3.9.2-1、图3.9.2-2）。

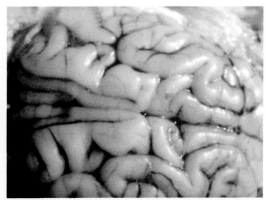

图3.9.2-1　脑水肿　脑回变平，色泽苍白，表面湿　图3.9.2-2　脑水肿　脑回变平，色泽苍白，质地柔
　　　　润，质地柔软　　　　　　　（徐有生）　　　　　　软　　　　　　　　　　　（徐有生）

【检疫处理】

若是病原性疾病引起的脑水肿，应结合具体疾病处理。

三、脑 积 水

脑积水（hydrocephalus）是由于脑脊液受阻或重吸收障碍，引起脑脊液在硬脑膜下、蛛网膜下腔或脑室内蓄积，前者称为脑外性脑积水；后者称为脑内性脑积水。常见于脑膜炎、颅内肿瘤、寄生虫性囊肿和某些病毒性感染等。

【病理变化】

较严重脑积水，可见脑室或蛛网膜下腔扩张，脑脊液增多，脑组织受压而逐渐萎缩（图3.9.3-1、图3.9.3-2）。

【检疫处理】

若是病原性疾病引起的脑积水，应结合具体疾病处理。

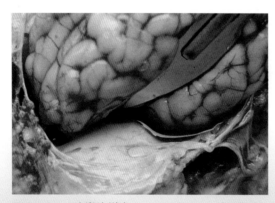 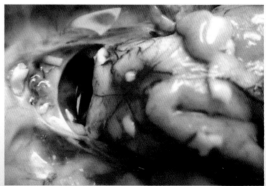

图3.9.3-1 脑脊液增多　　　　　（胡薛英）　图3.9.3-2 脑脊液明显增多　　　　　（徐有生）

第十节　动物肿瘤

一、常见肿瘤的特征

肿瘤（tumor）是机体在各种致瘤因素的作用下，局部组织的细胞过度生长和异常分化而形成的新生物。这种新生物常表现为肿块或组织器官弥漫性肿大。肿瘤的命名原则，一般是按其组织发生的来源和良性，或恶性而命名。根据肿瘤组织的分化程度及其对机体的影响而分为良性肿瘤和恶性肿瘤。

良性肿瘤生长缓慢，多呈膨胀性生长，与周围正常组织有明显界限，常呈球形、结节状或息肉状。检查时，表面较平整、不破溃、有完整包膜，切面呈灰白或乳白色，质地较硬，肿瘤界限清楚，与周围组织不固定，用手可推动，无转移现象。

恶性肿瘤生长迅速，像树根一样呈浸润性生长，与周围组织界限不清楚；形态多样，如不规则形、菜花样、多个结节融合等。检查时，表面凹凸不平，一般无包膜，切面呈灰白色或鱼肉样，质地较软，均匀一致或呈分叶状，有的发生坏死、出血、溃疡，肿瘤与周围正常组织粘连，用手不易推动，常发生转移形成新的肿瘤。

1. 乳头状瘤（papilloma）　属良性上皮组织肿瘤，各种动物的好发部为皮肤和黏膜，如牛的皮肤乳头状瘤、牛外生殖器纤维乳头状瘤、食道乳头状瘤等。根据间质成分的多少分为硬性乳头状瘤和软性乳头状瘤，前者多发生于皮肤和口腔、舌、膀胱及食管的黏膜，后者多见于胃、肠、子宫、膀胱的黏膜。

乳头状瘤外形为大小不一的乳头状或菜花状（图3.10.1-1、图3.10.1-2），表面粗糙，突起于皮肤或黏膜表面，有的肿瘤具有宽广的基部或柄，较大的肿瘤表面常有溃疡。

2. 纤维瘤（fibroma）　发生于纤维结缔组织的良性肿瘤，由成纤维细胞和胶原纤维组成（图3.10.1-3、图3.10.1-4）。根据细胞和纤维成分，分为硬性纤维瘤和软性纤维瘤，前者多发生于肌膜、腱、骨膜等部位，后者多见于皮肤、皮下，以及食道沟黏膜、浆膜下、子宫、阴道等处。

硬性纤维瘤质地坚硬，多呈圆形结节状、团块状或分叶状，有完整的包膜，切面干

图3.10.1-2　乳头状瘤（固定标本）

（华中农业大学动物医学院病理室）

图3.10.1-1　乳头状瘤　四肢皮肤长满传染性乳头

状瘤，呈花椰菜头状或结节状

（胡薛英）

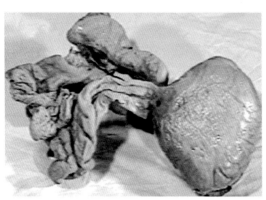

图3.10.1-3　猪子宫颈纤维瘤　　　（周诗其）

图3.10.1-4　蛋鸡纤维瘤　　　（胡薛英）

燥，灰白色，可见纤维呈编织状交错分布。软性纤维瘤质地柔软，血管较多，有完整包膜，外观显水肿状，切面湿润，呈淡红色。

3. 间皮瘤（mesothelioma） 是发生间皮组织的良性肿瘤。常发生于鸡、鸭、牛和猪等动物，以胸膜和腹膜处多发。

肿瘤呈单发或多发，多发的常见于多个大小不一的肿瘤连接或呈弥漫性分布。肿瘤结节为圆形、椭圆形、扁平形，有完整的包膜，质地坚实、均质，切面呈灰白色（图3.10.1-5）。

4. 纤维肉瘤（fibrosarcoma）　是恶性间叶组织中最常见的一种恶性肿瘤，可发生于各种动物，最常见于犬、猫。常发于皮下结缔组织、骨膜、肌腱，口腔黏膜、心内膜、骨、肝、肾、脾和淋巴结等处。

外观呈不规则的结节状，质地柔软（图3.10.1-6），切面灰白色，均质似鱼肉样，常有出血和坏死。

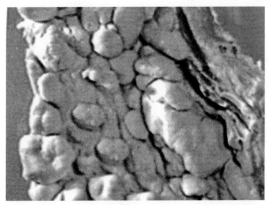

图3.10.1-5　腹壁间皮瘤　　　（固定标本）
（华中农业大学动物医学院病理室）

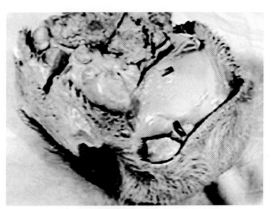

图3.10.1-6　牛纤维肉瘤　　　（固定标本）
（华中农业大学动物医学院病理室）

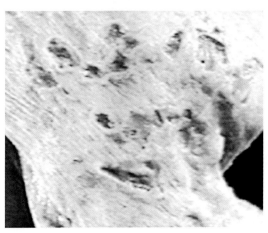

图3.10.1-7　鸡皮肤鳞状上皮细胞癌　外形似火山口样不规则形状　　　（固定标本）
（华中农业大学动物医学院病理室）

5. 鳞状细胞癌（squamous cell carcinoma）　又称鳞状上皮细胞癌，简称鳞癌，是一种发生于皮肤的鳞状上皮和有这种鳞状上皮的黏膜（如消化道、泌尿生殖道等）的恶性肿瘤。见于各种畜禽的皮肤、口腔、食管、胃、阴道及子宫等处。

肿瘤向表面生长形成菜花样或结节状或呈不规则形，有的向深部组织发展呈浸润性的硬结。鸡皮肤鳞状上皮细胞癌，外形常呈火山口样不规则形状（图3.10.1-7）。

6. 腺上皮癌（adenocarcinoma）　简称腺癌，是黏膜上皮和腺上皮发生的恶性肿瘤。多见于胃、肠、乳腺、子宫、卵巢、鼻腔、鼻窦和各种腺器官。鸡卵巢腺癌（图3.10.1-8～10）多发于1岁以上的母鸡。

外观灰白色、质地坚实，呈菜花状的肿瘤结节。有些卵巢呈半透明囊泡状或发生坏死。如发生转移，可在腹腔中的其他器官如胃、肠、肠系膜或输卵管的浆膜面发现转移癌。

7. 肝细胞癌（hepatocellular carcinoma）　是由肝细胞生成的癌，又称肝癌。原发性肝癌可见于牛、羊、猪、鸡、鸭、犬等。有的呈地方性发生，如长期饲喂含有黄曲霉毒素的发霉玉米饲料引起的鸭慢性中毒，可诱发肝癌。在屠宰猪中以淘汰种猪的肝癌较多见。

肝癌肿块的类型以结节型和弥漫型最常见，巨块型较少见。结节型肝癌的特征是，肝组织中形成大小不等的类圆形结节，小的几毫米，大的可达数厘米，通常不均匀地分布于各个肝叶，有时呈菜花样外观，周围组织分界明显；切面呈乳白色或灰白色，质地坚实。弥漫型的特征是一般不形成分界明显的结节，肝表面和切面有许多灰白色或灰黄色的不规则的斑点或斑块（图3.10.1-11、图3.10.1-12）。

图3.10.1-8　鸡的卵巢囊腺癌　　（许益民）

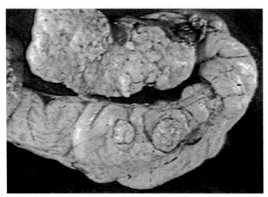

图3.10.1-9　鸡卵巢癌　　（固定标本）
（华中农业大学动物医学院病理室）

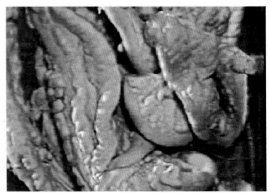

图3.10.1-10　鸡卵巢癌转移肠系膜　（固定标本）
（华中农业大学动物医学院病理室）

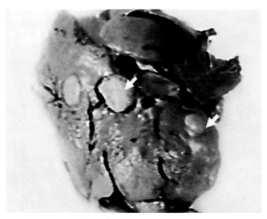

图3.10.1-11　鸭肝癌　　（周诗其）

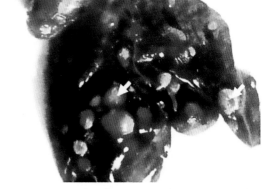

图3.10.1-12　鸡肝癌　　（徐有生　刘少华）

8. **肾母细胞瘤（nephroblastoma）** 又称肾胚胎瘤，是来源于后肾胚芽的一种胚胎性恶性肿瘤。多见于兔、猪、鸡，也见于牛、羊。在猪，以1岁以内的青年猪多发。

肾母细胞瘤（图3.10.1-13～15）以一侧肾多发，也见于两侧肾，常在肾的一端形成肿瘤，其大小不一，外观呈灰白色或黄白色的结节状、分叶状或巨块状，外面有一层包膜。瘤块以细的纤维柄蒂连着肾皮质部并压迫实质，致使其萎缩变形。切面结构均匀，呈灰白色或灰红色，如肉瘤状，有的有出血和坏死。

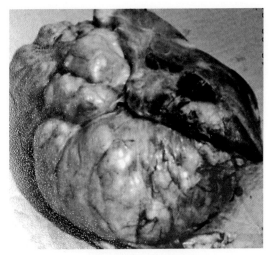

图3.10.1-13　肾母细胞瘤　肾母细胞瘤（左肾）重2 115g，由分叶状大肿瘤与小肿瘤组成　　　　　　　　　　（徐有生）

9. **恶性黑色素细胞瘤（malignant melanoma）** 也称恶性黑色素瘤，是由产生黑色素的肿瘤细胞形成的肿瘤，动物的黑色素瘤大多为恶性瘤。各种动物均可发生，以老龄的且毛色浅淡的马属动物多见。原发部位主要是肛门周围和会阴部。

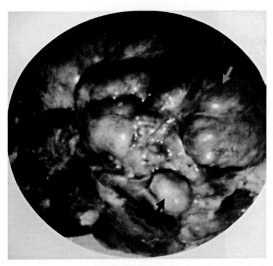

图3.10.1-14　猪肾母细胞瘤　肿瘤（左肾）呈分叶状大肿瘤（箭头）和圆形小肿瘤（箭头）　　　　　　（徐有生　刘少华）

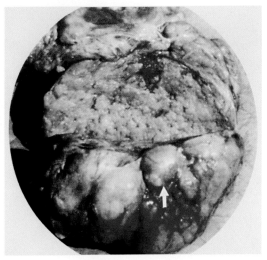

图3.10.1-15　猪肾母细胞瘤（剖面观）箭头处系未切开小肿瘤　　　　　（徐有生）

肿瘤常见于皮肤，为单发或多发、大小不一的圆形肿块，生长迅速，呈深黑色或棕黑色。切面干燥呈分叶状，呈现烟灰色或黑色的肿瘤团块被灰白色的结缔组织分割成大小不一的圆形小结节（图3.10.1-16）。

10. 其他肿瘤 在动物检疫中可见到的其他肿瘤有肺癌（pulmonary carcinoma）、骨瘤（osteoma）（图 3.10.1-17 ~ 25）等。

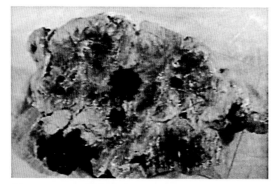

图3.10.1-16 黑色素瘤 （周诗其）

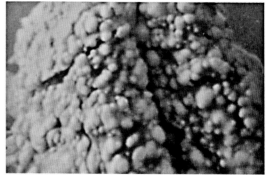

图3.10.1-17 兔肺癌（固定标本）
（华中农业大学动物医学院病理室）

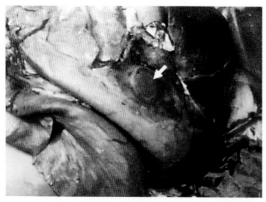

图3.10.1-18 猪肺癌 右膈叶上肿瘤 （徐有生）

图3.10.1-19 猪肺癌 左侧膈叶上肿瘤 （徐有生）

图3.10.1-20 猪胃 （喷门口）癌肿瘤剖面
（徐有生）

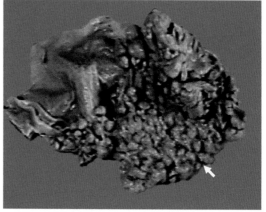

图3.10.1-21 猪胃腺癌 （固定标本）
（华中农业大学动物医学院病理室）

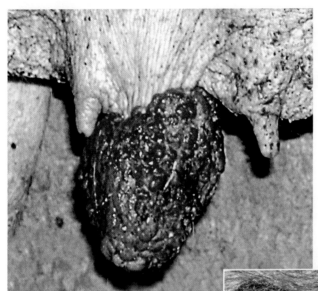

图3.10.1-22　母猪的乳头疣状瘤，外形似桑葚　　（徐有生）

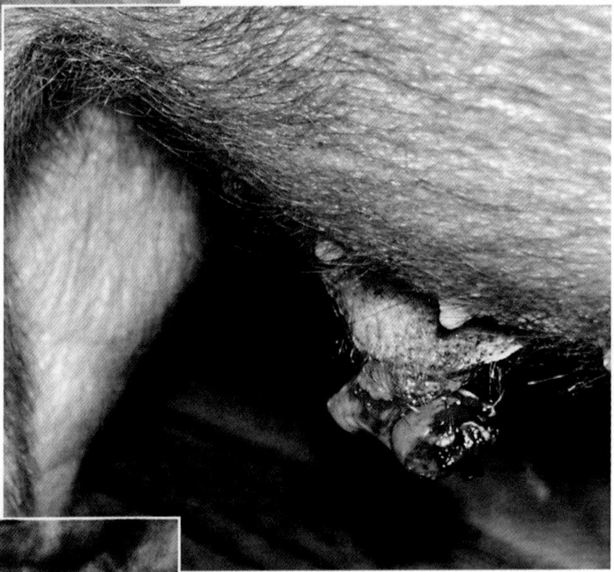

图3.10.1-23　母猪乳头肿瘤　（刘少华）

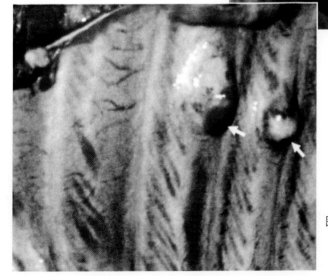

图3.10.1-24　骨瘤　　　　（刘少华）

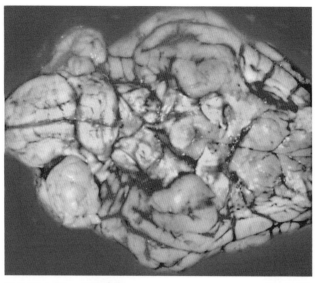

图3.10.1-25 小脑肿瘤 （刘少华）

二、肿瘤的安全处理

（1）屠宰检疫中，凡发现恶性肿瘤，整个胴体和内脏销毁。

（2）两个或两个以上的器官发现良性肿瘤病变者，其胴体和内脏做化制处理。

（3）单个脏器发现良性肿瘤，胴体不瘠瘦，且无其他明显病变者，肿瘤器官化制，其余部分高温处理；如胴体瘠瘦或肌肉有变性者，其胴体和内脏做化制处理。

第四章 *4*

病害肉和品质异常肉

　　病害肉通常是指动物检疫确认为可能危害人体健康而不适于食用的胴体、内脏或其制品，这类病害肉涵盖：畜禽疾病（传染病、寄生虫病、中毒性疾病及其他有害因子）造成的病理损害、有毒化学物质残留超标、死后冷宰的及致死原因不明的动物胴体和内脏。

　　品质异常肉是指由于色素沉着、应激、商业因素等原因引起肉的色泽、性状、气味和滋味等异常的胴体。常见的有黄脂肉、PSE肉、DFD肉、注水肉、色素沉着、公母猪肉以及冷冻肉的异常现象等。

　　规范鉴定技术、认真检疫监督病害动物肉和质量低劣肉、依法对其做出正确卫生评价与安全处理，是杜绝病害动物肉进入市场流通环节、消灭或防止疫情传播蔓延、确保畜禽养殖业可持续健康发展和公众健康的关键措施。

　　本章重点介绍病死动物肉、色泽异常肉、公母猪肉、冷冻肉的异常现象，并匹配了相应的彩色照片。科学认识这些病害肉和品质异常肉，了解它、熟悉它，有助于广大动物防疫检疫人员依法对其做出准确评价与处理。也有助于广大消费者做到健康消费，真正确保"舌尖上的安全"。

正中大图由王贵平提供

第一节　病死动物肉

病死动物肉是指患病动物的、濒死期宰杀的或死后冷宰的动物肉。病死动物肉通常广义的包括了动物的胴体和内脏。对其进行检验时，以感官检查为主，若不能准确判定，则需进行细菌形态学检查和快速理化检验以综合判定。

一、感官特征

病死动物的病理剖检特征主要是放血不良或严重放血不良（图4.1.1-1、图4.1.1-2）；颈部放血部位的刀切口不外翻、其切面平整和切口周围稍有或无血液浸润现象；卧侧的皮肤、皮下组织、胸腹膜和成对器官的卧侧出现沉坠性瘀血或血液浸润区，使胴体两半的颜色有明显差别；胴体（含带皮的）、内脏器官和淋巴结有不同程度的病变，检验时应注意寻找哪些具有特征性或启示性病变。病死禽胴体除有上述放血不良和沉坠性瘀血外，往往有拔毛不净，毛孔突出，眼球深陷，肛门松弛、胴体消瘦等。

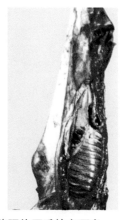

图4.1.1-1　猪胴体严重放血不良，呈暗红色　　　图4.1.1-2　猪胴体严重放血不良　　　（吴君）

（栗绍文　孟宪荣）

二、理化检验

常用的理化检验项目有pH测定、过氧化物酶反应和硫酸铜肉汤反应等。硫酸铜肉汤反应与过氧化物酶反应的一致性很高，其反应结果快速、准确，易于判定（图4.1.2-1、图4.1.2-2）。孙锡斌、刘贤洪（1996），栗绍文、孟宪荣、孙锡斌（2003）通过对404份已知病、健猪（鸡）肉样进行硫酸铜肉汤反应、硫酸铜肉浸液反应、过氧化物酶反应、pH测定等四种生化定性方法的快速检测，并用该四种方法和总挥发性盐基氮测定法对886份猪肉样进行平行检测，结果表明：硫酸铜反应、过氧化物酶反应、pH测定等对已知病、健畜禽肉鉴定的综合指标的平均符合率为87.52%～92.58%，单项指标的总符合率在84.2%～93.93%，甚至更高。在此基础上并建立了改良过氧化物酶反应试管法和过氧化物酶反应试纸法。

实践中应用保存期较长的显色试剂（图4.1.2-3、图4.1.2-4）和过氧化物酶反应试纸法（图4.1.2-5、图4.1.2-6）与传统的过氧化物酶反应试管法相比较，前者使用的试剂和试纸的保存期长达8个月以上，而传统用试剂保存期通常为1个月左右；且试纸法具有更为简便、快速，适用于现场检测等优点。

【附】用PCR技术检测各种禽肉：改良的过氧化物酶反应试管法和过氧化物酶反应试纸法的操作简介及结果判定

改良的过氧化物酶反应试管法是筛选保存期长的显色试剂作底物替代传统的联苯胺—过氧化氢试剂，其操作方法和判定标准与传统法相同。

过氧化物酶反应试纸法　①从被检胴体上剪取一小块肉样，平放并使肉的新鲜断面朝上，②取过氧化物酶反应试纸片紧贴肉样新鲜断面上（亦可将纸片埋于新剪开的切口内）使纸片与断面紧密贴附，③待试纸片充分浸湿后，于纸片上滴加过氧化氢（hydrogen peroxide）试剂一滴，立即观察纸片在3min内显色的速度、显色的程度和显色的面积。

凡病、死畜禽肉，试纸片不出现颜色变化或在片刻（1～3min）呈现淡蓝色，且显色的范围较小。而健康新鲜肉，试纸片立即出现蓝色变化，且显色的范围大（图4.1.2-5、图4.1.2-6）。

三、病死动物肉的安全处理

凡检疫监督确认的病死动物肉，无论是何种原因或原因不明，一律不准上市销售，应在动物防疫检疫人员的监督下，送指定地点按《病害动物和病害动物产品生物安全处理规程》（GB16548—2006）处理，并采取相应的消毒和个人安全防护等措施，按规定向兽医主管部门上报。

（栗绍文　孟宪荣）

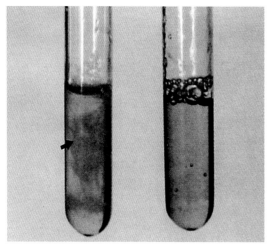

图 4.1.2.-1 硫酸铜肉汤反应：滴加试剂后，肉汤浑浊并有大量絮状物（病死猪肉阳性反应）；右侧阴性对照管中肉汤澄清透明
（孙锡斌 栗绍文）

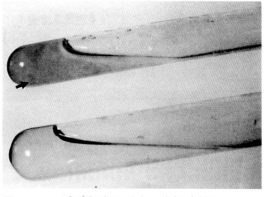

图 4.1.2-2 硫酸铜肉汤反应：滴加试剂后，上图：试管中肉汤浑浊呈胶状，有颗粒状凝聚物（病死猪肉阳性反应）；下图：为阴性对照
（孙锡斌 栗绍文）

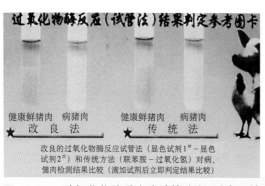

健康鲜猪肉 病猪肉　　健康鲜猪肉 病猪肉
★ 改良法 ★ 传统法

改良的过氧化物酶反应试管法（显色试剂1#-显色试剂2#）和传统方法（联苯胺-过氧化氢）对病、健肉检测结果比较（滴加试剂后立即判定结果比较）

图 4.1.2-3 过氧化物酶反应（试管法）：对病、健猪肉检测结果判定 （孙锡斌 朱兴一）

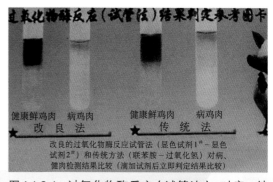

健康鲜鸡肉 病鸡肉　　健康鲜鸡肉 病鸡肉
★ 改良法 ★ 传统法

改良的过氧化物酶反应试管法（显色试剂1#-显色试剂2#）和传统方法（联苯胺-过氧化氢）对病、健肉检测结果比较（滴加试剂后立即判定结果比较）

图 4.1.2-4 过氧化物酶反应（试管法）：对病、健鸡肉检测结果判定 （孙锡斌 朱兴一）

过氧化物酶反应（试纸法）结果判定参考图卡
★ 健康鲜猪肉
★ 病猪肉

过氧化物酶反应试纸法对病、健猪肉样（各五份）检测结果（滴加试剂后立即或稍片刻显示结果照片）

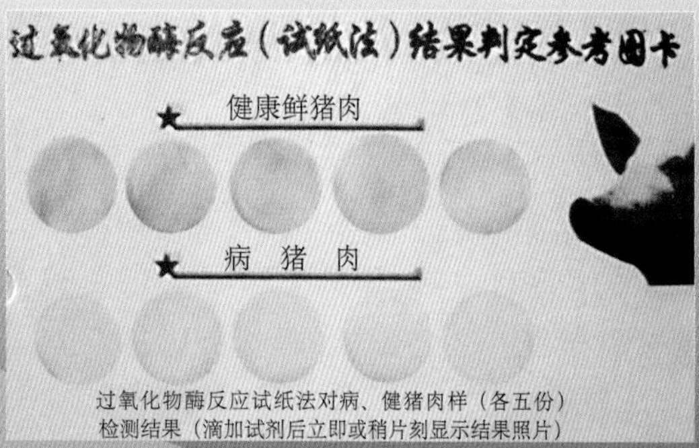

图 4.1.2-5 过氧化物酶反应（试纸法）：对病、健猪肉检测结果判定 （孙锡斌 朱兴一）

过氧化物酶反应（试纸法）结果判定参考图卡
★ 健康鲜鸡肉
★ 病鸡肉

过氧化物酶反应试纸法对病、健鸡肉样（各五份）检测结果（滴加试剂后立即或稍片刻显示结果照片）

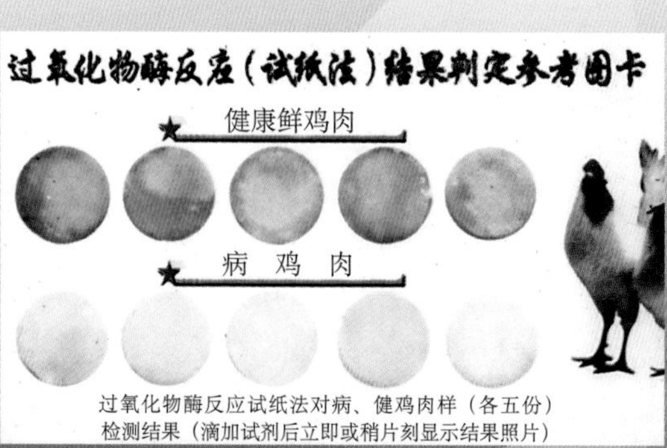

图 4.1.2-6 过氧化物酶反应（试纸法）：对病、健鸡肉检测结果判定 （孙锡斌 朱兴一）

第二节 色泽异常肉

一、黄 脂

黄脂（yellow fat）是指长期饲喂含黄色素饲料或动物机体的色素代谢失调，导致β-胡萝卜素等天然色素沉积于脂肪组织所引发的一种黄染现象，而其他组织器官无黄染。多见于肥猪、老龄母猪、老龄牛和某些品种的牛，因此有人认为某些病例发生黄脂现象与遗传因素有关。只发生于脂肪组织黄染的胴体一般叫做黄脂肉。对色泽异常的黄染肉，应从感官特征、理化特性等方面鉴定。并注意与黄疸、猪黄脂病相鉴别。

【感官特征】

动物全身脂肪组织如皮下脂肪、腹腔脂肪、心冠状沟脂肪、肾周围脂肪等有不同程度的黄染，而其他组织器官不发黄（图4.2.1-1～3）。

【理化检验】

常用氢氧化钠—乙醚法（亦可用优质汽油替代乙醚，但必须做对照试验）来鉴别黄脂、黄疸肉。必要时，同时做存放一昼夜的褪色试验（图4.2.1-4）。

【检疫处理】

（1）凡确认为黄脂且无异味者，不受限制利用。

（2）如果黄脂有不良异味，脂肪作工业用。

〔附〕猪黄脂病是指猪体内脂肪组织为蜡样脂质的黄色颗粒沉着，呈现黄色，并伴有鱼腥味或蚕蛹臭味的一种营养代谢病。发病主要原因是长期给猪饲喂了不饱和脂肪酸含量过高的饲料（如鱼粉、鱼类加工下脚料、蚕蛹等），这类物质在饲料中缺乏维生素E的条件下被氧化形成黄褐色小滴状或无定形的既像脂又像蜡样，称为"蜡脂质"（ceroid）的物质，沉积于脂肪细胞之间。眼观脂肪黄染、浑浊、质地变硬，有鱼腥臭味或者蚕蛹味，加热后其腥臭味更明显。许益民（2003）报道，蜡脂质不溶于脂溶性溶剂，染铁试剂不着色，抗酸染色显示深复红色特征；病理组织学为脂肪组织炎，有炎症反应，巨噬细胞中含有这种色素物质；剖检可见前额部、下颌部、前胸部和臀部的皮下有浆液性浸润，肺瘀血性水肿，淋巴结髓样肿胀。

（孟宪荣　栗绍文）

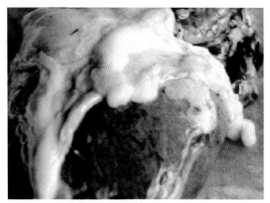

图 4.2.1-1　黄脂 心冠脂肪黄染，其他组织器官无异常　　　　　　　　　（孙锡斌）

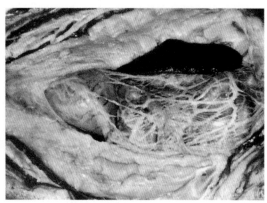

图 4.2.1-2　黄脂 动物皮下、肌间和腹腔的脂肪黄染，其他组织器官无异常　（樊茂华）

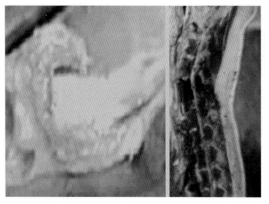

图 4.2.1-3　黄脂 左图：兔腹腔脂肪黄染；右图：猪皮下脂肪和肌间脂肪黄染，其他组织无异常　　　　　　　（孙锡斌）

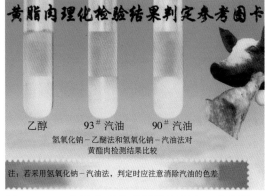

图 4.2.1-4　黄脂肉理化检验结果判定：上层液呈黄色为黄脂，若上层液无黄色现象则为阴性　　　　　　　　（孙锡斌）

二、黄　　疸

黄疸（jaundice）是指传染性或非传染性因素引起动物体内血液中胆色素形成过多或排出障碍，胆色素沉积在多种组织中，引发全身组织、器官呈不同程度的黄染现象。在肉类检疫检验中，要注意黄疸肉与黄脂肉的感官特征和理化检验结果的鉴别，以便做出正确的卫生评价与处理。

【感官特征】

全身皮肤、脂肪、脊髓、脑膜、眼结膜、巩膜、黏膜、浆膜、关节囊滑液、组织液、肌腱、韧带、血管内膜及某些实质器官（如肝脏）等呈不同程度的黄色（图4.2.2-1～9），呈现这种黄染现象的胴体和器官通常统称黄疸肉。

黄疸必须在自然光线下检验。当有争议时，应同时做可疑样品的理化学检验和放室温下的褪色试验。

【理化检验】

根据黄疸肉的全身性组织、器官黄染的特征，不难作出判定。若感官检查难以做出准确判定，应从感官特征、理化检验结果和发病原因等方面与黄脂肉区别。至于确认属于哪一种疾病引起的黄疸，则应有相应明显的病理变化特征，必要时还应做病原学、血清学及相关发病病因的检验与分析。

最常用的理化检验方法（图4.2.2-10）是氢氧化钠-乙醚法（亦可用优质汽油替代乙醚）。并同时将胴体放室温下做褪色试验，经一昼夜放置后观察，若黄色逐渐减退甚至消失，且氢氧化钠-乙醚法显示黄脂的化学反应结果，说明是黄脂肉的理化特性，若经一昼夜放置后，其黄色更加明显，且氢氧化钠-乙醚法显示黄疸的化学反应结果，说明是黄疸肉的理化特性。检验后最终以感官检验、氢氧化钠-乙醚法和胴体褪色试验进行综合判定。

【检疫处理】

黄疸与黄脂的卫生处理是有原则区别的，凡确认的黄疸肉应进行化制或销毁。

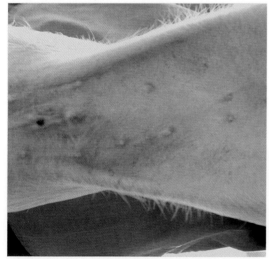

图4.2.2-1 黄疸 患病动物全身皮肤黄染
（孙锡斌）

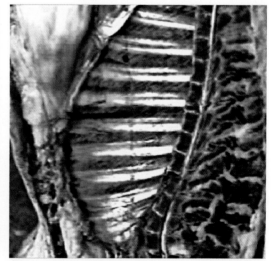

图4.2.2-2 黄疸 病猪皮肤、脂肪、胸膜、腹膜黄染
（孙锡斌）

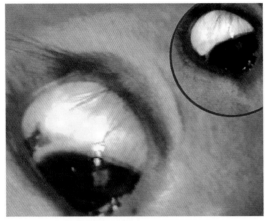

图4.2.2-3　黄疸 病牛眼巩膜黄染，右上图示正常
巩膜呈乳白色　　　　　　　　（孙锡斌）

图4.2.2-4　黄疸 肠浆膜及肠系膜黄染　（孙锡斌）

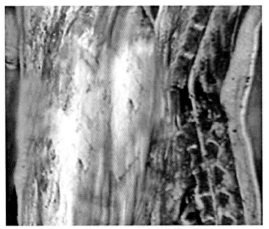

图4.2.2-5　黄疸 皮肤、脂肪和腹膜黄染（樊茂华）

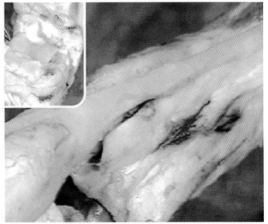

图4.2.2-6　黄疸 关节韧带黄染，左上图示关节软
骨面和关节囊液黄染　　　　　（孙锡斌）

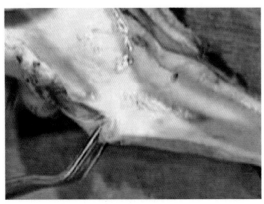

图4.2.2-7　黄疸 血管内膜黄染　　　　（孙锡斌）

图4.2.2-8　黄疸 肝脏黄染　　　　　　（孙锡斌）

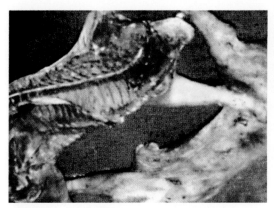

图4.2.2-9 黄疸 屠宰检疫中检出的黄疸肉尸
（吴君）

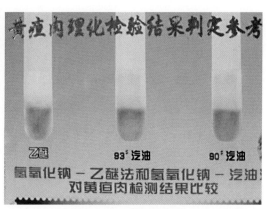

图4.2.2-10 黄疸理化检测结果判定：下层液呈黄
色为黄疸，若下层液无色则为阴性
（孙锡斌 黄培飞）

三、黑色素沉着

黑色素沉着又称黑变病（melanosis），是指黑色素异常地沉着于心、肝、肺、肾、骨、皮肤（白皮肤）等无黑色素的组织器官。常见于幼畜或深色皮肤的动物及牛、羊的肝、肺、胸膜和淋巴结。在猪，以黑色和其他毛色较深的经产母猪的乳腺及其周围组织发生黑色素异常沉着为多见，有些浅色猪的皮肤也可发生黑色素异常沉着。

【病理变化】

黑色素沉着的组织器官呈黑色或棕褐色，其色泽的深浅与色素沉着的多少有关，其波及范围的大小呈斑点、斑块或大片状沉着，有的甚至整个器官被黑色素沉着（图4.2.3-1～4）。

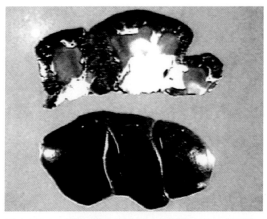

图4.2.3-1 黑色素异常沉着 羊肝黑色素异常沉着，
俗称"黑肝"（郑明光 孟宪荣）

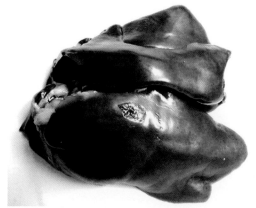

图4.2.3-2 黑色素异常沉着 鸡黑肝 （孙锡斌）

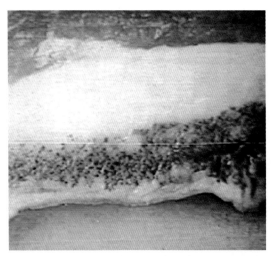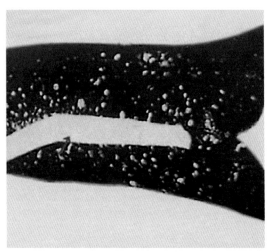

图4.2.3-3　黑色素异常沉着 猪乳腺及周围组织黑色素沉着，俗称"芝麻腹"
（孟宪荣　郑明光）

图4.2.3-4　黑色素异常沉着 猪皮肤黑色素沉着，箭头示正常皮肤 （孟宪荣　郑明光）

【检疫处理】

修割的病变部分或整个器官做化制或销毁处理。

（孟宪荣　栗绍文）

四、卟啉色素沉着

卟啉色素沉着（porphyrin pigmentation）是由于动物机体内血红素代谢障碍，产生大量无铁血红素即卟啉，使血液、尿、粪中的浓度高于正常，并沉积于全身组织，称为卟啉症。由于全身骨骼卟啉色素沉着，故又称骨血色素沉着症。动物卟啉症大多是先天性的，为一种遗传性疾病，以牛、犬、猪较为多见。

【病理变化】

病畜全身骨骼呈棕色、红棕色或棕黑色，但骨膜、软骨、韧带及腱不被着色，骨的形态、结构无改变；病畜的牙齿也会发生卟啉色素沉着呈淡红棕色，俗称"红牙病"；肝、脾、肾等实质器官也常见卟啉色素沉着后（图4.2.4-1、图4.2.4-2）显示程度不同的棕色。

【检疫处理】

卟啉色素沉着的骨骼、皮肤和实质器官做化制或销毁处理。

（孟宪荣　栗绍文）

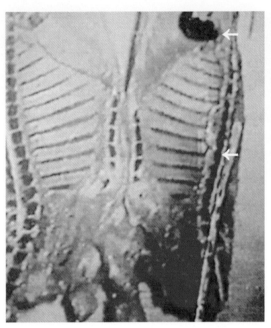

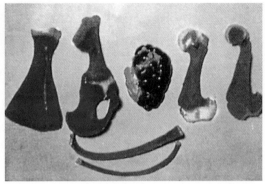

图4.2.4-2　卟啉色素沉着 图中各骨骼和肾脏来自上图，注意软骨正常（无卟啉色素沉着）　　　　　　（孟宪荣　郑明光）

图4.2.4-1　卟啉色素沉着 骨和肾脏（箭头）呈红褐色　　　　　　　（孟宪荣　郑明光）

第三节　公、母猪肉

一、公、母猪肉的形态特征

未去势的公、母猪肉及晚阉猪肉具有下列形态特征。

（1）皮肤青白色，厚而粗糙，毛孔粗大，皱襞较多（图4.3.1-1、图4.3.1-2）。这一特征，母猪以颈部和下腹部的皮肤更明显；公猪以两侧肩胛部皮肤和腹部皮肤明显，有的呈角质化，切割阻力大。

（2）皮下脂肪层薄，脂肪颗粒粗大，手感较硬，尤其是公猪的背脂；皮肤与脂肪结合疏松。

（3）肌肉呈深红色或暗红色，肌纤维粗长，纹路明显（图4.3.1-3），肌肉横断面颗粒粗大、明显（图4.3.1-4），肌间脂肪很少或缺乏。公猪肉以臀部和肩颈部肌肉为明显。公猪的腹直肌特别发达，母猪的腹直肌往往筋膜化。公猪胴体上位于髂骨和腹股沟管内口之间的睾丸提肌明显粗大，呈束状。

（4）老龄母猪乳头粗长、发硬，乳头孔明显，乳腺组织发达呈海绵状。

二、公、母猪肉的性气味检查

公、母猪肉常发出一种由睾丸酮引起的难闻的性臭气味（俗称性腺气味），以唾液腺、脂肪、臀部肌肉最明显。动物种类中以公畜肉，尤其是山羊肉的性气味更浓，母猪肉的性气味一般不明显。检验性气味除直接嗅检外，可通过加热方法来鉴别，可获得满意的结果。

1. 煎炸试验　选取有代表性的样品进行油煎或油炸，闻嗅其散发的性气味。

2. 烧烙试验　用烧热的烙铁按压阴囊、腰部或下颌部的皮下组织，嗅其散发的性气味。

3. 煮沸试验　将待检样品剪数小块放清洁容器中适当煮沸，从散发的热蒸汽中闻嗅有无特殊的性气味。还可采取背部、腹腔或肾周围的脂肪剪成数小块，放耐高温的塑料袋中，扎紧袋口，置水中煮沸，待脂肪熔化后解开塑料袋闻嗅其散发的性气味。

三、公、母猪肉的卫生处理

性气味轻微的公、母猪肉或晚阉猪肉，割去脂肪、唾液腺后，可做灌肠、腊肠等复制品的原料肉；脂肪可炼食用油或工业用油。

（栗绍文　孟宪荣）

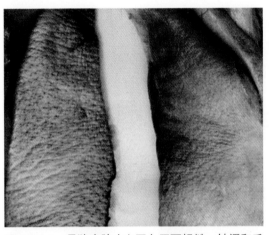

图4.3.1-1　母猪皮肤（左图）厚而粗糙，皱褶和毛孔明显可见；育肥猪皮肤（右图）表面平滑，毛孔细小　　（孙锡斌　栗绍文）

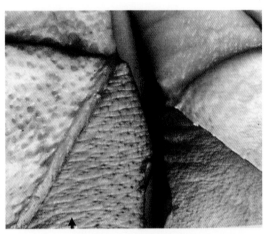

图4.3.1-2　母猪皮肤（箭头）和育肥猪皮肤比较（皮肤背面和皮下毛孔）

（孙锡斌　栗绍文）

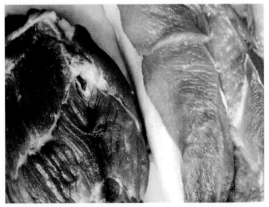

图4.3.1-3　母猪肉（左图）呈深红色或暗红色，肌纤维较粗，纹路明显，肌间脂肪很少；育肥猪肌肉（右图）呈淡红色，肌纤维粗细适中，肌间脂肪较多，呈大理石纹样　　（孙锡斌　栗绍文）

图4.3.1-4　母猪肉（左图）肌肉横切面颗粒大而明显；育肥猪肉横切面（右图）颗粒感不明显　　（孙锡斌　栗绍文）

第四节 冷冻肉的异常现象与处理

一、冷冻肉的异常现象

冻肉在冷冻保藏过程中，如果肉和冷库的卫生状况不良、库温经常波动，常会引起冻肉上污染的微生物生长繁殖和肉内组织酶活性增强，从而导致冻肉出现异常现象。

1. 颜色改变　肉色的改变常常是某些细菌所分泌的水溶性或脂溶性的色素的结果。这些细菌包括假单胞杆菌、产碱杆菌、细球菌、变形杆菌等。嗜盐杆菌可致咸鱼变红。红色酵母可引起香肠、腌肉等腌制品出现橙红或带橘红色变化。

2. 干枯　肉的干枯又称干缩。由于冻肉在冷库中存放过久，尤其是反复冻融，使肉中水分丧失，引起肌肉色泽、营养成分和商品外观异常。外观干枯肉，肌肉呈暗红色或暗褐色，表层呈脱水的海绵状（图4.4.1-1）；干枯严重者，形如木渣，失去肉味和营养。

3. 脂肪氧化　冻肉脂肪氧化现象与畜禽生前体况不佳、屠宰加工卫生不良、冻肉存放过久以及日光照射等因素的影响有关。外观脂肪色泽呈局限性或整体性的淡黄色，并有哈喇味（图4.4.1-2）。

4. 发霉　冻肉发霉现象常见于胴体的枕骨窝、颈端、肩胛部、胸腹膜、腹肌和股内侧等处。常见的霉菌包括以下几种：

（1）白色绒状霉斑　主要由白色分支孢霉引起。常见肉的表面有白色小点或融合成片的霉斑（图4.4.1-3）。这种菌落多生长在肉表面，抹去后不留痕迹。

（2）黑绿色绒状霉斑　主要由蜡叶芽支霉引起（图4.4.1-4）。生长的霉斑可深达表层下1cm，一般不易抹去。

（3）蓝绿色绒状霉斑　主要由草酸青霉引起。该菌在肉的表层及表层下2～3mm处生长，形成蓝绿色扁平绒状霉斑（图4.4.1-5）。

（4）白色苔藓状霉斑　主要由白地霉引起，常在肉的表面呈不规则的片状生长和蔓延（图4.4.1-6）。一般不侵入深层组织。

5. 发黏　有良好冷藏条件的冻肉，一般不会发生发黏现象。肉发黏现象多见于冷却肉，手触摸其表面形成的黏液样物质有黏滑感，甚至起黏丝，严重者并有陈腐气味（图

4.4.1-7)。引起肉发黏的原因是肉在冷却过程中，将胴体排放过密，肉尸相互接触，通风不良，冷却降温缓慢，致使污染的明串珠菌、细球菌、乳酸菌、无色杆菌、假单孢菌等在胴体相互接触处繁殖，并形成黏液样物质。

6. 深层腐败　冷冻肉的深层腐败多见于股骨附近的肌肉和结缔组织。由于骨周围结缔组织疏松，加之腿部丰厚的肌肉散热慢，为细菌特别是厌氧菌的繁殖、扩散提供了条件，更有利于形成腐败。发生深层腐败的肉，用一般的视检、敲击不易发现，必要时可采用扦插法检查深层肌肉。

7. 发光　冷库中的鱼或肉的表面发生可见磷光，常是由一些发光杆菌引起。有发光现象的肉品一般无腐败菌生长，肉无不良气味，一旦有腐败菌开始生长繁殖，发光现象则逐渐消失。

图 4.4.1-1　干枯肉又称肉干缩，色泽深暗，肉表层形成海绵状，有的形如木渣

（孙锡斌）

图 4.4.1-2　存放过久的冻肉引起脂肪呈整体性氧化变黄，有哈喇味。表层覆一层冰霜

（栗绍文　孙锡斌）

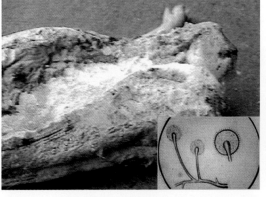

图 4.4.1-3　冻肉表面生长着融合成片的白色绒状菌落，常由白色分支孢霉引起

（孙锡斌）

图 4.4.1-4　冷冻酮体上生长繁殖的墨绿色绒状霉斑，主要由蜡叶芽支霉引起

（孙锡斌）

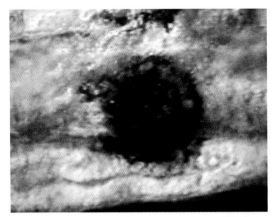

图4.4.1-5　冻肉酮体上生长着黑绿色绒状菌落，
　　　　　常由青霉引起　　　　　（孙锡斌）

图4.4.1-6　冷冻酮体上污染的霉菌从表面生长蔓
　　　　　延形成白色菌苔，主要由白地霉引起
　　　　　　　　　　　　　　　　　（孙锡斌）

图4.4.1-7　冻肉表面形成的黏液物，手指触
　　　　　之黏滑、起黏丝，有腐败现象
　　　　　（常因细菌污染所致）
　　　　　　　　　　　（孟宪荣　栗绍文）

二、异常冷冻肉的安全与卫生处理

1. **变色的肉**　如无腐败现象，可进行卫生清除和修割后供加工食用。

2. **干枯肉**　干枯现象严重的不宜供食用。轻度者，应割除表层干枯部分。

3. **脂肪氧化**　仅限于表层者，修割其表层作工业用油；其余部分，取小块脂肪做煮沸试验，如无酸败味，可供加工食用。

4. **发霉的肉**　如无腐败现象，可修割发霉的表层。若霉菌已侵入深层的予以销毁。

5. **发黏和发酵变酸的肉**　如无腐败现象，经清洗后做无害化处理。

6. **深层腐败肉**　做化制或销毁处理。

7. **肉品上发光现象**　一般无卫生意义。只要无腐败现象，经卫生清除后可供食用。

（栗绍文　孟宪荣）

第五章 5

不同种属动物肉和骨的鉴别

在肉品流通领域的检疫监督中，鉴别肉及其真伪是动物检疫检验工作者的另一项职责。

不同种属动物肉的鉴别主要依据肉的感官特征、骨和淋巴结的解剖学特征、蛋白质和脂肪的理化学特性，以及免疫学和分子生物学技术等。针对蛋白质物理特性的方法有凝胶电泳法、等电聚焦电泳法、毛细管电泳法、高效液相色谱法及近红外光谱分析法等。免疫学技术包括环状沉淀反应、琼脂扩散试验、对流免疫电泳、ELISA及放射免疫技术等。近年来，以物种间基因差异为基础的分子生物学技术成为研究热点，常用核酸探针杂交技术、DNA芯片技术、PCR技术、荧光定量PCR技术等，其中PCR技术最为常见。侯博、孟宪荣等（2015）用PCR技术检测鸡、鸭、鹅肉，结果显示其特异性强，灵敏度高。

肉和骨的外部形态特征在一定范围内是鉴别肉种类最简便和最直观的方法，各种动物骨各有其比较稳定的特有的形态结构特征，以"骨"鉴"肉"，直观、简便，且准确。

本章以列表形式并匹配相应的彩色照片分别对牛肉、马肉、羊肉、猪肉、犬肉、兔肉、禽肉的感官特征和不同种属动物骨的外部形态特征进行比较，将有助于读者理解和掌握这一最简便、最直观和最可靠的方法。

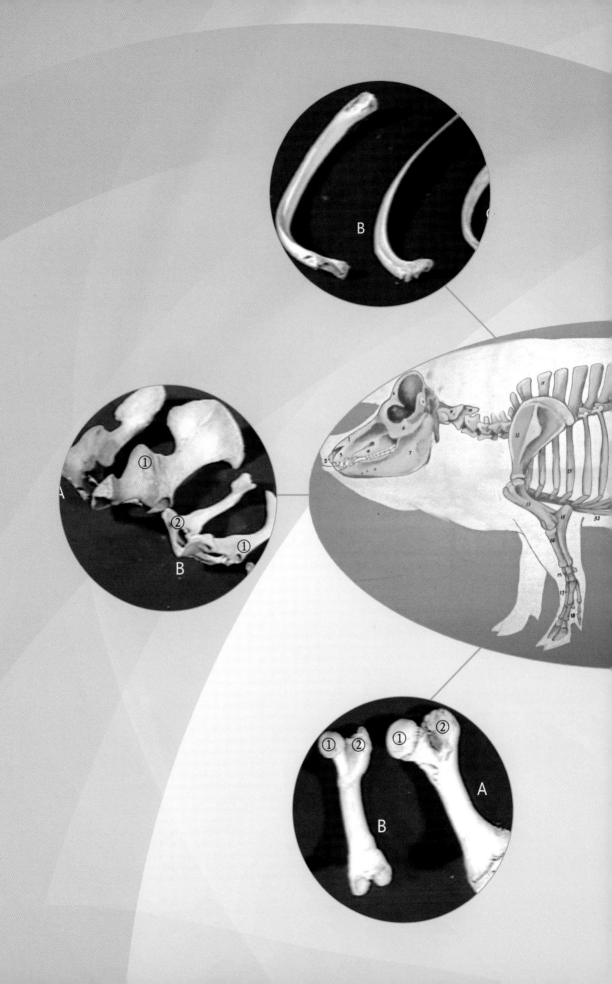

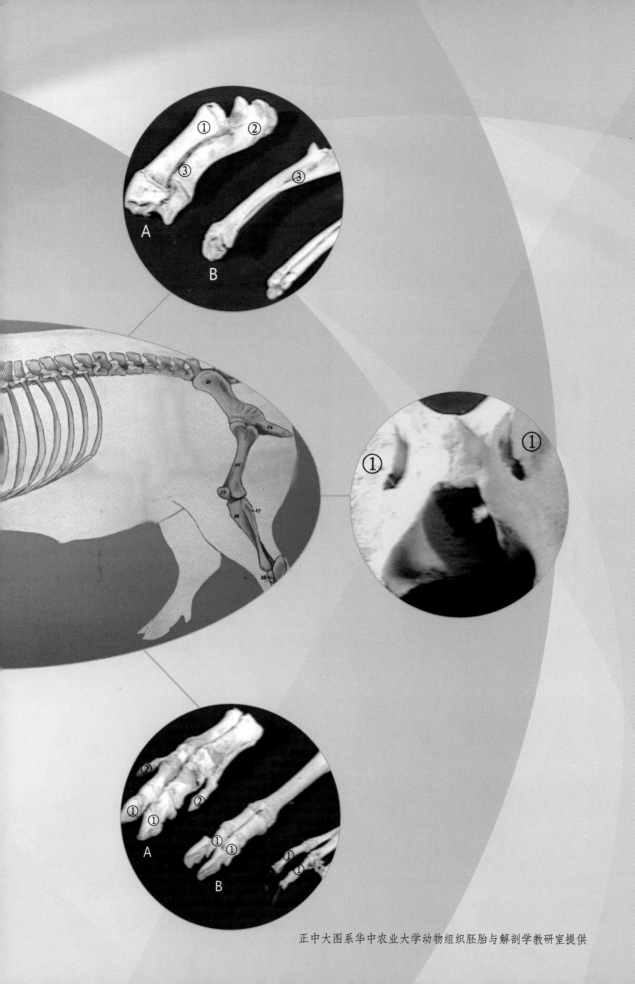

第一节　不同种属动物肉外部形态特征

一、牛肉和马肉的形态特征

见表5.1.1-1；图5.1.1-1、图5.1.1-2。

表5.1.1-1　牛肉和马肉的感官特征比较

种类	肌肉			脂肪		气味
	色泽	嫩度	肌纤维性状	色泽和硬度	肌间脂肪	
牛肉	淡红色、红色或深红色（老龄牛），切面有光泽	质地坚实，有韧性，嫩度较差	肌纤维较细，眼观横断面有颗粒感	黄色或白色（幼龄牛和水牛），硬而脆，揉搓时易碎	肌间脂肪明显可见，横断面呈大理石样花纹	具有牛肉固有的气味
马肉	深红色、棕红色，老年马肉更深	质地坚实，韧性较差	肌纤维比牛肉粗，横断面颗粒明显	浅黄色或黄色，软而黏稠	成年马肌间脂肪少、营养好的则多	具有马肉固有的气味

图5.1.1-1　牛肉横断面　　　　　　（孙锡斌）

图5.1.1-2　牛肉纵切面　　　　　　（孙锡斌）

二、羊肉、猪肉和犬肉的形态特征

见表5.1.2-1；图5.1.2-1～4。

表5.1.2-1　羊肉、猪肉和犬肉的感官特征比较

种类	肌肉			脂肪		气味
	色泽	嫩度	肌纤维性状	色泽和硬度	肌间脂肪	
绵羊肉	淡红色、红色或暗红色，肌肉丰满，黏手	质地坚实	肌纤维较细短	白色或微黄色，质硬而脆，发黏	少	具有绵羊肉固有的膻气味
山羊肉	红色、棕红色，肌肉发散、黏手	质地坚实	肌纤维比绵羊粗长	除脂肪不粘手，其余同绵羊肉	少或无	膻气味浓厚
猪 肉	鲜红色或淡红色，切面有光泽	质地嫩软	肌纤维细软	纯白色，质硬而黏稠	富有脂肪，瘦肉的横断面呈大理石样	具有猪肉固有的气味
犬 肉	深红色或砖红色	质地坚实	肌纤维比猪肉粗	灰白色，柔软而黏腻	少	具有犬肉不愉快的气味

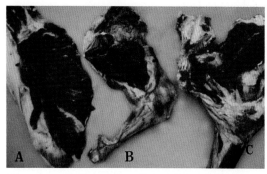

图5.1.2-1　猪肉、犬肉、羊肉形态特征比较
A.猪肉　B.犬肉　C.羊肉

（孙锡斌）

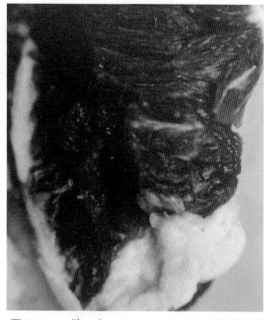

图5.1.2-2　猪　肉　　　　（孙锡斌）

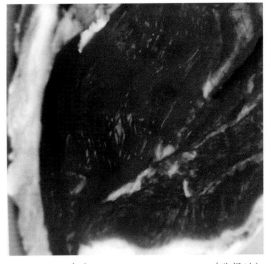

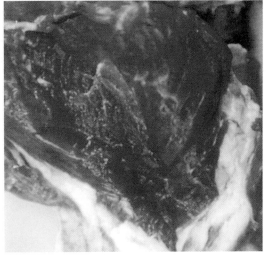

图5.1.2-3 犬肉　　　　　　　　　（孙锡斌）　图5.1.2-4 羊肉　　　　　　　　　（孙锡斌）

三、兔肉和禽肉的形态特征

见表5.1.3-1；图5.1.3-1 ~ 4。

表5.1.3-1　兔肉和禽肉的感官特征比较

种类	肌 肉			脂 肪		气 味
	色泽	嫩度	肌纤维性状	色泽和硬度	肌间脂肪	
兔肉	淡粉红色（暗红色见于老龄兔或放血不全兔）	质地松软	肌纤维细	黄白色，质软	肌间脂肪沉积极少	具有兔肉固有的土腥味
禽肉	淡黄、淡红、灰白或暗红色，急宰肉呈淡青色	较细软	肌纤维细软，水禽较粗	黄色，质甚软	肌间无脂肪沉积	具有禽肉固有的气味

图5.1.3-1 兔肉　　　　　　　　　（孟宪荣）　图5.1.3-2 兔肉横断面　　　　　　（孟宪荣）

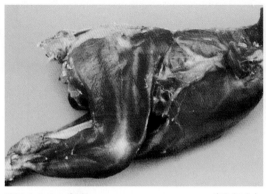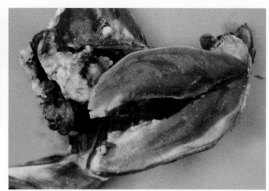

图5.1.3-3　禽肉　　　　　　　　　　（栗绍文）　　　图5.1.3-4　禽肉纵切面　　　　　　（栗绍文）

〔附〕用PCR技术检测各种禽肉：侯博、孟宪荣等（2015）以线粒体基因为靶基因，设计3对特异性引物，建立了一种能够特异性鉴别鸡、鸭、鹅肉成分的多重PCR方法。该方法同时可以检测生肉、熟肉制品中鸡、鸭、鹅肉成分，特异性强，不与牛肉、羊肉、猪肉和鸽肉有交叉反应；灵敏度可以检测到0.05ng DNA，或者1%的掺伪（图5.1附-1，图5.1附-2）。〔Hou et al. 2015. Meat Science（101）：90-94.〕

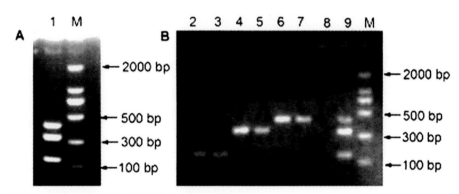

图5.1　附-1鸡、鸭、鹅肉样品的PCR检测结果

　1和9为鸡、鸭、鹅肉生肉混合样品提取基因组，2、4、6为鸡、鸭、鹅肉100℃处理后提取基因组，3、5、7为鸡、鸭、鹅肉121℃处理后提取基因组。M：DNA分子量标准　　（侯博　孟宪荣）

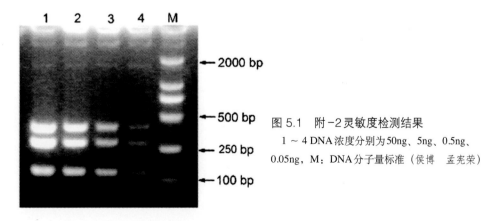

图5.1　附-2灵敏度检测结果

　1～4 DNA浓度分别为50ng、5ng、0.5ng、0.05ng，M：DNA分子量标准（侯博　孟宪荣）

第二节　不同种属动物骨外部形态特征

一、马骨和牛骨的形态特征

见表5.2.1-1；图5.2.1-1～12。

表5.2.1-1　马骨和牛骨的形态特征比较

种类	马	牛
第一颈椎 （图5.2.1-1）	有一对横突孔（较大）和一对翼孔	无横突孔，有一对翼孔
胸骨	胸骨柄两侧压扁，呈板状，向前突出，胸骨体的腹嵴明显，整个胸骨呈舟状	胸骨柄肥厚，呈三角形（水牛为卵圆柱形），不突出于第一对肋骨，胸骨体扁平形，向后渐变宽
肋骨 （图5.2.1-2）	18对，肋窄圆，肋间隙大	13对，扁平，宽阔，肋间隙小，水牛肋间隙更小
腰椎 （图5.2.1-3）	6个，横突比牛短，无钩突	6个，横突长而宽扁，向两侧呈水平位伸出，1～5横突的前角处有钩突。黄牛钩突不明显
肩胛骨 （图5.2.1-4）	肩胛冈低，无肩峰	肩胛冈高，肩峰明显而发达
臂骨（肱骨） （图5.2.1-5）	大、小结节体积相当，有两条较浅短的臂二头肌沟	大结节很大，有一条深的臂二头肌沟
前臂骨 （图5.2.1-6）	尺骨短，远端附着于桡骨体的中部，只有一个前臂间隙	尺骨比桡骨细1/3，且比桡骨长，有两个前臂间隙
骨盆骨 （图5.2.1-7， 图5.2.1-8）	坐骨结节为内宽外细的不规整的三角形（图5.2.1-7A），骨盆腔呈圆形（图5.2.1-8）	黄牛、奶牛坐骨结节为等腰三角形（后宽前窄），水牛为长三角形（前宽后窄），骨盆腔呈前宽后窄的圆形，或呈椭圆形
股骨 （图5.2.1-9）	小转子为嵴状，大转子发达。外侧缘与小转子相对处有发达的第三转子	内侧小转子为结节状，近端外侧有大转子（稍高于股骨头），无第三转子

（续）

种类	马	牛
小腿骨 （图5.2.1-10）	腓骨呈细条状，下端与胫骨远端的外踝愈合，有小腿间隙	腓骨近端退化成一个小突起（水牛只有痕迹，奶牛为尖状突），远端形成踝骨
掌骨（跖骨） （图5.2.1-11）	有一大掌（跖）骨，左右两侧各有一小掌（跖）骨	由两个大掌（跖）骨愈合而成，其背面正中有血管沟和远端的髁间沟（滑车间切迹）。无小掌（跖）骨
指（趾）骨 （图5.2.1-12）	有一指（趾），三节	有二指（趾），每指（趾）三节

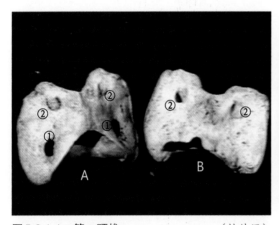

图5.2.1-1　第一颈椎　　　　　（杜幼臣）

①横突孔，②翼孔。A.马，B.牛

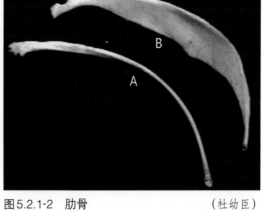

图5.2.1-2　肋骨　　　　　（杜幼臣）

A.马，B.牛

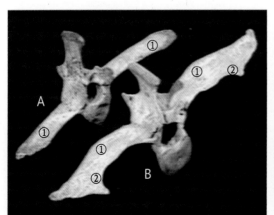

图5.2.1-3　腰椎　　　　　（杜幼臣）

①横突，②钩突。A.马，B.牛

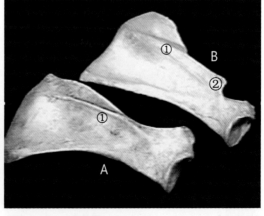

图5.2.1-4　肩胛骨　　　　　（杜幼臣）

①肩胛冈，②肩峰。A.马，B.牛

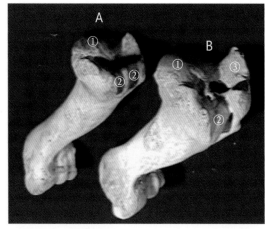

图5.2.1-5　臂骨（肱骨）　　　（杜幼臣）

　①臂头骨，②臂二头肌沟，③大结节。A.马，B.牛

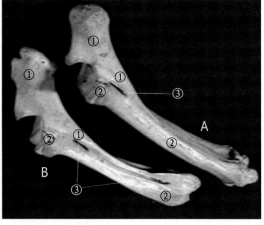

图5.2.1-6　前臂骨　　　　　　（杜幼臣）

　①尺骨，②桡骨，③前臂间隙。A.马，B.牛

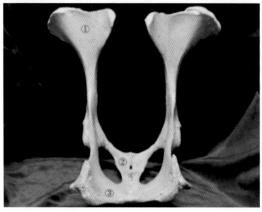

图5.2.1-7　牛骨盆骨　　　　　　（陈曦）

　①髂骨，②耻骨，③坐骨。骨盆前口呈椭圆形

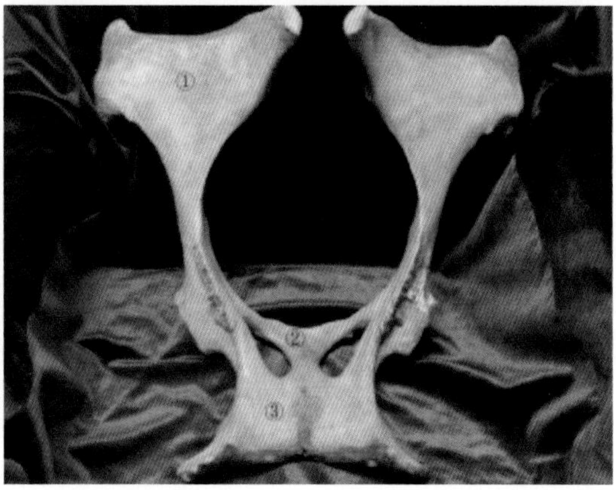

图5.2.1-8　马骨盆骨　　　　　　（陈曦）

　①髂骨，②耻骨，③坐骨。骨盆前口呈圆形

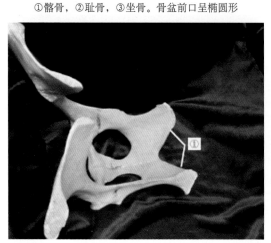

图5.2.1-9　牛骨盆骨　　　　　　（陈曦）

　①坐骨弓。坐骨弓较窄而深，坐骨的骨盆面深凹

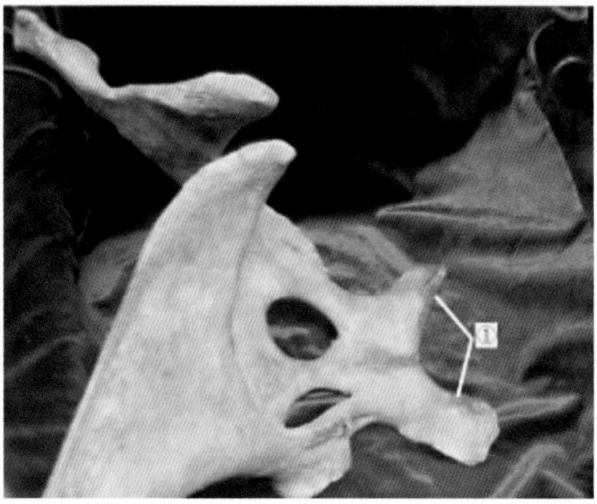

图5.2.1-10　马骨盆骨　　　　　　（陈曦）

　①坐骨弓。坐骨弓较浅，坐骨的骨盆面较平

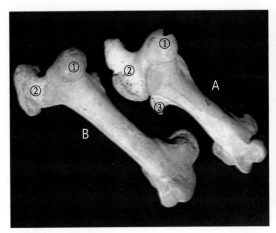

图5.2.1-11 股骨 （杜幼臣）

①股骨头，②大转子，③第三转子。

A.马，B.牛

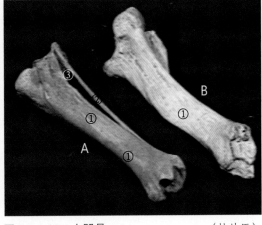

图5.2.1-12 小腿骨 （杜幼臣）

①胫骨，②排骨，③小腿缝隙。

A.马，B.牛

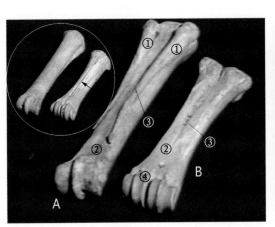

图5.2.1-13 掌骨（跖骨） （杜幼臣）

①小掌（跖）骨，②大掌（跖）骨，③掌侧纵沟，④滑车间切迹。左上图箭头示牛掌（跖）骨背侧面正中血管沟。

A.马，B.牛

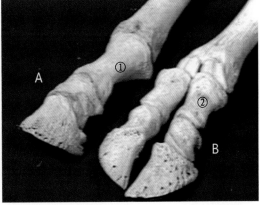

图5.2.1-14 指（趾）骨 （杜幼臣）

①单指（趾）3节，②两指（趾）各3节。

A.马，B.牛

二、猪骨、羊骨和犬骨的形态特征

见表5.2.2-1；图5.2.2-1～11。

表5.2.2-1　猪骨、羊骨、犬骨的形态特征比较

部位	猪	羊	犬
寰椎 (图5.2.2-1)	有一对翼孔。在翼的后缘横突孔很小（背面看不见）	无横突孔，有一对翼孔	有一对横突孔和一对翼孔
肋骨 (图5.2.2-2)	肋骨14～15对，较厚而扁	肋骨13对，肋骨宽扁	肋骨13对，肋弯曲度大，肋细圆
腰椎 (图5.2.2-3)	6～7枚，横突与椎体呈正直角。棘突稍向前倾，上下等宽	6个，横突向前倾，末端变宽，棘突低宽，棘突稍前倾	7个，横突较细，斜伸向前方，棘突上窄下宽
肩胛骨 (图5.2.2-4)	肩峰不明显，冈结节异常发达，并向后弯曲	肩峰明显，无冈结节	肩峰呈钩状，肩胛冈高，把肩胛骨外表面分成两等分，无冈结节
臂骨 (图5.2.2-5)	大结节比臂骨头高，有一条臂二头肌沟	大结节突出，有一条臂二头肌沟	大结节不明显。大结节内侧的臂头肌沟浅
前臂骨 (图5.2.2-6)	尺骨弯曲且比桡骨长，粗细相当，有较小的前臂前隙	尺骨比猪的直，微弯，尺骨比桡骨长且细，尺、桡骨中间部愈合处有前臂间隙	尺骨比桡骨长而稍细，有贯穿全长的前臂间隙
骨盆骨 (图5.2.2-7，图5.2.2-8)	骨盆腔接近圆形，髋骨的坐骨棘高，坐骨结节呈前宽后窄的长三角形	骨盆腔呈椭圆形，坐骨棘低，坐骨结节扁平、外翻，呈长三角形	骨盆腔呈正圆形，无坐骨棘，坐骨结节呈圆棘状
股骨 (图5.2.2-9)	无第三转子，大转子粗大与股骨头呈水平位	大转子与股骨头同高，第三转子不明显	无第三转子，大转子低于股骨头
小腿骨 (图5.2.2-10)	胫骨和腓骨长度相等但腓骨细，小腿间隙贯穿全长	腓骨近端退化成一小结节，无小腿间隙	胫骨和腓骨长度相等但腓骨细，胫骨和腓骨只有上半部有较宽的小腿间隙
指（趾）骨 (图5.2.2-11)	一对主指（趾）骨和一对悬指（趾）骨	一对主指（趾）骨，悬指（趾）骨退化成小骨块	指骨有5个（第一指有二节，其他各三节），趾骨4个（缺第一趾）

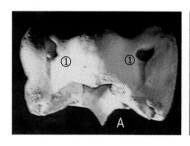
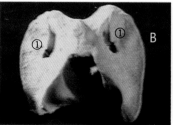
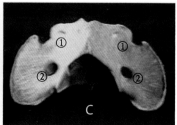

图5.2.2-1　寰椎　　　　　　　　　　　　（杜幼臣）

①翼孔，②横突孔。A.猪，B.羊，C.犬

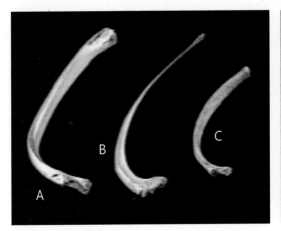

图5.2.2-2　肋骨　　　　　（杜幼臣）

A.猪，B.羊，C.犬

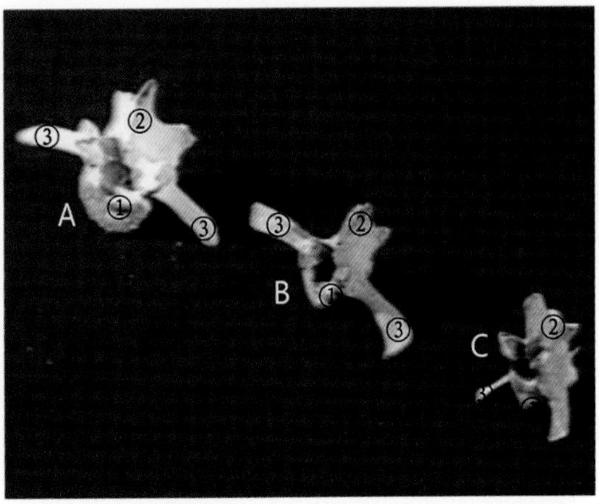

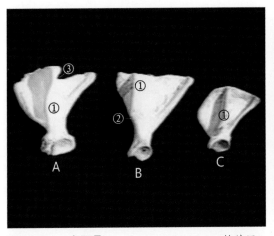

图5.2.2-4　肩胛骨　　　　（杜幼臣）

①肩胛冈，②肩峰，③冈结节。A.猪，B.羊，C.犬

图5.2.2-3　腰椎　　　　　（杜幼臣）

①椎体，②棘突，③横突。A.猪，B.羊，C.犬

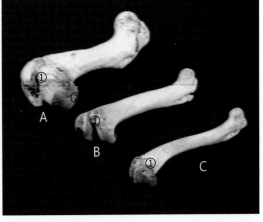

图5.2.2-5　臂骨　　　　　（杜幼臣）

①大结节，②臂骨头。A.猪，B.羊，C.犬

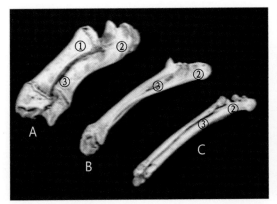

图5.2.2-6　前臂骨　　　　（杜幼臣）

①桡骨，②尺骨，③前臂间隙。A.猪，B.羊，C.犬

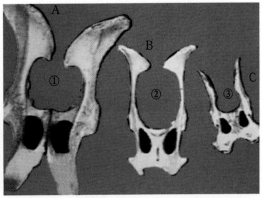

图5.2.2-7　骨盆骨　　　　（杜幼臣）

①圆形，②椭圆形，③正圆形。A.猪，B.羊，C.犬

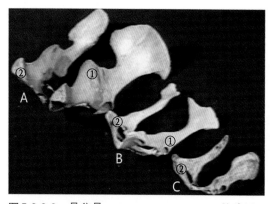

图 5.2.2-8　骨盆骨　　　　　　（杜幼臣）

①坐骨棘，②坐骨结节。A.猪，B.羊，C.犬

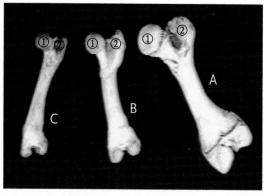

图 5.2.2-9　股骨　　　　　　（杜幼臣）

①股骨头，②大转子。A.猪，B.羊，C.犬

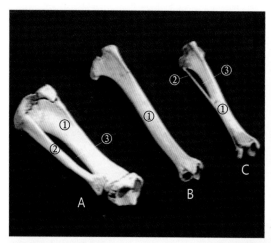

图 5.2.2-10　小腿骨　　　　　　（杜幼臣）

①胫骨，②腓骨，③小腿间隙。A.猪，B.羊，C.犬

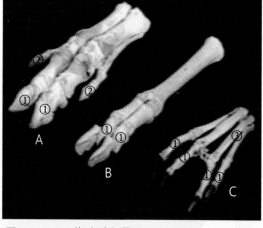

图 5.2.2-11　指（趾）骨　　　　　　（杜幼臣）

①主指（趾）骨，②悬指（趾）骨；
犬：①趾骨③跖骨。A.猪，B.羊，C.犬

附录一 中华人民共和国一、二、三类动物疫病病种名录

2008 年 12 月 11 日中华人民共和国农业部公告

一类动物疫病（17 种）

口蹄疫、猪水泡病、猪瘟、非洲猪瘟、高致病性猪蓝耳病、非洲马瘟、牛瘟、牛传染性胸膜肺炎、牛海绵状脑病、痒病、蓝舌病、小反刍兽疫、绵羊痘和山羊痘、高致病性禽流感、新城疫、鲤春病毒血症、白斑综合征。

二类动物疫病（77 种）

多种动物共患病：狂犬病、布鲁氏菌病、炭疽、伪狂犬病、魏氏梭菌病、副结核病、弓形虫病、棘球蚴病、钩端螺旋体病；

牛病：牛结核病、牛传染性鼻气管炎、牛恶性卡他热、牛白血病、牛出血性败血病、牛梨形虫病（牛焦虫病）、牛锥虫病、日本血吸虫病；

绵羊和山羊病：山羊关节炎脑炎、梅迪-维斯纳病；

猪病：猪繁殖与呼吸综合征（经典猪蓝耳病）、猪乙型脑炎、猪细小病毒病、猪丹毒、猪肺疫、猪链球菌病、猪传染性萎缩性鼻炎、猪支原体肺炎、旋毛虫病、猪囊尾蚴病、猪圆环病毒病、副猪嗜血杆菌病；

马病：马传染性贫血、马流行性淋巴管炎、马鼻疽、马巴贝斯虫病、伊氏锥虫病；

禽病：鸡传染性喉气管炎、鸡传染性支气管炎、传染性法氏囊病、马立克氏病、产蛋下降综合征、禽白血病、禽痘、鸭瘟、鸭病毒性肝炎、鸭浆膜炎、小鹅瘟、禽霍乱、鸡白痢、禽伤寒、鸡败血支原体感染、鸡球虫病、低致病性禽流感、禽网状内皮组织增殖症；

兔病：兔病毒性出血病、兔黏液瘤病、野兔热、兔球虫病；

蜜蜂病：美洲幼虫腐臭病、欧洲幼虫腐臭病；

鱼类病：草鱼出血病、传染性脾肾坏死病、锦鲤疱疹病毒病、刺激隐核虫病、淡水鱼细菌性败血症、病毒性神经坏死病、流行性造血器官坏死病、斑点叉尾鮰病毒病、传染性造血器官坏死病、病毒性出血性败血症、流行性溃疡综合征；

甲壳类病：桃拉综合征、黄头病、罗氏沼虾白尾病、对虾杆状病毒病、传染性皮下和造血器官坏死病、传染性肌肉坏死病。

三类动物疫病（63种）

多种动物共患病：大肠杆菌病、李氏杆菌病、类鼻疽、放线菌病、肝片吸虫病、丝虫病、附红细胞体病、Q热；

牛病：牛流行热、牛病毒性腹泻/黏膜病、牛生殖器弯曲杆菌病、毛滴虫病、牛皮蝇蛆病；

绵羊和山羊病：肺腺瘤病、传染性脓疱、羊肠毒血症、干酪性淋巴结炎、绵羊疥癣，绵羊地方性流产；

马病：马流行性感冒、马腺疫、马鼻腔肺炎、溃疡性淋巴管炎、马媾疫；

猪病：猪传染性胃肠炎、猪流行性感冒、猪副伤寒、猪密螺旋体痢疾；

禽病：鸡病毒性关节炎、禽传染性脑脊髓炎、传染性鼻炎、禽结核病；

蚕、蜂病：蚕型多角体病、蚕白僵病、蜂螨病、瓦螨病、亮热厉螨病、蜜蜂孢子虫病、白垩病；

犬猫等动物病：水貂阿留申病、水貂病毒性肠炎、犬瘟热、犬细小病毒病、犬传染性肝炎、猫泛白细胞减少症、利什曼病；

鱼类病：鲖类肠败血症、迟缓爱德华氏菌病、小瓜虫病、黏孢子虫病、三代虫病、指环虫病、链球菌病；

甲壳类病：河蟹颤抖病、斑节对虾杆状病毒病；

贝类病：鲍浓疱病、鲍立克次体病、鲍病毒性死亡病、包纳米虫病、折光马尔太虫病、奥尔森派琴虫病；

两栖与爬行类病：鳖腮腺炎病、蛙脑膜炎败血金黄杆菌病。

附录二 中华人民共和国进境动物检疫疫病名录

中华人民共和国农业部　国家质监总局　2013年11月28日联合公告

一类传染病、寄生虫病（15种）

口蹄疫、猪水泡病、猪瘟、非洲猪瘟、尼帕病、非洲马瘟、牛传染性胸膜肺炎、牛海绵状脑病、牛结节性皮肤病、痒病、蓝舌病、小反刍兽疫、绵羊痘和山羊痘、高致病性禽流感、新城疫。

二类传染病、寄生虫病（147种）

多种动物共患病（28种）：狂犬病、布鲁氏菌病、炭疽、伪狂犬病、魏氏梭菌感染、副结核病、弓形虫病、棘球蚴病、钩端螺旋体病、施马伦贝格病、梨形虫病、日本脑炎、旋毛虫病、土拉杆菌病、水疱性口炎、西尼罗热、裂谷热、结核病、新大陆螺旋蝇蛆病（嗜人锥蝇）、旧大陆螺旋蝇蛆病（倍赞氏金蝇）、Q热、克里米亚刚果出血热、伊氏锥虫感染（包括苏拉病）、利什曼原虫病、巴氏杆菌病、鹿流行性出血热、心水病、类鼻疽；

猪病（13种）：猪繁殖与呼吸综合征、猪细小病毒感染、猪丹毒、猪链球菌病、猪萎缩性鼻炎、猪支原体肺炎、猪圆环病毒感染、革拉泽氏病（副猪嗜血杆菌）、猪流行性感冒、猪传染性胃肠炎、猪铁士古病毒性脑脊髓炎（原称猪肠病毒脑脊髓炎、捷申或塔尔凡病）、猪密螺旋体痢疾、猪传染性胸膜肺炎；

禽病（20种）：鸭病毒性肠炎（鸭瘟）、鸡传染性喉气管炎、鸡传染性支气管炎、传染性法氏囊病、马立克氏病、鸡产蛋下降综合征、禽白血病、禽痘、鸭病毒性肝炎、鹅细小病毒感染（小鹅瘟）、鸡白痢、禽伤寒、禽支原体病（鸡败血支原体、滑液囊支原体）、低致病性禽流感、禽衣原体病（鹦鹉热）、鸡病毒性关节炎、禽螺旋体病、住白细胞原虫病（急性白冠病）、禽副伤寒；

牛病（8种）：牛传染性鼻气管炎/传染性脓疱性阴户阴道炎、牛恶性卡他热、牛白血病、牛无浆体病、牛生殖道弯曲杆菌病、牛病毒性腹泻/黏膜病、锥虫病、赤羽病、牛皮蝇蛆病；

羊病（4种）：山羊关节炎/脑炎、梅迪-维斯纳病、边界病、羊传染性脓疱皮炎；

马病（10种）：马传染性贫血、马流行性淋巴管炎、马鼻疽、马病毒性动脉炎、委内瑞拉马脑脊髓炎、马脑脊髓炎（东部和西部）、马传染性子宫炎、亨德拉病、马腺疫、溃疡性淋巴管炎类；

水生动物病（44种）：鲤春病毒血症、流行性造血器官坏死病、传染性造血器官坏死病、病毒性出血性败血症、流行性溃疡综合征、鲑三代虫感染、真鲷虹彩病毒病、锦鲤疱疹病毒病、鲑传染性贫血、病毒性神经坏死病、斑点叉尾鮰病毒病、鲍疱疹样病毒感染、牡蛎包拉米虫感染、杀蛎包拉米虫感染、折光马尔太虫感染、奥尔森派琴虫感染、海水派琴虫感染、加州立克次体感染、白斑综合征、传染性皮下和造血器官坏死病、传染性肌肉坏死病、桃拉综合征、罗氏沼虾白尾病、黄头病、鳌虾瘟、箭毒蛙壶菌感染、蛙病毒感染、异尖线虫病、坏死性肝胰腺炎、传染性脾肾坏死病、刺激隐核虫病、淡水鱼细菌性败血症、对虾杆状病毒病、鲴类肠败血症、迟缓爱德华氏菌病、小瓜虫病、黏孢子虫病、指环虫病、鱼链球菌病、河蟹颤抖病、斑节对虾杆状病毒病、鲍脓疱病、鳖腮腺炎病、蛙脑膜炎败血金黄杆菌病；

蜂病（6种）：蜜蜂盾螨病、美洲蜂幼虫腐臭病、欧洲蜂幼虫腐臭病、蜜蜂瓦螨病、蜂房小甲虫病（蜂窝甲虫）、蜜蜂亮热厉螨病；

其他动物病（14种）：鹿慢性消耗性疾病、兔黏液瘤病、兔出血症、猴痘、猴疱疹病毒I型（B病毒）感染症、猴病毒性免疫缺陷综合征、埃博拉出血热、马尔堡出血热、犬瘟热、犬传染性肝炎、犬细小病毒感染、水貂阿留申病、水貂病毒性肠炎、猫泛白细胞减少症（猫传染性肠炎）。

其他传染病、寄生虫病（44种）

多种动物共患病（9种）：大肠杆菌病、李斯特菌病、放线菌病、肝片吸虫病、丝虫病、附红细胞体病、葡萄球菌病、血吸虫病、疥癣；

牛病（5种）：牛流行热、毛滴虫病、中山病、茨城病、嗜皮菌病；

马病（4种）：马流行性感冒、马鼻腔肺炎、马媾疫、马副伤寒（马流产沙门氏菌病）；

猪病（3种）：猪副伤寒、猪流行性腹泻、猪囊尾蚴病；

禽病（6种）：禽传染性脑脊髓炎、传染性鼻炎、禽肾炎、鸡球虫病、火鸡鼻气管炎、鸭疫里默氏杆菌感染（鸭浆膜炎）；

绵羊和山羊病（7种）：羊肺腺瘤病、干酪性淋巴结炎、绵羊地方性流产（绵羊衣原体病）、传染性无乳症、山羊传染性胸膜肺炎、羊沙门氏菌病（流产沙门氏菌病）、内罗毕羊病；

蜂病（2种）：蜜蜂孢子虫病、蜜蜂白垩病；

其他动物病（8种）：兔球虫病、骆驼痘、家蚕微粒子病、蚕白僵病、淋巴细胞脉络丛脑膜炎、鼠痘、鼠仙台病毒感染症、小鼠肝炎。

附录三 病害动物和病害动物产品生物安全处理规程（GB16548—2006）

中华人民共和国国家质量监督检验检疫总局 中国国家标准化管理委员会发布

1. 范围

本标准规定了病害动物和病害动物产品的销毁、无害化处理的技术要求。

本标准适用于国家规定的染疫动物及其产品，病死、毒死或者死因不明的动物尸体，经检验对人畜健康有危害的动物和病害动物产品、国家规定应该进行生物安全处理的动物和动物产品。

2. 术语和定义

下列术语和定义适用于本标准。

2.1 生物安全处理通过用焚烧、化制、掩埋或其他物理、化学、生物学等方法将病害动物尸体和病害动物产品或附属物进行处理，以彻底消灭其所携带的病原体，达到消除病害因素，保障人畜健康安全的目的。

3. 病害动物和病害动物产品的处理

3.1 运送

运送动物尸体和病害动物产品应采用密闭的、不渗水的容器，装前卸后必须要消毒。

3.2 销毁

3.2.1 适用对象

3.2.1.1 确认为口蹄疫、猪水泡病、猪瘟、非洲猪瘟、非洲马瘟、牛瘟、牛传染性胸膜肺炎、牛海绵状脑病、痒病、绵羊梅迪/维斯那病、蓝舌病、小反刍兽疫、绵羊痘和山羊痘、高致病性禽流感、鸡新城疫、炭疽、鼻疽、狂犬病、羊快疫、羊肠毒血症、肉毒梭菌中毒症、羊猝狙、马传染性贫血病、猪密螺旋体痢疾、猪囊尾蚴、急性猪丹毒、钩端螺旋体病（已黄染肉尸）、布鲁氏菌病、结核病、鸭瘟、兔病毒性出血症、野兔热的染疫动物以及其他严重危害人畜健康的病害动物及其产品。

3.2.1.2 病死、毒死或不明死因动物的尸体。

3.2.1.3 经检验对人畜有毒有害的、需销毁的病害动物和病害动物产品。

3.2.1.4 从动物体割除下来的病变部分。

3.2.1.5 人工接种病原微生物或进行药物试验的病害动物和病害动物产品。

3.2.1.6 国家规定的其他应该销毁的动物和动物产品。

3.2.2 操作方法

3.2.2.1 焚毁

将病害动物尸体或病害动物产品投入焚化炉或用其他方式烧毁炭化。

3.2.2.2 掩埋

本法不适用于患有炭疽等芽孢杆菌类疫病，以及牛海绵状脑病、痒病的染疫动物及产品、组织的处理。具体掩埋要求如下：

（a）掩埋地应远离学校、公共场所、居民住宅区、村庄、动物饲养和屠宰场所、饮用水源地、河流等地区；

（b）掩埋前应对需掩埋的病害动物尸体和病害动物产品实施焚烧处理；

（c）掩埋坑底铺2cm厚生石灰；

（d）掩埋后需将掩埋土夯实，病害动物尸体和病害动物产品上层应距地表1.5m以上；

（e）焚烧后的病害动物尸体和病害动物产品表面，以及掩埋后的地表环境应使用有效消毒药喷洒消毒。

3.3　无害化处理

3.3.1　化制

3.3.1.1　适用对象

除了3.2.1规定的动物疫病以外的其他疫病的染疫动物，以及病变严重、肌肉发生退行性变化的动物的整个尸体或胴体、内脏。

3.3.1.2　操作方法

利用干化、湿化机，将原料分类，分别投入化制。

3.3.2　消毒

3.3.2.1　适用对象

除3.2.1规定的动物疫病以外的其他疫病的染疫动物的生皮、原毛，以及未经加工的蹄、骨、角、绒。

3.3.2.2操作方法

3.3.2.2.1高温处理法

适用于染疫动物蹄、骨和角的处理。

将肉尸作高温处理时剔出的蹄、骨和角放入高压锅内蒸煮至骨脱胶或脱脂时止。

3.3.2.2.2盐酸食盐溶液消毒法

适用于被病原微生物或可疑被污染和一般染疫动物的皮毛消毒。

用2.5%盐酸溶液和15%食盐水溶液等量混合，将皮张浸泡在此溶液中，并使溶液温度保持在30℃左右，浸泡40h，1m²皮张用10L消毒液，浸泡后捞出沥干，放入2%氢氧化钠溶液中，以中和皮张上酸，再用水冲洗后晾干。也可按100mL25%食盐水溶液中加入盐酸1mL配制消毒液，在室温15℃条件下浸泡48h，皮张与消毒液之比为1：4。浸泡后捞出沥干，再放入1%氢氧化钠溶液中浸泡，以中和皮张上的酸，再用水冲洗后晾干。

3.3.2.2.3过氧乙酸消毒法

适用于任何染疫动物的皮毛消毒。

将皮毛放入新鲜配制的2%过氧乙酸溶液中浸泡30min，捞出，用水冲洗后晾干。

3.3.2.2.4碱盐液浸泡消毒

适用于被病原微生物污染的皮毛消毒。

将病皮浸入5%碱盐液（饱和盐水内加5%氢氧化钠）中，室温（18～25℃）浸泡24h，并随时加以搅拌，然后取出挂起，待碱盐液流净，放入5%盐酸液内浸泡，使皮上的酸碱中和，捞出，用水冲洗后晾干。

3.3.2.2.5煮沸消毒法

适用于染疫动物鬃毛的处理。

将鬃毛于沸水中煮沸2～2.5h。

英汉名词对照索引

（按英文字母顺序排列，罗马字、数字、希腊文均忽略不计）

参考文献

毕丁仁，钱爱东．2016．动物防疫与检疫[M]．第2版．北京：中国农业出版社．

陈怀涛．2008．兽医病理学原色图谱[M]．北京：中国农业出版社．

陈焕春，文心田，董常生．2013．兽医手册[M]．北京：中国农业出版社．

陈溥言．2006．家畜传染病学[M]．第5版．北京：中国农业出版社．

崔治中，金宁一，2013.动物疫病诊断与防控彩色图谱[M]．北京：中国农业出版社．

甘孟侯，杨汉春．2005．中国猪病学[M]．北京：中国农业出版社．

郭爱珍，栗绍文．2011．关注人兽共患病，关爱人类健康[M]．北京：中国农业出版社．

何朝庄．2003．实用动物屠宰检疫图谱[M]．昆明：云南科技出版社．

湖北省畜牧局．2008．湖北省重大动物疫情《应急预案》和《应急处置规范》资料汇编．

湖北省畜牧业志编纂委员会．2013．湖北省畜牧业志[M]．武汉：长江出版传媒，湖北科学技术出版社．

李清艳．2008．动物传染病学[M]．北京：中国农业科学技术出版社．

林孟初．1989．卫检用畜禽寄生虫学[M]．长沙：湖南科技出版社．

彭克美．2016．畜禽解剖学[M]．第3版．北京：高等教育出版社．

佘锐萍．2007．动物病理学[M]．北京：中国农业出版社．

石德时，王桂枝．2014．现代免疫学实验指导[M]．北京：中国农业出版社．

孙锡斌，程国富，徐有生．2004．动物检疫检验彩色图谱[M]．北京：中国农业出版社．

孙锡斌，栗绍文．2015．动物性食品卫生学[M].第2版．北京：高等教育出版社．

王桂枝．1998．兽医防疫与检疫[M]．北京：中国农业出版社．

吴清民．2001．兽医传染病学[M].北京：中国农业大学出版社．

徐有生．2009．科学养猪与猪病防制原色图谱[M]．北京：中国农业出版社．

许益民．2003．动物性食品卫生学[M]．北京：中国农业出版社．

于大海，崔砚林．1997.中国进出境动物检疫规范[M]．北京：中国农业出版社．

贺诗贺词

——读《动物检疫检验彩色图谱》新版

赋诗赠新老专家学者

小序：孙教授年轻时曾是我的老师和班主任，对我们爱护有加，工作后，又曾给予教诲和关心，真是情深意重。现在，以孙教授为主编的40多位专家学者，用毕生心血换来的成果谱写出了一部全新的科学专著，对国家、对社会都将是一大贡献；对教学、科研、生产、生活无疑都将有极大的帮助。特赋诗敬贺。

鸿篇巨制几增删，敢教时人带笑看。

伏枥今朝圆旧梦，骋怀当日着先鞭。

桑榆不断披书卷，论著频仍到舌尖。

潇洒图文连地气，先生功德万斯年！

贺新郎·贺《动物检疫检验彩色图谱》新版付梓

漫漫科研路。汇宏篇、匡时济世，抢先关注。人类健康遭胁迫，知是谁为刀俎，不信道、沧桑几度。食品安全连国策，看中央、早把红牌举。病与毒，孰堪侮？ 宏篇纂就神仙妒。赞图文，几多珍贵，几多丰富。新老专家齐上阵，影像清奇无误。历十载、寒冬酷暑。巨手掌云同雕琢，让舌尖、只把精华补。今共我，唱《金缕》①。

注：①词牌贺新郎，又名《金缕曲》。

李泽友

2018年1月

鹧鸪天·《动物检疫检验彩色图谱》读后

一

人类健康惊九霄，安全食品万千条。全新科技开先步，现代文明亦自豪。　严检疫，准图标。瞬间即可见分毫。济民济世光辉闪，生产科研两富饶！

二

独具匠心肝胆倾，十年一剑自天成。群雄拔萃随民意，众志扬威顺国情。　文字简，彩图精。休言病变可潜形。教研生产源头锁，长使人间春满庭！

李泽友

2017 年 12 月

作者系我国历史文化名城湖北江陵人，高级农艺师，自幼喜爱诗词，学生时期诗名大振。退休后热衷于诗社活动，其诗词在全国各地及我国台湾、新加坡等 70 多家诗词刊物上发表。现为离湖诗社副秘书长、《离湖诗词》常务副主编，中华辞赋社、中华诗词学会会员，有诗集《怡园闲咏》问世。作者题赠诗词为本书的出版增添了无限光彩，我们十分感谢！

珍贵瞬间，和谐家园

——我们致力于打造一个没有瘟疫、没有造假、没有灾难的美好世界，让世间充满爱，充满温情，人与动物和谐相处，人和自然和谐相处。

萌宠可爱，憨态可掬　　　　　　　（孙锡斌摄影）

人喜羊欢，求之不得　　　　　　　　（许益民摄影）

津津有味，怡然自得；休闲自在，旁若无人

（王桂枝摄影）

相依相伴——人类的好朋友

（黄继苏、许益民摄影）

草原奔马——路远扬蹄声得得，天高振鬣风嘶嘶　　　（许益民摄影）

牧羊轻骑　　　　　　　　　　　　　　　　（许益民摄影）

羊毫舞墨千山醉，草甸铺笺万户春　（王桂枝摄影）

（本节总标题和副标题及所有图片为李泽友、蒋文明、许益民、王桂枝配词）

图书在版编目（CIP）数据

动物检疫检验彩色图谱 / 孙锡斌等主编 . —2版 .
—北京：中国农业出版社，2018.8
ISBN 978-7-109-21673-0

Ⅰ . ①动… Ⅱ . ①孙… Ⅲ . ①动物－检疫－图谱
Ⅳ . ① S851.34-64

中国版本图书馆CIP数据核字（2016）第102125号

中国农业出版社出版
（北京市朝阳区麦子店街18号楼）
（邮政编码 100125）
责任编辑 张艳晶 郭永立

北京中科印刷有限公司印刷 新华书店北京发行所发行
2018年8月第1版 2018年8月北京第1次印刷

开本：787mm×1092mm 1/16 印张：34
字数：808千字
定价：280.00元
（凡本版图书出现印刷、装订错误，请向出版社发行部调换）